Biología Humana

ALIMENTOS RICOS EN VITAMINAS
COMA DIARIAMENTE UN ALIMENTO DE CADA GRUPO
1 HORTALIZAS
2 FRUTAS
3 RAICES Y TUBERCULOS
4 LECHE Y QUESOS
5 SEMILLAS, CARNES, PESCADOS HUEVOS, LEGUMBRES
6 PAN, CEREALES Y AZUCAR
7 GRASAS
MANTECA
MARGARINA
ACEITE
ARROZ
HARINA

Biología Humana

Anatomía, Fisiología e Higiene

MARIO E. DIHIGO Y LLANOS
Médico Cirujano

EDICION 2000

Edición dirigida y realizada por el departamento pedagógico de Jorge A. Mestas Ed. Escolares, S.L.
Avenida de Guadalix 103 - 28120 Algete-Madrid.

Ilustraciones: Mata

Impreso en: MELSA
Ctra. de Fuenlabrada a Pinto, Km 21,800
Pinto-Madrid

Depósito legal: M-45252-1999
ISBN: 84-89163-22-7

Impreso en España-Printed in Spain

prefacio

La presente edición del texto de Biología Humana es el resultado de una reestructuración del libro.

Ha sido totalmente escrito de nuevo, evitando los largos párrafos que han sido descompuestos en oraciones breves, que expresan conceptos precisos.

El texto ha sido aligerado, suprimiéndose algunos asuntos no esenciales.

Se ha hecho una cuidadosa revisión de las figuras, algunas de las cuales han sido mejoradas y se han añadido otras, útiles en la comprensión del texto.

A veces, es más eficaz en la adquisición de un conocimiento la observación de un esquema que la lectura de un largo párrafo.

Las figuras han sido representadas en tamaño generoso, aun a riesgo de aumentar las páginas del libro. Las referentes a los huesos y a los músculos puede decirse que constituyen un verdadero atlas.

Se han suprimido los cuestionarios que aparecían al final de cada lección. El profesor, de acuerdo con el desarrollo que ha hecho de cada clase, está más capacitado para formular las preguntas adecuadas.

En lugar de los cuestionarios, se ha consignado un breve resumen, en el cual aparecen las ideas fundamentales de la lección.

Siempre que el asunto ha sido propicio, se han confeccionado cuadros sinópticos, que resultan muy eficaces por su objetividad y por su valor de síntesis.

Se han añadido dos nuevas lecciones: «Las células» y «Los tejidos», que no aparecían en ediciones anteriores por no estar consignadas en el Programa Oficial. Sin embargo, se ha creído conveniente su inclusión con fines de repaso y de ampliación de conocimientos.

Además del Índice del contenido de la obra, se ha confeccionado un Índice Alfabético que facilite la rápida localización de cualquier asunto que desee consultarse.

Antes de comenzar el desarrollo metódico de las unidades que constituyen el texto, se han dedicado las primeras lecciones al estudio de generalidades acerca del concepto de las Ciencias cuyo estudio se va a emprender y a la estructura y las funciones del cuerpo humano.

Si estas modificaciones, como es probable, resultan útiles a profesores y alumnos, se verán colmados los anhelos del

AUTOR

Véase en la página 403 el Nuevo Indice Alfabético, y en la página 409 el Apéndice que contiene los nuevos nombres para designar los distintos órganos y estructuras anatómicas, acordados en el Sexto Congreso Internacional de Anatomistas, celebrado en París en 1955.

índice

LECCION PAGINA

LECCION PAGINA

B) MUSCULOS

C) SISTEMA NERVIOSO

LECCION PAGINA

Concepto de la Biología, la Anatomía, la Fisiología y la Higiene

1

BIOLOGIA

La Biología es una ciencia de gran amplitud.

Estudia los seres vivos en todos sus aspectos.

Se divide en dos ramas:

1. La **Zoología,** que estudia los animales, y
2. La **Botánica,** que se ocupa de las plantas.

ANATOMIA

La Anatomía es la ciencia que estudia la estructura de los seres vivos.

Hay, por tanto, dos grandes ramas de la Anatomía:

1. La **Anatomía Animal,** que estudia la estructura de los animales, y
2. La **Anatomía Vegetal,** que se ocupa de la estructura de las plantas.

Cuando realizamos el estudio anatómico de un órgano, nos interesa saber su forma, su tamaño, los tejidos que lo constituyen, su consistencia y sus relaciones con los órganos vecinos.

FISIOLOGIA

La Fisiología es la ciencia que estudia el funcionamiento de los órganos, aparatos y sistemas de los seres vivos.

Como la Anatomía, se divide en:

1. **Fisiología Animal,** que estudia las funciones de los organismos animales, y
2. **Fisiología Vegetal,** que se ocupa de las funciones de las plantas.

La **Anatomía** y la **Fisiología Humanas** son ramas especiales de la Anatomía y la Fisiología Animales, que estudian al Hombre.

Cuando mencionemos en los estudios que vamos a realizar los términos Anatomía y Fisiología, debe entenderse que nos referimos a la rama de estas ciencias que estudian al hombre.

HIGIENE

La Higiene es la ciencia que tiene por objeto la conservación de la salud.

La salud es el estado en que se encuentra el individuo cuando todos sus órganos funcionan normalmente.

La Higiene puede referirse a los animales y a las plantas.

Son numerosas las ramas en que se divide la Higiene Humana.

Pero las dos principales son la **Higiene Privada** y la **Higiene Pública.**

La Higiene Privada se refiere al individuo en particular. *Ejemplo:* bañarse diariamente.

La Higiene Pública considera al hombre como parte de la sociedad. *Ejemplo:* no escupir en el suelo.

Son numerosas las reglas higiénicas que tienden a la conservación de la salud.

Mencionaremos algunas de ellas:

1. La limpieza corporal y de las ropas.
2. Una alimentación adecuada.
3. Vivir en contacto con la Naturaleza.
4. Evitar la fatiga física y mental.
5. Evitar las intoxicaciones (alcohol, tabaco, etc.).
6. Vacunarse contra las enfermedades infecciosas.
7. Evitar el contacto con enfermos contagiosos.

La Anatomía, la Fisiología y la Higiene son ramas de una ciencia más amplia: la Biología.

El estudio de la Anatomía, la Fisiología y la Higiene está íntimamente ligado.

No podemos comprender cómo funciona un órgano si no sabemos cómo está formado.

Tampoco podemos comprender una regla higiénica si no conocemos cómo funciona el órgano a que se refiere esa regla.

Igual ocurre en mecánica. Para saber cómo funciona una máquina, es necesario saber el tamaño, la forma y la consistencia de sus piezas.

En una máquina, las reglas higiénicas serían el engrase periódico, la velocidad de la cual no debe pasarse, etc.

Para comprender esos consejos es necesario conocer cómo funciona la máquina.

Un mismo órgano puede ser estudiado desde el punto de vista anatómico, fisiológico e higiénico.

Si estudiamos la forma de un diente, las distintas partes de que se compone, las sustancias de que está constituido, estamos realizando un estudio anatómico.

Si vemos que los incisivos *cortan* los alimentos, que los caninos los *desgarran* y que los molares los *trituran,* realizamos un estudio fisiológico.

Por último, si recomendamos la limpieza de la dentadura después de las comidas, para evitar las caries, nos estamos ocupando de un estudio higiénico.

En el estudio que vamos a realizar en este libro, consideraremos:

1. El estudio anatómico de los órganos.
2. El estudio fisiológico de los órganos, aparatos y sistemas.
3. Las reglas higiénicas relacionadas con la función estudiada.

EN POCAS PALABRAS

La **Biología** es la ciencia que estudia los seres vivos en todos sus aspectos.

Biología { Zoología; Botánica

La Anatomía estudia la estructura de los seres vivos.

Anatomía { Animal; Vegetal

La Fisiología estudia las funciones de los órganos, aparatos y sistemas de los seres vivos.

Fisiología { Animal; Vegetal

La Higiene es la ciencia que tiene por objeto la conservación de la salud.

Higiene { Privada; Pública

La Anatomía, la Fisiología y la Higiene son ramas de la Biología.

Debe estudiarse primero la Anatomía de un órgano para poder comprender su función.

Debemos conocer la función de un órgano para poder comprender las reglas higiénicas.

2 *Estructura del cuerpo humano*

Antes de comenzar el estudio de la estructura del cuerpo humano, debemos precisar el significado de algunas palabras que emplearemos frecuentemente.

ORGANO

Organo es una parte de nuestro cuerpo que realiza un trabajo. Son órganos el corazón, el estómago, los pulmones, etc.

ACTO

Se llama acto al trabajo de un órgano. Son actos impulsar la sangre, transformar ciertos alimentos, tomar el oxígeno del aire.

APARATO

Es la reunión de órganos que realizan actos relacionados entre sí. La boca, la faringe, el esófago, el estómago y los intestinos forman el aparato digestivo.

FUNCION

Es la reunión de los actos realizados por los órganos de un aparato. La masticación, la deglución y la digestión gástrica e intestinal constituyen una función: la digestión.

TEJIDOS Y CELULAS

Se llama tejido a la sustancia de que está hecho un órgano.

Si examinamos un tejido con el *microscopio* (Fig. 2-1) veremos que está formado por pequeñísimos elementos iguales o muy parecidos llamados ***células.***

Fig. 2-1.—Microscopio. Con el microscopio se ven de mayor tamaño las imágenes de los cuerpos muy pequeños.

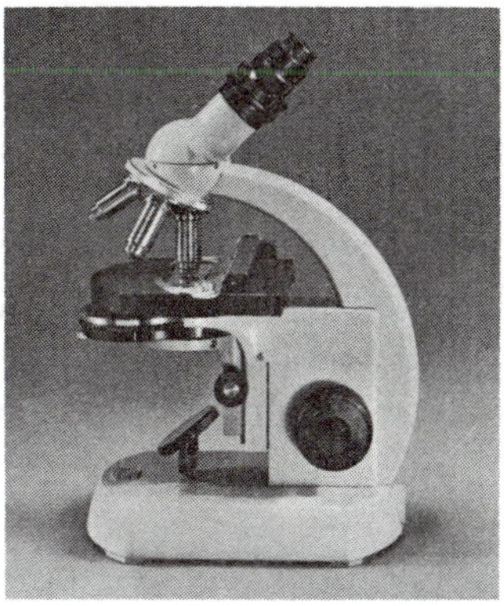

SISTEMA

Se llama sistema a la agrupación de órganos formados por una misma clase de tejido y que realizan una función análoga.

El conjunto de huesos es el ***sistema óseo.***

El conjunto de músculos es el ***sistema muscular.***

El encéfalo, la medula y los nervios forman el ***sistema nervioso.***

El conjunto de glándulas de secreción interna forman el ***sistema endocrino.***

Algunos autores emplean la denominación de sistema para referirse a los aparatos. Así, se habla de sistema digestivo, sistema respiratorio, etc.

ESQUELETO

Es la armazón interior, dura, formada por los huesos.

Los huesos forman, a veces, uniones inmóviles para constituir estuches de protección a órganos muy importantes.

Los huesos del cráneo protegen el encéfalo.

Otras veces, forman unas especies de bisagras que permiten amplios movimientos (codo, rodilla, cadera, etc.).

MUSCULOS

Los músculos cubren los huesos. Le dan forma armónica al cuerpo y, al contraerse, determinan los movimientos.

PIEL Y MUCOSAS

La piel es una membrana que recubre los músculos.

En los labios, las fosas nasales, etc., la piel se continúa con unas membranas de color rojizo llamadas ***mucosas.***

Las cavidades del aparato respiratorio y del aparato digestivo están tapizadas por mucosas.

DIVISION DEL CUERPO

El cuerpo se divide en tres regiones principales: ***cabeza, tronco*** y ***extremidades.***

Cabeza. La cabeza se divide en ***cráneo*** y ***cara.***

El cráneo es la porción superior, está cubierta de pelos y sus huesos se unen para formar la cavidad craneana.

La cara es la porción anterior e inferior. En ella se encuentran varias cavidades: órbitas, fosas nasales, boca, donde se alojan órganos de los sentidos.

Tronco. Es la porción central del cuerpo.

Del tronco parten las cuatro extremidades o miembros.

El tronco se une a la cabeza por una porción estrecha llamada ***cuello.***

El ***diafragma,*** un músculo en forma de cúpula, divide el tronco en dos cavidades: una superior, llamada ***tórax,*** y otra inferior, que es el ***abdomen.***

Fig. 2-2.—Organos del tórax y del abdomen. Capa superficial.

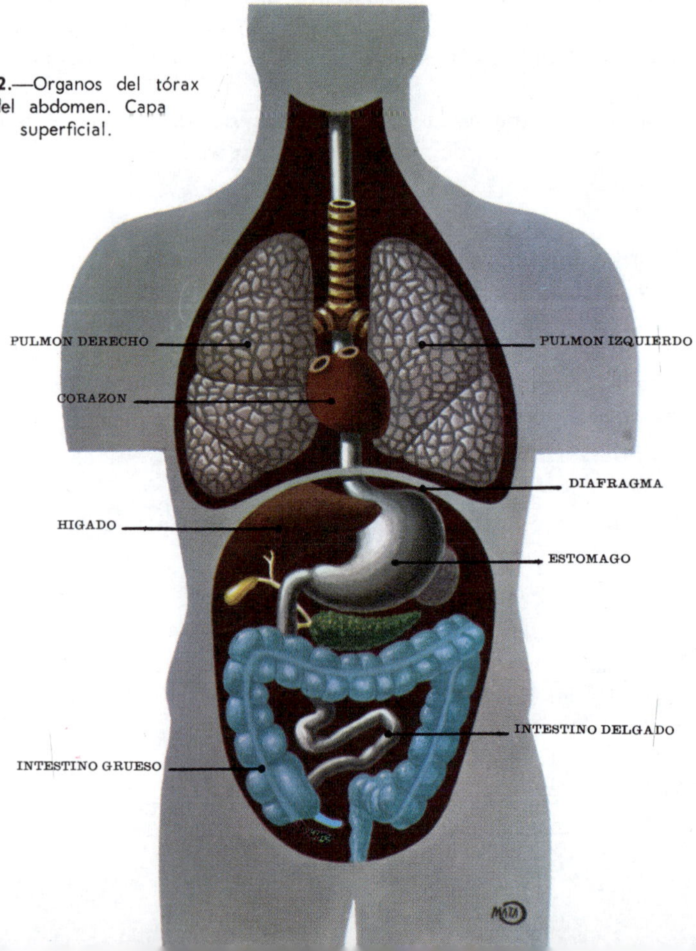

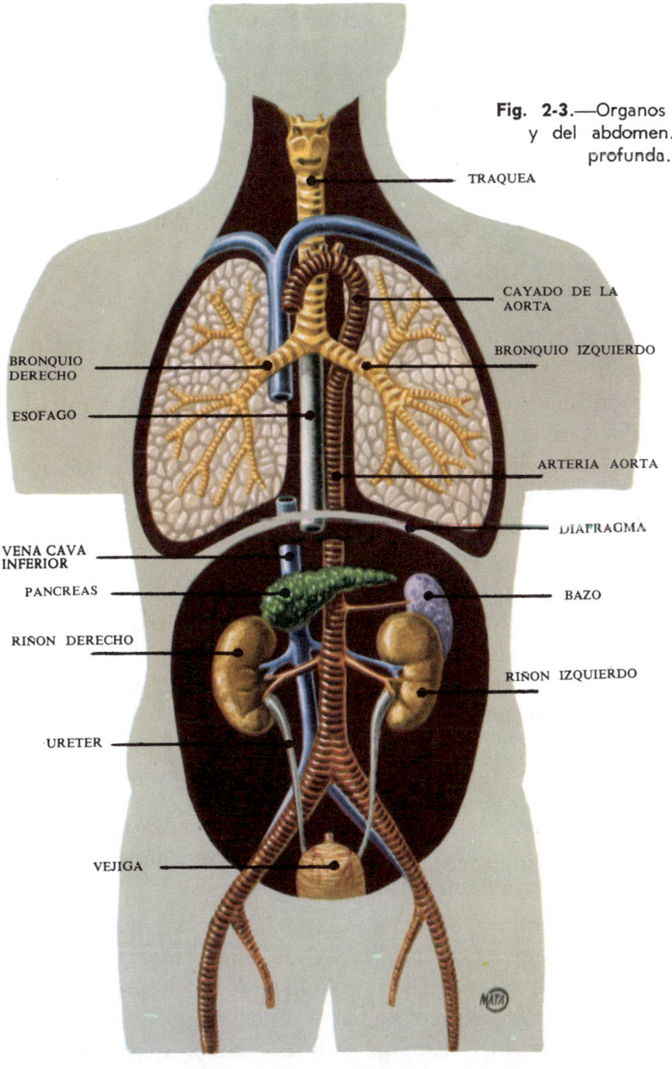

Fig. 2-3.—Organos del tórax y del abdomen. Capa profunda.

Extremidades. Las extremidades superiores o torácicas se dividen en cuatro regiones: ***hombro, brazo, antebrazo*** y ***mano.***

Las extremidades inferiores o abdominales constan también de cuatro regiones: ***cadera, muslo, pierna*** y ***pie.***

ORGANOS TORACICOS

A ambos lados del tórax se encuentran los ***pulmones.***

Entre ambos pulmones hay un espacio llamado ***mediastino.***

En el mediastino se encuentran: el ***corazón,*** el ***esófago,*** la ***tráquea*** los ***bronquios*** y los ***grandes vasos sanguíneos*** que parten o que van a parar al corazón (Figs. 2-2 y 2-3).

El corazón, las arterias, las venas y los vasos capilares forman el ***aparato circulatorio.***

Los pulmones, la tráquea y los bronquios pertenecen al ***aparato respiratorio.***

ORGANOS ABDOMINALES

La mayor parte del abdomen está ocupada por órganos del ***aparato digestivo.***

En la capa superficial encontramos: arriba y a la izquierda, el ***estómago;*** arriba y a la derecha, el ***hígado.***

En la porción central, el ***intestino delgado*** y formando un marco al intestino delgado, el ***intestino grueso.***

En la porción inferior (la pelvis) se encuentran la ***vejiga urinaria*** y órganos del ***aparato reproductor*** (Fig. 2-3).

En la capa profunda se halla hacia arriba y colocado transversalmente el ***páncreas.*** A ambos lados de la columna vertebral se encuentran los ***riñones.***

El hígado y el páncreas son órganos anexos al aparato digestivo.

A la izquierda se encuentra el ***bazo.***

La ***arteria aorta*** y la ***vena cava inferior*** corren paralelas a la columna vertebral.

Sistema secretor. Las glándulas del sistema secretor producen sustancias útiles para la realización de muchas funciones.

Hay dos clases fundamentales de glándulas:

1. Las de ***secreción externa (exocrinas),*** que poseen un conducto excretor y vierten su secreción fuera de ellas. *Ejemplos:* las ***salivales,*** que lanzan la saliva hacia la boca; el ***hígado*** y el ***páncreas,*** que envían la bilis y el jugo pancreático hacia el intestino delgado.
2. Las de ***secreción interna (endocrinas),*** que están desprovistas de conducto.

Su secreción pasa a la sangre y ésta la distribuye por el cuerpo. *Ejemplo:* las ***glándulas suprarrenales*** y la ***tiroides.***

Aparato reproductor. Existen otras glándulas que tienen la función de formar células especiales.

En la mujer, esas glándulas son los ***ovarios,*** que producen los ***óvulos.***

En el hombre, son los ***testículos,*** que forman los ***espermatozoides.***

Al unirse las dos células reproductoras, óvulos y espermatozoides, se inicia la formación de un nuevo organismo.

Sistema nervioso. En la cavidad craneal se encuentra el ***encéfalo,*** formado por el ***cerebro,*** el ***cerebelo*** y el ***bulbo raquídeo.***

La columna vertebral forma un conducto donde se encuentra la ***medula.***

El encéfalo y la medula son los ***órganos centrales del sistema nervioso cerebro-espinal.***

Los ***órganos periféricos*** son los ***nervios,*** que se encuentran repartidos por todo el cuerpo.

Los nervios ponen en comunicación los órganos centrales con todas las partes de nuestro organismo.

EN POCAS PALABRAS

- División del cuerpo
  - Cabeza
    - Cráneo
    - Cara
  - Tronco
    - Tórax
    - Abdomen
  - Extremidades
    - Superiores
    - Inferiores
- Glándulas
  - Exocrinas
  - Endocrinas
- Aparato reproductor
  - Femenino: ovarios-óvulos
  - Masculino: testículos-espermatozoides
- Sistema nervioso
  - Organos centrales
  - Organos periféricos

3 *Funciones del cuerpo humano*

Los aparatos y sistemas que acabamos de mencionar realizan todas las funciones de nuestro organismo.

Hay funciones que son comunes a los animales y a las plantas. Se denominan **funciones de la vida vegetativa.**

Otras funciones son exclusivas de los animales. Se llaman **funciones de la vida animal.**

FUNCIONES DE LA VIDA VEGETATIVA

Comprenden:

1. **Funciones de nutrición,** que tienden a conservar al individuo.
2. **Función de reproducción,** que tiende a conservar la especie.

Las funciones de nutrición son: ***digestión, absorción, circulación, asimilación, desasimilación, excreción*** y ***secreción.***

FUNCIONES DE LA VIDA ANIMAL

Se llaman también **funciones de relación.**

Estas funciones nos ponen en contacto con el medio que nos rodea.

Las funciones de la vida de relación son tres: ***sensibilidad, inervación*** y ***locomoción.***

BREVE DEFINICION DE ESTAS FUNCIONES

Digestión. La digestión transforma los alimentos en sustancias de estructura química más simple.

Estas sustancias sirven para reparar las pérdidas que sufre el organismo. Se llaman ***sustancias asimilables.***

Absorción. La absorción es el paso de las sustancias asimilables a la sangre y a la linfa.

Circulación. La circulación lleva a todas las células del cuerpo el oxígeno y las sustancias asimilables.

Al mismo tiempo, recoge de las células el dióxido de carbono y otras sustancias de desecho.

Asimilación. La asimilación es la incorporación a las células de las sustancias transportadas por la circulación.

Desasimilación. Es una función contraria a la asimilación.

Las células expulsan ciertas sustancias que formaban parte de ellas.

La circulación lleva esas sustancias a los órganos encargados de eliminarlas (pulmones, riñones, glándulas sudoríparas).

Respiración. La misión de la respiración es hacer que el oxígeno del aire pase a la sangre.

Y, al mismo tiempo, que el dióxido de carbono de la sangre pase al aire.

Excreción. Es la función consistente en expulsar las sustancias de desecho que resultan nocivas para el organismo.

Secreción. Consiste esta función en la producción por parte de las glándulas, de sustancias útiles para la realización de otras funciones (saliva, jugo gástrico, bilis).

Reproducción. Por medio de la reproducción se conserva la especie, dando lugar a la formación de organismos iguales a sus progenitores.

Sensibilidad. Esta función la realizan los ***órganos de los sentidos.***

Por medio de ellos nos ponemos en contacto con el medio exterior.

Inervación. Es función del sistema nervioso.

La inervación es la comunicación entre las distintas partes del organismo.

Los órganos de los sentidos reciben impresiones y transmiten impulsos nerviosos, a través de los nervios, a los órganos centrales (cerebro, cerebelo, medula).

Los órganos centrales emiten impulsos nerviosos que se transmiten a través de los nervios a los músculos y a las glándulas.

Locomoción. Es la función consistente en el cambio de lugar del cuerpo (marcha, carrera, natación).

En la locomoción intervienen los sistemas nervioso, muscular y óseo.

EN POCAS PALABRAS

- Funciones de la vida vegetativa
  - De nutrición
    - Digestión
    - Absorción
    - Circulación
    - Asimilación
    - Desasimilación
    - Respiración
    - Excreción
    - Secreción
  - De reproducción
    - Reproducción
- Funciones de la vida animal o de la vida de relación
  - Sensibilidad
  - Inervación
  - Locomoción

Las células 4

Fig. 4-1.—Hooke observa al microscopio una lámina de corcho.

A mediados del siglo XVII un hombre de ciencia inglés, Roberto Hooke, observó al microscopio una fina lámina de corcho (Fig. 4-1).

El corcho es la corteza de un árbol llamado ***alcornoque.***

Hooke notó que estaba formada por numerosas cavidades.

El corcho tenía un aspecto parecido a un panal de abejas (Fig. 4-2).

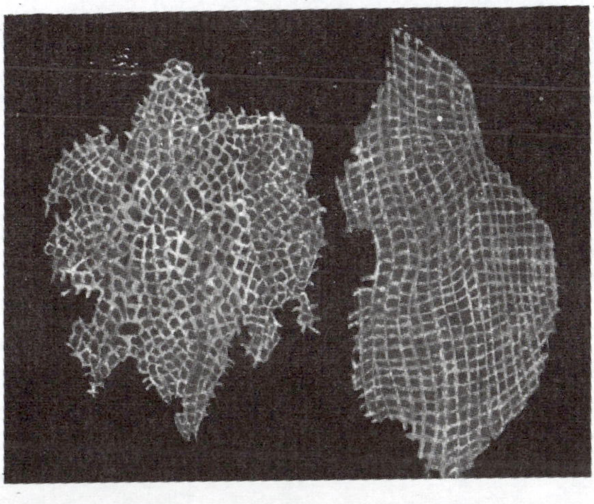

Fig. 4-2.—Aspecto del corcho visto al microscopio.

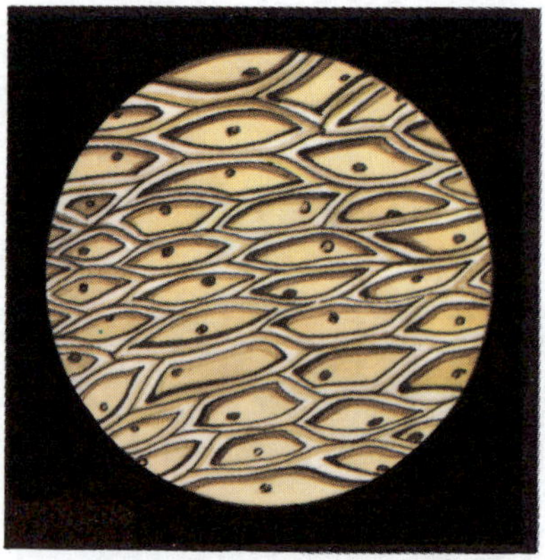

Fig. 4-3.—Células de la epidermis de la cebolla.

Hooke llamó ***células*** a esas cavidades.

Célula es un diminutivo de la palabra celda, es decir, celdilla.

Pero lo que Hooke vio era un material muerto. Las cavidades estaban vacías.

Lo que Hooke observó eran las membranas o envolturas de las células.

Posteriormente se observaron células completas.

La figura 4-3 muestra las células de la epidermis de la cebolla.

Todos los seres vivos, animales y plantas, están formados por células.

Un rosal, una mosca, un elefante, una persona, están formados por un número incontable de células.

Pero muchas células viven aisladas y forman, por sí mismas, animales y plantas muy simples.

Entre los animales unicelulares (protozoos) podemos citar la ***ameba*** y el ***paramecio.***

Entre los vegetales unicelulares tenemos las bacterias y las levaduras (Fig. 4-4).

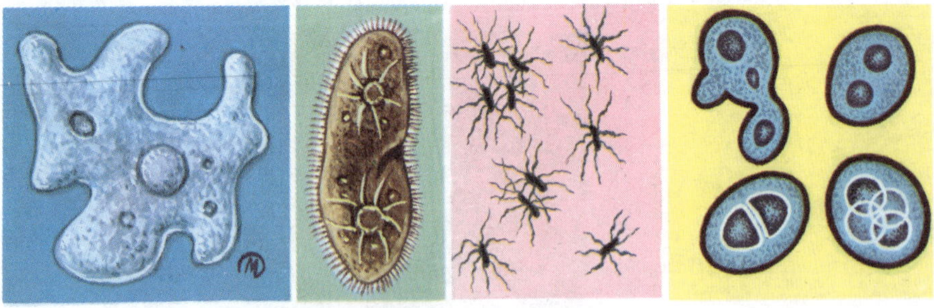

Fig. 4-4.—Organismos unicelulares.

Hemos visto que el cuerpo humano está formado por aparatos y sistemas.

Los sistemas y aparatos están constituidos por órganos.

Los órganos están formados por tejidos.

Los tejidos son una agrupación de células de aspecto análogo.

Por tanto, el cuerpo humano es la reunión de millones de millones de células.

La célula es una partícula de sustancia dotada de vida.

ESTUDIO DE LA CELULA

Veamos los detalles más importantes de la célula.

Forma. Las células aisladas tienen forma globulosa.

Cuando están asociadas tienen una forma poliédrica por la compresión recíproca (células de la epidermis de la cebolla).

A veces son alargadas (fibras musculares).

Otras veces presentan un aspecto ramificado (células nerviosas).

Tamaño. Generalmente son muy pequeñas. Para verlas es necesario usar el microscopio.

Para medir el tamaño de las células se usa el ***micrón*** o ***micra,*** que es la milésima parte de un milímetro.

Se representa por la letra griega μ.

Un glóbulo rojo tiene de seis a ocho micras de diámetro.

Sin embargo, hay células mayores. Algunas son apreciables a simple vista.

Las yemas de los huevos de las aves son células de gran tamaño.

Estructura de las células. Las células constan de tres partes esenciales (Fig. 4-5):

1. **Membrana,** muy fina, que limita la célula.

Esta es la ***membrana plasmática.*** A través de la membrana plasmática penetran en las células o salen de ellas numerosas sustancias.

Las células vegetales tienen, además, una gruesa membrana de ***celulosa.***

2. **Citoplasma.** Sustancia viscosa de consistencia parecida a la clara del huevo.

El citoplasma está contenido en la membrana plasmática y en su interior se encuentra el ***núcleo.***

El citoplasma no es una sustancia homogénea.

En su interior encontramos estructuras diversas.

Algunas estructuras son parte del material vivo de la célula. Son los ***organoides*** u ***organitos.***

Otras, las ***inclusiones citoplasmáticas***, son depósitos de materiales inertes.

Entre los organoides podemos citar:

a) El ***centrosoma***, que es una partícula redondeada que se encuentra cerca del núcleo.

El centrosoma dirige el movimiento de las células.

También dirige los movimientos de las partes de las células cuando se efectúa la división celular.

b) Las **mitocondrias** son gránulos o bastoncillos repartidos por el citoplasma.

Las mitocondrias intervienen en el metabolismo celular.

c) Las **vacuolas**, espacios ocupados por líquidos.

Inclusiones citoplasmáticas. Son materiales inertes.

Entre ellas podemos citar:

a) Sustancias nutritivas almacenadas (grasa, glucógeno, etc.).

b) Gránulos de secreción (en las células de las glándulas).

c) Pigmentos.

3. **Núcleo.** El núcleo ocupa una posición más o menos central en el citoplasma.

Está separado de éste por la ***membrana nuclear***.

El núcleo es generalmente único.

Sin embargo, algunas células, como las fibras musculares estriadas poseen varios núcleos.

Los glóbulos rojos de la sangre son células sin núcleo.

En el núcleo encontramos una sustancia líquida, el ***jugo nuclear*** y una sustancia filamentosa o granulosa llamada ***cromatina***.

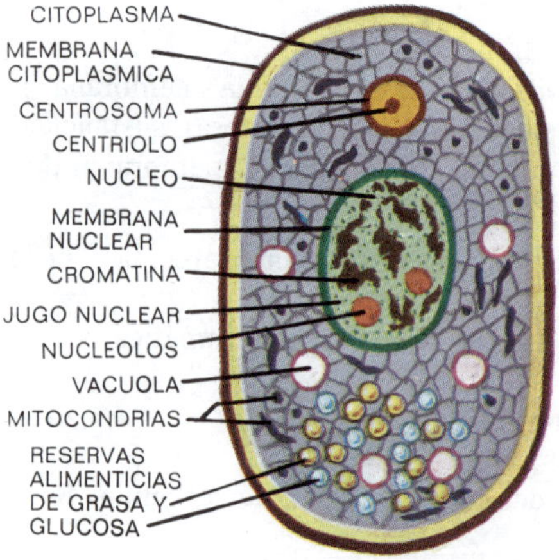

Fig. 4-5.—Esquema de una célula animal.

La cromatina se agrupa en fragmentos denominados **cromosomas.**

Los cromosomas son los portadores de los caracteres hereditarios (color de los ojos, color del cabello, calvicie, etc.).

El número de cromosomas de las células de cada especie es siempre el mismo.

Las células de la mosca de la fruta tienen 8 cromosomas.

Las células del cuerpo del hombre tienen 46.

FUNCIONES CELULARES

Los protozoos realizan rudimentariamente todas las funciones que efectúan los metazoos.

1. Se nutren (funciones de nutrición).
2. Se multiplican (función de reproducción).
3. Se ponen en contacto con el medio (funciones de relación).

Funciones de nutrición. La ameba emite prolongaciones y engloba partículas alimenticias (Fig. 4-6 A).

Forma una cavidad (vacuola) donde transforma la partícula en sustancia líquida (digestión).

La sustancia líquida pasa al citoplasma (absorción).

Se distribuye por toda la célula (circulación).

La célula la incorpora (asimilación).

A través de la membrana celular penetra oxígeno y sale dióxido de carbono (respiración) (Fig. 4-6 B).

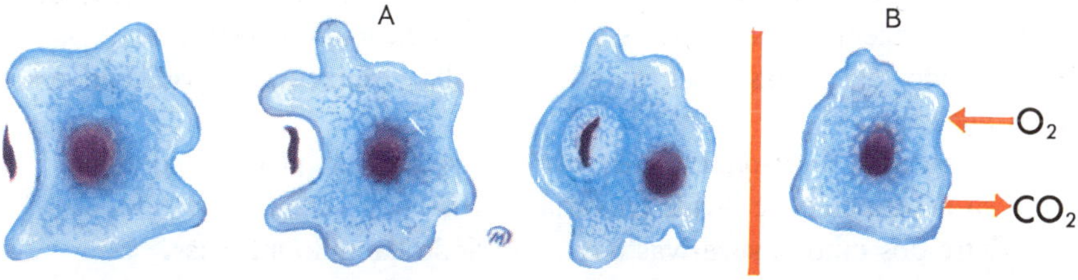

Fig. 4-6.—A) Formación de una vacuola digestiva. B) Respiración celular.

Función de reproducción. Las células se dividen de varias maneras:

1. División asimétrica.
2. División simétrica.

División asimétrica.

a) Por ***gemación.*** La célula emite un saliente. El núcleo se estira y se divide en dos partes. El saliente se separa (Fig. 4-7 A).

Una célula es mayor que la otra.

b) Por ***esporulación.*** El núcleo de la célula se fragmenta y se forman numerosas células pequeñas en el interior (Fig. 4-7 B).

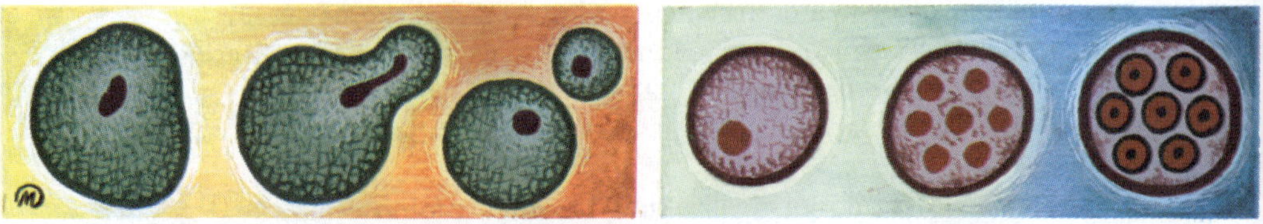

A B

Fig. 4-7.—A) División por gemación. Una célula es mayor que la otra. B) División por esporulación. Se forman varias células menores.

División simétrica. Puede realizarse de dos maneras distintas:

a) *División directa* o *amitósica.* El núcleo se alarga y se divide en dos.

El citoplasma se estrecha, se estrangula y se forman dos células (Fig. 4-8).

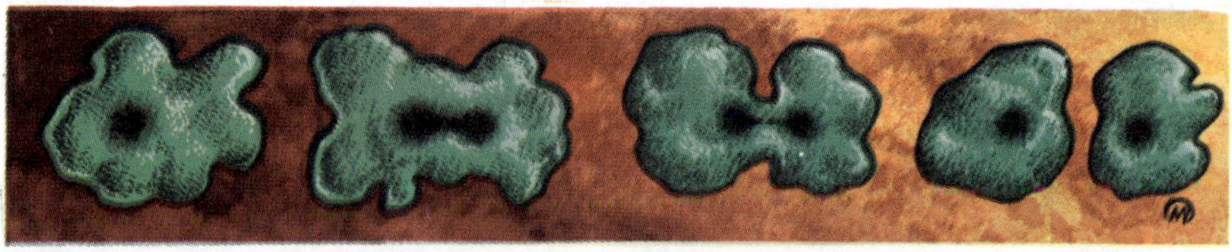

Fig. 4-8.—División directa o amitósica.

b) División indirecta o mitósica. El crecimiento de un organismo depende del crecimiento de sus células y de la multiplicación de éstas.

Cuando las células alcanzan su desarrollo completo, se dividen en dos células hijas.

La **mitosis,** llamada también **cariocinesis,** es un proceso continuo, pero, para su descripción, se divide en varias **fases.**

Entre dos mitosis sucesivas hay un período llamado **interfase.**

La mitosis es un proceso muy complejo. Como los cambios más importantes ocurren en el núcleo, nos referiremos solamente a ellos. A continuación consideraremos esos cambios.

Interfase. La interfase es el período que media entre la terminación de una mitosis y el inicio de la siguiente. El cambio más importante de la interfase es la duplicación longitudinal de los cromosomas.

Profase. Cada cromosoma está formado por dos filamentos en espiral que aumentan de grosor y se disponen paralelamente.

Metafase. Se desintegra la membrana nuclear. Los cromosomas se colocan en un plano y luego se separan sus mitades (cromosomas hijos) que se dirigen a los polos de la célula.

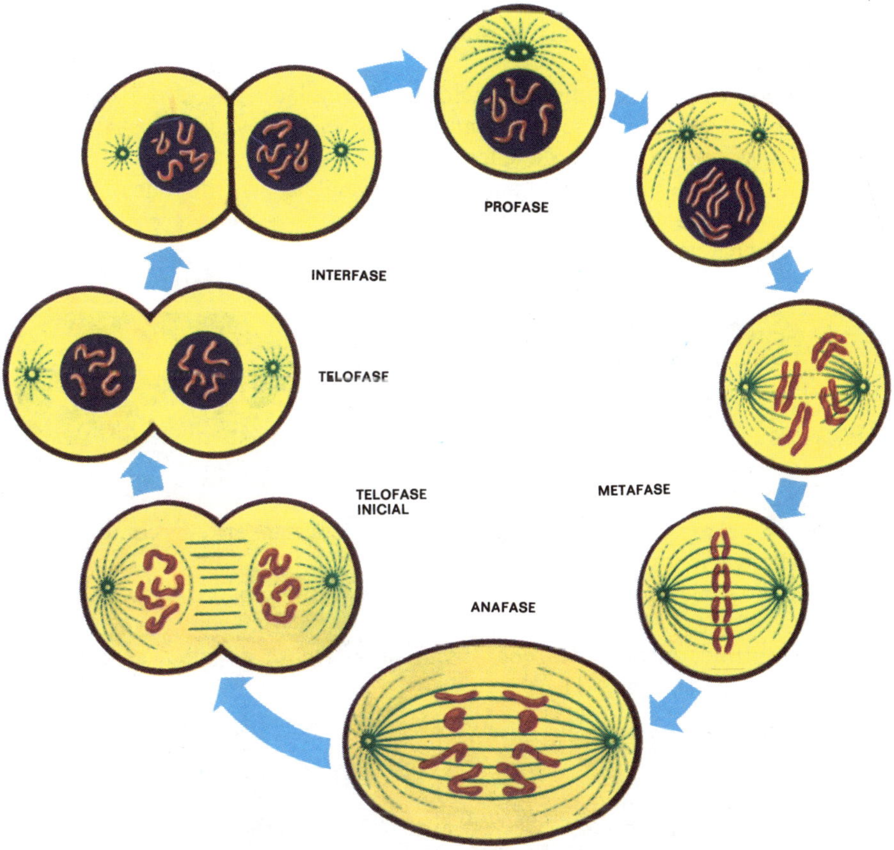

Fig. 4-9.—Fases de la división mitósica en la célula animal.

Anafase. Los cromosomas hijos forman dos grupos, cada uno de los cuales se dirige a uno de los polos de la célula.

Telofase. Alrededor de los cromosomas se reconstruye la membrana nuclear. Se acentúa la estrangulación del citoplasma y se forman dos nuevas células.

Mediante la mitosis el material celular se divide en partes iguales entre las dos células hijas.

Los cromosomas están formados por genes. Los genes son portadores de los caracteres hereditarios. Al ir a cada una de las dos células hijas un cromosoma igual al de la célula madre, ésta trasmitirá sus caracteres hereditarios a sus descendientes.

FUNCIONES DE RELACION

Los organismos unicelulares son sensibles a los estímulos físicos (calor, luz, electricidad).

Y a los estímulos químicos (acidez, alcalinidad).

A veces, las células se aproximan a los estímulos.

Otras veces, se alejan de ellos.

Para moverse, la ***ameba*** emite prolongaciones (seudópodos).

El cuerpo de la célula pasa al seudópodo.

La ameba ha cambiado de lugar (Fig. 4-10).

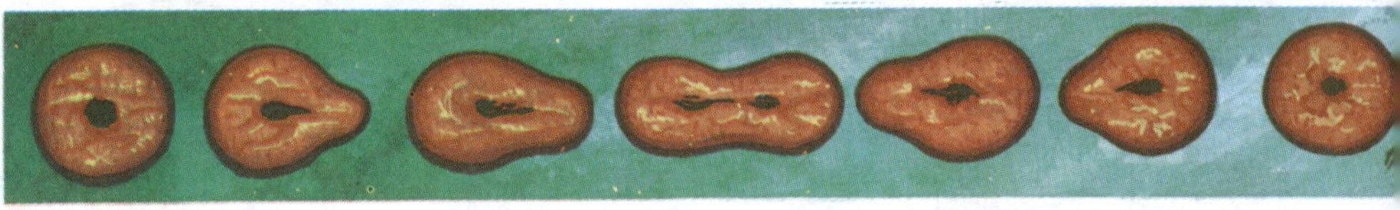

Fig. 4-10.—Movimiento amiboideo.

Otros protozoos, como el ***paramecio,*** presentan en sus contornos finas prolongaciones o ***cilios*** (Fig. 4-11 A).

Los movimientos de los cilios determinan cambio de lugar del paramecio.

Por último, otros protozoos, como la ***euglena,*** se mueven gracias a un largo flagelo (Fig. 4-11 B).

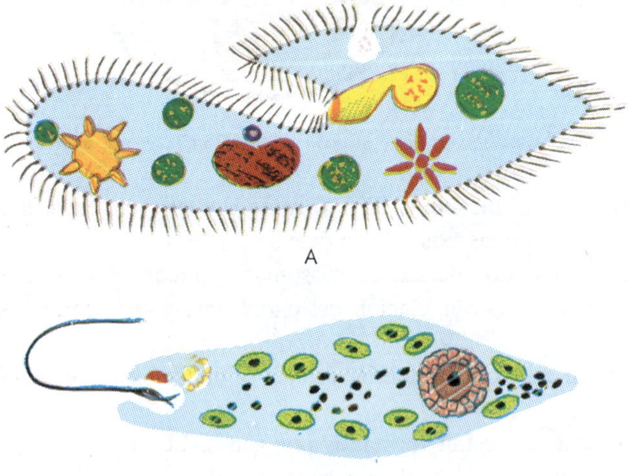

Fig. 4-11.—A) Paramecio, un ciliado. B) Euglena, un flagelado.

EN POCAS PALABRAS

Todos los seres vivos, animales y plantas están formados por **células.**

Hay células que viven aisladas y forman organismos simples.

Otras, asociadas a numerosas células, forman organismos complejos.

La célula es una partícula de sustancia dotada de vida.

Las células tienen, generalmente, tamaño muy pequeño.

La unidad de medida de la célula es la **micra** (μ).

Las células aisladas tienen forma globulosa.

Unidas a otras células, tienen forma poliédrica.

Las partes esenciales de la célula son:

1. **Membrana plasmática.**
2. **Citoplasma,** sustancia viscosa parecida a la clara del huevo.

El citoplasma presenta organoides (elementos vivos) e inclusiones citoplasmáticas (sustancias inertes).

3. **Núcleo.** Generalmente único. A veces, múltiple, formado por jugo nuclear y cromatina.

La cromatina se divide en **cromosomas.**

Los cromosomas son portadores de los caracteres hereditarios.

Funciones celulares: nutrición, reproducción y relación.

Reproducción	Asimétrica: gemación y esporulación. Simétrica: amitósica y mitósica.
Movimiento celular	Por seudópodos (ameba). Por cilios (paramecio). Por flagelos (euglena).

5 Los tejidos

Llámase ***tejido*** a un conjunto de células análogas que realizan un mismo trabajo.

La parte de la Biología que estudia los tejidos se llama ***Histología.***

Los hombres de ciencia que se dedican al estudio de la Histología son los ***histólogos.***

ELEMENTOS QUE FORMAN LOS TEJIDOS

1. **Células.** Ya hemos estudiado las células.

2. **Sustancias intercelulares.** Las sustancias intercelulares se encuentran en los espacios que dejan libres las células.

Las células son elementos vivos.

Las sustancias intercelulares son elementos inertes.

Comparemos un tejido con un edificio. Las sustancias intercelulares son los ladrillos, la madera, el concreto, etc. Las células son las personas que habitan la casa.

Las sustancias intercelulares le dan consistencia al tejido.

Además, a través de las sustancias intercelulares se nutren las células.

3. **Líquido tisular.** Líquido tisular quiere decir líquido de los tejidos. Proviene de la sangre.

El plasma sanguíneo pasa a través de los capilares.

El líquido tisular lleva a las células el oxígeno y las sustancias nutritivas.

Parte del líquido tisular entra de nuevo en los capilares y trae de las células dióxido de carbono y otras sustancias de desecho.

Hemos comparado la sustancia intercelular con los materiales de que está hecha una casa.

El líquido tisular puede compararse con los proveedores de alimentos y con los que recogen los desperdicios de la casa.

CLASES DE TEJIDOS

Los tejidos del cuerpo humano pueden agruparse en cuatro tipos fundamentales:

1. **Tejido epitelial.** 2. **Tejido conectivo** o **conjuntivo.** 3. **Tejido muscular.** 4. **Tejido nervioso.**

Cada uno de esos tipos se subdivide en diferentes variedades.

1. **Tejido epitelial.** El tejido epitelial presenta escasa sustancia intercelular. Las células se tocan unas a otras.

El tejido epitelial realiza tres funciones:

a) *Protege* (epidermis de la piel).

b) *Absorbe* (epitelio del intestino delgado).

c) *Segrega* (glándulas salivales).

Por su forma, las células epiteliales pueden ser (Fig. 5-1):

a) *Planas* (epidermis).

b) *Cúbicas* (glándulas salivales).

c) *Columnares simples* (estómago e intestinos).

d) *Columnares ciliadas* (tráquea y bronquios).

Los movimientos de los cilios hacen ascender las secreciones y el polvo.

Por su estructura, los epitelios pueden ser:

a) *Simples* (formados por una sola capa de células).

b) *Estratificados* (formados por varias capas de células superpuestas).

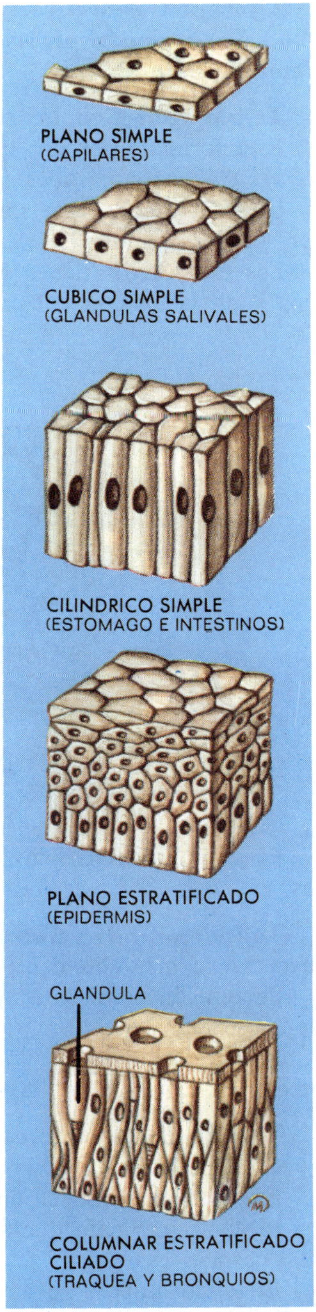

Fig. 5-1.—Variedades de tejido epitelial.

2. **Tejido conectivo.** Mencionaremos seis clases de tejido conectivo: ***Laxo común, Fibroso denso, Adiposo, Cartilaginoso, Oseo*** y ***Hemopoyético.***

Tejido conectivo laxo. Laxo quiere decir flojo, sin tensión.

Está formado por dos clases de células (Fig. 5-2):

a) *Células conectivas fijas,* de aspecto estrellado, y

b) *Macrófagos,* que son células migratorias que engloban y destruyen los gérmenes.

Los macrófagos tienen gran importancia en el proceso de la inflamación y en la defensa del organismo.

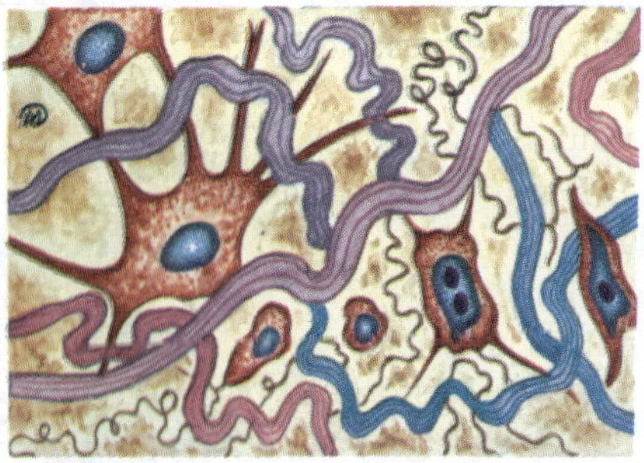

Fig. 5-2.—Tejido laxo común.

El tejido conectivo laxo se encuentra bajo la piel, entre los músculos, etc.

Tejido conectivo fibroso. Sus células son parecidas a las del tejido laxo. Tiene más abundante sustancia intercelular que el laxo.

Su función consiste en unir los diferentes tejidos que constituyen los órganos.

Forma los tendones, los ligamentos de las articulaciones, la dermis, etcétera.

Tejido adiposo. Se caracteriza porque sus células están cargadas de grasa (Fig. 5-3).

Esa grasa representa un depósito de alimentos.

El adelgazamiento que sufren los enfermos es debido, en parte, a que han gastado esa grasa.

El tejido adiposo se acumula bajo la piel y, especialmente, en el abdomen.

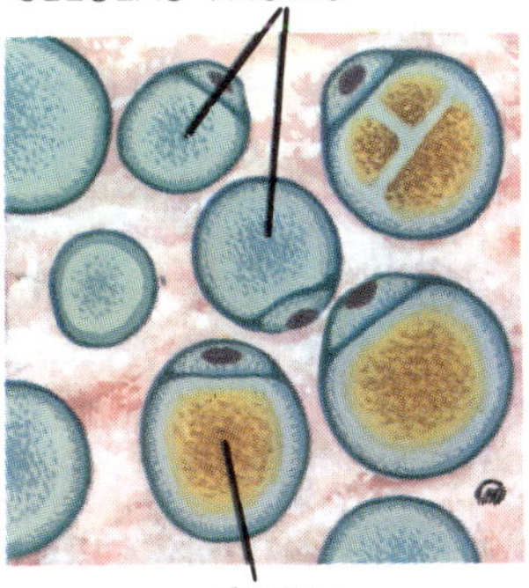

Fig. 5-3.—Tejido adiposo

Tejido cartilaginoso. Sus células son redondeadas u ovales, y están envueltas en una gruesa membrana.

La sustancia intercelular de este tejido es elástica y se llama ***condrina.***

El tejido cartilaginoso está desprovisto de vasos sanguíneos.

Hay tres variedades de tejido cartilaginoso (Fig. 5-4).

a) *Hialino.* De color blanco azulado, recubre las superficies articulares y facilita los movimientos.

b) *Elástico.* Se encuentra en el pabellón de la oreja, la epiglotis, etc.

c) *Fibroso.* Tiene muchas fibras ***colágenas*** que, cuando se calienta forma la cola de pegar.

Se encuentra en los discos intervertebrales, en la unión de ambos pubis, etc.

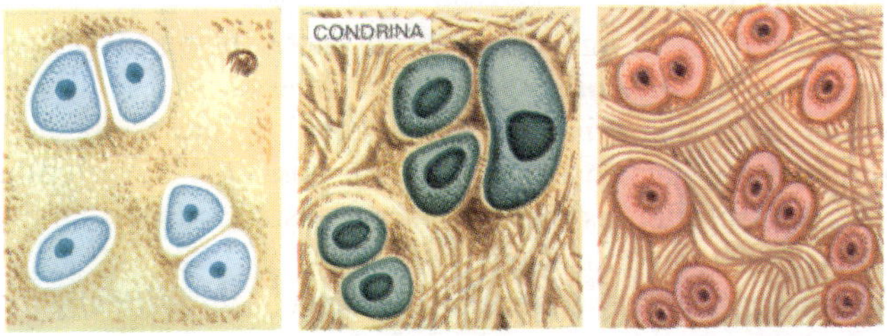

Fig. 5-4.—Distintas clases de tejido cartilaginoso.

Tejido óseo. El tejido óseo forma los huesos (Fig. 5-5).

Las células óseas, muy ramificadas, se llaman ***osteoblastos.***

Los osteoblastos se encuentran en espacios o lagunas denominados ***osteoplastos.***

La sustancia intercelular se llama ***osteína*** y en ella se depositan ***sales calcáreas.***

El tejido óseo es muy rico en vasos sanguíneos.

Los vasos sanguíneos y los nervios corren por unos canales llamados ***canales de Havers.***

Alrededor de los canales de Havers se colocan circularmente los osteoblastos.

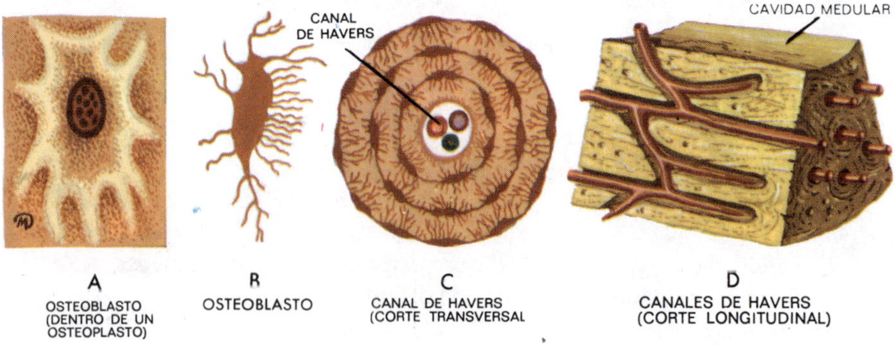

Fig. 5-5.—Tejido óseo.

Los huesos están recubiertos por una membrana llamada ***periostio,*** que tiene la propiedad de formar células óseas.

Esas células sirven para el crecimiento del hueso y para la unión de los huesos en casos de fracturas.

Tejido hemopoyético. Hemopoyesis es la función de formar los glóbulos sanguíneos.

Los glóbulos rojos y una clase de glóbulos blancos (polimorfonucleares) se forman en la ***medula roja*** de los huesos.

La medula roja ocupa las trabéculas de los huesos de la bóveda del cráneo, el esternón, las costillas, los cuerpos de las vértebras, etc.

El canal central de los huesos largos está ocupado por la ***medula amarilla,*** muy rica en grasa.

Los restantes glóbulos blancos se forman en los ganglios linfáticos y el bazo, principalmente.

Algunos autores estudian la sangre como un tejido.

La estudiaremos, al tratar del aparato circulatorio, como uno de los líquidos del cuerpo.

3. **Tejido muscular.** Los músculos están formados por células alargadas llamadas ***fibras.***

La propiedad más saliente de la fibra muscular es contraerse.

La contracción determina el acortamiento de la fibra muscular.

En cambio, aumenta su grosor.

Hay tres clases de fibras musculares (Fig. 5-6):

a) *Lisas,* que son blancas y se contraen lentamente y de modo involuntario.

Las fibras lisas tienen un solo núcleo.

Se encuentran fibras lisas en el estómago, el intestino, el útero, etc.

b) *Estriadas,* es decir, con bandas claras y oscuras alternadas.

Son rojas, se contraen bruscamente y de modo voluntario.

Las fibras estriadas tienen varios núcleos.

Se unen a los huesos por medio de los tendones y su contracción determina los movimientos.

c) *Cardíacas.* Forman el músculo del corazón.

Sus fibras son rojas y estriadas, pero se contraen involuntariamente.

La contracción de las fibras cardíacas impulsa la sangre hacia las arterias.

4. **Tejido nervioso.** Las células del tejido nervioso presentan numerosas ramificaciones.

Las células nerviosas reciben el nombre de ***neuronas.***

Las propiedades más salientes de las neuronas son: ***irritabilidad*** y ***conductibilidad.***

La irritabilidad es la respuesta a los estímulos.

La conductibilidad consiste en transmitir el estímulo recibido hasta las partes más distantes de las células.

Como todas las células, las neuronas presentan citoplasma y núcleo.

Fig. 5-6.—Diversas clases de tejidos musculares: A) Lisas. B) Estriadas. C) Cardíacas.

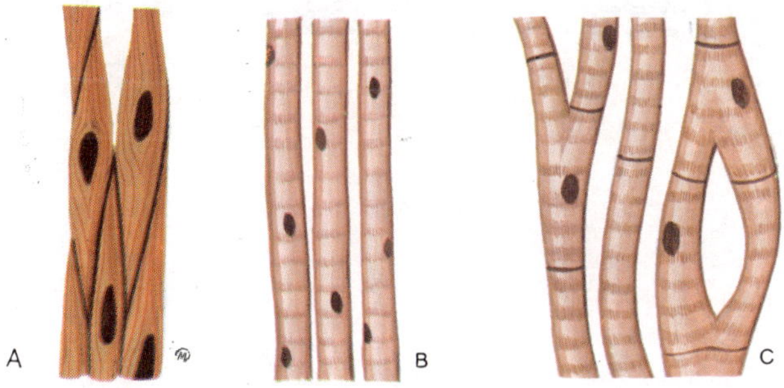

Del citoplasma parten dos clases de prolongaciones (Fig. 5-7):

a) ***Dendritas,*** que se ramifican como los árboles, y

b) ***Cilindroeje*** o ***axón,*** larga y recta, que, a veces, da ramas laterales.

Hay neuronas que tienen solamente una dendrita y un axón. Son ***neuronas bipolares.***

Las que tienen numerosas dendritas se llaman ***neuronas multipolares.***

Las prolongaciones de las neuronas reciben el nombre de ***fibras nerviosas.***

Estas fibras están revestidas, a veces, por una sustancia blanca llamada ***mielina.***

Las fibras se unen para formar los ***nervios.***

Hay nervios que llevan el estímulo del exterior a los centros nerviosos. Son los ***nervios sensitivos.***

Otros llevan el impulso nervioso de los centros a los músculos. Son los ***nervios motores.***

Por último, hay nervios formados por fibras sensitivas y por fibras motoras. Se llaman ***nervios mixtos.***

El sistema nervioso dirige las funciones del organismo.

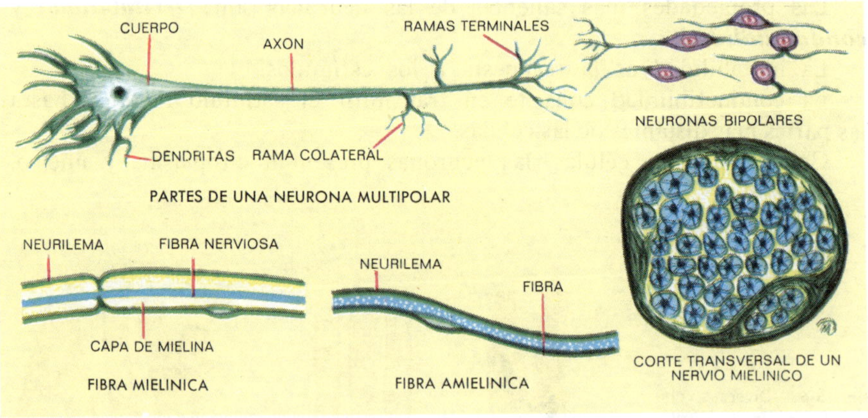

Fig. 5-7.—Neuronas y fibras nerviosas.

EN POCAS PALABRAS

Tejido es un conjunto de células análogas que realizan un mismo trabajo.

Elementos que forman los tejidos:
- Células
- Sustancias intercelulares
- Líquido tisular

Clases de tejidos:
1. Epitelial
   - De células
     - Planas
     - Cúbicas
     - Columnares
   - De capa
     - Simple
     - Estratificada
2. Conectivo
   - Conectivo laxo
   - Conectivo fibroso
   - Adiposo
   - Cartilaginoso
     - Hialino
     - Elástico
     - Fibroso
   - Oseo
   - Hemopoyético
3. Muscular
   - Liso
   - Estriado
   - Cardíaco
4. Nervioso

6 *Aparato digestivo y sus órganos anexos*

Nuestro organismo sufre pérdidas constantes.

Por el sudor, la orina, la respiración, etc., expulsa numerosas sustancias.

Para reponer esas pérdidas utiliza los alimentos.

Pero los alimentos tienen que ser transformados. Sus grandes moléculas tienen que convertirse en moléculas más pequeñas.

Las pequeñas moléculas pueden atravesar las membranas y penetrar en todas las células del cuerpo.

Esa transformación la realiza el ***aparato digestivo.***

El aparato digestivo es un largo tubo que se extiende desde la boca hasta el ano.

Comienza en la boca, desciende por el cuello y el tórax, atraviesa el diafragma, sigue un trayecto tortuoso en el abdomen y termina en el ano.

ORGANOS DEL APARATO DIGESTIVO

El aparato digestivo está formado por los siguientes órganos: ***boca, faringe, esófago, estómago*** e ***intestinos*** (Fig. 6-1).

Además, debemos mencionar los ***órganos anexos.***

Anexo quiere decir que está cercano y relacionado.

a) Anexas a la boca son las glándulas salivales.

b) Anexos al intestino son el hígado y el páncreas.

I. BOCA

La boca es una cavidad que se encuentra en la parte inferior de la cara.

Los límites de la boca son (Fig. 6-2):

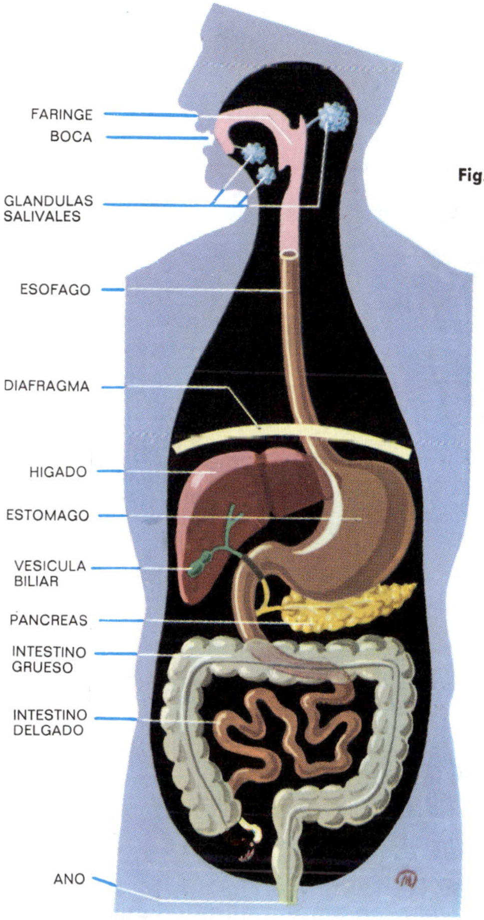

Fig. 6-1.—Organos del aparato digestivo.

a) Hacia delante, se encuentran los labios.

En los labios hay un músculo que actúa como un ***esfínter.*** Esfínteres son músculos de fibra circular que cierran orificios naturales.

b) Hacia detrás, hay otra cavidad: la faringe. El límite entre la boca y la faringe es el ***velo del paladar.***

c) Hacia arriba, la ***bóveda palatina*** separa la boca de las fosas nasales.

d) Hacia abajo se encuentran la lengua y un tabique muscular.

e) Las paredes laterales están formadas por las mejillas.

En el centro del velo del paladar está la ***úvula*** o ***campanilla.*** A ambos lados se encuentran las ***amígdalas.***

La cavidad bucal está tapizada por una mucosa.

En el interior de la boca se encuentran la ***lengua*** y los ***dientes.***

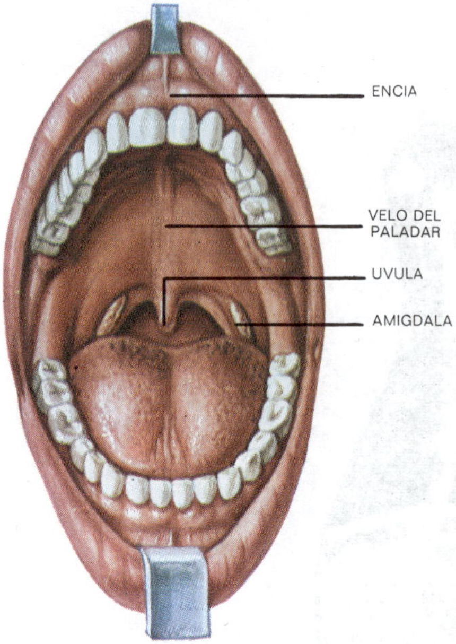

Fig. 6-2.—Boca abierta.

Lengua. La lengua se encuentra en la parte inferior de la boca.

Está formada por numerosos músculos que le comunican gran movilidad y está revestida por una mucosa.

En la mucosa de la lengua se encuentran los órganos del sentido del gusto.

Dientes. En los rebordes de los maxilares hay unas cavidades (alvéolos) que alojan una parte de los dientes.

Partes de los dientes. La parte visible de los dientes se llama ***corona*** (Fig. 6-3).

La parte enclavada en los alvéolos es la ***raíz.***

La raíz puede ser simple o ramificada.

Entre la corona y la raíz hay una porción estrecha llamada ***cuello.***

Diferentes clases de dientes.

a) Hacia delante se encuentran los ***incisivos,*** de borde cortante.

b) A los lados, los ***caninos,*** terminados en vértice.

c) Después, los ***bicúspides,*** con dos tubérculos o salientes en su corona.

d) Por último, los ***molares,*** con cuatro tubérculos.

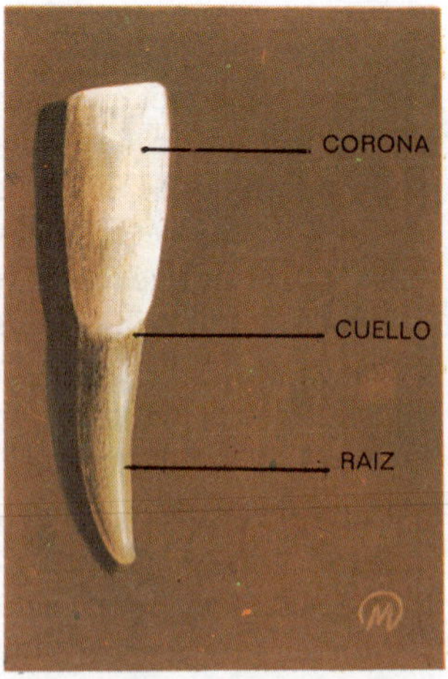

Fig. 6-3.—Partes de un diente.

Fig. 6-4.—Diferentes clases de dientes: 1) Incisivo. 2) Canino. 3) Premolar. 4) Molar.

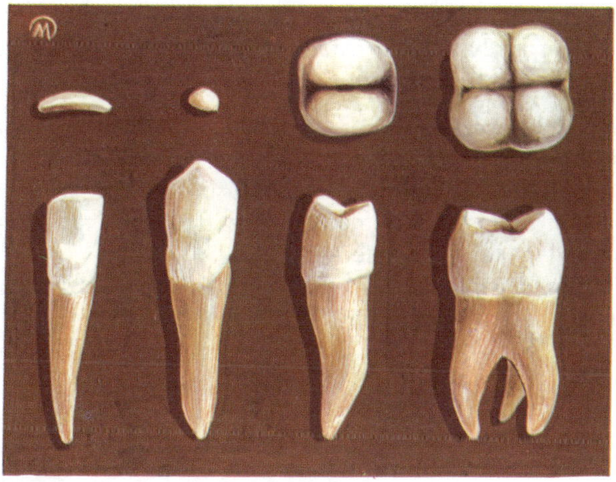

Los incisivos y los caninos tienen una sola raíz; los premolares o bicúspides tienen generalmente una raíz con un surco longitudinal; los molares tienen dos, tres o cuatro raíces (Fig. 6-4).

Estructura de los dientes. Si damos un corte longitudinal a un diente, veremos (Fig. 6-5):

a) Que está formado en su mayor parte por una sustancia blanquecina o grisácea. Es la ***dentina*** o ***marfil.***

b) Que la dentina presenta una cavidad donde se encuentra la ***pulpa de ıtaria.***

La pulpa dentaria es muy rica en nervios y en vasos sanguíneos.

c) En la corona, la dentina está recubierta por el ***esmalte,*** sustancia muy dura y brillante.

d) En la raíz, la dentina está cubierta por el **cemento,** sustancia amarillenta y sin brillo.

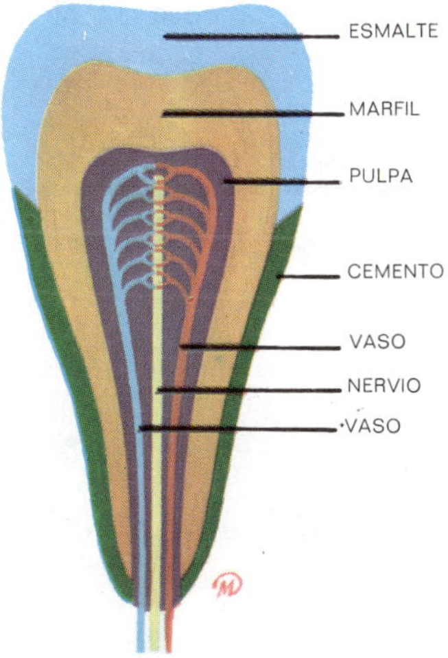

Fig. 6-5.—Estructura de un diente.

Denticiones. En la boca de un recién nacido no se ven dientes.

Sin embargo, se están formando en los maxilares.

El hombre presenta dos denticiones.

Primera dentición. Se llama también ***temporaria*** o ***de leche***, porque en esa época la leche es el principal alimento del niño.

Alrededor de los seis meses brotan los incisivos centrales inferiores.

Entre los dos y medio y los tres años se completa la primera dentición (en total, 20 piezas).

En cada arcada dentaria el niño tiene 10 piezas: 4 incisivos, 2 caninos y 4 molares (Fig. 6-6).

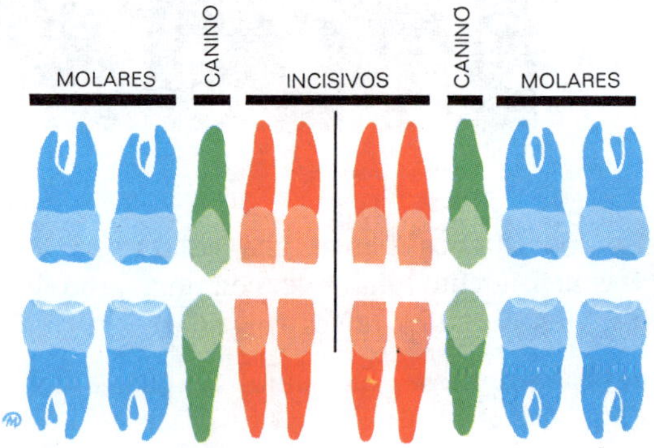

Fig. 6-6.—Primera dentición.

Segunda dentición. Entre los seis y siete años comienzan a desprenderse los dientes de leche.

Generalmente, caen en el mismo orden en que brotaron.

Al terminar de brotar la segunda dentición, hay en la boca 32 piezas dentarias.

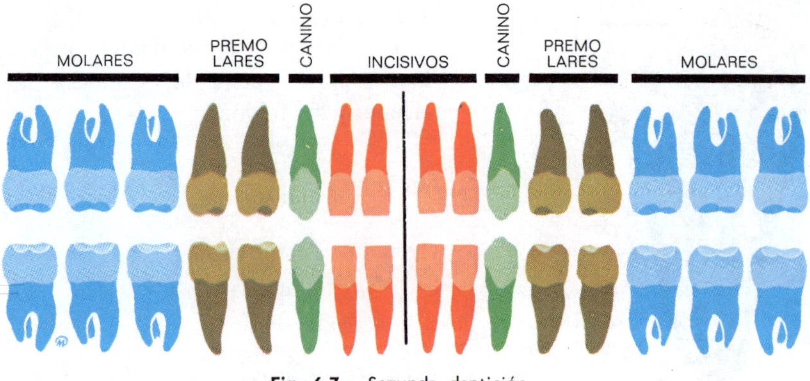

Fig. 6-7.—Segunda dentición.

Fig. 6-8.—En blanco, las piezas temporarias. En rojo, las que las sustituyen de la dentición permanente. En azul, las de la dentición permanente que no tienen equivalentes en la primera dentición.

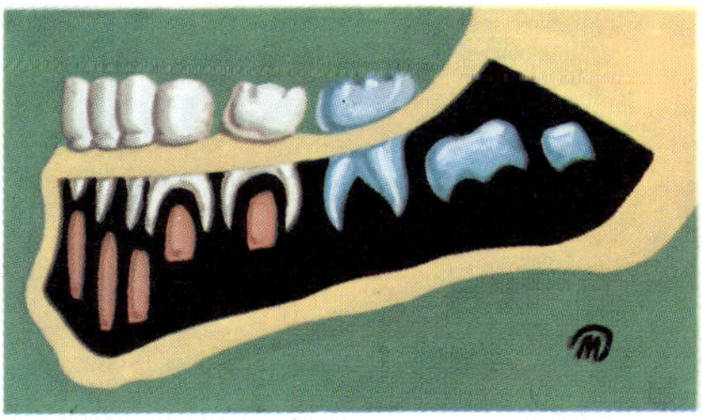

En cada arcada hay 4 incisivos, 2 caninos, 4 premolares y 6 molares (Fig. 6-7).

En la segunda dentición hay piezas que sustituyen a las de la primera que han caído.

En la porción posterior de los maxilares brotan piezas que no existen en la primera dentición (Fig. 6-8).

Los últimos molares de cada arcada se llaman ***cordales.***

Brotan alrededor de los 18 años. A veces, más tarde. En algunos casos, no brotan nunca ***(cordales impactados).***

ORGANOS ANEXOS A LA BOCA

Hay 6 glándulas salivales, 3 a cada lado (Fig. 6-9):

2 parótidas, por delante y debajo de las orejas.
2 submaxilares, debajo y por dentro de los maxilares inferiores.
2 sublinguales, por debajo de la lengua.

Las glándulas salivales producen la saliva, que llega a la boca por finos conductos.

La saliva desempeña una función importante en la digestión.

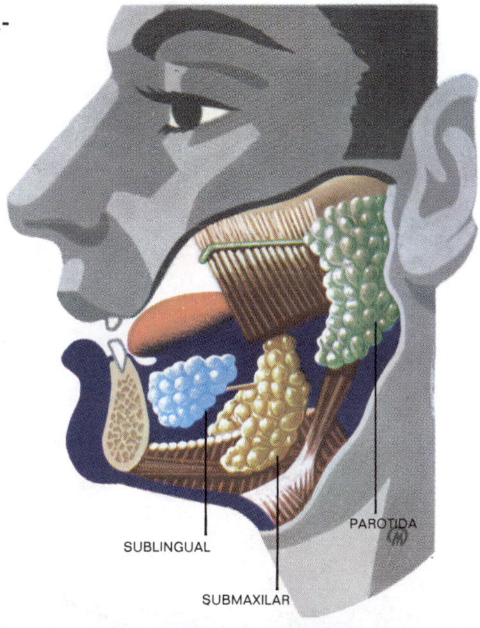

Fig. 6-9.—Localización de las glándulas salivales.

EN POCAS PALABRAS

Los alimentos sirven para reparar las pérdidas constantes que sufre el organismo.

Los alimentos son transformados en el aparato digestivo.

Organos del aparato digestivo	Boca Faringe Esófago Estómago Intestino
En la boca encontramos	Lengua Dientes
Partes de los dientes	Corona Cuello Raíz
Clases de dientes	Incisivos Caninos Premolares Molares
Estructura de los dientes	Dentina Pulpa dentaria Esmalte Cemento
Primera dentición (20 piezas)	8 incisivos 4 caninos 8 molares
Segunda dentición (32 piezas)	8 incisivos 4 caninos 8 premolares 12 molares
Glándulas salivales	2 parótidas 2 submaxilares 2 sublinguales

II. LA FARINGE Y EL ESOFAGO

FARINGE

La faringe es un conducto musculomembranoso que se encuentra por detrás de las fosas nasales, la boca y la laringe.

Se divide en tres partes. Las partes de la faringe toman los nombres de los órganos vecinos (Fig. 6-10).

1. **Nasofaringe** (por detrás de las fosas nasales).
2. **Orofaringe** (por detrás de la boca).
3. **Laringofaringe** (por detrás de la laringe).

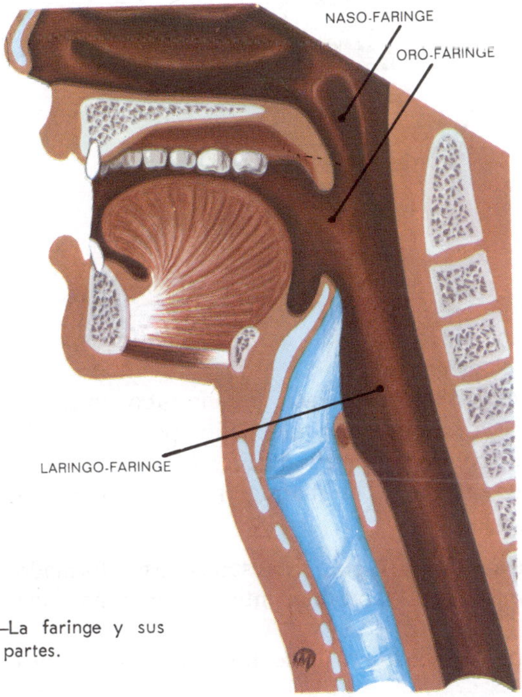

Fig. 6-10.—La faringe y sus partes.

La nasofaringe no forma parte del aparato digestivo. Da solamente paso al aire.

A ambos lados, la nasofaringe presenta las desembocaduras de las trompas de Eustaquio.

Las trompas de Eustaquio comunican la nasofaringe con el oído medio.

La orofaringe da paso al aire y a los alimentos.

La laringofaringe solamente da paso a los alimentos.

La faringe está formada por músculos tapizados interiormente por una membrana mucosa.

La faringe se comunica con las fosas nasales, con el oído medio, con la boca y con la laringe y se continúa con el esófago.

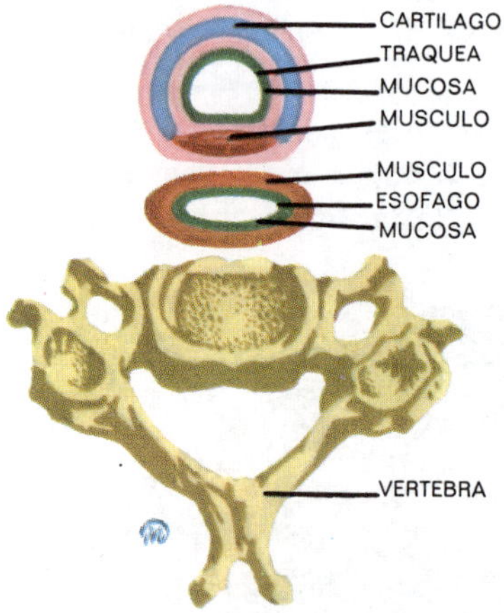

Fig. 6-11.—El esófago está colocado por detrás de la tráquea y por delante de la columna vertebral.

ESOFAGO

El esófago es un tubo de unos 25 centímetros de largo que une la faringe con el estómago.

Cuando el esófago está vacío es un tubo aplanado.

El esófago desciende por el cuello, por detrás de la tráquea y por delante de la columna vertebral (Fig. 6-11).

El esófago atraviesa el diafragma, llega al abdomen y se continúa con el estómago.

Estructura del esófago. El esófago está formado por fibras musculares tapizadas interiormente por una mucosa.

Las fibras musculares presentan dos direcciones (Fig. 6-12):

1. ***Longitudinales***, que se continúan con las fibras del estómago, y

2. ***Circulares***, en forma de anillos colocados unos sobre otros.

Fig. 6-12.—Fibras del esófago.

En la unión del esófago con el estómago las fibras musculares forman un esfínter.

Este esfínter regula la abertura del esófago en el estómago.

EN POCAS PALABRAS

Faringe. La faringe es un conducto musculomembranoso. Tiene tres partes:

Faringe:
- Nasofaringe (da paso al aire)
- Orofaringe (da paso al aire y a los alimentos)
- Laringofaringe (da paso a los alimentos)

La faringe se comunica con:
- Las fosas nasales
- El oído medio
- La boca
- La laringe
- El esófago

Esófago. El esófago es un conducto musculomembranoso que une la faringe con el estómago.

Desciende por el cuello y el tórax, atraviesa el diafragma y, en el abdomen, se continúa con el estómago.

En la unión del esófago y el estómago hay un esfínter.

III. ESTOMAGO

El estómago es una porción dilatada del tubo digestivo.

Situación. Ocupa la porción superior izquierda del abdomen, por debajo del diafragma.

Tamaño. La capacidad del estómago varía de una a otra persona. La capacidad media es de 1 $\frac{1}{2}$ litros.

Forma y posición. La forma y la posición del estómago varían con la corpulencia de las personas.

En los sujetos altos y delgados, el estómago es casi vertical, puede descender a la pelvis y presenta la forma de una J (Fig. 6-13 A).

En las personas gruesas y de baja estatura, el estómago es alto y horizontal (Fig. 6-13 B).

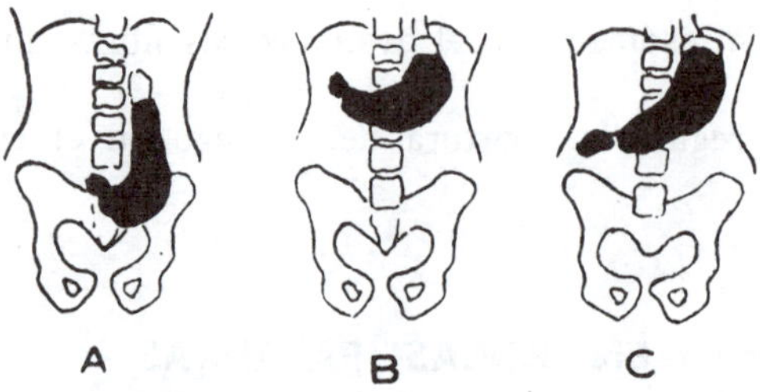

Fig. 6-13.—A) Estómago vertical de los sujetos altos y delgados. B) Estómago horizontal de las personas gruesas y de corta estatura. C) Estómago oblicuo de los sujetos de corpulencia media.

En los sujetos de corpulencia media, ocupa una posición oblicua (Fig. 6-13 C).

Partes del estómago. En el estómago encontramos dos aberturas, dos caras y dos bordes (Fig. 6-14).

Las aberturas son: el ***cardias,*** que comunica con el esófago y el ***píloro,*** que comunica con el intestino.

Las caras se distinguen en anterior y posterior.

El borde izquierdo se llama también ***curvatura mayor.***

El derecho es la ***curvatura menor.***

Estructura del estómago. Las paredes del estómago están formadas por cuatro capas superpuestas (Fig. 6-15).

De fuera a dentro, son:

1. ***Capa peritoneal.*** No es especial del estómago.

El peritoneo es una serosa que recubre los órganos del abdomen y tapiza las paredes interiores de la cavidad abdominal.

2. ***Capa muscular,*** formada por fibras longitudinales, circulares y oblicuas.

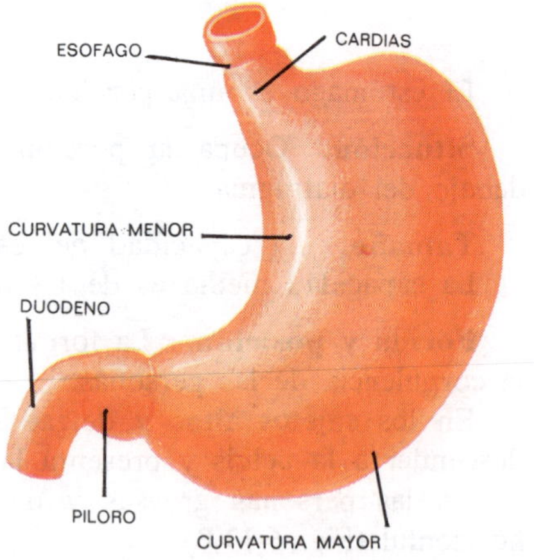

Fig. 6-14.—Partes del estómago.

3. ***Capa submucosa,*** por donde corren los nervios y vasos sanguíneos del estómago.

4. ***Capa mucosa,*** donde se encuentran numerosas glándulas, cuyo número se ha calculado en cinco millones.

Hay glándulas que producen ***mucus.***

Otras segregan ***jugo gástrico.***

El jugo gástrico es de reacción ácida.

Contiene ***ácido clorhídrico*** y tres ***fermentos.***

Los fermentos digestivos transforman los alimentos en sustancias más simples.

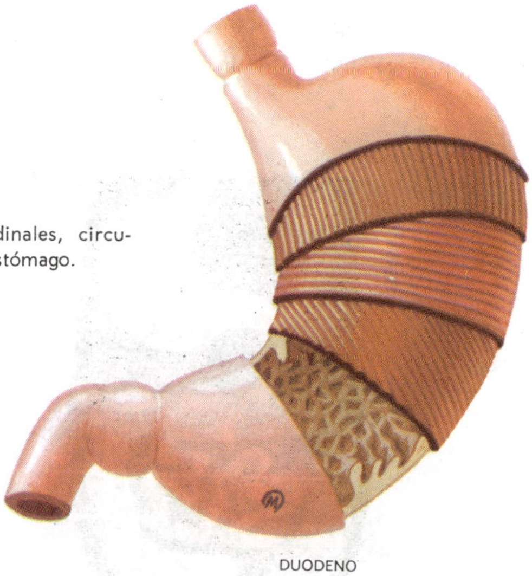

Fig. 6-15.—Fibras longitudinales, circulares y oblicuas del estómago.

EN POCAS PALABRAS

El estómago es una porción dilatada del tubo digestivo.

Se encuentra en la porción superior e izquierda del abdomen.

Su capacidad es de 1 1/2 litros.

Su forma y su posición dependen de la corpulencia de la persona.

Tiene dos aberturas, dos caras y dos bordes.

Sus paredes tienen cuatro capas: **serosa, muscular, submucosa** y **mucosa.**

En la mucosa hay numerosas glándulas que segregan **mucus** y **jugo gástrico.**

El jugo gástrico contiene **ácido clorhídrico** y **tres fermentos.**

IV. INTESTINO

El intestino es la última porción del aparato digestivo.

Es un tubo largo y sinuoso que se encuentra en la cavidad abdominal.

Tiene aproximadamente $8\frac{1}{2}$ metros de largo.

Se extiende desde el píloro hasta el ano.

División del intestino. El intestino no tiene el mismo grosor ni la misma forma en toda su extensión (Fig. 6-16).

La primera porción es el ***intestino delgado.***

La porción terminal es el ***intestino grueso.***

El intestino delgado ocupa la porción central del abdomen.

El intestino grueso forma un marco alrededor del intestino delgado.

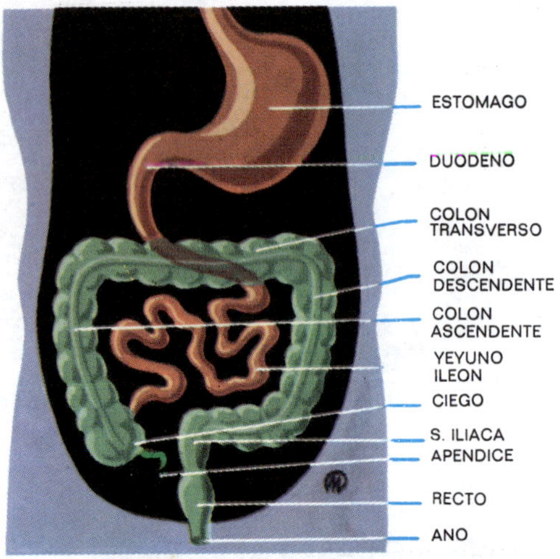

Fig. 6-16.—El intestino grueso forma un marco alrededor del intestino delgado.

Estructura del intestino. El intestino está formado, como el estómago, por cuatro capas: ***peritoneal, muscular, submucosa*** y ***mucosa.***

La capa muscular consta de fibras longitudinales y de fibras circulares.

Intestino delgado. Es un tubo cilíndrico de 3 cm de diámetro (Fig. 6-17 *A*).

Fig. 6-17.—A) Intestino delgado. B) Intestino grueso.

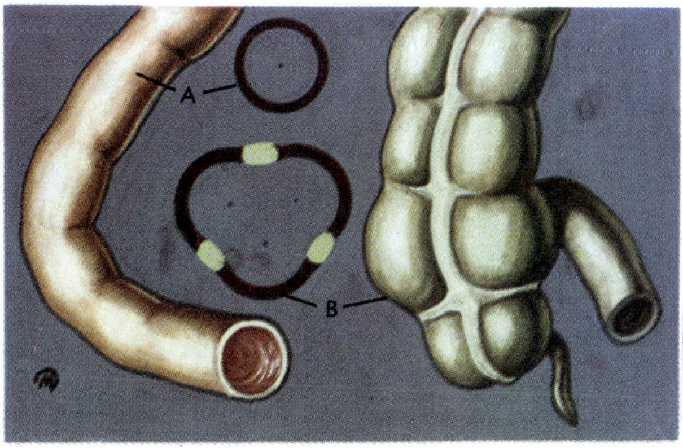

Su forma es cilíndrica porque las fibras musculares longitudinales están repartidas de modo regular (Fig. 6-18 *A*).

Su longitud aproximada es de 7 m.

El intestino delgado se divide en dos porciones:

a) ***Duodeno,*** porción fija que va del píloro al yeyunoíleon.

b) ***Yeyunoíleon,*** porción móvil, a continuación del duodeno y que termina en el intestino grueso.

Antiguamente se describían 3 regiones: duodeno, yeyuno e íleon.

Como no hay un límite preciso entre el yeyuno y el íleon, modernamente se estudian juntos con el nombre de yeyunoíleon.

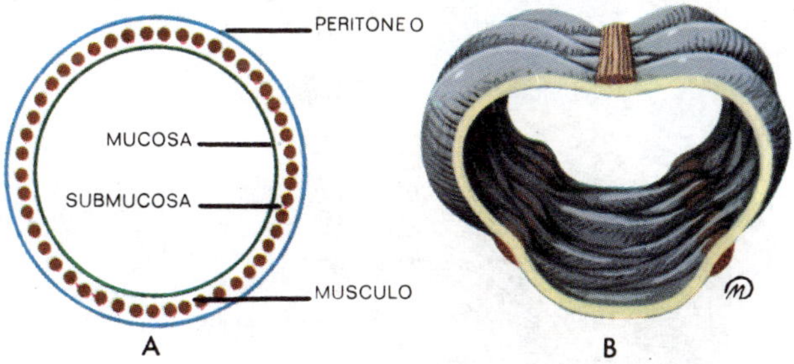

Fig. 6-18.—A) Distribución regular de las fibras longitudinales del intestino delgado. B) En el intestino grueso, las fibras longitudinales se agrupan en tres cintas.

Al duodeno van a parar los conductos que llevan la bilis y el jugo pancreático (Fig. 6-19).

El duodeno es fijo porque está junto a la pared abdominal, aprisionado por el peritoneo.

El yeyunoíleon es móvil porque está separado de la pared abdominal y unido a ésta por una doble hoja peritoneal.

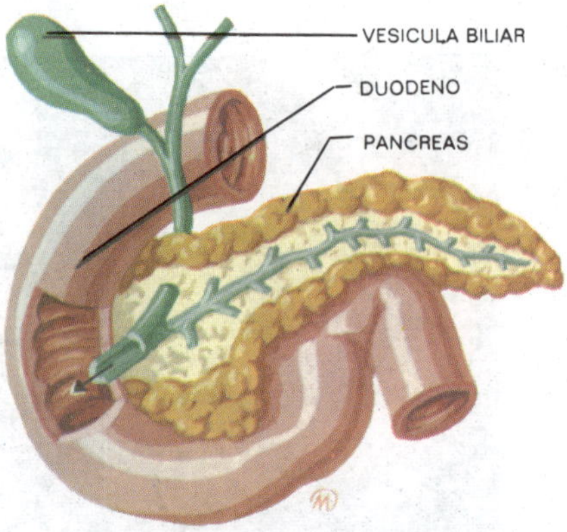

Fig. 6-19.—La bilis y el jugo pancreático se vierten en el duodeno.

Esa doble hoja peritoneal se llama ***mesenterio*** (Fig. 6-20).

En la mucosa del intestino delgado se observan:

a) Pliegues transversales ***(válvulas conniventes),*** que aumentan considerablemente la superficie de la mucosa (Fig. 6-21).

b) Numerosos salientes de forma cónica ***(vellosidades intestinales).***

c) Innumerables orificios, que son las desembocaduras de las glándulas que segregan el ***jugo intestinal*** (Fig. 6-22).

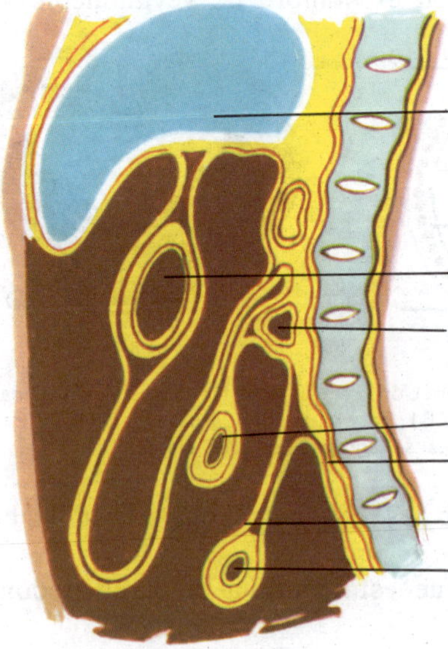

Fig. 6-20.—Esquema que muestra por qué es inmóvil el duodeno y por qué es móvil el yeyunoíleon.

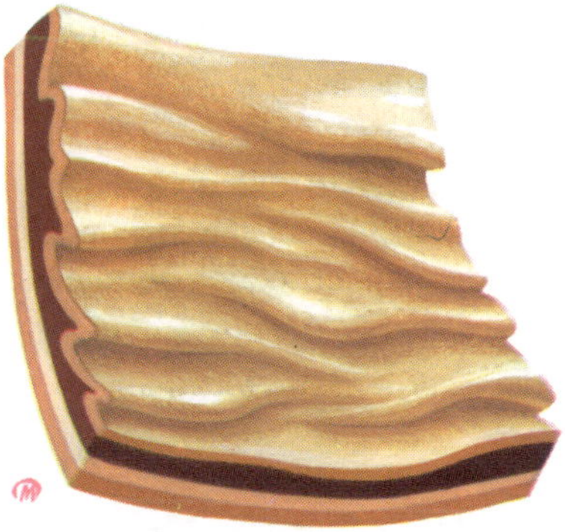

Fig. 6-21.—Válvulas conniventes del intestino delgado.

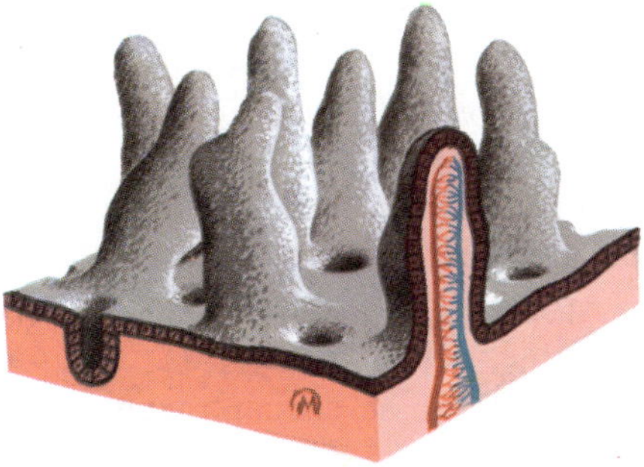

Fig. 6-22.—Vellosidades intestinales y orificios de las glándulas intestinales.

Intestino grueso. El intestino grueso tiene un diámetro de 7 cm y una longitud aproximada de 1 ½ m (Fig. 6-17 *B*).

Como sus fibras musculares longitudinales se agrupan en tres cintas, su superficie presenta un aspecto abombado (Fig. 6-18 *B*).

El intestino grueso se divide en las siguientes regiones:

1. ***Ciego,*** colocado por debajo de la desembocadura del yeyuno-íleon (Fig. 6-23).

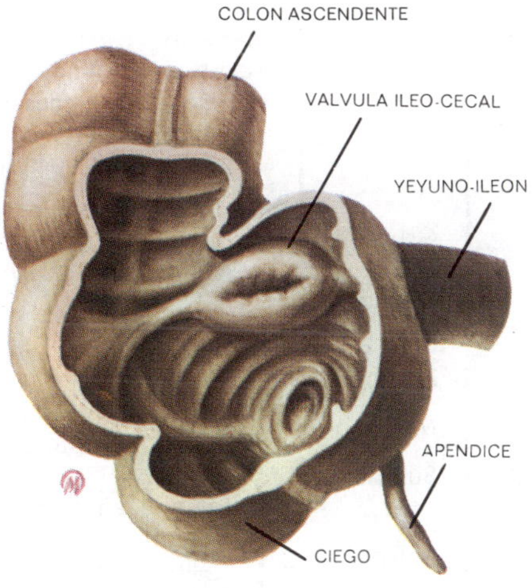

Fig. 6-23.—Unión del intestino delgado con el intestino grueso.

El ciego presenta una porción inferior muy fina, llamada ***apéndice.*** La ***apendicitis*** es la inflamación del apéndice.

2. ***Colon,*** que se divide en:

a) *Colon ascendente,* que sube por el lado derecho del abdomen;
b) *Colon transverso,* que cruza el abdomen de derecha a izquierda;
c) *Colon descendente,* que baja por el lado izquierdo del abdomen;
d) Una porción curva, la ***«S» ilíaca.***

3. ***Recto,*** que desciende por delante del sacro hasta terminar en el ano (Fig. 6-16).

En el ano se encuentra un esfínter.

EN POCAS PALABRAS

El intestino es un tubo de 8 1/2 m que se encuentra en la cavidad abdominal.

- Intestino
  - Delgado
    - Duodeno (fijo)
    - Yeyunoíleon (móvil) (sujeto por el mesenterio)
  - Grueso
    - Ciego (con el apéndice)
    - Colon
      - Ascendente
      - Transverso
      - Descendente
    - Recto

- Capas del intestino
  - Peritoneal
  - Muscular
    - Fibras longitudinales
    - Fibras circulares
  - Submucosa
  - Mucosa
    - En ella encontramos:
    - Válvulas conniventes
    - Vellosidades intestinales
    - Glándulas intestinales

V. ORGANOS ANEXOS AL INTESTINO

En el abdomen se encuentran dos órganos anexos al intestino: el ***hígado*** y el ***páncreas.***

Estos dos órganos tienen relación con el trabajo digestivo.

El hígado segrega la ***bilis.*** El páncreas, el ***jugo pancreático.***

La bilis y el jugo pancreático son transportados por conductos especiales al duodeno, se mezclan con los alimentos y actúan sobre ellos.

HIGADO

Es la glándula más voluminosa del organismo.

Ocupa la porción superior y derecha del abdomen.

Presenta dos caras (Fig. 6-24):

1. Una superior, convexa, en contacto con el diafragma, y
2. Una inferior, cóncava, donde se encuentran la vesícula biliar y las vías biliares.

Vías biliares. Del hígado sale el ***conducto hepático.***

El conducto hepático lleva toda la bilis producida por el hígado.

Del conducto hepático parte un ramal que va a la vesícula biliar.

Este ramal se llama ***conducto cístico.***

La vesícula biliar es un pequeño depósito en forma de pera donde se almacena la bilis.

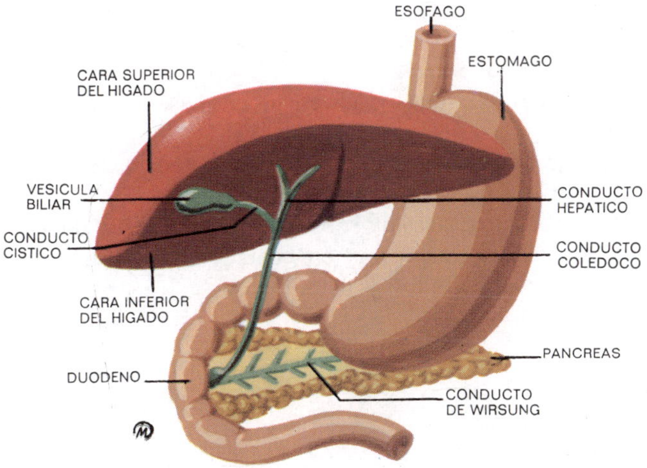

Fig. 6-24.—En este esquema pueden observarse las caras del hígado, la vesícula biliar y las vías biliares, así como la llegada al duodeno de los conductos que llevan la bilis y el jugo pancreático.

La unión de los conductos cístico y hepático forma el ***conducto colédoco.***

Estos tres conductos reunidos forman una especie de "Y".

Bilis. La bilis es un líquido verdoso y espeso que interviene en la digestión de los alimentos.

PANCREAS

El páncreas está situado profundamente por detrás del hígado y del estómago.

Es alargado y se dispone transversalmente.

La porción derecha, abultada, se llama ***cabeza.***

El duodeno la rodea como una llanta rodea una rueda.

La porción media, alargada, es el ***cuerpo.***

La porción izquierda, afilada, es la ***cola.***

El páncreas es una glándula mixta, esto es, de secreción externa y de secreción interna.

1. Produce jugo pancreático, que interviene en la digestión, y
2. Segrega una hormona, la ***insulina.***

La insulina es necesaria para el almacenamiento de la glucosa en el hígado.

Al no producirse la insulina, no puede almacenarse la glucosa y se elimina por la orina.

La falta de secreción de insulina determina la enfermedad llamada ***diabetes.***

Jugo pancreático. El jugo pancreático sale por un conducto llamado ***conducto de Wirsung.***

El conducto de Wirsung y el colédoco desembocan conjuntamente en el duodeno.

El jugo pancreático es un líquido de consistencia acuosa y es el más activo de los jugos digestivos.

Posee fermentos que actúan sobre todas las clases de principios alimenticios, a los cuales transforma en cuerpos de moléculas más simples.

Así pueden ser absorbidos y asimilados.

EN POCAS PALABRAS

Anexos al intestino encontramos el hígado y el páncreas.

Hígado. Es la mayor de las glándulas del organismo. Su cara superior está en contacto con el diafragma. En su cara inferior se encuentran la vesícula biliar y las vías biliares.

Vías biliares. Formadas por tres conductos que forman una «Y»:

1. **Conducto hepático,** que sale del hígado;
2. **Conducto cístico,** que va a la vesícula;
3. **Conducto colédoco,** unión de los dos anteriores que desemboca en el duodeno.

La vesícula biliar almacena la bilis.

Páncreas. Colocado transversalmente por detrás del hígado y del estómago.

Es una glándula mixta que produce:

1. **Jugo pancreático.** 2. **Insulina.**

El jugo pancreático actúa sobre todas las clases de principios alimenticios.

7 *Alimentos y vitaminas*

I. ALIMENTOS

El hombre tiene necesidad de ciertos materiales para:

1. Recuperar las pérdidas constantes que sufre su organismo;
2. Realizar diferentes trabajos (contracción muscular, secreción glandular);
3. Mantener su temperatura entre 36 y 37 grados C;
4. Formar, durante la niñez y la adolescencia, nuevos tejidos para crecer.

Esos materiales reciben el nombre de ***alimentos.***

Hay ***alimentos naturales,*** como la leche, las frutas, etc., y ***alimentos elaborados,*** como el pan, el queso, la mantequilla, etc.

Los alimentos contienen ***principios alimenticios.***

Los principios alimenticios son:

1. ***Glúcidos*** o ***hidratos de carbono,***
2. ***Lípidos*** o ***grasas,***
3. ***Prótidos*** o ***proteínas,*** llamados antiguamente sustancias albuminoideas.

Algunos alimentos contienen un principio nutritivo. Otros contienen dos. La leche contiene los tres.

Además de estos principios nutritivos, los alimentos contienen agua y sales minerales.

Pero el hombre no puede utilizar, generalmente, los alimentos en la forma que los ingiere.

Necesita transformarlos en sustancias solubles y de composición química más simple para poder ser absorbidos y asimilados.

Esa transformación se realiza debido a la acción de los ***fermentos*** o ***enzimas.***

Los fermentos son elaborados en glándulas que se encuentran en la mucosa del tubo digestivo (glándulas gástricas, glándulas intestinales).

O cerca del mismo (glándulas salivales, páncreas).

PAPEL DE LOS ALIMENTOS

Los alimentos realizan dos papeles principales.

1. Son utilizados por el organismo para producir movimientos y calor, es decir, para obtener energía. Son los ***alimentos energéticos.***

2. Otros, suministran a las células las sustancias necesarias para reponer sus pérdidas, crecer y reproducirse. Son ***alimentos plásticos,*** esto es, formadores.

ALIMENTOS ENERGETICOS

Cuando un combustible se combina con el oxígeno, es decir, se quema, libera o desprende energía.

El combustible que emplea el organismo para producir energía es el alimento.

Todos los alimentos pueden liberar energía al combinarse con el oxígeno, pero no todos producen la misma cantidad de energía ni tienen el mismo precio.

Consideraremos alimentos energéticos los que liberan mayor cantidad de energía y tienen precio menor.

Los mejores combustibles para nuestro cuerpo son los glúcidos y los lípidos.

Los glúcidos se dividen en ***almidones*** o ***féculas*** y ***azúcares.***

Los glúcidos y los lípidos son ***alimentos ternarios.***

Están formados por oxígeno, hidrógeno y carbono (O, H, C).

Son alimentos energéticos, por contener almidón, los cereales y los tubérculos (Fig. 7-1 *A*).

Contienen azúcares la caña, la remolacha, la leche y numerosas frutas (Fig. 7-1 *B*).

Los lípidos o grasas pueden ser de origen animal o vegetal.

Son grasas animales la manteca de cerdo y la manteca de leche o mantequilla.

Encontramos grasas vegetales en la aceituna, el cacahuete, la semilla de girasol (Fig. 7-1 *C*).

ALIMENTOS PLASTICOS

Los alimentos plásticos son ***alimentos cuaternarios.***

En su composición, además de oxígeno, hidrógeno y carbono, que forman los glúcidos, encontramos nitrógeno y pequeñas cantidades de azufre (O, H, C, N, S).

Reciben el nombre de ***prótidos*** o ***proteínas.***

Las células de nuestro cuerpo están formadas, casi exclusivamente, por agua y proteínas.

Encontramos prótidos (Fig. 7-1 *D*):

Fig. 7-1.—A) Alimentos ricos en almidón. B) Alimentos ricos en azúcares. C) Alimentos ricos en lípidos. D) Alimentos ricos en prótidos.

1. En alimentos de origen animal, como la carne, pescado, huevo y leche;
2. En alimentos de origen vegetal como las leguminosas y el trigo.

IMPORTANCIA DE LOS GLUCIDOS

Gran parte de la energía que necesita el organismo, la adquiere de los glúcidos.

Los glúcidos, de acuerdo con la complejidad de sus moléculas se dividen en ***polisacáridos, disacáridos*** y ***monosacáridos.***

Los polisacáridos son insolubles ***(almidón, glucógeno).***

Ejemplos de disacáridos son: ***sacarosa*** (azúcar de caña y de remolacha); ***lactosa*** (azúcar de leche), ***maltosa*** (azúcar de malta).

Son monosacáridos la ***glucosa,*** la ***galactosa*** y la ***levulosa.***

Para poder ser absorbidos y asimilados los polisacáridos y los disacáridos se convierten en monosacáridos, de moléculas más simples.

IMPORTANCIA DE LOS LIPIDOS

Tanto los glúcidos como los lípidos están formados por O, H, C.

Pero los lípidos contienen menos O_2 que los glúcidos.

Por eso pueden combinarse con mayores cantidades de O_2 y producir mayor cantidad de energía.

En unidad de peso, los lípidos producen el doble de la energía que producen los glúcidos.

En los climas fríos, en que hay gran pérdida de calor por irradiación, la alimentación es muy rica en lípidos.

Los esquimales emplean en su alimentación abundantes cantidades de grasa de foca.

IMPORTANCIA DE LOS PROTIDOS

Los prótidos son necesarios en todas las épocas de la vida.

Pero hacen más falta en la niñez y en la adolescencia.

El adulto tiene que reparar sus pérdidas. Pero el niño, además de reparar sus pérdidas, tiene que crecer.

Para obtener los prótidos, los niños y los adolescentes deben tomar suficientes cantidades de leche.

Los fermentos digestivos descomponen las moléculas de los prótidos en moléculas más simples hasta llegar a los ***aminoácidos.***

Con los aminoácidos, las células forman la molécula de proteína humana.

Cada animal forma su propia proteína. Por eso tienen distinto sabor las carnes de los diferentes animales.

Los prótidos tienen el mismo poder energético que los glúcidos.

AGUA

Aunque el agua y las sales minerales no son fuente de energía, desempeñan un papel muy importante en la actividad vital.

Las 2/3 partes de nuestro cuerpo están formadas por agua.

El agua forma parte de todos los tejidos y de todas las secreciones.

Todos los alimentos contienen agua en mayor o menor proporción.

Una persona que se prive de alimentos sólidos, si toma agua, puede vivir hasta treinta días.

Si se priva de agua, no sobrevivirá tres días.

SALES MINERALES

Son importantes las sales de ***sodio, hierro, fósforo, calcio*** y ***yodo.***

El ***sodio*** lo toma el organismo principalmente en forma de ***cloruro de sodio*** o sal común.

Muchos alimentos lo contienen, pero en cantidad escasa.

Se añade a los alimentos, como condimento, para darles mejor sabor.

El cloruro de sodio forma parte de la sangre, de la linfa y de muchas secreciones.

Cuando se realizan trabajos rudos durante el verano, el organismo pierde grandes cantidades de cloruro de sodio por la sudoración.

Fig. 7-2.—A) Alimentos que contienen hierro. B) Alimentos que contienen calcio y fósforo. C) Alimentos ricos en yodo.

Para evitar que los obreros sufran calambres musculares y agotamiento físico, se les suministra tabletas de sal.

El ***hierro*** es necesario para formar la ***hemoglobina*** de los glóbulos rojos.

Encontramos hierro en los vegetales verdes, hígado, carne, huevo, papas, pescado (Fig. 7-2 *A*).

La acción del calcio y del fósforo en el organismo está muy relacionada.

Los estudiaremos conjuntamente.

El calcio y el fósforo son necesarios para los huesos y los dientes.

Esa necesidad es mayor durante la niñez y la adolescencia, en que crecen los huesos y se forman las piezas dentales.

Hay calcio y fósforo en la leche, yema de huevo, naranjas, ostras, coliflor (Fig. 7-2 *B*).

El ***yodo*** es necesario para la secreción de la ***glándula tiroides.***

La glándula tiroides se encuentra en la parte anterior del cuello.

Contienen yodo los mariscos y los vegetales y las frutas que crecen cerca del mar (Fig. 7-2 *C*).

En los lugares donde no se obtienen alimentos que contengan yodo, debe añadirse a la comida una ***sal yodada.***

Si los individuos no reciben yodo, se desarrolla una enfermedad llamada ***bocio simple*** o ***cretinismo.***

En el cretinismo la glándula tiroides se abulta, hay trastornos en el crecimiento y falta de desarrollo mental.

Ración alimenticia. Es la cantidad y calidad de alimentos que necesitamos para conservar la salud y la vida.

La ración alimenticia está en relación con la edad y la ocupación del individuo y con el clima en que vive.

El niño necesita, proporcionalmente a su peso, más alimentos que el adulto.

El adulto tiene que reponer sus pérdidas, pero el niño tiene que reponer sus pérdidas y crecer.

Los que trabajan intensamente requieren más alimentos que los que llevan una vida inactiva.

En los países fríos la ración alimenticia debe ser mayor que en los países cálidos porque el cuerpo pierde calor por irradiación.

Se acepta, como término medio de ración alimenticia para un adulto normal, las siguientes cifras:

Agua	2 800 ml.
Sales minerales	35 g
Glúcidos (almidones y azúcares)	450 g
Lípidos	70 g
Prótidos	130 g

Composición de los principales alimentos. Para formular la ración alimenticia necesitamos conocer la composición de los principales alimentos.

En realidad, no hay ningún alimento completo, es decir, capaz de mantener el organismo saludable indefinidamente sin ingerir otra clase de alimento.

Durante la primera infancia la leche es suficiente para la alimentación. En el adulto resulta muy pobre en sales de hierro.

El pan es insuficiente en prótidos y en agua.

Los huevos no contienen suficiente agua, glúcidos y cloruro de sodio.

El siguiente cuadro expresa la composición química de los principales alimentos:

	Proteínas	Grasa	Almidón o azúcar	Sales	Agua
Carne de buey	20	8	—	1	71
Huevos	13	12	—	1	74
Leche pura	4	3	5	1	87
Mantequilla	1	85	5	1	12
Queso graso	28	35	2	5	30
Pan de trigo	7	1	58	1	33
Garbanzo, fríjol, lenteja, etc.	24	2	57	3	14
Arroz	7	1	81	2	9
Maíz	10	4	70	2	14
Papas	2	1	21	1	75

NOTA. Las cifras indican el tanto por ciento.

REACCIONES TIPICAS DE ALGUNOS PRINCIPIOS ALIMENTICIOS

Almidón. Emplearemos materiales que estén al alcance de nuestras manos.

1. Tritúrese en un mortero una galleta.
2. Añádase un poco de agua, continúese triturando y cuélese.
3. Viértase el líquido en un tubo de ensayo.
4. Déjese caer una gota de tintura de yodo.

Por contener almidón, se producirá una coloración oscura, casi negra por la formación de yoduro de almidón (Fig. 7-3).

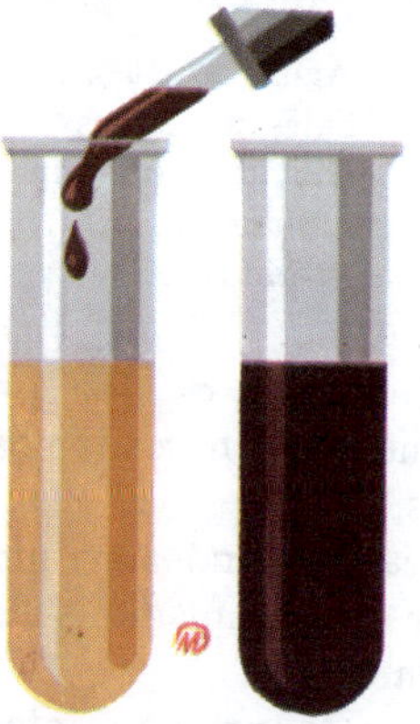

Fig. 7-3.—Reacción del almidón.

GLUCOSA Y OTROS AZUCARES

La *glucosa* y otros azúcares, como la ***levulosa,*** la ***maltosa*** y la ***lactosa,*** se reconocen del modo siguiente:

1. Viértase en un tubo de ensayo 5 cc de una solución de cualquiera de los azúcares mencionados e igual cantidad de licor de Benedict.

El licor de Benedict contiene, entre otros componentes, sulfato de cobre, al cual debe su intenso color azul.

2. Mézclense bien agitando el tubo.
3. Hágase hervir sobre una llama durante dos minutos.

Si no contuviera uno de los azúcares mencionados, el líquido no cambiará de color.

Si lo contuviera en poca proporción, se formará un precipitado verdoso.

Si lo contuviera en mediana cantidad, el precipitado será amarillo.

Si la cantidad es aún mayor, el precipitado tendrá un color rojo ladrillo (Fig. 7-4).

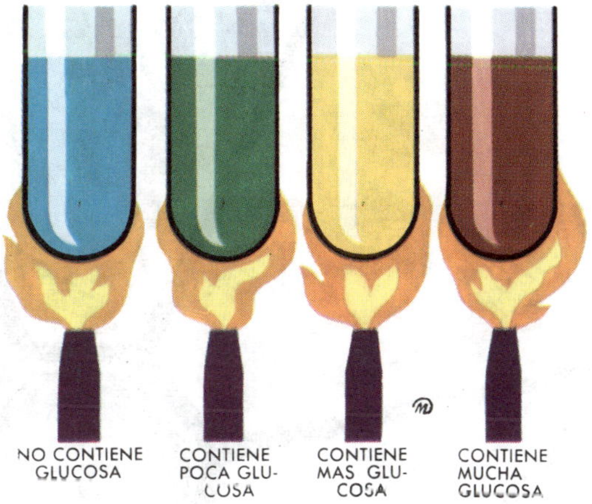

Fig. 7-4.—Reacción de la glucosa y otros azúcares.

LIPIDOS

Para saber si un alimento contiene grasa, basta frotarlo contra un papel de estraza.

Si contiene grasa se forma una mancha traslúcida.

PROTIDOS

1. Colóquense en un tubo de ensayo pequeños fragmentos de clara de huevo cocida, masa de pescado y carne de res.
2. Añádase ácido nítrico diluido hasta cubrir los alimentos.
3. Agítese y caliéntese.

Los alimentos adquirirán una coloración amarilla.

4. Viértase el ácido nítrico y añádase amoníaco.

La coloración amarilla se tornará aranjada (Fig. 7-5).

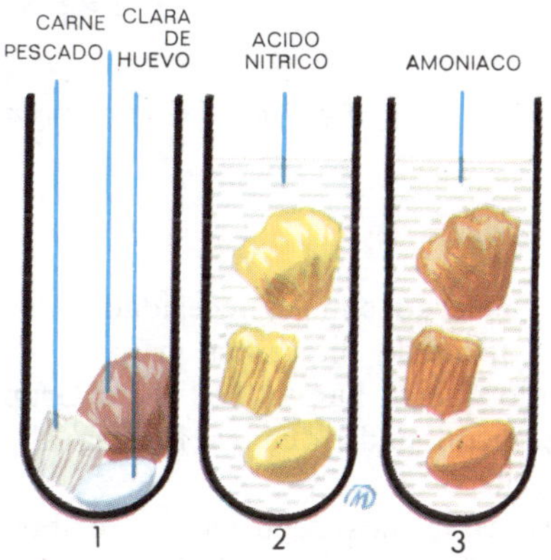

Fig. 7-5.—Reacción de los prótidos.

Fig. 7-6.—Los siete grupos básicos de alimentos.

SELECCION DE LOS ALIMENTOS

De acuerdo con la necesidad que el organismo tiene de los alimentos se han formado diferentes grupos.

Es lo que se llama “Los Siete Grupos Básicos de Alimentos” (Fig. 7-6).

Se recomienda que se ingiera al día, por lo menos, un alimento de cada grupo.

Así estaremos seguros de recibir las sustancias alimenticias necesarias para mantener la salud.

También se asegura el crecimiento normal de los niños y de los adolescentes.

He aquí los Siete Grupos Básicos:

1. Hortalizas.
2. Frutas.
3. Raíces y tubérculos.
4. Leche y queso.
5. Carne, pescado, huevos y legumbres.
6. Pan, cereales y azúcares.
7. Grasas, mantequilla, aceites vegetales y manteca.

CALOR ANIMAL

Desde el punto de vista de la regulación de su temperatura, los animales se dividen en dos grupos.

1. **Animales de sangre caliente o de temperatura constante.**

Los animales de sangre caliente (mamíferos y aves) mantienen su temperatura independientemente de la temperatura del medio.

El hombre saludable mantiene su temperatura entre 36 y 37 grados C.

2. **Animales de sangre fría o de temperatura variable.**

Estos aumentan o disminuyen su temperatura, de acuerdo con la temperatura del ambiente.

COMO REGULA EL HOMBRE SU TEMPERATURA

El organismo experimenta ganancias y pérdidas de calor.

La mayor parte de las reacciones químicas que tienen lugar en el organismo desprenden calor.

Si la temperatura ambiente es mayor que la del cuerpo, éste absorbe calor.

El organismo pierde calor por ***irradiación*** cuando su temperatura es mayor que la del ambiente.

También pierde calor por evaporación del sudor, que enfría la piel.

La sangre se enfría al circular por la piel y enfría todo el organismo al circular después por los órganos internos.

Cómo se defiende el hombre contra el calor.

1. Usando ropas ligeras y claras.
2. Tomando bebidas frías.
3. Evitando el trabajo rudo al sol.

Cómo se defiende el hombre contra el frío.

1. Usando ropas de lana o de piel.
2. Utilizando una alimentación rica en lípidos.
3. Ejercitando sus músculos.

EN POCAS PALABRAS

Los alimentos sirven para reparar las pérdidas, formar nuevos tejidos, realizar trabajos y mantener la temperatura del cuerpo.

Hay **alimentos naturales** y **alimentos elaborados.**

Los alimentos contienen principios alimenticios.

Principios alimenticios	Glúcidos	Almidones Azúcares
	Lípidos	
	Prótidos	
Papel de los alimentos	Energéticos	Glúcidos Lípidos
	Plásticos	Prótidos

Agua y sales minerales: sodio-hierro-calcio-fósforo-yodo.

Ración alimenticia es la cantidad y calidad de alimentos necesarios para conservar la salud y la vida.

II. VITAMINAS

Además de los alimentos que hemos estudiado, hay ciertas sustancias que son indispensables para conservar la salud.

El organismo las necesita en cantidades pequeñísimas.

Pero si faltan, se presentan trastornos que pueden llegar a producir la muerte.

Esas sustancias son las ***vitaminas.***

Se descubrieron en los inicios del siglo actual. Su naturaleza era desconocida y se distinguieron con las letras del alfabeto: vitamina A, vitamina B, etc.

Lo que se creyó que era una sola vitamina, la vitamina B, se ha visto que es la reunión de varias sustancias de acción diferente.

Al conjunto de esas sustancias se designó como ***Complejo B.***

Y con un subíndice diferenciamos las distintas vitaminas que lo forman: vitamina B_1, vitamina B_2, etc.

Vitaminas liposolubles (solubles en grasa). A este grupo pertenecen las vitaminas A, D, E y K.

Vitaminas hidrosolubles (solubles en agua). Son hidrosolubles las restantes vitaminas.

Generalmente, en una dieta corriente existen las vitaminas necesarias para el buen funcionamiento del organismo.

Si faltan en la alimentación, deben ser ordenadas por un médico.

Muchas personas son aficionadas a medicinarse ellas mismas.

A veces, esas medicinas no surten ningún efecto beneficioso.

Y, lo que es peor, causan perjuicios a la salud.

Hoy conocemos la composición química de muchas vitaminas.

Algunas han sido sintetizadas. Obtener la síntesis de un cuerpo quiere decir formarlo en el laboratorio uniendo sus componentes.

Enfermedades carenciales. Cuando falta de la alimentación una vitamina se produce una enfermedad carencial.

Se dice que es una enfermedad carencial porque es producida por la falta de una vitamina.

También reciben estas enfermedades el nombre de ***avitaminosis.***

Entre las avitaminosis podemos citar:

El ***beriberi,*** producido por la falta de vitamina B_1, que se encuentra, entre otros alimentos, en la cáscara del arroz y del trigo.

La ***pelagra,*** enfermedad de los nervios y de la piel, es producida por la falta de ***niacina*** o ***ácido nicotínico,*** una vitamina del Complejo B.

El ***escorbuto*** (avitaminosis C) se caracteriza por inflamación de las encías, pérdidas de los dientes y trastornos cardíacos.

Veamos en cuáles alimentos se encuentran las distintas vitaminas y qué funciones realizan en el organismo.

Vitamina A. Se encuentra en alimentos animales, como el hígado de los peces, huevo, nata y mantequilla, y en plantas, como zanahorias, lechuga, etc.

El pigmento amarillo llamado ***caroteno,*** presente en la zanahoria y en otros vegetales, es la ***provitamina A,*** porque en el hígado se convierte en vitamina A.

La falta de vitamina A en la alimentación produce una grave enfermedad de los ojos, llamada ***xeroftalmía.***

Por eso la vitamina A se llama ***antixeroftálmica.***

La falta de vitamina A determina también la ***ceguera nocturna.***

La persona que la padece ve bien en la claridad, pero cuando disminuye la intensidad luminosa, ve menos que una persona normal.

La vitamina A aumenta la resistencia del organismo a las infecciones y ayuda al crecimiento del cuerpo.

Vitamina B_1 o Tiamina. Se encuentra en la cáscara de arroz y de trigo, carne, leche, ostras, huevos, chícharos, etc.

La ausencia de la vitamina B_1 en la alimentación produce el beriberi.

Esta vitamina ayuda a realizar buenas digestiones y aumenta el apetito.

Vitamina B_2 o Riboflavina. Se presenta en numerosos alimentos, como la leche, carne magra, hígado, queso, etc.

La Riboflavina ayuda al crecimiento total del organismo y a mantener saludables las mucosas y los ojos.

Niacina o **ácido nicotínico.** Pertenece al complejo B.

Se encuentra en el hígado, yemas de huevo, carne, pescado, leche, chícharos, nabos, etc.

Cuando falta en la alimentación la niacina, se produce la pelagra, enfermedad de la piel y de los nervios.

Vitamina B_{12}. Es una sustancia cristalina muy rica en cobalto, que se ha aislado del hígado.

Se emplea en el tratamiento de algunas anemias.

Vitamina C o **ácido ascórbico.** Contienen vitamina C la guayaba, las frutas cítricas, tomates, vegetales verdes, piña, uva, etc.

Se le ha llamado ***vitamina antiescorbútica*** porque previene la producción del escorbuto.

El escorbuto fue padecido en la antigüedad por los marinos y exploradores polares que permanecían mucho tiempo sin ingerir frutas y vegetales frescos.

La vitamina C interviene en la formación de los dientes y de los huesos y en la conservación de las encías.

Vitamina D o **Calciferol.** Se encuentra vitamina D en el aceite de hígado de bacalao y otros peces.

La vitamina D es ***antirraquítica.***

El ***raquitismo*** es una enfermedad que produce dolores, mal desarrollo y deformidad de los huesos.

Es más frecuente en los países fríos que en los cálidos.

En la piel hay una sustancia llamada ***ergosterol.***

Cuando la piel es expuesta a los rayos solares, el ergosterol se convierte en vitamina D.

Por eso ha sido llamada ***vitamina de la luz solar*** (Fig. 7-7).

Se comprende, pues, por qué es frecuente el raquitismo en los niños de los países fríos, especialmente en los de las clases pobres, que permanecen durante largo tiempo en sus viviendas sin recibir los rayos solares.

Vitamina E o **Tocoferol.** Se encuentra esta vitamina en el grano del trigo, del maíz, en el berro, la lechuga, etc.

La falta de vitamina E en la alimentación de las ratas y del ganado vacuno determina la esterilidad.

Vitamina K o **Philoquinone.** Contienen vitamina K la alfalfa, la espinaca, la col, etc.

La vitamina K interviene en el proceso de la coagulación de la sangre.

Fig. 7-7.—Alimentos ricos en vitaminas.

EN POCAS PALABRAS

Vitaminas	Acción	Alimentos que las contienen
Vitamina A	Impide la xeroftalmía, aumenta la resistencia contra las infecciones respiratorias. Ayuda al crecimiento del cuerpo.	Hígado de peces, huevos, nata, mantequilla, zanahoria, lechuga, etc.
Vitamina B_1 o Tiamina	Evita el beriberi, aumenta el apetito y ayuda a realizar buenas digestiones.	Cáscaras del arroz y del trigo, carne, ostras, huevos, leche, chícharos, fríjoles, etcétera.
Vitamina B_2 o Riboflavina	Ayuda al crecimiento total del organismo, mantiene saludables las mucosas y los ojos.	Leche, carne magra, hígado, queso, levadura, etc.
Niacina o Acido Nicotínico (Complejo B)	Evita la pelagra, mantiene saludables la piel y el sistema nervioso.	Hígado, yema de huevo, carne, pescado, nueces, chícharos, etc.
Vitamina B_{12}	Se usa en el tratamiento de la anemia perniciosa.	Hígado.
Vitamina C o Acido Ascórbico	Evita el escorbuto, produce huesos y dientes fuertes y encías sanas.	Guayaba, frutas cítricas, tomates, vegetales verdes, piña, uva, marañón, etc.
Vitamina D o Calciferol	Evita el raquitismo, produce dientes y huesos fuertes.	Aceite de hígado de bacalao, tiburón y otros peces, yema de huevo. El sol transforma el ergosterol en vitamina D.
Vitamina E o Tocoferol	Evita la esterilidad en las ratas y el ganado vacuno.	Granos del trigo y del maíz, lechuga, etc.
Vitamina K o Philoquinone	Interviene en la coagulación de la sangre.	Alfalfa, espinaca, col.

La digestión 8

Podemos comparar la digestión como una representación teatral.

Ya conocemos el escenario donde ha de efectuarse: el ***tubo digestivo.***

Conocemos a algunos de los personajes: los ***alimentos.***

Nos falta conocer otros protagonistas: los ***fermentos*** o ***enzimas.***

El drama de la digestión se realiza en tres actos: ***acto bucal, acto gástrico*** y ***acto intestinal.***

Entre el acto bucal y el acto gástrico hay un cambio de escenario: la ***deglución.***

Desde el inicio de la digestión los fermentos atacan a los alimentos y los vencen después de despedazarlos.

Conozcamos los fermentos. Se llaman también ***enzimas*** y tienen los siguientes caracteres:

1. Son producidos por determinadas glándulas;
2. Se necesitan muy pequeñas cantidades;
3. No se gastan. Actúan por presencia;
4. Actúan en un medio determinado (alcalino, ácido, neutro);
5. Son específicos, es decir, transforman una sola clase de sustancia nutritiva.

La digestión es un proceso de hidrólisis. La hidrólisis es la descomposición química, por la acción del agua, de un compuesto, en productos de estructura más simple.

Para que esta reacción tenga lugar en el tubo digestivo es necesaria la presencia de fermentos.

I. DIGESTION BUCAL

La digestión comienza en la boca.

En la boca se realizan la masticación y la insalivación.

Masticación. Cada clase de diente realiza un trabajo distinto:

1. Los incisivos, colocados delante, ***parten*** o ***cortan*** los alimentos (pan, galleta).

2. Las fieras utilizan los caninos para ***desgarrar*** las carnes (Fig. 8-1).

Fig. 8-1.—Las fieras utilizan sus afilados colmillos para desgarrar las carnes.

El hombre civilizado utiliza el tenedor y el cuchillo.

3. Los molares, situados en la parte posterior de los maxilares, ***muelen*** o ***trituran*** los alimentos.

El maxilar inferior baja y sube, se dirige a la derecha y a la izquierda, hacia delante y hacia atrás.

La lengua coloca los alimentos entre ambas arcadas dentarias.

Los alimentos son comprimidos y divididos. Cuando un pedazo de alimento es dividido en muchos fragmentos, presenta una superficie mayor para que actúen sobre él los jugos digestivos (Fig. 8-2).

Fig. 8-2.—Al dividirse y subdividirse un alimento, se aumenta la superficie sobre la cual pueden actuar los jugos digestivos.

Insalivación. La saliva, producida por las seis glándulas salivales, se vierte en la cavidad bucal.

La saliva desempeña dos trabajos importantes:

1. Se mezcla con los alimentos para formar una papilla resbaladiza, llamada ***bolo alimenticio,*** y

2. Transforma los almidones en un azúcar llamado ***maltosa.***

Esa transformación la realiza un fermento contenido en la saliva llamado ***tialina.***

La acción de la tialina no es muy importante.

La tialina tiene que actuar en medio alcalino.

Cuando los alimentos llegan al estómago, comienza a producirse jugo gástrico, que es ácido y detiene la acción de la tialina.

II. DEGLUCION

La deglución es el paso del bolo alimenticio desde la boca hasta el estómago.

La deglución presenta tres tiempos: ***bucal, faríngeo*** y ***esofágico.***

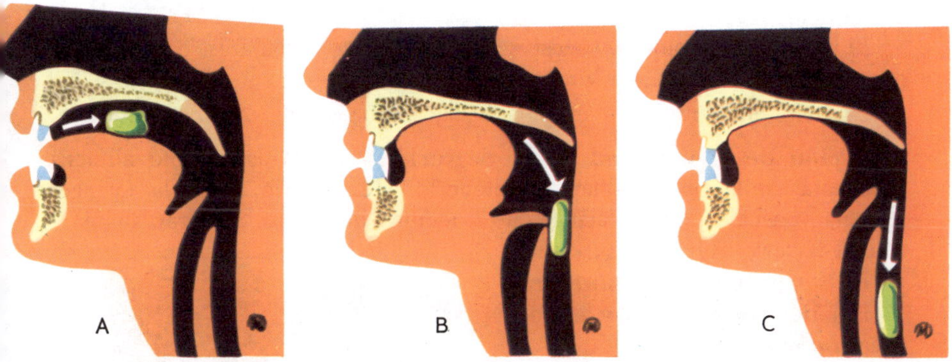

Fig. 8-3.—Tiempos de la deglución: A) Tiempo bucal. B) Tiempo faríngeo. C) Tiempo esofágico.

1. **Tiempo bucal** (Fig. 8-3 *A*).

La punta de la lengua se aplica contra el cielo de la boca.

Luego, se eleva toda la lengua y el bolo alimenticio es empujado hacia la faringe.

2. **Tiempo faríngeo** (Fig. 8-3 *B*).

En la orofaringe se cruzan las vías digestiva y respiratoria.

En todo cruce de dos caminos pueden tomarse cuatro direcciones:

a) El bolo alimenticio desciende por la laringofaringe y sigue por el esófago. No penetra en la laringe porque está cerrada por la epiglotis.

b) Retrocede a la boca (vómito).

c) Es lanzado hacia la nasofaringe y puede salir por las fosas nasales.

d) Puede penetrar en la laringe, de donde es expulsado por golpes de tos.

Normalmente los alimentos siguen hacia el esófago.

Por regla general, los alimenos no regresan a la boca porque no hay ninguna fuerza que los dirija en ese sentido.

No van a las fosas nasales porque el velo del paladar cierra la entrada a la nasofaringe.

No penetran en la laringe porque el cartílago llamado epiglotis cierra su entrada.

Para que el bolo alimenticio siga cualquiera de esas vías anormales, es necesario que en el momento de la deglución se produzca la risa, la tos, el hipo o el estornudo.

Tiempo esofágico (Fig. 8-3 *C*).

El bolo alimenticio progresa hacia el estómago debido a dos causas:

a) La acción de la gravedad, que tiende a llevar hacia abajo el bolo alimenticio;

b) Las contracciones sucesivas de las fibras circulares del esófago, que forman una onda, la ***onda peristáltica.***

El bolo alimenticio es empujado hacia abajo (Fig. 8-4).

Acción de la voluntad en la deglución. Mientras el bolo alimenticio está en la boca, podemos detenerlo o empujarlo hacia la faringe.

Una vez caído en la faringe, no podemos detenerlo, acelerar su marcha ni hacerlo volver atrás.

El tiempo bucal es ***voluntario.***

Los tiempos faríngeo y esofágico son ***involuntarios.***

Fig. 8-4.—Las ondas peristálticas impulsan el bolo alimenticio hacia el estómago.

III. DIGESTION GASTRICA

Los alimentos permanecen en el estómago un tiempo variable.

Los líquidos pasan rápidamente al duodeno.

De tiempo en tiempo, se abre el píloro y pasa al duodeno cierta cantidad de alimentos.

Los primeros en abandonar el estómago son los glúcidos.

Les siguen los prótidos y, por último, los lípidos.

A las 4 o 5 horas de haber tomado alimentos sólidos, el estómago debe encontrarse vacío.

En la digestión gástrica ocurren fenómenos mecánicos y fenómenos químicos.

1. **Fenómenos mecánicos.** Los fenómenos mecánicos consisten en contracciones de las fibras musculares del estómago.

Así se mezclan los alimentos con el jugo gástrico.

Las contracciones dan lugar a la formación de ondas (ondas peristálticas).

Las ondas peristálticas del estómago se inician en el cardias y llegan hasta el píloro.

La figura 8-5 muestra imágenes del estómago obtenidas por los rayos X. Véanse en ellas las ondas peristálticas.

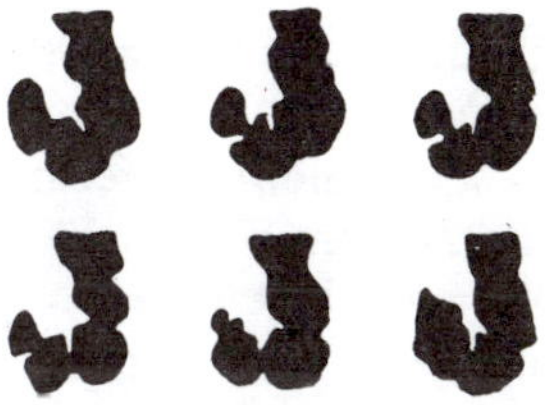

Fig. 8-5.—Aspectos del estómago obtenidos durante la digestión por medio de los rayos X. Véanse las distintas ondas peristálticas.

2. **Fenómenos químicos.** Las glándulas que presenta la mucosa del estómago segregan jugo gástrico.

El jugo gástrico contiene tres fermentos y ácido clorhídrico.

Los fermentos son:

a) ***Pepsina,*** que transforma algunas proteínas en ***peptona.***

La pepsina no transforma todas las proteínas de los alimentos. Algunas pasan sin ser transformadas al intestino.

La peptona tiene la molécula más simple que las de las proteínas.

b) ***Quimosina,*** que coagula la leche.

La quimosina se llama también ***cuajo*** o ***fermento Lab.***

Este fermento es propio de la niñez.

En el adulto la pepsina coagula la leche.

Si la leche no se coagulara en el estómago, pasaría rápidamente al intestino y la pepsina no tendría tiempo de actuar sobre la ***caseína*** o proteína de la leche.

c) ***Lipasa gástrica***, que actúa sobre las grasas neutras y las transforma en ***glicerina*** y ***ácidos grasos.***

La lipasa gástrica tiene en el hombre escasa importancia.

d) ***Acido clorhídrico.*** El ácido clorhídrico es necesario para que actúe la pepsina.

La pepsina sólo es activa en medio ácido.

Además, el ácido clorhídrico es un enérgico desinfectante.

Quimo. El quimo es la mezcla de los alimentos parcialmente transformados y de la saliva y el jugo gástrico.

Se ha dicho que la función gástrica es la ***quimificación*** o transformación de los alimentos en quimo.

IV. DIGESTION INTESTINAL

Consideraremos separadamente la digestión en el intestino delgado, la digestión en el intestino grueso y la absorción.

A) DIGESTION EN EL INTESTINO DELGADO

En el intestino delgado ocurren fenómenos mecánicos y fenómenos químicos.

1. **Fenómenos mecánicos.** Consisten en la progresión de las sustancias alimenticias, debido a las ondas peristálticas.

Además, hay ***movimientos de segmentación.*** El contenido del intestino se divide, por constricción de la pared de éste, en numerosos segmentos (Fig. 8-6).

Así pueden actuar mejor los jugos digestivos.

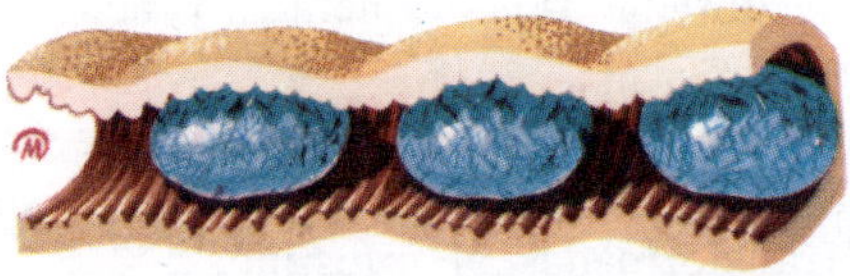

Fig. 8-6.—El contenido intestinal es dividido en numerosos segmentos.

2. **Fenómenos químicos.** En el intestino delgado se realizan las mayores transformaciones de los alimentos.

Al intestino delgado van a parar dos jugos digestivos, producidos por glándulas anexas:

a) El ***jugo pancreático***, producido por el páncreas,

b) La ***bilis***, producida por el hígado.

Además, en la mucosa del intestino hay innumerables glándulas que segregan el ***jugo intestinal.***

La acción de los fermentos que contienen esos jugos no es siempre independiente.

Para que algunos fermentos actúen, necesitan de la presencia de otros.

Estudiemos la acción de cada uno de esos jugos.

Acción del jugo pancreático. El jugo pancreático contiene fermentos que actúan sobre los glúcidos, los prótidos y los lípidos:

1. La ***amilasa*** o ***amilopsina***, como la tialina, transforma los almidones en ***maltosa.***
2. La **tripsina** actúa sobre las proteínas, a las cuales transforma en **aminoácidos.**

Los aminoácidos son cuerpos de pequeñas moléculas, absorbibles y asimilables.

Para que la tripsina sea activa, tiene que estar en presencia de la ***enteroquinasa***, un fermento del jugo intestinal.

3. La ***lipasa pancreática***, como la gástrica, transforma las grasas neutras en glicerina y ácidos grasos, que son absorbibles y asimilables.

Acción de la bilis. La bilis no contiene fermentos importantes.

La bilis facilita la emulsión de las grasas. Llámase emulsión al estado en que se encuentra una grasa, dividida en finas gotas, en suspensión estable en un líquido.

La leche es una emulsión natural.

Secreción de la bilis. Función de la vesícula biliar. El hígado segrega la bilis constantemente. Pero como no hace falta cuando el duodeno está vacío, se almacena en la vesícula biliar.

Allí se mantiene hasta que los alimentos pasan del estómago al duodeno.

La función del hígado es segregar la bilis.

La función de la vesícula biliar es almacenarla hasta que los alimentos llegan al intestino.

Acción del jugo intestinal. El jugo intestinal, producido por las glándulas que se encuentran en la mucosa intestinal, posee numerosos fermentos. Los principales son:

1. La ***erepsina***, que transforma las ***peptonas*** en ***aminoácidos***, que tienen la molécula más simple.

Las peptonas se formaron en el estómago por la acción de la pepsina sobre las proteínas.

Los aminoácidos son absorbibles y asimilables.

2. La ***enteroquinasa,*** llamada ***fermento*** de ***fermento,*** porque sin su presencia no es activa la tripsina del jugo pancreático.

3. Los fermentos que actúan sobre los azúcares y forman azúcares simples (monosacáridos), son:

a) La ***invertina,*** que actúa sobre la ***sacarosa*** y la transforma en ***glucosa*** y ***levulosa.***

b) La ***lactasa,*** que transforma la ***lactosa*** en ***glucosa*** y ***galactosa.***

c) La ***maltasa,*** que desdobla la ***maltosa*** o ***azúcar de malta,*** en dos moléculas de ***glucosa.***

La glucosa, la galactosa y la levulosa son azúcares absorbibles y asimilables.

Transformados los alimentos, en el intestino delgado se encuentra un líquido lechoso llamado ***quilo.***

El quilo está formado por agua, sales minerales, aminoácidos, glucosa, glicerina y ácidos grasos.

B) DIGESTION EN EL INTESTINO GRUESO

Al intestino grueso no van a parar nuevos jugos que actúen sobre los alimentos.

Pero allí ocurren los siguientes cambios:

1. Absorción de gran cantidad de agua. El quilo se convierte en ***materia fecal.***

2. Fermentación de las materias fecales por desarrollo de numerosas especies microbianas.

3. Formación por las bacterias intestinales de algunas vitaminas.

La expulsión periódica de las heces fecales se llama ***defecación.***

C) ABSORCION

Llámase absorción al paso de una sustancia a la sangre.

Esta sustancia puede llegar a la sangre:

1. A través de la piel (cuando se fricciona un medicamento).

2. Desde los músculos o el tejido subcutáneo (cuando se realiza una inyección).

3. A través de la mucosa del aparato digestivo.

Nos referiremos a la ***absorción digestiva.***

La absorción se realiza en todo el tubo digestivo, pero de modo especial, en el intestino delgado.

Recordemos que la mucosa del intestino delgado presenta innumerables elevaciones cónicas. Son las ***vellosidades intestinales.***

Hay aproximadamente diez vellosidades en cada milímetro cuadrado de mucosa.

Veamos en la figura 8-7 un esquema que representa una vellosidad considerablemente aumentada.

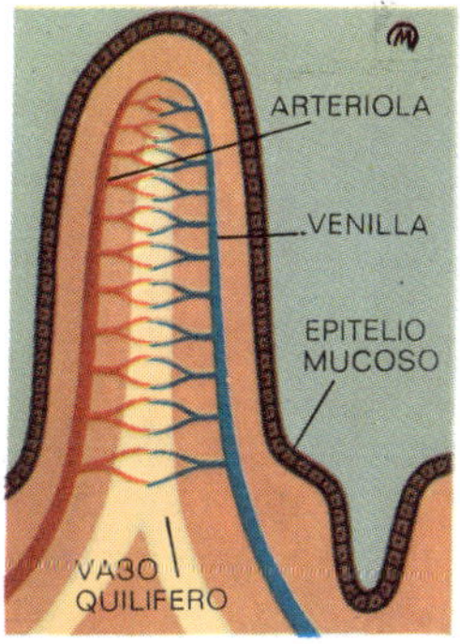

Fig. 8-7.—Estructura de una vellosidad intestinal. Véase en el centro el vaso quilífero rodeado por los capilares. La vellosidad está recubierta por un epitelio mucoso.

Obsérvese que es un saliente en forma de cono, revestido por un epitelio mucoso.

A cada vellosidad llega una arteriola que se capilariza.

Reunidos los capilares, forman una venilla.

En el centro de la vellosidad hay un vaso linfático que, por recibir el quilo, se llama ***vaso quilífero.***

Las distintas sustancias alimenticias se han transformado en sustancias absorbibles y asimilables.

Se encuentran en el quilo, en forma de glucosa, aminoácidos, glicerina y ácidos grasos.

Esas sustancias atraviesan el epitelio de la vellosidad y llegan a su interior.

Vías de la absorción. Ya en el interior de la vellosidad, las sustancias asimilables siguen dos vías distintas.

1. La glucosa y los aminoácidos penetran en los vasos capilares de la vellosidad.

La sangre los distribuye a todas las células del cuerpo.

2. Las grasas (glicerina y ácidos grasos) pasan al interior del vaso quilífero.

Las grasas que penetran en el vaso quilífero, le comunican un aspecto lechoso a la linfa.

La linfa de todos los vasos quilíferos va reuniéndose y desemboca en el ***conducto torácico.***

El conducto torácico es un canal que recoge la linfa de la porción inferior del cuerpo y desemboca en el torrente sanguíneo en la vena subclavia izquierda (Fig. 8-8).

Fig. 8-8.—Vías de la absorción. La glucosa y los aminoácidos pasan directamente a los capilares (en azul). Las grasas pasan por el conducto torácico (en amarillo) para llegar a la sangre.

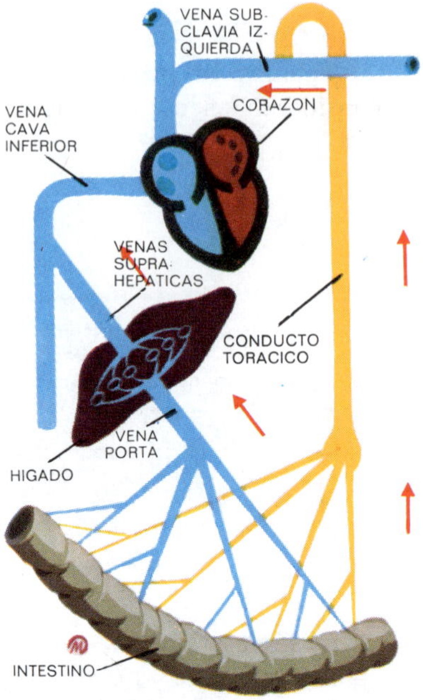

Como se ve, las dos vías de la absorción llegan al mismo fin: la sangre.

Las glucosas y los aminoácidos llegan directamente.

Las grasas lo hacen por intermedio de la linfa.

ASIMILACION

Se llama así a la incorporación a las células del organismo de las sustancias alimenticias transformadas por el aparato digestivo y llevadas por la circulación.

DESASIMILACION

La desasimilación es la expulsión que realizan las células de las sustancias de desecho.

INANICION

La inanición es el estado de debilidad y agotamiento en que se encuentra un organismo debido a la falta total o parcial de alimentos.

La muerte sobreviene si se suspende la alimentación.

Es raro que el hombre sobreviva más de tres días si se priva totalmente de agua o de alimentos que la contengan.

Si toma agua solamente, puede vivir entre 20 y 30 días, como se ha visto en sujetos que se han declarado en huelga de hambre.

Después de una larga enfermedad en que el paciente se ha alimentado insuficientemente, se observa una pérdida de peso.

Esto se debe a que ha tomado, para cubrir sus necesidades, sus reservas alimenticias, principalmente la grasa.

En casos de extremo adelgazamiento, se observa la disminución de las masas musculares. El organismo toma un aspecto esquelético, como se ha visto en los campos de concentración.

EN POCAS PALABRAS

CUADRO SINOPTICO DE LA DIGESTION

Región en que se efectúa	Jugos que actúan	Fermentos que contienen	Sobre qué actúan	En qué los transforman
Bucal	Saliva	Tialina	Almidones	Maltosa
Gástrica	Jugo gástrico	Pepsina	Proteínas	Peptona
		Quimosina	La leche	Leche coagulada
		Lipasa gástrica	Grasas neutras	Glicerina y ácidos grasos
Intestinal	Bilis	No tiene fermento	Grasas	En emulsión
	Jugo pancreático	Amilasa	Almidones	Maltosa
		Tripsina	Proteínas	Aminoácidos
		Lipasa pancreática	Grasas neutras	Glicerina y ácidos grasos
	Jugo intestinal	Invertina	Sacarosa	Glucosa y levulosa
		Lactasa	Lactosa	Glucosa y galactosa
		Maltasa	Maltosa	Glucosa
		Erepsina	Peptonas	Aminoácidos
		Enteroquinasa	Tripsina del jugo pancreático	En fermento activo

9 *Higiene de la digestión*

Consignaremos consejos relacionados con la digestión bucal, con la digestión gástrica y con la digestión intestinal.

I. HIGIENE DE LA DIGESTION BUCAL

Los dientes son esenciales en la masticación.
Tenemos que hacer esfuerzos por conservarlos.
Los dientes están expuestos a las ***caries*** y otras enfermedades.

CARIES

Las caries, llamadas también "picaduras", son destrucciones parciales de las piezas dentarias.

Clasificación de las caries.

a) ***Caries de primer grado.*** Son aquellas en que solamente está destruido el esmalte. Pasan inadvertidas. No ocasionan dolor.

b) ***Caries de segundo grado.*** La destrucción afecta el esmalte y la dentina. No son dolorosas, pero ocasionan sensaciones desagradables cuando tomamos líquidos fríos o calientes.

c) ***Caries de tercer grado.*** Afectan las tres capas del diente. La destrucción llega a la pulpa. Son muy dolorosas. La pulpa posee numerosos nervios. Además, pueden sangrar.

d) ***Abscesos dentarios.*** Cuando la caries llega a la pulpa, corrientemente ésta se infecta y se produce en el extremo de la raíz un ***absceso*** o ***flemón.***

El absceso determina inflamación de la cara y agudos dolores (Fig. 9-1).
Frecuentemente es necesario extraer la pieza afectada, con lo que se pierde un órgano importante.

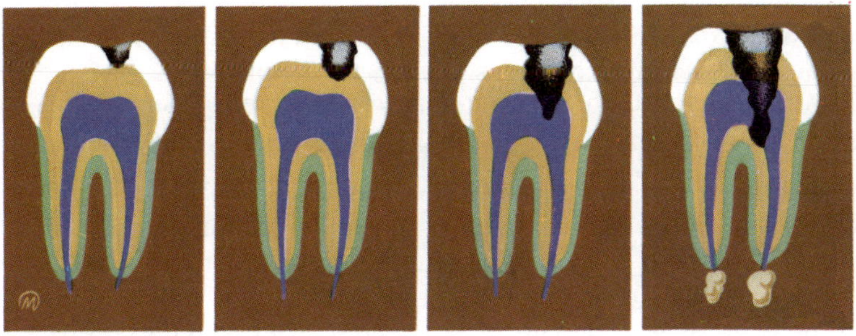

Fig. 9-1.—Distintos grados de las caries: A) Caries de primer grado. B) Caries de segundo grado. C) Caries de tercer grado. D) Formación de abscesos.

Limpieza de la dentadura. La primera preocupación para evitar las caries es la limpieza de la dentadura.

Debemos limpiar nuestros dientes al levantarnos, después de las comidas y al acostarnos.

Los restos de alimentos, depositados entre los dientes, se fermentan y producen ácidos que atacan el esmalte.

La limpieza de la dentadura se realiza con un cepillo y una sustancia antiséptica, generalmente en forma de pasta.

La seda dental es muy útil para limpiar los espacios interdentales.

Movimientos del cepillo de dientes. Debemos frotar el cepillo contra ambas caras de los dientes: externa e interna. Además, debemos imprimir un movimiento rotatorio hacia abajo en la arcada dentaria superior y hacia arriba en la arcada inferior (Fig. 9-2).

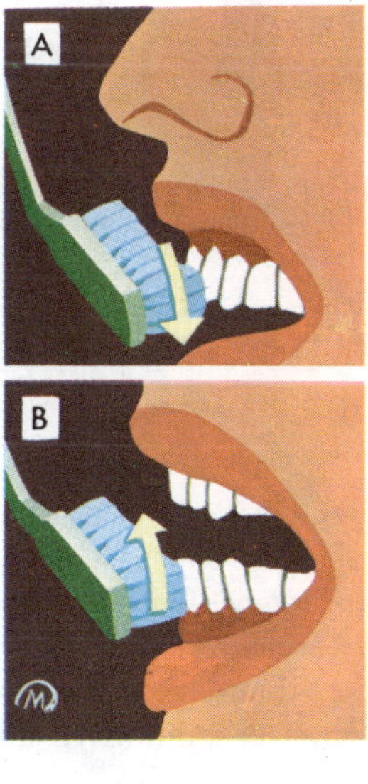

Fig. 9-2.—Movimientos del cepillo de dientes:
A) En la arcada dentaria superior se imprime al cepillo un movimiento rotatorio de arriba a abajo.
B) En la arcada dentaria inferior se imprime al cepillo de dientes un movimiento rotatorio de abajo a arriba.

Necesidad de tratar las caries. Tan pronto sintamos la menor molestia en la dentadura, debemos visitar al dentista.

Mientras más pronto se trate una caries, quedará en mejores condiciones la pieza dentaria y experimentaremos menos sufrimientos.

Necesidad de visitar periódicamente al dentista. Aunque no sintamos molestias en la dentadura, debemos visitar periódicamente al dentista.

Una vez al año es un tiempo prudencial.

El dentista puede descubrir una caries comenzante y repararla inmediatamente.

La pérdida de una pieza dentaria ocasiona trastornos en las piezas vecinas.

Obsérvese la figura 9-3 *A*. Se ha extraído el primer molar inferior.

Las piezas de ambas arcadas dentarias están bien alineadas.

Veamos lo que ocurre algún tiempo después (Fig. 9-3 *B*).

El primer molar superior desciende. Las restantes piezas se inclinan y los espacios interdentales se agrandan. En estos espacios se acumulan los alimentos, que, al fermentarse, originan caries y enfermedades de las encías.

Entre esas enfermedades se encuentra la ***piorrea***, que determina la pérdida de los dientes.

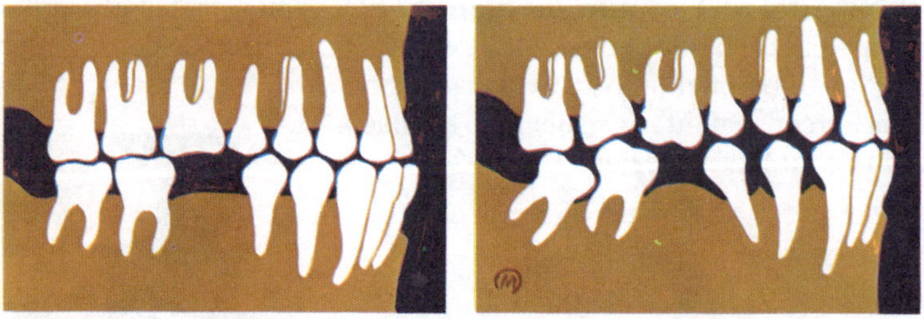

A B

Fig. 9-3.—A) Falta el molar inferior, que ha sido extraído recientemente. Obsérvese la perfecta alineación de las piezas dentarias. B) Algún tiempo después el molar superior correspondiente desciende, las piezas se inclinan y los espacios interdentarios se agrandan. Obsérvense las caries en el primer molar superior y el segundo inferior. La encía se inflama y puede desarrollarse una enfermedad llamada piorrea que ocasiona la pérdida de las piezas dentarias.

Necesidad de vitaminas. Hemos visto que las vitaminas C y D intervienen en la formación y conservación de los dientes y de las encías.

Abundantes cantidades de frutas cítricas, guayaba, tomates, etc., aseguran el suministro de vitamina C.

La exposición al sol y, si es necesario, el aceite de hígado de bacalao, son fuentes de vitamina D.

Peligros de infección. Algunos niños tiene la costumbre de introducir en su boca lápices, gomas y otros objetos.

Estos objetos están contaminados y puede ser causa de infecciones bucales.

Sólo deben utilizarse los dientes para masticar. No deben utilizarse los dientes para partir objetos duros, como nueces, avellanas, etc., ni para cortar hilos o cordeles, o para abrir botellas o realizar otros esfuerzos violentos.

La pérdida de los dientes es irreparable.

Cuando se pierde un diente es como si se hubieran perdido dos, pues el de la otra arcada, que queda enfrente, ya no puede realizar ningún trabajo útil en la masticación.

II. HIGIENE DE LA DIGESTION GASTRICA

Necesidad de una buena masticación. La buena masticación de los alimentos ayuda a su transformación por los jugos digestivos.

Las aves, que no tienen dientes, tragan los alimentos sin masticar. Pero tienen músculos poderosos en su estómago (molleja), que los trituran.

Nosotros tenemos que triturar los alimentos en la boca.

Regularidad en las horas de comida. Debemos comer a horas regulares y evitar ingerir alimentos continuamente.

El estómago necesita reposo entre una y otra digestión.

Condimentación moderada. Los condimentos son sustancias que se añaden a los alimentos para darles más fuerte sabor (sal, pimienta, azafrán, etc.).

Los condimentos estimulan la producción de jugos digestivos.

Pero si se usa una condimentación excesiva, las glándulas terminan por cansarse y ya no producen tanto jugo y la digestión se dificulta.

Buena disposición espiritual. No hay mejor digestivo que una buena disposición espiritual.

A la mesa no deben llevarse asuntos penosos, sino conversaciones ligeras y agradables.

Cuando las emociones desagradables son muy violentas, pueden presentarse serios trastornos.

Se conocen casos de muertes producidas por impresiones fuertes durante la comida.

Debe evitarse todo esfuerzo mental intenso inmediatamente después de las comidas. Todo órgano que trabaja necesita mayor cantidad de sangre que cuando está en reposo.

Durante la digestión afluye más sangre al estómago.

Durante el trabajo mental afluye mayor cantidad de sangre al cerebro, que, necesariamente, tomará de la que había ido al estómago.

Se ha hecho este curioso experimento: se equilibra sobre una tabla el cuerpo de una persona (Fig. 9-4 *A*).

Se le pide que realice mentalmente operaciones matemáticas difíciles. El equilibrio se rompe. Desciende el extremo en que está la cabeza (Fig. 9-4 *B*).

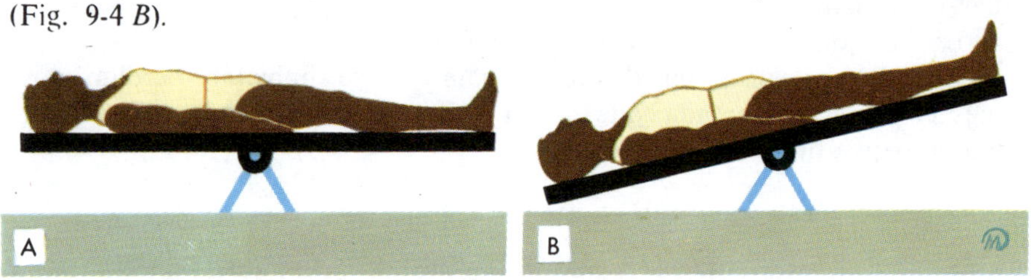

Fig. 9-4.—A) El cuerpo está perfectamente equilibrado. B) Al realizar un esfuerzo mental, desciende el lado de la cabeza por el aflujo de sangre al cerebro.

La sangre ha afluido al cerebro cuando se realizaba el esfuerzo mental.

Si ambos trabajos se realizan simultáneamente, la digestión se realizará mal y el trabajo mental será deficiente.

Debe evitarse el trabajo físico violento después de las comidas. La razón es la misma que en el caso anterior. Los músculos, cuando trabajan, requieren una circulación más activa.

Si se realizan las dos funciones a la vez, no se digerirá bien ni se obtendrá el mayor esfuerzo muscular.

A ningún atleta se le ocurrirá competir en una carrera después de haber ingerido una opípara comida.

Debe esperarse que pasen tres horas después de la comida para tomar el baño. Los trastornos circulatorios que ocasionan los cambios de temperatura al tomar el baño, pueden interrumpir la digestión.

A veces se ha observado la muerte en individuos que se han bañado cuando el estómago estaba realizando la función digestiva.

III. HIGIENE DE LA DIGESTION INTESTINAL

Debemos evitar el estreñimiento o constipación. El estreñimiento es la larga permanencia de las heces fecales en el intestino grueso.

Las personas constipadas padecen frecuentemente dolor de cabeza, malestar y pérdida del apetito.

Estos síntomas son debidos a la distensión e irritación del intestino grueso por las heces fecales.

Para combatir el estreñimiento podemos:

1. Tomar jugos de frutas, compotas de ciruela, melocotones secos, etcétera.

2. Aumentar la cantidad de vegetales en la dieta para que dejen residuos no digeridos.

Estos residuos estimulan la defecación.

4. Adquirir el hábito de ir al servicio a una hora fija.

EN POCAS PALABRAS

Higiene de la digestión bucal.

1. Debemos tratar de evitar las caries.
2. Debemos limpiar la dentadura al levantarnos, después de las comidas y al acostarnos.
3. Debemos acudir al dentista tan pronto sintamos molestia en la dentadura.
4. Es prudente visitar periódicamente al dentista.
5. Las vitaminas C y D son esenciales para la conservación de la dentadura y de las encías.
6. No deben introducirse objetos inadecuados en la boca. Pueden producirse infecciones.
7. No deben utilizarse los dientes para partir cuerpos duros ni realizar esfuerzos violentos.

Higiene de la digestión gástrica.

1. Es necesario masticar bien los alimentos.
2. Debemos comer a horas regulares.
3. A la mesa no deben llevarse asuntos enojosos.
4. Debe evitarse todo esfuerzo mental después de las comidas.
5. Debe evitarse todo trabajo físico violento después de las comidas.
6. Debe esperarse que pasen tres horas después de la comida para tomar el baño.

Higiene de la digestión intestinal.

1. Debe evitarse la constipación.

10 *Enfermedades del aparato digestivo*

ULCERAS DIGESTIVAS

Ulcera es la destrucción de los tejidos en un sitio determinado. Corrientemente se llama "llaga".

En todas las regiones del tubo digestivo pueden formarse úlceras.

Pero el estómago y el duodeno son las regiones en que se producen más frecuentemente.

Las úlceras gástricas y duodenales producen a veces dolores intensos, trastornos digestivos, mal humor y adelgazamiento.

Se han señalado como causas de las úlceras digestivas el exceso de condimentación, la irregularidad en las horas de comida y el alcoholismo.

Hoy se sabe que son también causas de úlceras el exceso de trabajo físico y mental y, sobre todo, las preocupaciones.

Para evitar la producción de úlceras digestivas se recomienda una vida higiénica, una alimentación sana y un trabajo normal.

APENDICITIS

El ***apéndice*** es una prolongación en forma de gusano que presenta el ciego en su porción inferior.

Por eso se llama ***apéndice vermiforme.***

En griego "itis" quiere decir inflamación. Cuando una palabra termina en itis significa inflamación del órgano mencionado.

Apendicitis significa, pues, inflamación del apéndice.

Como causas de la apendicitis podemos citar: cuerpos extraños (huesos de frutas, materia fecal endurecida, vermes intestinales) e infecciones en el organismo.

La apendicitis puede ser crónica o aguda.

En los casos agudos hay dolor intenso en la fosa ilíaca derecha, vómitos y malestar general.

El tratamiento es quirúrgico y consiste en la extirpación del apéndice.

PERITONITIS

El ***peritoneo*** es la membrana que recubre los órganos abdominales y tapiza las paredes del abdomen, formando la ***cavidad peritoneal.***

El peritoneo puede infectarse por dos vías distintas.

1. Por una herida de la pared del abdomen que lleve la infección desde fuera a la cavidad peritoneal.
2. Por la ruptura de un órgano (apendicitis, úlcera gástrica, etc.) que lleve la infección desde el interior del órgano perforado al peritoneo.

Como se ve, la peritonitis es producida por accidentes o por complicaciones de otras enfermedades.

ANEMIA TROPICAL O UNCINARIASIS

Con el nombre de ***uncinaria*** se conocen dos parásitos: el ***anquilostoma duodenale*** y el ***necátor americano.***

Por presentar gran analogía pueden estudiarse conjuntamente.

Son parásitos muy importantes por los grandes trastornos que ocasionan en el organismo humano.

La hembra mide de 10 a 13 mm. El macho es ligeramente menor.

La hembra pone sus huevos en el intestino delgado (Fig. 10-1 *A*).

Los huevos presentan varias divisiones y son eliminados por las heces.

En el suelo se desarrollan las larvas, que pueden penetrar por la piel de los pies descalzos y llegar a los vasos sanguíneos que las llevan a los pulmones. Atraviesan la pared del alvéolo pulmonar y emigran por los conductos respiratorios hasta la laringe.

De la laringe pasan al esófago, al estómago y al intestino, donde viven habitualmente.

Los parásitos se insertan en la mucosa y succionan la sangre, lo que ocasiona una anemia intensa.

Dos medidas pueden aconsejarse para evitar la uncinariasis:

1. Impedir la contaminación del suelo con las deyecciones humanas.
2. El uso del calzado para evitar la entrada de las larvas por la piel de los pies.

ASCARIS

Los áscaris son los ***nematelmintos*** de mayores dimensiones.

Nematelmintos son los gusanos intestinales redondos.

Son de color blanco cremoso. La hembra mide de 20 a 35 cm y los machos de 15 a 30 (Fig. 10-1 *B*).

Las hembras ponen unos veinticinco millones de huevos durante su vida (Fig. 10-1 *C*).

Fig. 10-1.—Parásitos intestinales y sus huevos.

Estos parásitos viven en el intestino delgado.

Los parásitos adultos pueden encontrarse en gran cantidad y formar bolos que determinan obstrucciones intestinales.

A veces es necesario extraerlos por medio de una operación quirúrgica.

Las medidas sanitarias consisten en:

1. Limpieza de las manos.
2. Provisión de agua pura.
3. Evitar la contaminación del suelo con deyecciones humanas.

OXIUROS

Este parásito presenta sus dos extremos afilados.

La hembra mide de 8 a 13 mm. El macho, mucho menor, sólo alcanza de 2 a 5 mm.

Los huevos presentan un lado aplastado (Fig. 10-1 *D*).

La hembra puede poner unos 11 000 huevos en el curso de su vida.

Viven en el intestino grueso, descienden por la pared intestinal, atraviesan el ano y, al ponerse en contacto con el aire, ponen sus huevos sobre la región perianal.

El rascado puede dar lugar a irritación, inflamación e infecciones de la piel.

La prevención consiste en el aseo personal y la higiene de las habitaciones.

Es necesario tratar a todos los infectados de una familia.

Si no se hace así, se infectan de nuevo los casos ya curados.

TENIAS

Las tenias son platelmintos o gusanos aplanados en forma de cinta.

En uno de sus extremos presenta una porción dilatada. Es la cabeza o ***escólex***, que es el órgano de fijación, provisto de ventosas.

Luego viene una porción alargada y estrechada, llamada ***cuello.***

Por último, una serie de segmentos o ***proglótides*** que son los órganos reproductores donde se forman los huevos (Fig. 10-1 *E*).

Los proglótides se desprenden y son expulsados con las heces.

Si son ingeridos por los animales que sirven de hospederos, éstos se infectan.

La enfermedad se propaga por la ingestión de carne de esos animales insuficientemente cocinada.

Las tenias viven adheridas a la pared intestinal.

Si no se instituye tratamiento, pueden permanecer muchos años en el interior del intestino.

Los trastornos que determinan en el organismo son: pérdida de peso, diarrea y sensación dolorosa de hambre.

Las principales clases de tenia son la ***solium*** y la ***saginata.***

Tenia solium. Es propagada por la carne de cerdo y alcanza una longitud de 2 a 7 m.

El escólex presenta una forma esférica y está provisto de cuatro ventosas y dos hileras circulares de ganchos (Fig. 10-1 *F*).

Por eso se llama ***tenia armada.***

Tenia saginata. Es propagada por el ganado vacuno.

Llega a alcanzar hasta 10 m de longitud y está formada por más de mil segmentos.

El escólex tiene una forma cuadrada y está provisto de cuatro ventosas redondas, pero no posee ganchos como la solium. Por eso se llama ***tenia inerme*** (Fig. 10-1 *G*).

Los huevos de las tenias solium y saginata presenta el mismo aspecto (Fig. 10-1 *H*).

Prevención. Bastan dos medidas para evitar la propagación de la enfermedad:

1. No comer carne de res o de cerdo que no estén bien cocidas.
2. Evitar la contaminación del suelo con las heces fecales humanas.

Disentería amebiana. El germen productor es un protozoo denominado ***entameba histolytica.***

El germen penetra en el organismo en forma de quiste (Fig. 10-1 *I*).

El quiste atraviesa el estómago y el intestino delgado y, al llegar al intestino grueso, se desenquista y se desarrolla (Fig. 10-1 *J*).

Determina ulceraciones en la mucosa, hemorragias y formación de mucus.

Los enfermos sufren de agudos dolores, frecuentes diarreas y constantes deseos de defecar.

Prevención.

1. Evitar beber agua contaminada.
2. Evitar la contaminación de los alimentos por las moscas y las cucarachas.

EN POCAS PALABRAS

Ulceras digestivas. Pueden formarse en todo el aparato digestivo. Son más frecuentes en el estómago y en el duodeno.

Apendicitis. Es la inflamación del apéndice. El tratamiento es quirúrgico. Hay que extirparlo.

Peritonitis. Es la inflamación del peritoneo.

Anemia tropical o uncinariasis. Es producida por un parásito llamado uncinaria.

Las larvas de uncinaria pueden penetrar por los pies desnudos y llegan al intestino, donde se desarrollan.

Los parásitos succionan gran cantidad de sangre y producen anemia.

Ascaris. Son los nematelmintos mayores. Viven en el intestino delgado y pueden producir obstrucciones.

Oxiuros. Son pequeños. Viven en el intestino grueso. Determinan intenso prurito anal. No producen lesiones intestinales de importancia.

Tenias. Las tenias son gusanos planos. En un extremo está el escólex (órgano de fijación), seguido de numerosos segmentos (órganos de reproducción).

La tenia solium es propagada por el cerdo. La tenia saginata se propaga por el ganado vacuno. Hay que cocinar bien las carnes para evitar la transmisión.

Disentería amebiana. Es producida por un protozoo (entameba histolytica).

Determina ulceraciones de la mucosa intestinal, hemorragias y diarreas.

Se previene tomando agua pura y evitando la contaminación de los alimentos por los insectos.

11 El aparato circulatorio

El aparato circulatorio está formado por el corazón y por un conjunto de vasos repartidos por todo el cuerpo.

En el interior del aparato circulatorio se encuentra la sangre.

El corazón impulsa la sangre y el movimiento de ésta se llama ***circulación.***

Para estudiar el aparato circulatorio consideraremos: el corazón y los vasos sanguíneos.

Los vasos sanguíneos se dividen en tres clases: ***arterias***, ***vasos capilares*** y ***venas.***

CORAZON

Situación, forma y tamaño. El corazón se encuentra en la parte central del tórax, entre los dos pulmones y por encima del diafragma.

Tiene una forma parecida a la de un mango. Su punta, roma, se dirige hacia la izquierda.

Pesa aproximadamente 275 gr y su tamaño es el del puño (Fig. 11-1).

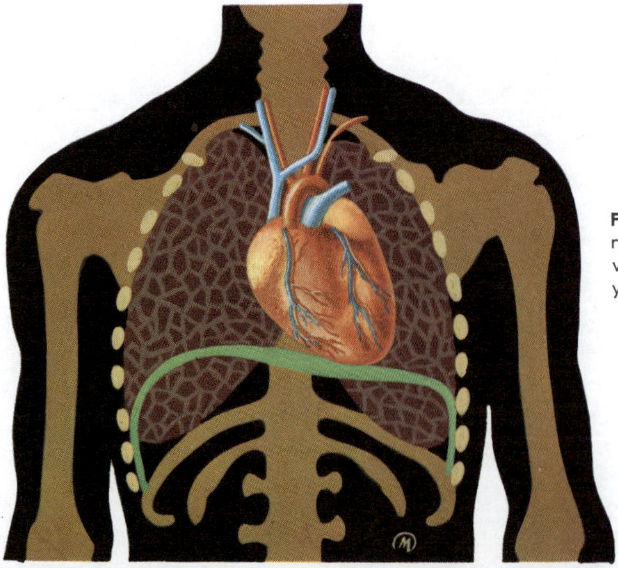

Fig. 11-1.—Esquema del tórax, visto de frente. Obsérvense el volumen, la forma y la situación del corazón.

Estructura. El corazón está formado por un músculo hueco, el ***miocardio.***

Las fibras del miocardio (fibras cardíacas) son estriadas, pero, a diferencia de otras fibras estriadas, se contraen involuntariamente.

La fibra cardíaca se contrae automática y rítmicamente.

Interiormente el miocardio está tapizado por una membrana muy fina, el ***endocardio.***

Por fuera el miocardio está recubierto por el ***pericardio.***

El pericardio es una membrana en forma de saco que tiene una doble estructura.

Por fuera es ***fibroso.*** Por dentro es ***seroso.*** Como todas las serosas, tiene dos hojas. Una se adhiere al miocardio. La otra al pericardio fibroso.

Cavidades del corazón. El corazón presenta cuatro cavidades (Fig. 11-2):

Dos superiores, llamadas aurículas.

Dos inferiores, llamadas ventrículos.

Estas cavidades están separadas por tabiques.

El ***tabique interauricular*** separa las aurículas.

El ***tabique interventricular*** separa los ventrículos.

El ***tabique auriculoventricular*** separa las aurículas de los ventrículos.

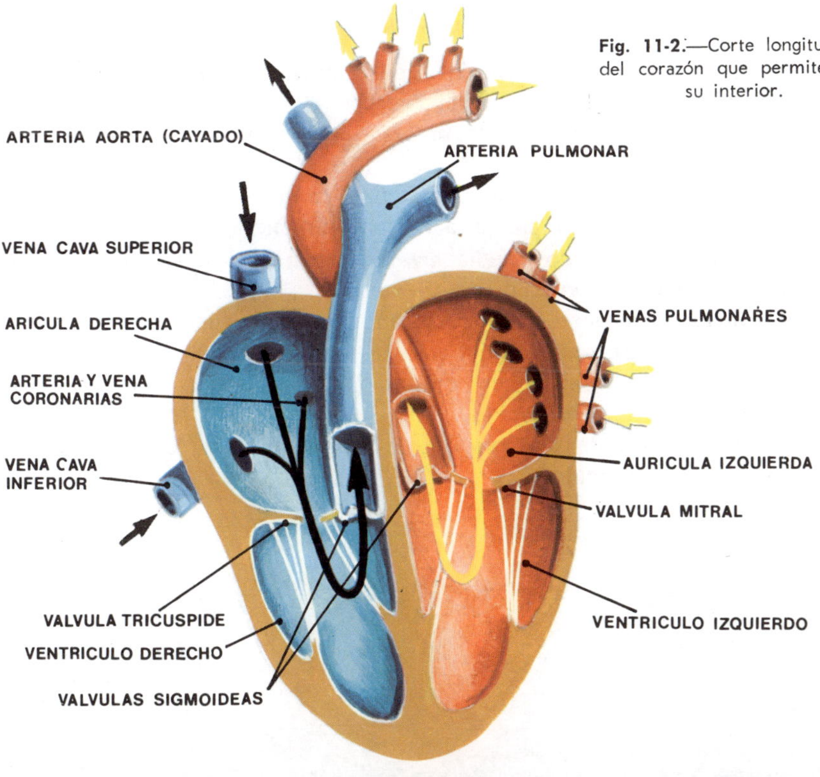

Fig. 11-2.—Corte longitudinal del corazón que permite ver su interior.

Cómo se comunican las cavidades del corazón. La aurícula derecha comunica con el ventrículo derecho por el ***orificio auriculoventricular derecho.***

En los bordes de este orificio se encuentra la ***válvula tricúspide.***

La aurícula izquierda se comunica con el ventrículo izquierdo por el ***orificio auriculoventricular izquierdo.***

En los contornos de este orificio se encuentra la válvula ***bicúspide*** o ***mitral.***

Las válvulas tricúspide y mitral son repliegues membranosos que flotan hacia el lado de los ventrículos.

Estas válvulas dejan pasar la sangre de las aurículas a los ventrículos.

Pero impiden el paso en sentido contrario.

Como se ve, las cavidades derechas se comunican entre sí.

Igual ocurre con las cavidades izquierdas.

Pero no hay comunicación entre las cavidades derechas y las izquierdas.

Durante la vida fetal los pulmones no funcionan.

En esa época se comunican entre sí las dos aurículas por un agujero llamado ***agujero de Botal.***

El agujero de Botal se cierra en el momento del nacimiento.

Si no se cierra, determina una grave enfermedad llamada **mal azul.**

Comunicaciones del corazón con el exterior (Fig. 11-2 y 11-3).

A las aurículas vienen a parar venas.

De los ventrículos parten arterias.

A la aurícula derecha llegan las ***venas cavas superior*** e ***inferior,*** que traen toda la sangre impura del cuerpo.

Del ventrículo derecho sale la ***arteria pulmonar,*** que lleva la sangre a purificarse en los pulmones.

A la aurícula izquierda llegan las cuatro ***venas pulmonares*** (dos de cada pulmón) que traen sangre pura de los pulmones.

Del ventrículo izquierdo sale la ***arteria aorta,*** que lleva sangre pura a todos los órganos del cuerpo.

En el inicio de la aorta se encuentran unos repliegues membranosos. Son las ***válvulas sigmoideas aórticas.***

Igualmente se encuentran en el inicio de la arteria pulmonar las ***válvulas sigmoideas pulmonares.***

Las válvulas sigmoideas evitan que la sangre que está en las arterias refluya hacia los ventrículos.

ARTERIAS

Las arterias son tubos que parten del corazón y se ramifican como el tronco de un árbol.

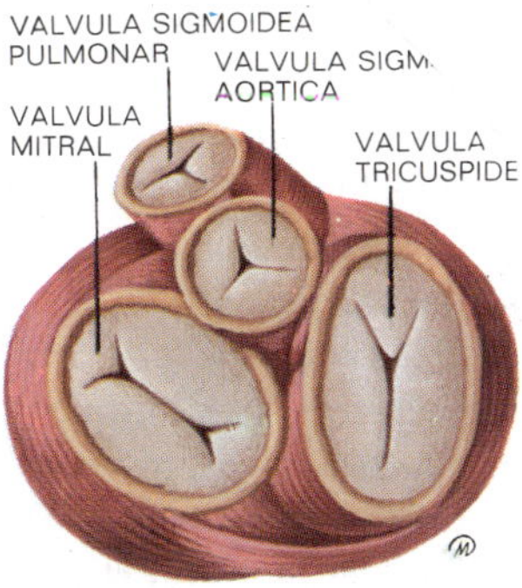

Fig. 11-3.—Esquema que muestra la base de los ventrículos, donde pueden verse las válvulas mitral, tricúspide, sigmoideas, aórticas y sigmoideas pulmonares.

Las ramas más finas se llaman ***arteriolas.***

Las arteriolas se continúan con los ***vasos capilares.***

Estructura de las arterias. Las arterias tienen paredes gruesas y resistentes. Están formadas por tres capas (Fig. 11-4 A):

Interna o ***endotelial.***

Media, con fibras musculares y elásticas.

Externa, con fibras conjuntivas.

Denominación de las arterias. Los nombres de las arterias dependen:

1. Del hueso junto al cual corren (humeral, femoral, cubital);
2. Del órgano a que están destinadas (renales, hepática, esofágica);
3. De la forma que adopta (coronaria, en forma de corona).

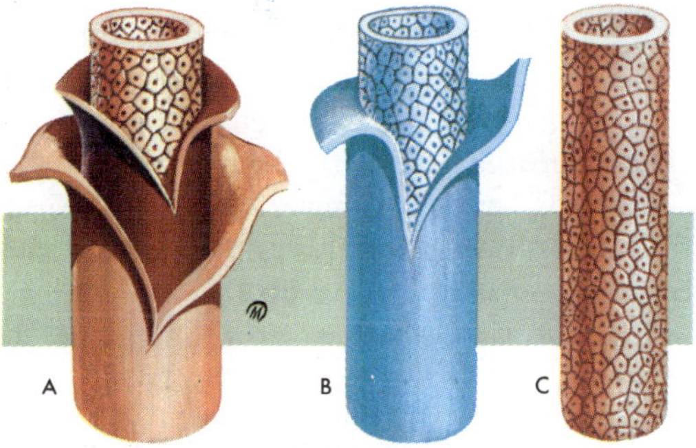

Fig. 11-4.—Estructura de los vasos sanguíneos: A) Las arterias tienen tres capas: una interna o endotelial; una media, formada por fibras musculares y elásticas, y una externa, constituida por fibras conjuntivas. B) Las venas tienen dos capas: una interna o endotelial, y una externa, formada por fibras musculares, elásticas y conjuntivas. C) Los vasos capilares tienen solamente una capa formada por células endoteliales.

PRINCIPALES ARTERIAS DEL CUERPO HUMANO

Todas las arterias del cuerpo son ramificaciones de los troncos arteriales que nacen de los ventrículos.

Tendremos, por tanto, el ***sistema de la arteria pulmonar*** y el ***sistema de la arteria aorta.***

Sistema de la arteria pulmonar. La arteria pulmonar nace del ventrículo derecho.

Se divide en dos ramas: ***arteria pulmonar derecha*** y ***arteria pulmonar izquierda.***

Cada una de ellas va al pulmón correspondiente.

La arteria pulmonar derecha da tres ramas.

La arteria pulmonar izquierda da dos ramas

Cada rama va a un lóbulo pulmonar, donde se capilariza.

Sistema de la arteria aorta. La arteria aorta sale del ventrículo izquierdo, se incurva para formar el cayado, desciende por el tórax y penetra en el abdomen.

Termina dando las ***arterias ilíacas primitivas,*** destinadas a los órganos de la pelvis y a las extremidades inferiores.

Tenemos, pues, tres regiones: ***cayado, aorta torácica*** y ***aorta abdominal.***

Ramas que nacen del cayado. El cayado da ramas al corazón ***(las dos coronarias)*** y ramas para la cabeza y las extremidades superiores:

En el lado izquierdo nacen directamente del cayado la ***carótida primitiva izquierda*** (para la cabeza) y la ***subclavia izquierda*** (para la extremidad superior).

En el lado derecho nace un tronco común ***(tronco braquiocefálico)*** que se bifurca y da origen a la ***carótida primitiva derecha*** y a la ***subclavia derecha.***

La subclavia se llama así por estar debajo de la clavícula.

Cuando se coloca en el hueco de la axila, se llama ***axilar.***

Al colocarse junto al húmero se denomina ***humeral.***

Al llegar al codo, se divide en dos ramas: ***radial*** y ***cubital.***

Las arterias radial y cubital se unen en la mano para formar los ***arcos palmares.***

De los arcos palmares parten las arterias de los dedos.

La carótida primitiva sube por el cuello y se divide en dos ramas: ***carótida externa*** y ***carótida interna.***

La carótida externa está destinada a los tegumentos del cráneo y de la cara.

La carótida interna penetra por un agujero de la base del cráneo y se distribuye por el encéfalo.

Ramas que nacen de la aorta torácica.

Arterias bronquiales (para los bronquios y los pulmones).

Arterias esofágicas (para el esófago).

Arterias intercostales (que corren por los espacios intercostales).

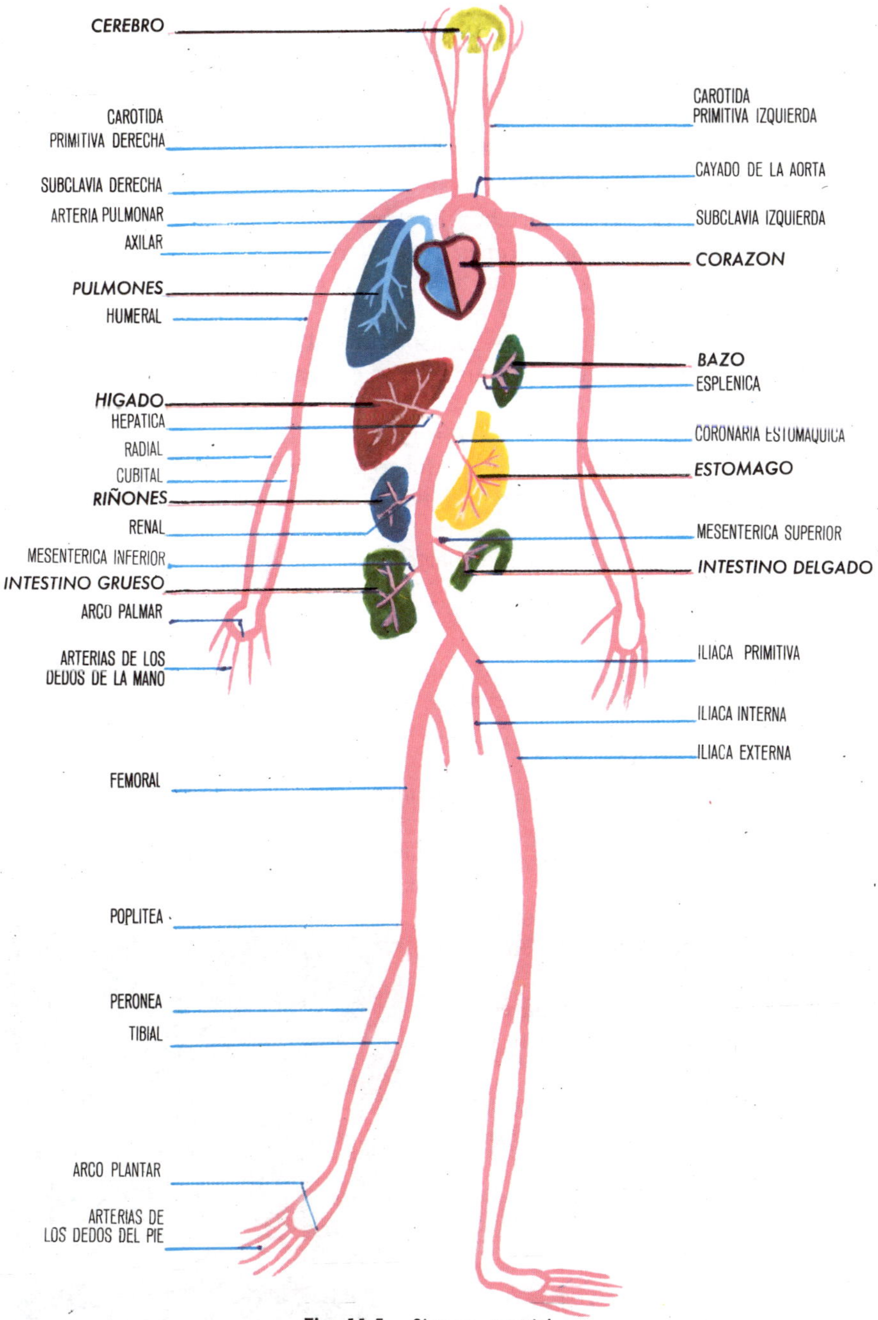

Fig. 11-5.—Sistema arterial.

Ramas que nacen de la aorta abdominal.

Tronco celíaco que se divide en tres ramas: ***hepática*** (para el hígado); ***esplénica*** (para el bazo); ***coronaria estomáquica*** (para el estómago).

Mesentérica superior y ***mesentérica inferior*** (para el intestino).

Renales (para los riñones).

Al llegar a la cuarta vértebra lumbar, la arteria aorta se divide en dos ramas principales: las ***ilíacas primitivas.***

Cada ilíaca primitiva se bifurca y da: la ***ilíaca interna*** (para los órganos de la pelvis) y la ***ilíaca externa*** (para la extremidad inferior).

Cuando la ilíaca externa se coloca junto al fémur se llama ***femoral.***

La femoral da la vuelta al muslo y se coloca por detrás de la rodilla. Se llama entonces ***poplítea.***

La poplítea da la ***tibial anterior*** (para la parte anterior de la pierna y la cara dorsal del pie) y se divide luego en ***peronea*** y ***tibial posterior.***

Estas dos arterias se unen en la planta del pie para formar los ***arcos plantares.***

De los arcos plantares nacen las arterias de los dedos del pie (Fig. 11-5).

VASOS CAPILARES

Los capilares son unos tubos muy finos agrupados en forma de red y distribuidos por todo el cuerpo.

Los capilares nacen de la división de las arterias y, al unirse, forman las venas (Fig. 11-6).

Los capilares están formados solamente por una capa de células, la endotelial (Fig. 11-4 *C*).

La extrema delgadez de los capilares facilita su función.

A través de sus paredes se establecen cambios gaseosos entre la sangre y los tejidos o entre la sangre y el aire que ha penetrado en los pulmones.

A través de las finas paredes capilares pasa al exterior parte del plasma sanguíneo.

También salen algunos leucocitos, lo que constituye la ***diapédesis.***

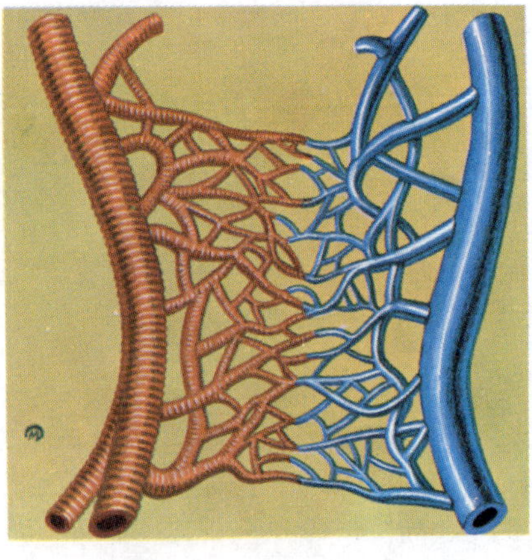

Fig. 11-6.—Red capilar.

VENAS

Las venas son conductos formados por la unión de los capilares.

Las venas se unen como los afluentes de un río.

Las grandes venas desembocan en las aurículas del corazón.

Estructura de las venas. Constan de dos capas: una interna o endotelial y otra externa formada por fibras elásticas, musculares y conjuntivas (Fig. 11-4 *B*).

Las paredes venosas son menos resistentes que las arteriales.

En el interior de las venas se observan, de trecho en trecho, unos repliegues o válvulas (Fig. 11-7).

Las válvulas impiden que la sangre descienda por su propio peso.

En las venas de la cabeza y del cuello, en las cuales la circulación se realiza de arriba a abajo, no hay válvulas.

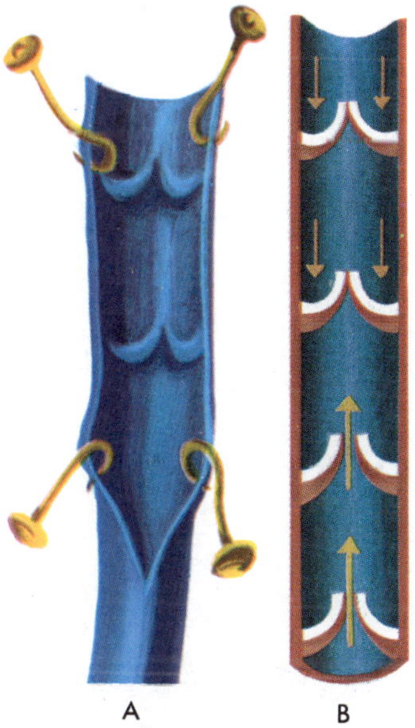

Fig. 11-7.—Estructura interior de las venas:
A) Vena abierta para ver las válvulas.
B) Corte longitudinal de una vena que permite ver las válvulas abiertas y cerradas.

Denominación de las venas. Las venas acompañan a las arterias y toman sus nombres.

Hay venas superficiales que no acompañan a ninguna arteria. Esas toman una denominación propia.

Distribución de las venas. Cada gruesa arteria va acompañada de una vena.

Las arterias de menor calibre presentan, generalmente, dos venas satélites.

El sistema venoso tiene más capacidad que el sistema arterial.

PRINCIPALES VENAS DEL CUERPO HUMANO

Consideraremos las que corresponden al sistema de la arteria pulmonar y las que corresponden al sistema de la arteria aorta.

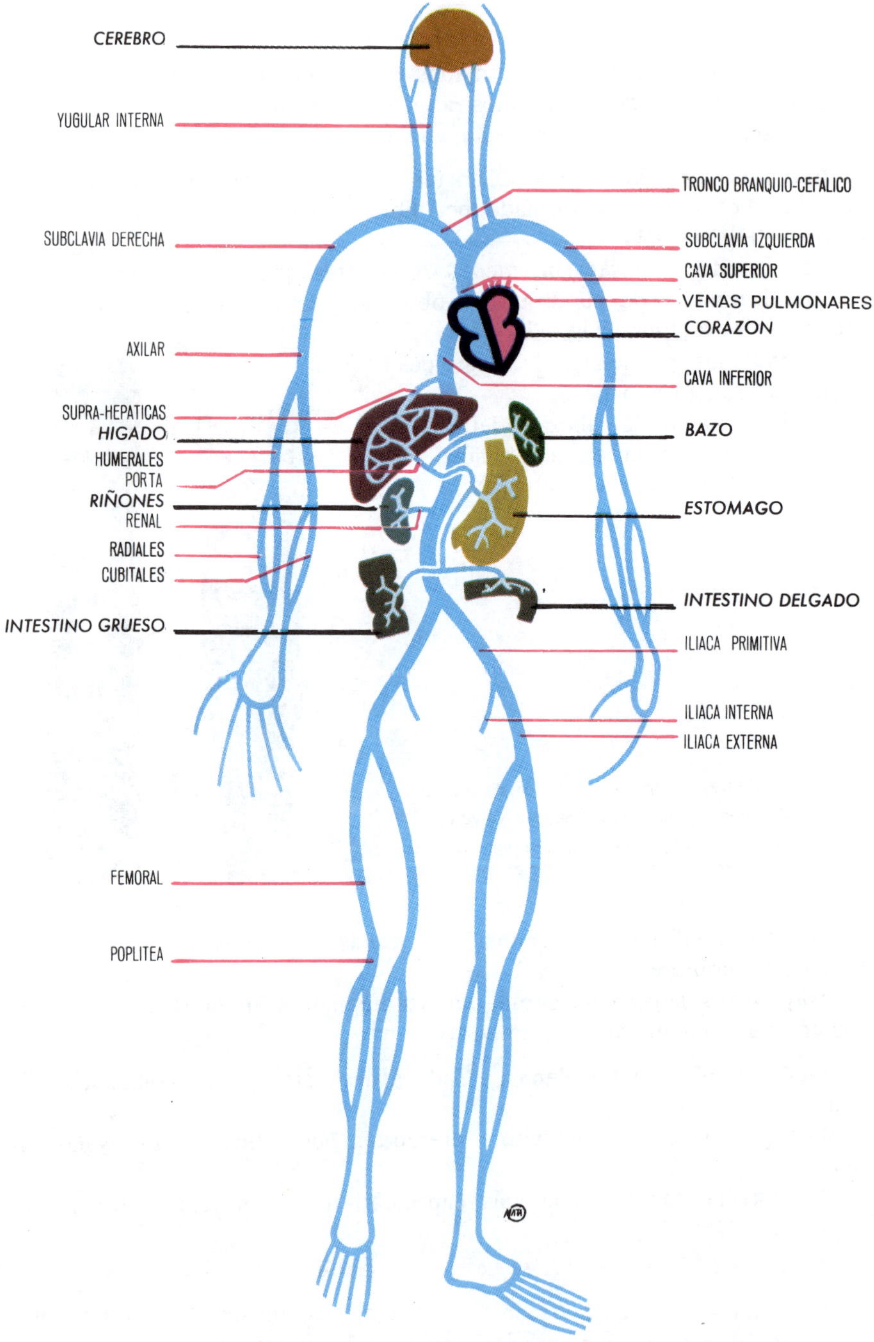

Fig. 11-8.—Sistema venoso.

Venas que corresponden al sistema de la arteria pulmonar.

Las venas pulmonares son cuatro. Dos corresponden al pulmón derecho y dos al izquierdo.

Se forman por la reunión de los capilares pulmonares y van a parar a la aurícula izquierda.

Venas que corresponden al sistema de la arteria aorta.

Todas las venas de este sistema se unen para formar dos gruesas venas: la ***cava superior*** y la ***cava inferior.***

La vena cava superior recoge la sangre impura de la cabeza y de las extremidades superiores.

Se forma por la unión de los dos troncos ***braquiocefálicos venosos.***

Cada tronco braquiocefálico está formado por la unión de la vena ***subclavia*** (que trae la sangre de la extremidad superior) y la vena ***yugular interna*** (que recoge la sangre de la cabeza).

La vena ***cava inferior*** trae la sangre de las extremidades inferiores y del abdomen.

Se forma por la unión de las ***venas ilíacas primitivas*** derecha e izquierda.

Cada ilíaca primitiva es la reunión de la ***ilíaca interna*** (que trae la sangre de los órganos pelvianos) y de la ***ilíaca externa*** (que recoge la sangre de las extremidades inferiores).

En el abdomen, la cava inferior recibe las ***venas renales*** (de los riñones) y las ***suprahepáticas*** (del hígado) (Fig. 11-8).

Vena porta. La vena porta merece una descripción especial.

Se forma por la reunión de las ***venas mesentéricas superior*** e ***inferior*** (que traen la sangre del intestino) y de la ***esplénica*** (que viene del bazo y recibe ramas del estómago).

La vena porta se capilariza en el hígado, como lo hacen las arterias (Fig. 11-9).

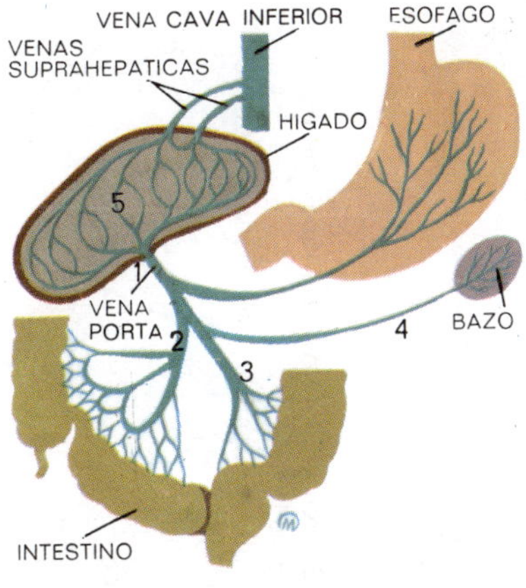

Fig. 11-9. — Vena porta: 1) Vena porta. 2) Vena mesentérica superior. 3) Vena mesentérica inferior. 4) Vena esplénica. 5) Hígado.

EN POCAS PALABRAS

CUADRO SINOPTICO DEL SISTEMA ARTERIAL

- **Sistema de la arteria pulmonar**
  - A. pulmonar derecha — Da tres ramas
  - A. pulmonar izquierda — Da dos ramas
- **Sistema de la arteria aorta**
  - Ramas colaterales
    - Que nacen del cayado
      - A. coronaria derecha
      - A. coronaria izquierda
      - Tronco braquiocefálico
        - A. carótida primitiva derecha
        - A. subclavia derecha
      - A. carótida primitiva, izquierda
        - A. carótida externa
        - A. carótida interna
      - A. subclavia izquierda
      - A. axilar
      - A. humeral
        - A. radial
        - A. cubital
          - Arcos palmares
            - A. colaterales de los dedos de la mano
    - Que nacen de la porción torácica
      - A. bronquiales
      - A. esofágicas
      - A. intercostales
    - Que nacen de la porción abdominal
      - Tronco celíaco
        - A. hepática
        - A. esplénica
        - A. coronaria estomáquica
      - A. mesentérica superior
      - A. mesentérica inferior
      - A. renales
  - Ramas terminales
    - A. ilíaca primitiva derecha
      - A. ilíaca interna
      - A. ilíaca externa-femoral-poplítea
        - A. tibial posterior
        - A. peronea
          - Arcos plantares
            - A. colaterales de los dedos del pie

CUADRO SINOPTICO DEL SISTEMA VENOSO

- **Venas que corresponden al sistema de la arteria pulmonar**
  - Dos venas pulmonares derechas
  - Dos venas pulmonares izquierdas
- **Venas que corresponden al sistema de la arteria aorta**
  - Vena cava superior
    - Tronco venoso braquiocefálico derecho
      - V. yugular interna
      - V. subclavia-V. axilar
      - V. humerales
        - V. radiales
        - V. cubitales
    - Tronco venoso braquiocefálico izquierdo
  - Vena cava inferior
    - Vena ilíaca primitiva derecha
      - V. ilíaca interna
      - V. ilíaca externa-V. femoral-V. poplítea
        - V. tibiales
        - V. peroneas
    - Vena ilíaca primitiva izquierda
    - V. renales
    - V. suprahepáticas
      - Capilares hepáticos
        - Porta
          - V. mesentérica inferior
          - V. mesentérica superior
          - V. esplénica

12 *La sangre*

Cualquier rasguño, cualquier herida profunda hacen brotar la sangre. ¿De dónde proviene la sangre?

Si se trata de una herida superficial, es la sangre que circula por los capilares de la piel.

Si es una herida profunda, la sangre puede provenir de las arterias, de las venas o hasta del propio corazón.

Como se ve, la sangre ocupa todo el aparato circulatorio.

Propiedades de la sangre. La sangre es un líquido rojo y viscoso.

Es de color rojo escarlata cuando circula por las arterias.

Y de color rojo oscuro, casi negro, cuando circula por las venas.

Su sabor es salado (contiene sales) y su olor es característico.

Se ha calculado que en el organismo humano hay de 5 a 6 litros de sangre en circulación.

Cuando la sangre deja de circular, se solidifica. A ese cambio de estado del líquido al sólido se llama ***coagulación.***

COMPOSICION DE LA SANGRE

Para conocer la composición de la sangre tenemos que estudiarla al microscopio.

Observe la figura 12-1. Así se procede para obtener un frotis de sangre.

Fig. 12-1.—Obtención de un frotis de sangre.

Examínese al microscopio con el mayor aumento posible.

Probablemente se experimentará una decepción.

Se observan numerosos discos de un color amarillo verdoso: son los **glóbulos rojos.** (Fig. 12-2).

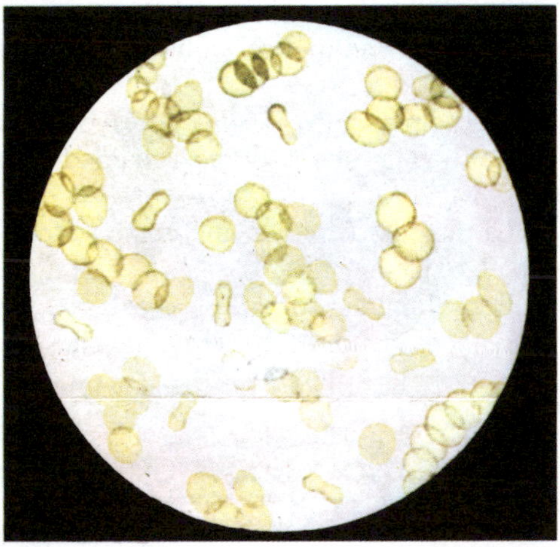

Fig. 12-2. Aspecto de un frotis de sangre sin teñir.

Quizá se observe algún corpúsculo mayor. Se trata de un ***glóbulo blanco.***

Tiñendo el frotis se observan mayores detalles (Fig. 12-3).

Los glóbulos se colorean y se destacan sus núcleos.

Se observan tres clases de corpúsculos: ***glóbulos rojos, glóbulos blancos*** y ***plaquetas.***

Todos esos corpúsculos están suspendidos en un líquido llamado ***plasma.***

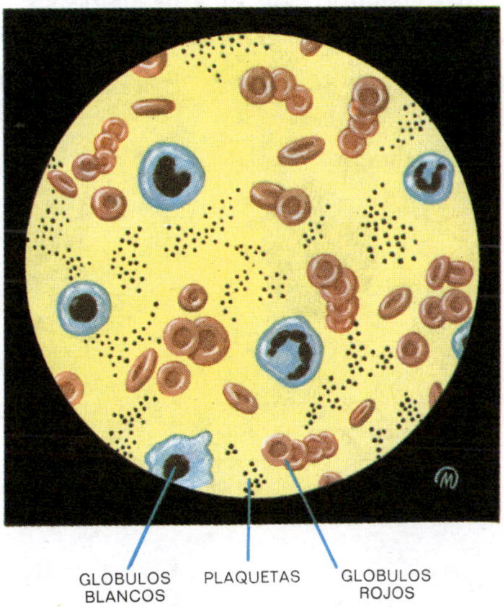

Fig. 12-3.—Aspecto de un frotis de sangre teñida.

GLOBULOS ROJOS O HEMATIES

Los glóbulos rojos son células sin núcleo.

Al ponerse en contacto con el aire, sus contornos toman un aspecto dentado (Fig. 12-4).

Los hematíes son los elementos más numerosos de la sangre.

En cada milímetro cúbico hay aproximadamente cinco millones de hematíes.

El diámetro de los hematíes oscila entre 6 y 8 micras.

Contienen una sustancia llamada ***hemoglobina,*** a la cual deben su color rojo.

La hemoglobina es un compuesto de hierro que tiene gran afinidad por el oxígeno.

Los glóbulos rojos son elásticos. Pueden pasar, estirándose, por capilares de menor diámetro que ellos.

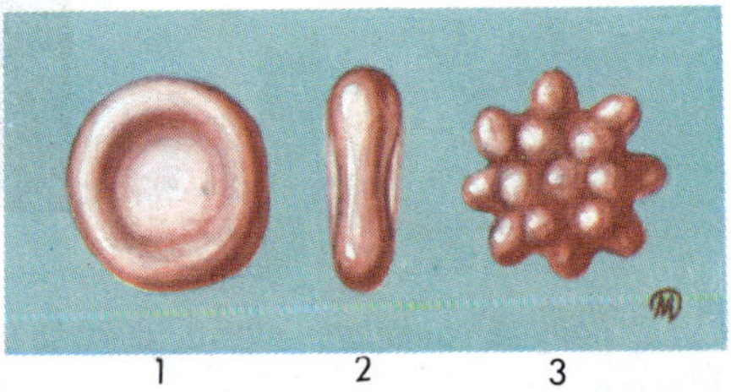

Fig. 12-4.—Glóbulos rojos: 1) Hematíe visto de frente. 2) Hematíe visto de lado. 3) Hematíe de borde dentado por haberse puesto en contacto con el aire.

GLOBULOS BLANCOS O LEUCOCITOS

Leucocito quiere decir célula blanca.

El diámetro de los leucocitos oscila entre 10 y 20 micras.

Su número aproximado es de 7 500 por milímetro cúbico.

De acuerdo con el aspecto de su citoplasma, los leucocitos se dividen en dos grupos: ***granulosos*** y ***no granulosos*** (Fig. 12-5).

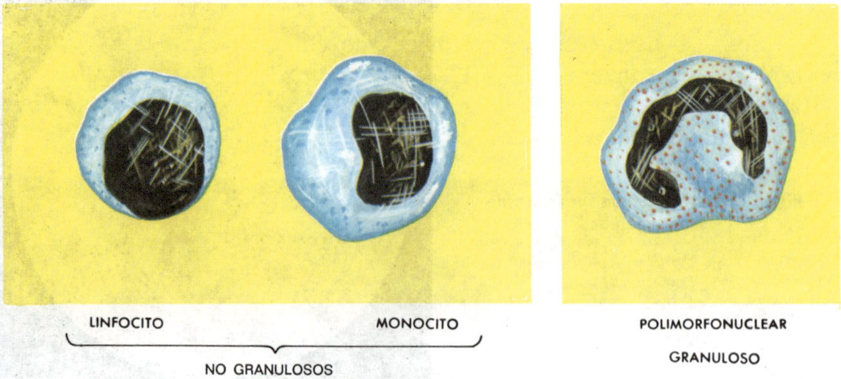

Fig. 12-5.—Leucocitos.

Los granulosos tienen un núcleo de forma muy irregular.

Por eso reciben el nombre de ***polimorfonucleares.***

Los no granulosos son los ***linfocitos*** y los ***monocitos,*** de núcleo grande y de forma regular.

Los leucocitos tienen la propiedad de emitir ***seudópodos.***

De esta propiedad se derivan dos funciones importantes que estudiaremos a continuación.

DIAPEDESIS

Las paredes de los capilares están formadas por una sola capa de células.

Entre una y otra células quedan pequeños espacios.

Los leucocitos introducen sus seudópodos en esos espacios.

Poco a poco van pasando todo su cuerpo, hasta que salen del capilar (Fig. 12-6).

Esta función recibe el nombre de diapédesis.

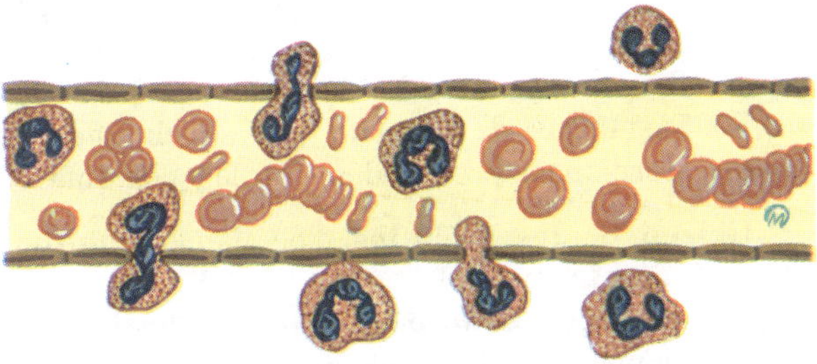

Fig. 12-6.—Obsérvese cómo salen los leucocitos a través de los pequeños espacios de las paredes de los capilares.

FAGOCITOSIS

Los leucocitos realizan otra función importante.

Rodean y envuelven cualquier partícula que se encuentre en su proximidad.

A veces las partículas son gérmenes de enfermedades. Los leucocitos los envuelven y digieren (Fig. 12-7).

La fagocitosis representa una defensa del organismo contra la invasión de gérmenes productores de enfermedades.

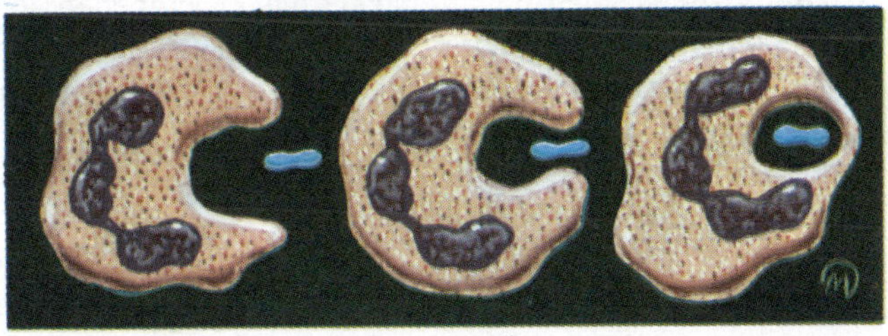

Fig. 12-7.—Así se realiza la fagocitosis.

PLAQUETAS O TROMBOCITOS

Las plaquetas no son células completas.

Son fragmentos de unas células de gran tamaño que se encuentran en la medula ósea.

En cada milímetro cúbico de sangre hay un cuarto de millón de plaquetas.

Las plaquetas intervienen en la coagulación de la sangre.

PLASMA

El plasma es un líquido transparente, ligeramente amarillento, en el que flotan los glóbulos.

Las 2/3 partes del plasma están formadas por agua.

El plasma contiene varias sustancias:

1. Proteínas, entre las cuales se encuentra el ***fibrinógeno.***
2. Las sustancias nutritivas transformadas por el aparato digestivo en ***glucosa, aminoácidos*** y ***ácidos grasos*** y ***glicerina.***
3. Sales minerales.
4. Oxígeno y dióxido de carbono.
5. Sustancias de desecho que se eliminan por los riñones.
6. Hormonas, producidas por las glándulas de secreción interna.

Origen de los glóbulos. Se llama ***hemopoyesis*** a la formación de los glóbulos sanguíneos.

Los ***órganos hemopoyéticos*** son los que realizan esa función.

Los hematíes y los leucocitos granulosos (polimorfonucleares) se forman en la medula roja de los huesos.

La medula roja se encuentra en las costillas, el esternón, los huesos de la bóveda craneana y en los extremos de los huesos largos.

Los leucocitos no granulosos (linfocitos y monocitos) se producen en los ganglios linfáticos, el bazo y el timo.

PAPEL QUE DESEMPEÑAN LOS GLOBULOS EN EL ORGANISMO

Hematíes. El principal papel que desempeñan los hematíes se debe a la hemoglobina que contienen.

La hemoglobina es esencial en el transporte del oxígeno y del dióxido de carbono.

En los pulmones la hemoglobina se combina con el oxígeno del aire y forma la ***oxihemoglobina.***

Al llegar a los tejidos, la oxihemoglobina cede su oxígeno a las células y toma el dióxido de carbono que éstas producen.

Al volver a los pulmones la sangre, se efectúa una reacción inversa: la hemoglobina cede al aire el dióxido de carbono y toma del aire el oxígeno.

Leucocitos. La función principal de los leucocitos es la de realizar la defensa del organismo.

Los leucocitos realizan la fagocitosis, esto es, engloban y destruyen los gérmenes productores de enfermedades.

Plaquetas o trombocitos. Intervienen en el proceso de la coagulación de la sangre.

COAGULACION DE LA SANGRE

Cuando la sangre deja de circular, se coagula. La coagulación es la solidificación de la sangre.

Observado al microscopio, el proceso de la coagulación ocurre así:

1. Las plaquetas forman masas, que se denominan ***zoógleas de plaquetas.***
2. El fibrinógeno del plasma se convierte en ***fibrina,*** que forma filamentos que se entrecruzan y van de una a otra zoóglea (Fig. 12-8).
3. Los glóbulos quedan apresados en esa malla de fibrina.

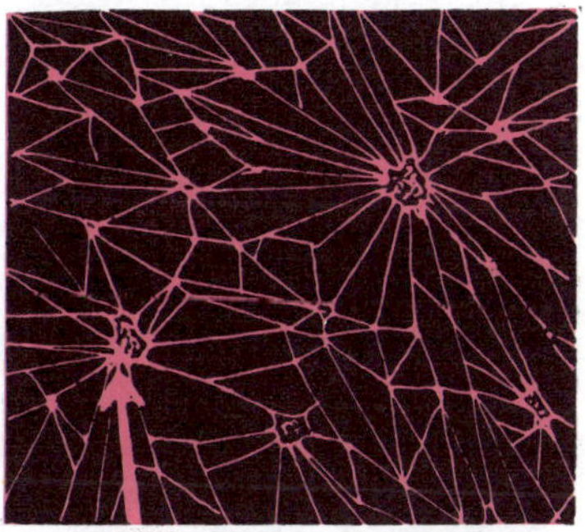

Fig. 12-8.—Formación de la malla de fibrina.

Si se recoge la sangre en un vaso, al poco rato se forma el coágulo.

El coágulo es de color rojo (por los hematíes que contiene) y de consistencia blanda.

Algún tiempo después, el coágulo se retrae y se separa de él un líquido amarillo, que es el ***suero*** (Fig. 12-9).

Como se ve, el suero es el plasma menos la fibrina.

Debido a la coagulación se detienen las hemorragias.

Fig. 12-9.—Coagulación de la sangre. Por encima del coágulo se observa el suero.

En los extremos de los vasos seccionados se forman tapones de sangre sólida que evitan la salida de la sangre.

Hay una enfermedad llamada ***hemofilia.*** En los hemofílicos la sangre se coagula con gran dificultad.

Cualquier hemorragia, por pequeña que sea, es muy grave.

ANEMIA

El término anemia tiene varios significados.

Una persona que pierda gran cantidad de sangre por una herida, está sufriendo una ***anemia aguda.***

También padece anemia la persona que tiene menor número de hematíes que la cifra normal.

Igualmente padece de anemia si sus glóbulos rojos contienen menor cantidad de hemoglobina que la cifra normal.

Si es muy acentuada, en cualquiera de sus formas, la anemia puede producir la muerte.

TRANSFUSION

Se llama transfusión a la inyección de sangre en las venas.

Desde muy antiguo, el hombre tuvo fe en el valor curativo de la sangre.

Primeramente se emplearon, con resultados desastrosos, las transfusiones de sangre de animales fuertes, como toros y carneros.

Luego se realizaron, con resultados muy variables, transfusiones de sangre humana.

¿Por qué, algunas veces, se obtenían buenos resultados y, en ocasiones, ocurría la muerte?

A principios del siglo actual se supo que la sangre de todas las personas no tiene la misma composición.

Hay cuatro grupos sanguíneos principales.

Para hacer una transfusión, es necesario investigar si la sangre del donante y la del enfermo son compatibles. Si no son compatibles, pueden ocurrir graves accidentes.

Antiguamente se hacían las transfusiones de brazo a brazo.

Se extraía, con jeringuillas, sangre de la vena del donante y se inyectaba en la vena del paciente.

Hoy, en los bancos de sangre, se conserva, clasificada, la sangre para realizar las transfusiones.

Las transfusiones se emplean para tratar las anemias y otras afecciones.

EN POCAS PALABRAS

Sangre	Glóbulos	Rojos	(5 000 000 por mm^3)
		Blancos	(7 500 por mm^3)
		Plaquetas	(250 000 por mm^3)
	Plasma	Suero	
		Fibrinógeno	

Los hematíes contienen hemoglobina, que interviene en el transporte del oxígeno y del dióxido de carbono.

Los leucocitos realizan la **diapédesis** y la **fagocitosis.**

Las plaquetas intervienen en la coagulación de la sangre.

13 *La linfa y el sistema linfático*

La ***linfa*** es un líquido que baña los tejidos.

Recordemos que parte del plasma sanguíneo pasa a través de las paredes de los capilares para formar el ***líquido tisular,*** que se acumula entre las células.

Parte de este líquido penetra en un sistema de vasos que lo conducen de nuevo al torrente sanguíneo.

Caracteres de la linfa. Es un líquido incoloro que se coagula cuando sale de los vasos que lo conducen.

La linfa que procede del intestino tiene un aspecto lechoso por contener la grasa absorbida.

La linfa está formada por una parte líquida: el plasma linfático y por los ***linfocitos*** que se encuentran en el plasma.

Sistema linfático. El sistema linfático está formado por los vasos y los ganglios linfáticos.

Vasos linfáticos. Son unos conductos membranosos que presentan numerosos abultamientos (Fig. 13-1 A).

Esos abultamientos se deben a la presencia de válvulas colocadas de modo regular (Fig. 13-1 B).

Vistos exteriormente presentan el aspecto de un collar de cuentas alargadas.

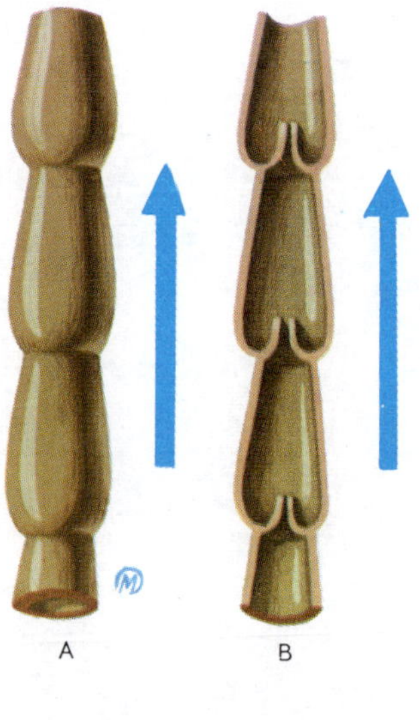

Fig. 13-1.—Vasos linfáticos: A) Aspecto exterior. B) Corte para mostrar sus válvulas.

Todos los órganos del cuerpo presentan vasos linfáticos.

Obsérvese la figura 13-2. La red linfática de la mano se continúa con los vasos linfáticos del antebrazo y éstos con los del brazo.

En la axila se observan numerosos ganglios.

Todos los vasos linfáticos del cuerpo desembocan en uno de estos dos conductos: el ***conducto torácico*** o la ***gran vena linfática*** (Fig. 13-3).

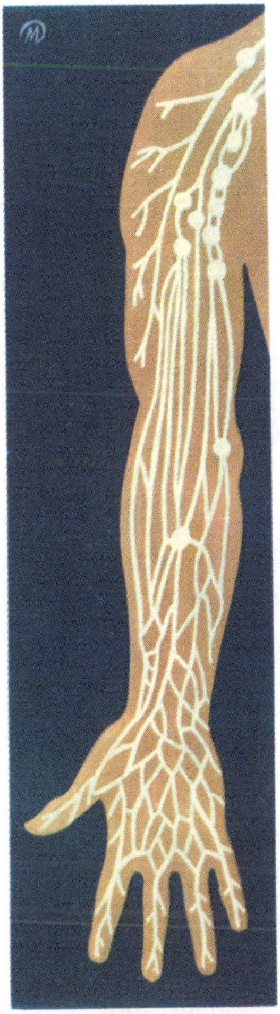

Fig. 13-2.—Red linfática de la extremidad superior.

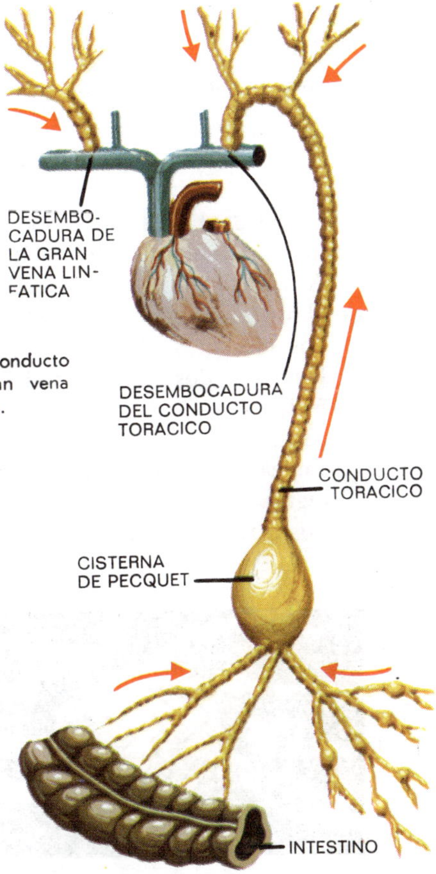

Fig. 13-3. — Conducto torácico y gran vena linfática.

Conducto torácico. El conducto torácico nace a nivel de la segunda o tercera vértebras lumbares por una dilatación en forma de pera llamada ***Cisterna de Pecquet.***

El conducto torácico asciende por el abdomen, penetra en el tórax y termina en la ***vena subclavia izquierda.***

El conducto torácico recoge la linfa de las extremidades inferiores, de la pelvis, del abdomen, del pulmón izquierdo, del brazo izquierdo y de la mitad izquierda de la cabeza y del tórax.

Gran vena linfática. Recoge toda la linfa que no va a parar al conducto torácico, es decir, de la mitad derecha de la cabeza y del tórax y del brazo y del pulmón derechos (Fig. 13-4).

La gran vena linfática desemboca en la ***vena subclavia derecha.***

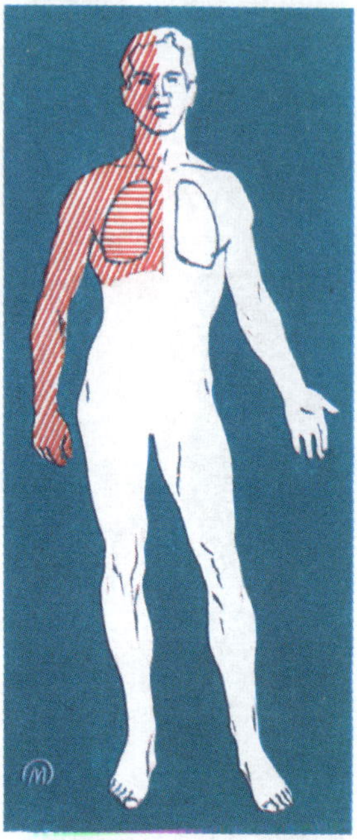

Fig. 13-4.—Territorios linfáticos. La parte blanca corresponde a la zona del conducto torácico, que recoge la linfa de las extremidades inferiores, de la pelvis, del abdomen, de la extremidad superior izquierda y de la mitad izquierda de la cabeza y del tórax. La parte rayada corresponde a la gran vena linfática, que recoge la linfa de la extremidad superior derecha y de la mitad derecha de la cabeza y del tórax.

Ganglios linfáticos. Son abultamientos de tamaño variable que se escalonan en el trayecto de los vasos linfáticos.

A los ganglios llegan varios vasos linfáticos ***(aferentes)*** y de los ganglios salen otros vasos ***(eferentes)*** (Fig. 13-5).

Los aferentes son más delgados y más numerosos que los eferentes.

Hay ganglios linfáticos del tamaño de una aceituna. Otros son pequeñísimos.

Se ha calculado que en el organismo hay unos 500 ganglios.

En ciertas regiones son más numerosos, como en la axila, la ingle y la región posterior del cuello.

Los ganglios filtran cualquier cuerpo extraño que contenga la linfa.

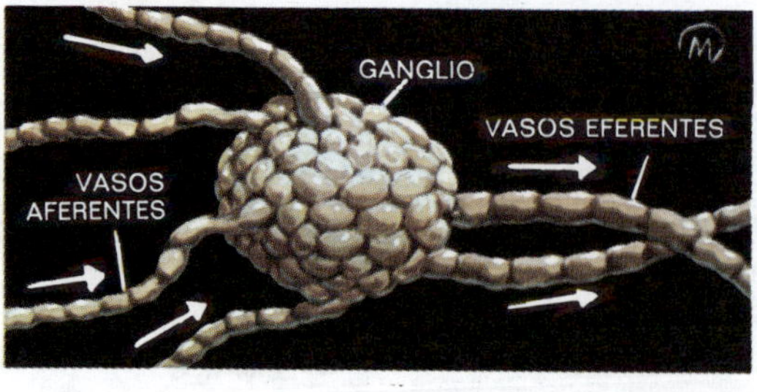

Fig. 13-5.—Ganglios linfáticos con sus vasos aferentes y eferentes.

Además, producen los ***linfocitos*** que se incorporan a la linfa.

La linfa de los vasos eferentes contiene mayor número de linfocitos que la linfa de los vasos aferentes.

Función de la linfa. La sangre no sale de los vasos por los cuales circula.

No se pone en contacto con las células para llevarles sus alimentos y para recoger sus desechos.

La linfa es el intermediario entre la sangre y los tejidos.

El sistema linfático y la linfa desempeñan un importante papel en la defensa del organismo contra las infecciones.

En los ganglios linfáticos tiene lugar el primer encuentro entre los microbios invasores y los linfocitos que realizan la fagocitosis.

Por eso se inflaman los que corresponden al sitio de penetración de los gérmenes.

Si la entrada de los gérmenes se realiza en una extremidad superior, se inflaman los ganglios de la axila correspondiente.

Si penetran por las extremidades inferiores, se inflaman los ganglios de la ingle, y así sucesivamente.

Esa inflamación ganglionar recibe el nombre vulgar de ***seca.***

EN POCAS PALABRAS

La linfa es un líquido que baña los tejidos.

Procede del plasma sanguíneo y contiene leucocitos.

La linfa se coagula cuando sale de los vasos linfáticos.

El sistema linfático está formado por vasos y ganglios linfáticos.

Los vasos linfáticos están provistos de válvulas y llevan la linfa al torrente venoso.

Toda la linfa del cuerpo se concentra en el **conducto torácico** o en la **gran vena linfática.**

Los ganglios son abultamientos que se escalonan en el trayecto de los vasos linfáticos.

Los ganglios reciben **vasos aferentes** y emiten **vasos eferentes.**

En los ganglios se producen los linfocitos de la linfa.

La linfa es el intermediario entre la sangre y los tejidos.

En los ganglios los leucocitos realizan la fagocitosis de los gérmenes invasores.

14 *La circulación*

El aparato circulatorio está formado por el corazón, las arterias, los vasos capilares y las venas.

Las arterias son tubos ramificados cuyo calibre disminuye según se alejan del corazón.

Las venas son tubos confluentes cuyo calibre aumenta según se acercan al corazón.

Entre las arterias más finas y las venas más finas se encuentran los capilares.

Entre las venas más gruesas y las arterias más gruesas se encuentra el corazón.

El interior del aparato circulatorio está ocupado por la sangre, que se encuentra en constante movimiento.

A ese movimiento sanguíneo se denomina ***circulación.***

Causas de la circulación. El corazón es un músculo hueco.

Al contraerse, disminuye su volumen e impulsa la sangre contenida en los ventrículos hacia las arterias.

Cuando el corazón se relaja, se dilata y aspira la sangre que se encuentra en las venas que desembocan en las aurículas.

Hay otras causas que ayudan a la circulación y que mencionaremos en su oportunidad.

Recorrido de la sangre. Describamos una vuelta completa al aparato circulatorio.

1. La sangre sale del ventrículo izquierdo por la arteria aorta y se distribuye por todos los órganos.
2. Atraviesa los capilares y llega a las venas.
3. Las venas se reúnen para formar las venas cavas superior e inferior que la llevan a la aurícula derecha.
4. Pasa al ventrículo derecho y sale por la arteria pulmonar que la conduce a los pulmones.

5. Atraviesa los capilares pulmonares, pasa a las venas pulmonares y llega a la aurícula izquierda.

6. Pasa al ventrículo izquierdo e inicia un nuevo recorrido.

La figura 14-1 representa un esquema de la circulación. Véase cómo las arterias llevan la sangre a los distintos órganos y las venas la recogen para llevarla al corazón.

El recorrido que realiza la sangre desde que sale del ventrículo izquierdo hasta que llega a la aurícula derecha se denomina ***circulación mayor.***

El recorrido de la sangre desde que sale del ventrículo derecho hasta que llega a la aurícula izquierda se llama ***circulación menor.***

En la figura 14-1 se puede apreciar aparte la vena porta porque representa una curiosa peculiaridad.

La ***vena porta*** penetra en el hígado y se capilariza como lo hacen las arterias. Los capilares se reúnen y forman las ***venas suprahepáticas*** que desembocan en la vena cava inferior.

Circulación doble y completa. La circulación del hombre es doble y completa.

Es doble porque la sangre pasa dos veces por el corazón cada vez que realiza un recorrido por el cuerpo.

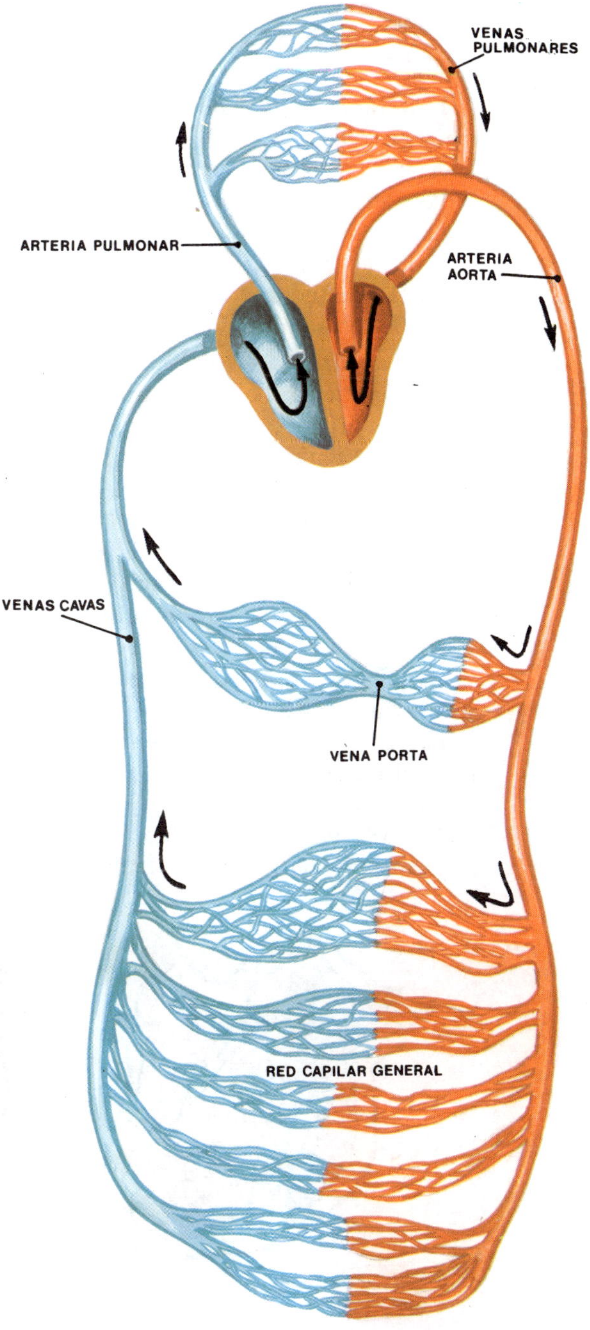

Fig. 14-1.—Esquema de la circulación.

Es completa porque no se mezclan en el corazón la sangre venosa y la arterial.

Funcionamiento del corazón. Hemos visto que el corazón se contrae y se relaja.

A la contracción se llama ***sístole.*** A la relajación, ***diástole.***

Pero el corazón no se contrae ni se relaja todo él a un mismo tiempo.

Las dos mitades del corazón funcionan sincrónicamente, es decir, a un mismo ritmo.

Bastará estudiar lo que pasa en una mitad.

En la otra mitad ocurrirá lo mismo:

1. La aurícula se encuentra en diástole y recibe la sangre que viene por las venas hasta llenarse.

2. Se produce la sístole auricular y envía la sangre al ventrículo, a través del agujero auriculoventricular, cuya válvula está abierta (figura 14-2 A).

La contracción auricular no es muy enérgica. Sólo tiene que enviar la sangre al ventrículo, que le queda muy cerca.

3. Una vez lleno el ventrículo, se contrae a su vez.

La sístole ventricular impulsa la sangre hacia la arteria, cuyas válvulas sigmoideas están abiertas (Fig. 14-2 B).

La sangre no puede retroceder a la aurícula porque se cierran las válvulas ariculoventriculares.

La contracción de los ventrículos es muy enérgica. Especialmente la del ventrículo izquierdo, que tiene que impulsar la sangre a todo el cuerpo.

4. Una vez en la arteria, la sangre no puede retroceder al ventrículo porque se cierran las válvulas sigmoideas.

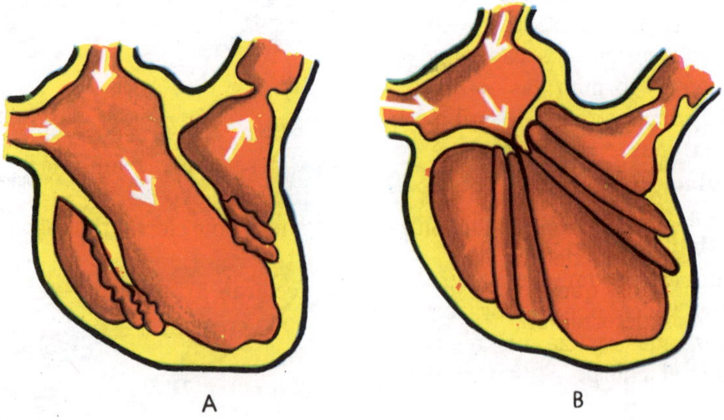

Fig. 14-2.—A) Sístole auricular. B) Sístole ventricular.

5. Terminada la sístole ventricular, se inicia la diástole general del corazón.

La duración de la diástole general es igual al tiempo en que se efectúan las sístoles auricular y ventricular.

Frecuentemente se habla del trabajo constante del corazón.

Pero si se suman los períodos de descanso (diástole), el corazón de un hombre que viva 60 años, no ha trabajado más que 30.

Movimientos y ruidos del corazón. Coloquemos la mano o el oído en el quinto espacio intercostal izquierdo.

Notaremos una sacudida brusca que se produce rítmicamente.

Es lo que se llama el ***latido del corazón.***

Es producido por la contracción brusca de los ventrículos

En el niño recién nacido se producen 140 veces por minuto.

Este número disminuye hasta alcanzar en el adulto 70.

Además del latido, se producen dos ***ruidos*** bien diferenciados.

Los médicos usan un aparato que se conecta a los oídos, llamado ***estetoscopio,*** para percibir los ruidos del corazón (Fig. 14-3).

El primer ruido es producido por el cierre de las válvulas auriculoventriculares.

El segundo ruido se origina por el cierre de las válvulas sigmoideas.

Cuando hay lesiones en las válvulas del corazón, se altera el ritmo de los ruidos.

Fig. 14-3.—Estetoscopio. Aparato que usan los médicos para examinar el corazón y los pulmones.

Automatismo del corazón. El corazón se contrae automáticamente, es decir, no necesita estímulos procedentes del exterior.

El corazón de una rana continúa latiendo por cierto tiempo, completamente separado del animal.

Los nervios que recibe el corazón aceleran o retardan sus latidos, pero no los determinan.

Palpitaciones. No hay que confundir las palpitaciones con la ***taquicardia.***

En la taquicardia hay solamente aumento en el ritmo de las contracciones cardíacas.

En las palpitaciones hay una sensación angustiosa y molesta producida por las contracciones del corazón.

Las palpitaciones son frecuentes en las personas de sistema nervioso muy excitable.

Circulación en las arterias. En las arterias la circulación se realiza del corazón hacia todas las partes del cuerpo.

Cuando el ventrículo se contrae, lanza cierta cantidad de sangre (60 ml.) a la arteria.

Como la arteria es elástica, se dilata al recibir la sangre, pero inmediatamente recupera su calibre.

La elasticidad arterial ayuda al corazón a impulsar la sangre.

Así se convierte el impulso interminente del corazón en un impulso continuo.

Pulso. La dilatación producida por la sangre procedente del ventrículo, corre en forma de onda por toda la arteria.

Si colocamos nuestros dedos sobre una arteria que pueda comprimirse sobre un plano óseo, percibimos esa onda. Es lo que se llama ***pulsación*** o simplemente ***pulso.***

La arteria radial, en la muñeca, es la que se emplea más frecuentemente para apreciar el pulso.

Como cada pulsación corresponde a un latido del corazón, tomando el pulso podemos darnos cuenta del número de los latidos y de la intensidad de la contracción cardíaca.

El pulso se hace más frecuente en los estados febriles, después de realizar ejercicios violentos y en los estados emotivos, como el miedo, etc.

Circulación en los capilares. La circulación es muy lenta en los vasos capilares.

Los hematíes circulan por el centro del vaso. Los leucocitos van rozando las paredes (Fig. 14-4).

Esta disposición favorece la diapédesis.

Fig. 14-4.—Circulación de la sangre en un capilar. Los hematíes circulan por el centro. Los leucocitos van rozando las paredes del vaso.

A través de los capilares la sangre da oxígeno a los tejidos y toma de éstos dióxido de carbono.

Circulación en las venas. En las venas la circulación se realiza desde todas las partes del cuerpo hacia el corazón.

Las principales causas de la circulación venosa son:

1. El impulso que le da el corazón a la sangre, que se transmite a través de los capilares.
2. Las válvulas venosas, que impiden el retroceso de la sangre.
3. Las contracciones musculares que comprimen las venas e impulsan la sangre.

Circulación en los vasos linfáticos. En realidad, no se trata de una verdadera circulación.

La linfa se vierte al torrente venoso y no regresa a su punto de origen.

Las causas del progreso de la linfa en los vasos linfáticos son las mismas que acabamos de señalar al hablar de la circulación en las venas.

EN POCAS PALABRAS

Circulación es el constante movimiento en que se encuentra la sangre.

La causa principal de la circulación es el impulso que le da el corazón, al contraerse.

El corazón impulsa la sangre pura (rica en oxígeno) hacia todas las partes del cuerpo, atraviesa los capilares y regresa al corazón (**circulación mayor**).

Luego el corazón envía la sangre impura (rica en dióxido de carbono) a los pulmones a purificarse y regresa al corazón (**circulación menor**).

La circulación del hombre es doble y completa.

Al contraerse las aurículas, envían la sangre a los ventrículos. Al contraerse los ventrículos impulsan la sangre hacia las grandes arterias (aorta y pulmonar).

La sangre no puede refluir porque se lo impiden las válvulas del corazón.

El corazón se contrae automáticamente.

Por el pulso puede apreciarse el funcionamiento del corazón.

Las palpitaciones son contracciones fuertes, molestas y angustiosas del corazón.

15 Higiene de la circulación y auxilios en casos de hemorragia

La circulación es una función involuntaria.

No podemos dar reglas para realizar correctamente la circulación.

Pero la forma en que otras funciones se realicen ejerce una acción beneficiosa o perjudicial sobre el aparato circulatorio.

NECESIDAD DE UNA VIDA HIGIENICA

Para conservar en buenas condiciones el aparato circulatorio es conveniente:

1. Llevar una vida higiénica.
2. Realizar moderados ejercicios musculares.
3. Emplear una alimentación suficiente, pero no excesiva.
4. No abusar de la alimentación cárnea ni del exceso de grasa.

ARTERIOSCLEROSIS

Uno de los signos de envejecimiento es el endurecimiento de las arterias.

Con el avance de los años las arterias pierden su elasticidad.

A ese estado se llama ***arteriosclerosis.***

A veces, sin embargo, la arteriosclerosis se presenta en personas jóvenes. Con razón se ha dicho que un individuo tiene la edad que tienen sus arterias.

Las bebidas alcohólicas, el tabaco y las drogas heroicas son causas de arteriosclerosis.

Cuando las arterias pierden su elasticidad se comportan como tubos rígidos. Entonces el corazón tiene que realizar más esfuerzo para impulsar la sangre.

El corazón se hipertrofia (aumenta de tamaño) y recibe el nombre de ***corazón bovino,*** es decir, corazón de buey (Fig. 15-1).

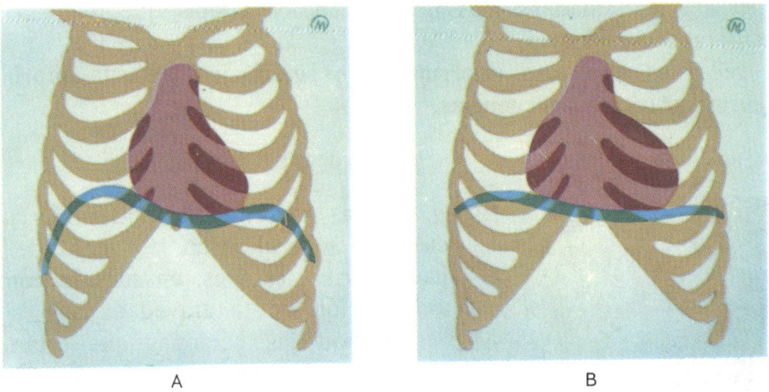

Fig. 15-1.—A) Corazón normal. B) Corazón bovino.

ANEURISMAS

A veces, se debilita la pared de los vasos sanguíneos y se forman ensanchamientos.

Esos ensanchamientos se denominan ***aneurismas*** y son más frecuentes en las arterias (Fig. 15-2).

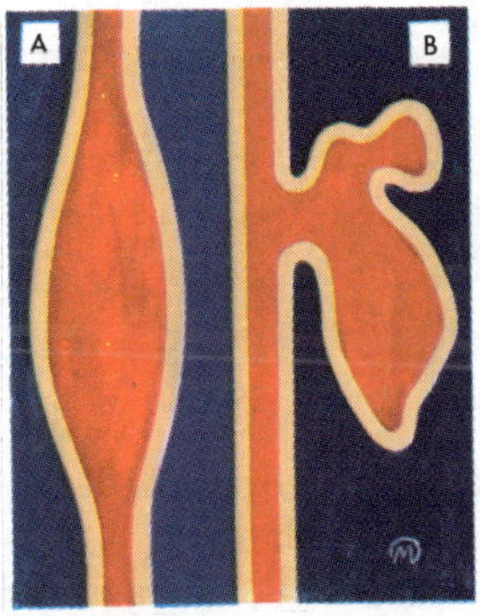

Fig. 15-2.—Aneurismas: A) Aneurisma fusiforme. B) Aneurisma sacciforme.

Los aneurismas son enfermedades graves.

Las principales causas de los aneurismas son:

1. El abuso de bebidas alcohólicas.
2. Los esfuerzos musculares excesivos y continuados.
3. Una enfermedad llamada ***sífilis.***

NECESIDAD DE UN EXAMEN PERIODICO A LOS ATLETAS

Todos debemos someternos periódicamente a un examen médico de nuestro aparato circulatorio.

Pero esa necesidad es más urgente en los atletas que realizan grandes esfuerzos musculares.

A veces es necesario interrumpir los ejercicios y hasta suprimirlos para evitar graves consecuencias.

PELIGROS DE LA LARGA PERMANENCIA EN PIE

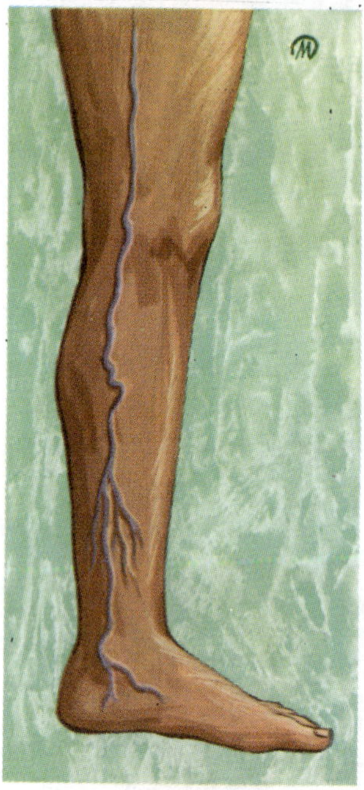

En las extremidades inferiores la circulación se realiza en las venas de abajo hacia arriba, esto es, en sentido contrario a la acción de la gravedad.

En aquellas personas que están obligadas a permanecer en pie durante muchas horas al día, se produce la dilatación de las venas, que se denomina ***varices.***

Al dilatarse las venas, las válvulas no cierran bien.

Las venas se hacen gruesas y tortuosas y son visibles debajo de la piel (figura 15-3).

Fig. 15-3.—Varices venosas. Obsérvense el trayecto tortuoso y la dilatación de las venas.

AUXILIOS EN CASOS DE HEMORRAGIAS

Se llama ***hemorragia*** la salida de la sangre a través de una ruptura del aparato circulatorio.

Puede haber hemorragias del corazón, de las arterias, de los vasos capilares y de las venas.

Las hemorragias del corazón y de los grandes vasos son generalmente mortales.

Rápidamente se produce una gran pérdida de sangre.

La sangre sale a chorros en las hemorragias arteriales y venosas.

En los vasos capilares hay escasa presión, por lo que la sangre no sale a chorros.

Se derrama por los bordes de la herida.

En las grandes arterias, el chorro es intermitente.

La sístole ventricular da a la sangre un impulso interrumpido.

En las arterias finas y en las venas el chorro es continuo.

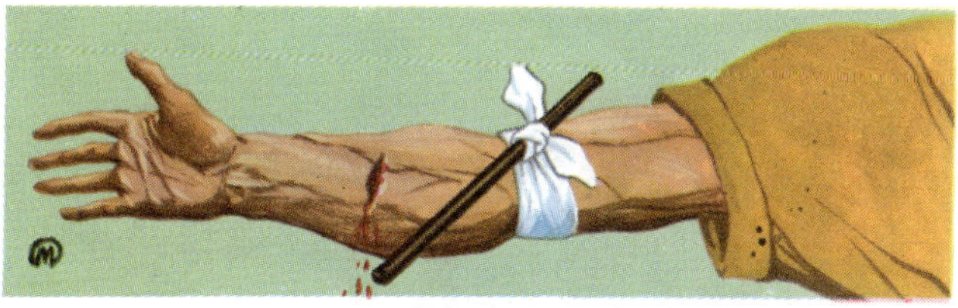

Fig. 15-4.—Así se improvisa un torniquete.

La elasticidad arterial transforma el impulso interrumpido del corazón en impulso continuo.

Las hemorragias vasculares son tanto más graves cuanto más grueso es el vaso seccionado.

Las más leves son las hemorragias capilares.

A veces las hemorragias se detienen espontáneamente por la formación de coágulos en los extremos del vaso seccionado.

Pero otras veces es necesario hacer compresión con un ***torniquete,*** cuando se trata de hemorragias de las extremidades.

El torniquete se coloca entre la herida y el corazón (Fig. 15-4).

Así se comprime la arteria principal que lleva la sangre a toda la extremidad.

Las figuras 15-5, 15-6 y 15-7 muestran los lugares en que debe hacerse la compresión en casos de heridas de las extremidades superiores, de las extremidades inferiores y de la cara.

En esos casos se comprimen las arterias humeral, femoral y carótida, respectivamente.

Todas las hemorragias son graves en los ***hemofílicos,*** cuya sangre tiene gran dificultad en coagularse.

Cuando las hemorragias son producidas por heridas, hay que tomar precauciones para evitar la infección.

Fig. 15-5.—Sitio en que debe hacerse la compresión de la arteria humeral.

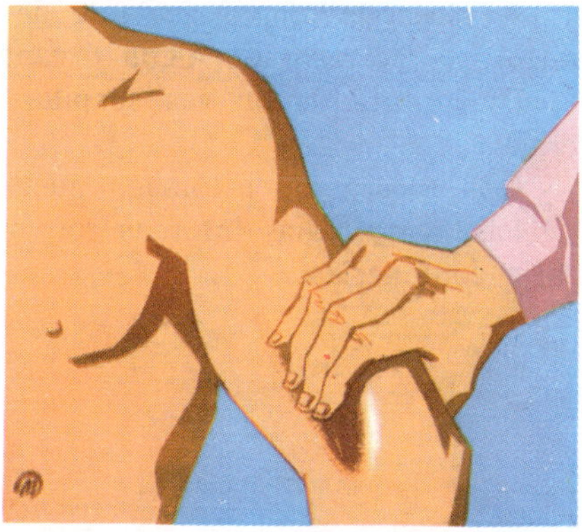

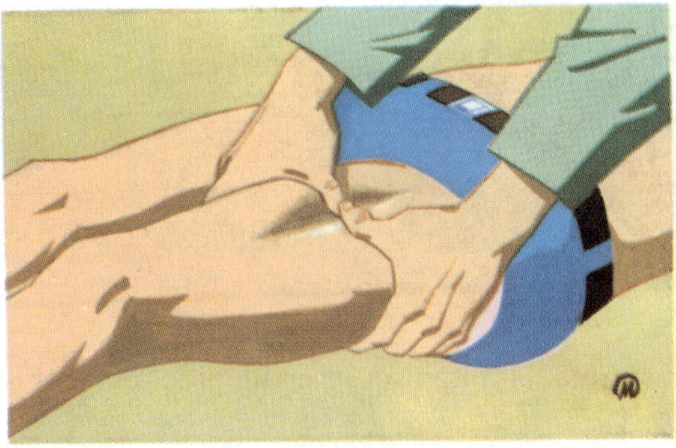

Fig. 15-6.—Sitio en que debe hacerse la compresión de la arteria femoral.

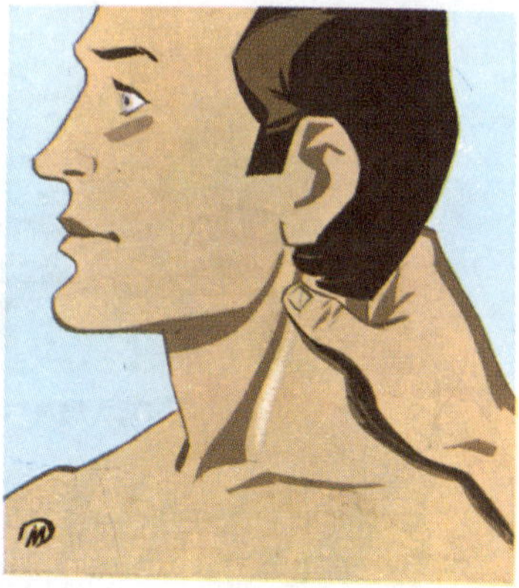

Fig. 15-7.—Sitio en que debe hacerse la compresión de la arteria carótida.

No deben ponerse en contacto con la herida objetos que no estén esterilizados.

Si no puede evitarse esto, debe lavarse la herida con sustancias antisépticas, como agua oxigenada o solución de bicloruro de mercurio o tocarse con tintura de yodo, mertiolate o mercurocromo.

HEMORRAGIAS NASALES

En las hemorragias nasales es útil la compresión de las alas de la nariz entre los dedos y colocar compresas heladas en la frente y en la nariz.

Si esto no da resultado, no debe perderse tiempo, hay que acudir al médico.

HEMORRAGIAS INTERNAS

A veces, la sangre que sale de los vasos sanguíneos no brota al exterior. Se derrama en algún órgano.

La ruptura de un vaso capilar puede producir una hemorragia cerebral.

Una úlcera del estómago puede determinar una intensa hemorragia.

Las hemorragias internas son muy graves debido a lo difícil que resulta contenerlas.

EN POCAS PALABRAS

Hemorragia es la salida de la sangre del aparato circulatorio.

Puede haber hemorragias cardíacas, arteriales, capilares y venosas.

Las hemorragias del corazón y de los grandes vasos son generalmente mortales.

En las arterias grandes, la sangre sale en chorro intermitente.

En las arterias finas y en las venas, sale en chorro continuo.

A veces las hemorragias se detienen espontáneamente.

Cuando no se detienen, y es una hemorragia de las extremidades, es necesario colocar un torniquete.

El torniquete se coloca entre la herida y el corazón.

Para evitar infecciones, es necesario lavar la herida con sustancias antisépticas.

16 Principales enfermedades del aparato circulatorio

PERICARDITIS

Recordemos que el pericardio es una especie de saco dentro del cual se encuentra el corazón.

Tiene una doble estructura. Exteriormente es fibroso. Interiormente es seroso.

Como todas las serosas, tiene dos hojas. Una se adhiere al corazón, la otra está en contacto con el pericardio fibroso.

Entre las dos hojas del pericardio seroso hay una cavidad donde se encuentra una pequeña cantidad de ***líquido pericárdico.***

La pericarditis es la inflamación del pericardio.

Casi siempre es producida por agentes microbianos y frecuentemente está asociada al reumatismo.

La pericarditis puede ser seca o con derrame.

En este último caso se produce un líquido que ocupa el espacio formado por las dos hojas del pericardio seroso.

En la pericarditis hay fiebre, dolor precordial (por delante del corazón), disnea, etc.

Es una enfermedad seria que requiere atención médica.

ENDOCARDITIS

El endocardio es la membrana que tapiza interiormente las cavidades del corazón. La inflamación del endocardio se llama ***endocarditis.***

La endocarditis es producida por distintos gérmenes, entre los cuales se encuentran ***estafilococos, estreptococos*** y el ***bacilo de Koch*** o bacilo de la tuberculosis.

Con frecuencia la endocarditis es una complicación de otras enfermedades.

CARDIALGIAS

En griego, ***algia*** quiere decir dolor. Esa raíz se usa frecuentemente: cefalalgia = dolor de cabeza, gastralgia = dolor de estómago, neuralgia = dolor que se propaga a lo largo de un nervio.

Cardialgia significa dolor del corazón.

A menudo se experimenta dolor en la región precordial que no es debido a trastornos del corazón.

Los trastornos gástricos originan frecuentemente dolor, que el paciente refiere al corazón.

Recordemos que el corazón está separado del estómago solamente por el músculo diafragma.

Sin embargo, si se presenta cardialgia, el paciente debe consultar a su médico.

Este determinará la causa de su dolencia e instituirá el tratamiento adecuado.

LEUCEMIA

La ***leucemia*** es el aumento permanente del número de leucocitos de la sangre.

La cifra normal de leucocitos es de 6 000 a 7 500 por milímetro cúbico.

En la leucemia se eleva a 40 000, 60 000 o más.

La leucemia es una enfermedad mortal, caracterizada por hemorragias y debilitamiento general del organismo.

El bazo y los ganglios linfáticos se agrandan. Recordemos que esos órganos son formadores de leucocitos.

Se considera la leucemia como un cáncer de la sangre, ya que el cáncer consiste en un desarrollo desordenado de determinadas células.

SIFILIS

La ***sífilis*** es una enfermedad producida por una bacteria del género de las ***espiroquetas*** llamada ***treponema pálida.***

Las espiroquetas son bacterias que tienen forma de tirabuzón.

Se llama pálida porque se tiñe débilmente con los colorantes de laboratorio (Fig. 16-1).

La sífilis puede afectar todos los órganos del cuerpo y, entre ellos, el corazón y las arterias.

Evolución. En el punto de entrada del germen se produce la ***lesión primaria*** o ***chancro.***

Pasados varios meses aparece una erupción de la piel. Es la ***lesión secundaria*** o ***eritema sifilítico.***

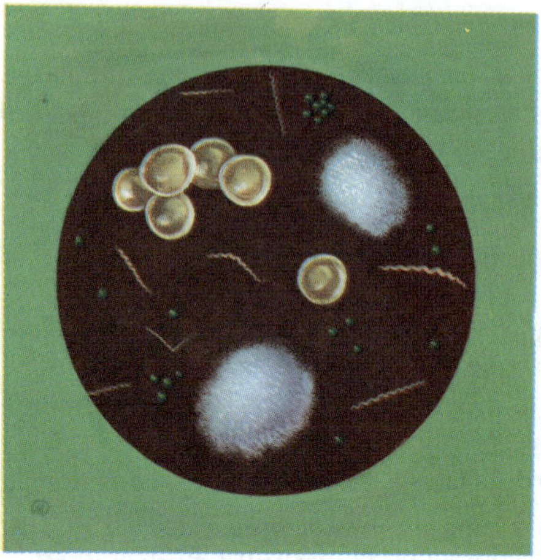

Fig. 16-1.—Treponema pálida o espiroqueta de la sífilis, observado al ultramicroscopio.

Años después se presentan las ***lesiones terciarias*** o ***gomas***, que se localizan en el estómago, el hígado, el cerebro, etc.

Transmisión. La forma de transmisión normal es el contacto del individuo enfermo con el sano.

Es posible, aunque raro, el contagio indirecto por vasos, cubiertos, etc.

Prevención. Una amplia campaña de divulgación sanitaria, utilizando carteles y películas cinematográficas, es muy útil en la prevención de esta enfermedad.

Tratamiento. Antiguamente el tratamiento de la sífilis era prolongado e incierto.

El uso de los arsenicales (salvarsán y neosalvarsán) representó un gran paso de avance.

El empleo de la penicilina ha disminuido considerablemente la duración del tratamiento.

Los enfermos dejan de ser infectantes en corto tiempo, con lo que se disminuye el peligro de diseminación de la enfermedad.

En los países en los cuales se ha organizado una lucha bien dirigida contra esta enfermedad, se considera la sífilis como una afección en retirada.

PALUDISMO

El ***paludismo***, llamado también ***malaria***, es una enfermedad aguda y crónica.

Se caracteriza por fiebre (generalmente alta), anemia, esplenomegalia (aumento del tamaño del bazo) y complicaciones que a veces conducen a la muerte.

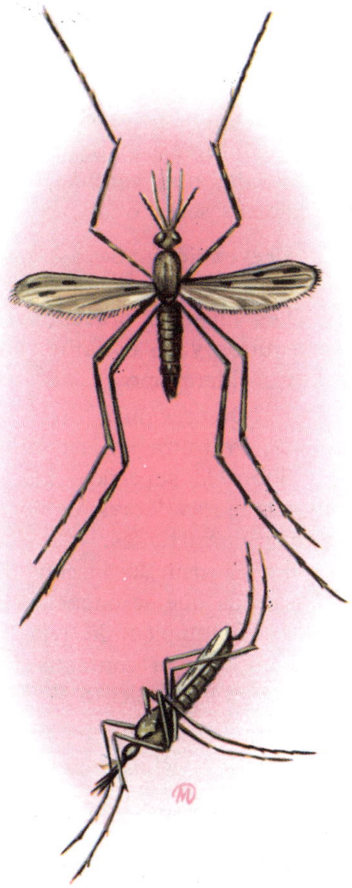

Fig. 16-2.—Anofeles maculipennis hembra.

Germen productor. El paludismo es producido por tres protozoarios del género ***plasmodium,*** que originan tres formas distintas:

1. La ***terciana*** (con fiebre cada 48 horas aproximadamente), producida por el ***plasmodium vivax.***
2. La ***cuartana*** (con fiebre cada 72 horas aproximadamente), causada por el ***plasmodium malariae.***
3. La ***fiebre tropical*** (de periodicidad incierta), originada por el ***plasmodium inmaculatum.***

Medios de transmisión. La enfermedad es transmitida por la picadura de la hembra del mosquito ***anofeles,*** que haya picado previamente a enfermos de paludismo (Fig. 16-2).

Los plasmodiums que contiene la sangre del enfermo palúdico se desarrollan en el estómago del mosquito. Allí se reproducen sexualmente, es decir, por la unión de ***gametos machos*** y ***gametos hembras.***

Se llaman gametos las células sexuadas encargadas de la reproducción.

Los plasmodiums que nacen de esa reproducción pasan a las glándulas salivales del mosquito.

Al picar el mosquito introduce, con su saliva, los plasmodiums recientemente formados.

Al llegar a la sangre del sujeto sano, los plasmodiums penetran en el interior de los glóbulos rojos.

En los glóbulos rojos se reproducen asexualmente, es decir, por simple división y dan lugar a la formación de 15 a 24 plasmodiums.

El glóbulo rojo estalla y da salida a los plasmodiums, que invaden nuevos glóbulos y reproducen el mismo proceso.

Cuando se han destruido numerosos glóbulos rojos y, probablemente, absorbido gran cantidad de toxina, el enfermo experimenta un intenso escalofrío seguido de un ataque febril.

Prevención. Se sabe que los mosquitos ponen sus huevos en las aguas estancadas, donde se desarrollan.

Las medidas preventivas consistirán en impedir el desarrollo de los mosquitos y en evitar el contacto de éstos con las personas.

Consideraremos:

1. Desecación o drenaje de los pantanos.
2. Petrolización de las aguas estancadas.

Sobre la superficie del agua se forma una película de petróleo que impide a las larvas de los mosquitos ponerse en contacto con el aire y mueren asfixiadas.

3. El uso de insecticidas modernos (DDT y otros) que maten los mosquitos que se encuentren en las casas.
4. El empleo de telas metálicas en las ventanas y de mosquiteros que impidan el contacto del mosquito con las personas.
5. El tratamiento de los enfermos palúdicos.

Aunque en una región haya anofeles, si no hay enfermos palúdicos, la picadura del mosquito no es infectante.

Tratamiento. La quinina es el medicamento clásico contra el paludismo.

Hoy se emplean también con buen éxito otros medicamentos como la ***atebrina*** y la ***plasmoquina.***

EN POCAS PALABRAS

La **pericarditis** es la inflamación del pericardio.

Es producida por agentes infecciosos. Puede ser seca o con derrame.

La **endocarditis** es la inflamación del endocardio.

Puede ser producida por distintos gérmenes.

Cardialgia es el dolor del corazón. A veces, los trastornos gástricos originan cardialgias.

Leucemia es el cáncer de la sangre. Hay en la leucemia considerable aumento de los leucocitos sanguíneos. Es una enfermedad mortal.

Sífilis. Producida por un treponema. Se transmite, generalmente, de persona a persona.

Puede atacar todos los órganos del cuerpo. Con los tratamientos modernos no presenta la gravedad de épocas pasadas.

Paludismo. Producido por protozoarios llamados **plasmodiums.** Es transmitido por la hembra del mosquito **anofeles.**

Los plasmodiums destruyen los glóbulos rojos, lo que produce anemia.

Hay que evitar el desarrollo de los huevos de los mosquitos, matar los mosquitos adultos e impedir el contacto del mosquito con el enfermo.

17 Aparato respiratorio

El ***aparato respiratorio*** está formado por el tubo ***aerífero*** y por los ***pulmones.***

El tubo aerífero consta de: ***fosas nasales, faringe, laringe, tráquea*** y ***bronquios.***

El tubo aerífero comunica los pulmones con el exterior y está revestido en su interior por una mucosa.

Fosas nasales. Son dos cavidades que se encuentran en el interior de la nariz. Cada fosa nasal presenta una abertura para dar paso al aire.

Faringe. Consta de tres partes: ***nasofaringe, orofaringe*** y ***laringofaringe*** (Fig. 17-1).

Tan sólo las dos primeras partes pertenecen al aparato respiratorio. La laringofaringe da paso solamente a los alimentos.

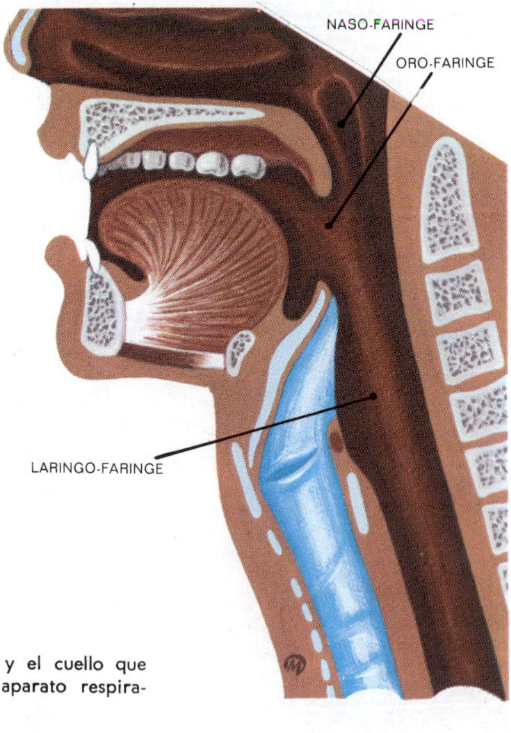

Fig. 17-1.—Corte medio de la cabeza y el cuello que permite ver la porción superior del aparato respiratorio.

Laringe. Está formada por varios cartílagos unidos por músculos y por membranas (Fig. 17-2). Hace prominencia en la parte anterior del cuello.

En su interior se encuentran unos repliegues, las ***cuerdas vocales,*** dos a cada lado.

Cuando el aire espirado choca con las cuerdas vocales produce el sonido laríngeo, que se emplea en el lenguaje hablado.

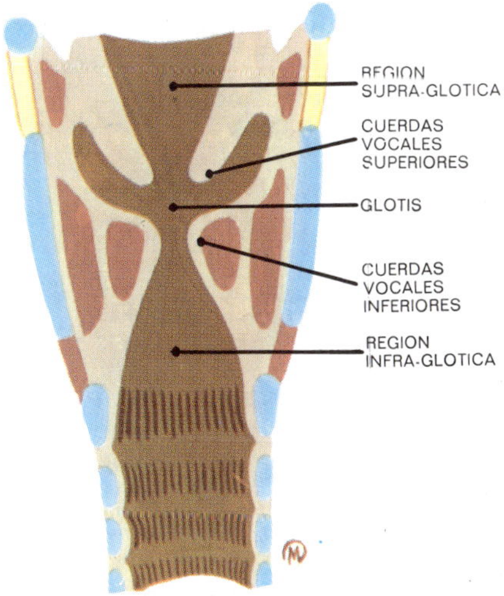

Fig. 17-2.—Corte de la laringe que permite ver sus cartílagos y las cuerdas vocales.

Tráquea. Es un conducto cilindroideo de dos centímetros de diámetro por doce centímetros de longitud. Baja por el cuello, penetra en el tórax y se divide en dos conductos llamados ***bronquios*** (Fig. 17-3).

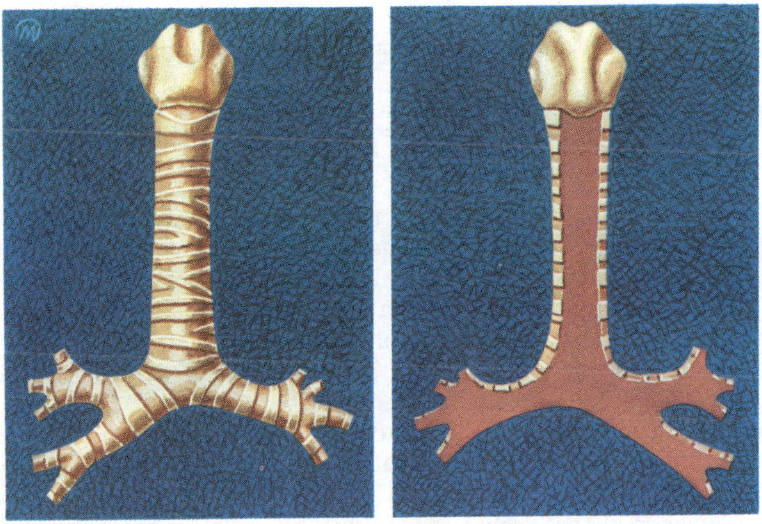

Fig. 17-3.—A) Tráquea y bronquios, cara anterior. B) Tráquea y bronquios, cara posterior.

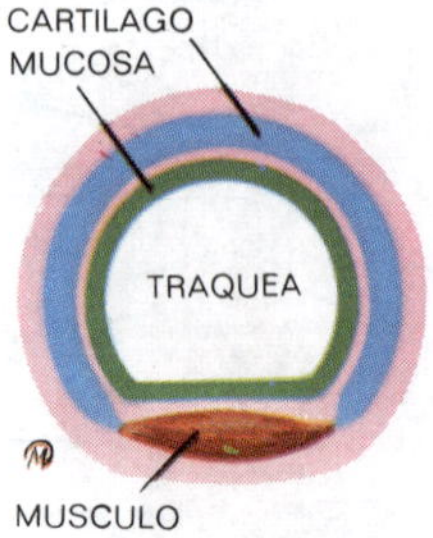

Fig. 17-4. — Corte de la tráquea para ver un anillo cartilaginoso, su mucosa y sus fibras musculares.

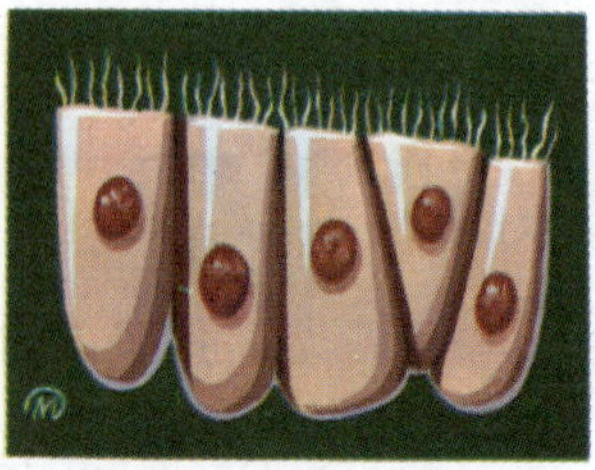

Fig. 17-5.—Células con pestañas vibrátiles de la mucosa de la tráquea y de los bronquios.

La tráquea está compuesta por anillos incompletos superpuestos. En su parte posterior los anillos cartilaginosos presentan fibras musculares (Fig. 17-4).

La mucosa que tapiza la tráquea y los bronquios está formada por células provistas de pestañas vibrátiles que, al moverse, hacen ascender las secreciones y el polvo que penetra en las vías respiratorias (Fig. 17-5).

Bronquios. Nacen de la bifurcación de la tráquea. Cada uno se dirige a un pulmón (Fig. 17-6).

El bronquio derecho da tres ramas. El izquierdo, dos. Una rama para cada lóbulo pulmonar.

Los bronquios gruesos tienen la misma estructura que la tráquea. Los bronquios finos están formados por anillos cartilaginosos completos.

Las últimas ramificaciones de los bronquios se llaman ***bronquiolos.***

Pulmones. Son los órganos esenciales de la respiración.

En los pulmones se purifica la sangre.

Los pulmones ocupan las partes laterales del tórax.

Entre los pulmones se encuentra un espacio llamado ***mediastino.***

El mediastino está ocupado por el corazón, la tráquea, el esófago, etc.

Los pulmones están suspendidos de los bronquios y descansan sobre el diafragma.

En la cara interna de cada pulmón se encuentra el **hilio.** Hilio es la parte de un órgano por donde penetran o salen los vasos sanguíneos y los conductos funcionales (Fig. 17-7).

Los pulmones son esponjosos porque están formados por cavidades llenas de aire. En el niño son rosados; en el adulto, son grises.

La capacidad de ambos pulmones es de 5 200 ml.

Se calcula en 80 m^2 la superficie de sus cavidades.

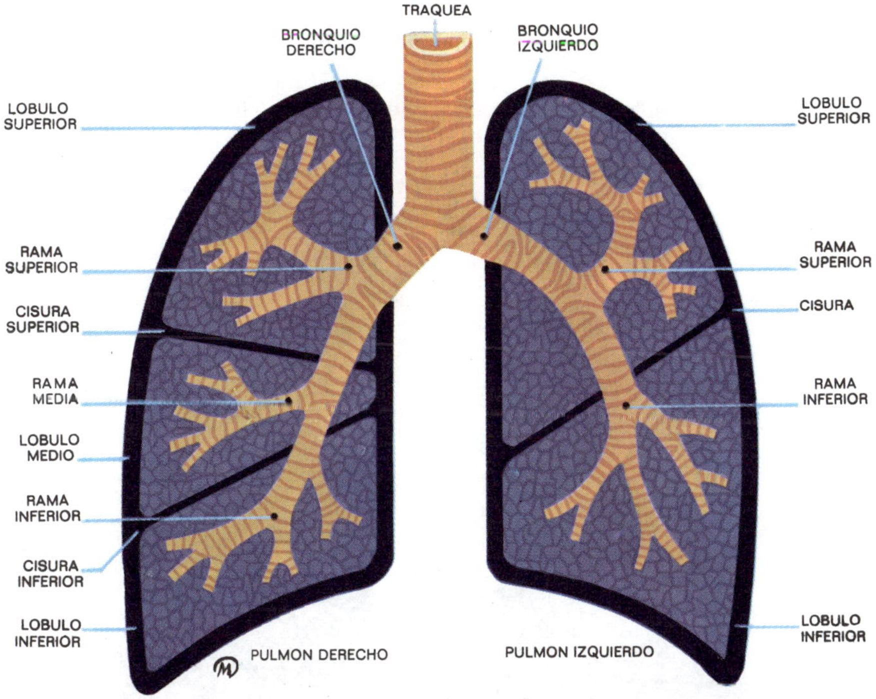

Fig. 17-6.—División y subdivisión de los bronquios.

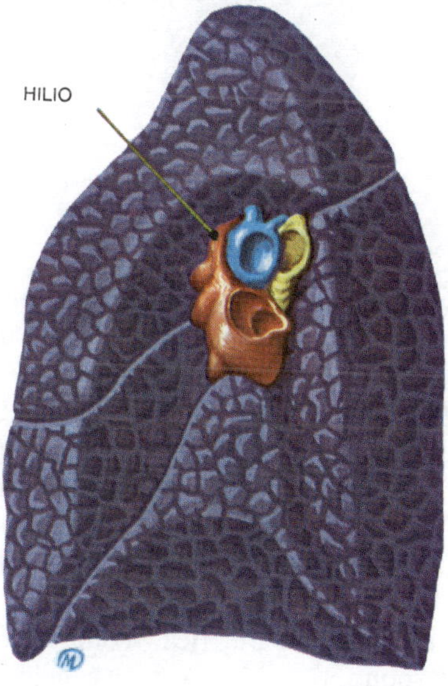

Fig. 17-7.—Cara interna de un pulmón, donde se ve su hilio.

División y subdivisión de los pulmones. El pulmón izquierdo presenta una ***cisura*** que lo divide en dos ***lóbulos***, uno superior y otro inferior.

El derecho tiene dos cisuras y queda dividido en tres lóbulos: superior, medio e inferior (Fig. 17-8).

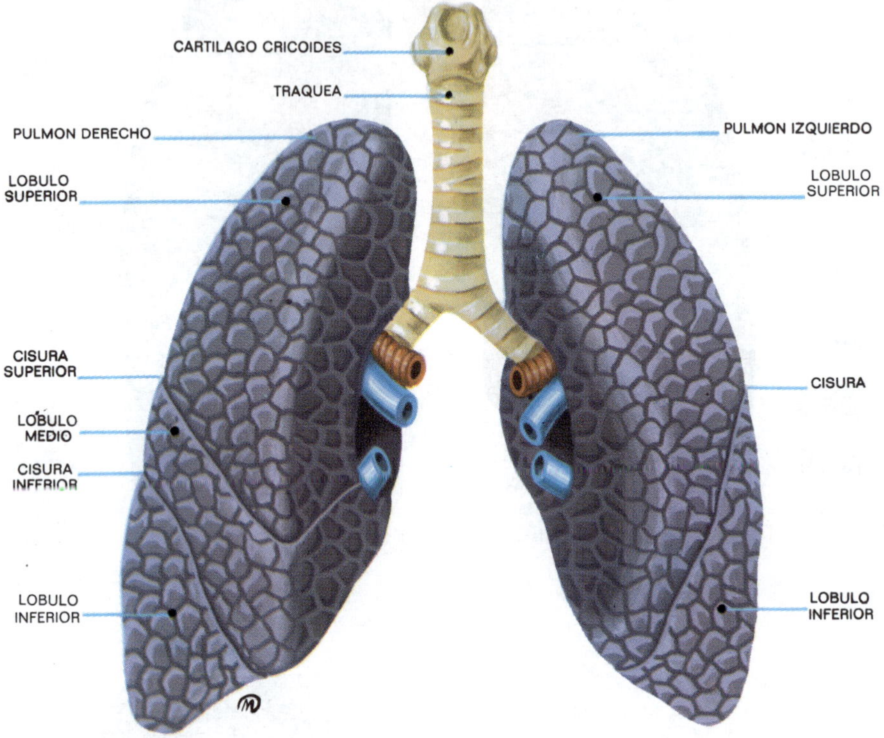

Fig. 17-8.—Las cisuras dividen los pulmones en lóbulos.

Cada lóbulo se divide en un número considerable de ***lobulillos.***

Observe los esquemas que representan los pulmones. Verá una estructura en forma de red. Cada uno de los espacios de esa red es un lobulillo.

A cada lobulillo va a parar un bronquiolo. El bronquiolo se divide en cavidades llamadas ***vesículas pulmonares.***

Las vesículas presentan un contorno festoneado que forma cavidades más pequeñas denominadas ***alvéolos.***

Una rama de la arteria pulmonar (con sangre impura) penetra en el lobulillo y se ramifica hasta capilarizarse.

La sangre se purifica. Toma el oxígeno del aire y le da a éste dióxido de carbono.

Los capilares, con sangre pura, al reunirse, forman las venas pulmonares (Fig. 17-9).

Pleuras. Las pleuras son dos membranas serosas que recubren los pulmones. Como toda serosa, presenta dos hojas: una que se adhiere a los pulmones ***(pleura pulmonar)*** y otra que tapiza el interior de la cavidad torácica ***(pleura parietal).***

Entre las dos hojas pleurales hay una pequeña cantidad de líquido que facilita el roce de ambas pleuras.

Cuando la pleura se inflama, puede producir gran cantidad de líquido que comprime los pulmones.

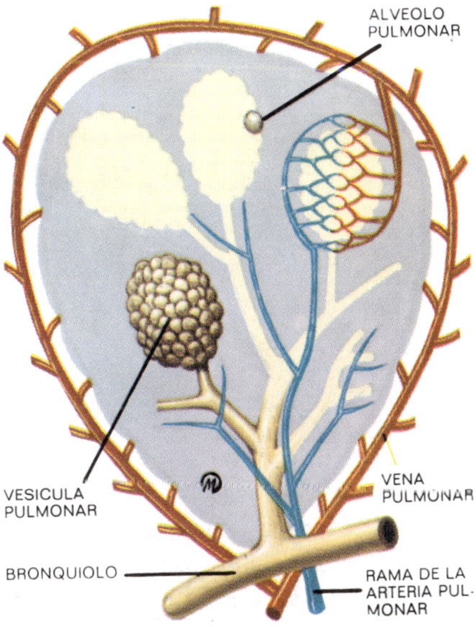

Fig. 17-9.—Esquema de un lobulillo pulmonar.

EN POCAS PALABRAS

El aparato respiratorio está formado por el **tubo aerífero** y por los **pulmones.**

El tubo aerífero consta de **fosas nasales, faringe, laringe, tráquea** y **bronquios.**

La tráquea es un tubo formado por anillos cartilaginosos, que se bifurca para formar los bronquios.

Cada bronquio se dirige a un pulmón y allí se ramifica hasta formar los **bronquiolos.**

Los pulmones son los órganos esenciales de la respiración.

Los pulmones están formados por innumerables cavidades llenas de aire (**vesículas pulmonares**).

Las cisuras dividen los pulmones en **lóbulos.** Cada lóbulo se divide, a su vez, en muchos **lobulillos.**

A cada lobulillo llega un bronquiolo que se subdivide en cavidades (**vesículas**).

El borde festoneado de las vesículas forma los **alvéolos.**

Una rama de la arteria pulmonar penetra en cada lobulillo y se capilariza (sangre impura). Al reunirse los capilares, forman una vena (sangre pura).

Cada pulmón está envuelto en una membrana serosa: la **pleura.**

La pleura tiene dos hojas: una **pulmonar** y una **parietal.**

18 *Respiración*

Generalidades. Los alimentos transformados por el aparato digestivo representan una energía almacenada.

Para aprovechar esa energía es necesario que el alimento se queme, esto es, que se combine con el oxígeno en el interior de las células que forman el organismo.

Como se ve, el organismo necesita grandes cantidades de oxígeno.

Las células desprovistas de oxígeno mueren rápidamente.

Para conservar la vida es necesario que el suministro de oxígeno sea continuo.

Los organismos unicelulares respiran de una manera muy simple: a través de la membrana celular penetra el oxígeno, cuya fórmula química es O_2 y es expulsado el dióxido de carbono, cuya fórmula química es CO_2 (Fig. 18-1).

En el hombre, compuesto por innumerables células, hay:

1. Un aparato (aparato respiratorio) que toma el O_2 y expulsa el CO_2.
2. Un líquido (la sangre), encargado de transportar el O_2 a las células y tomar de ellas el CO_2.

Con el nombre de respiración se conocen dos funciones distintas, que conviene diferenciar:

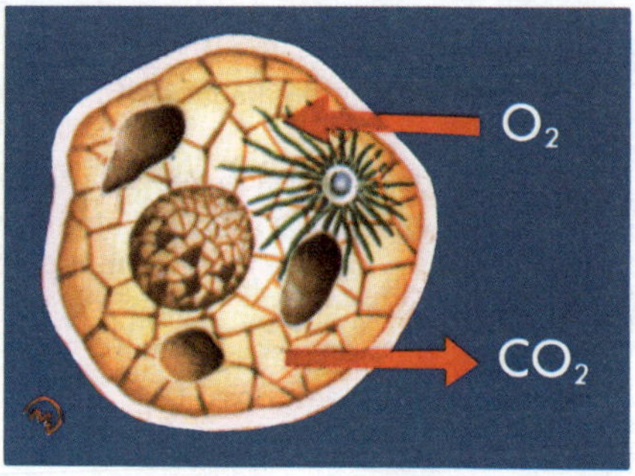

Fig. 18-1.—Así respiran los organismos unicelulares.

Respiración interna. Es la respiración de los tejidos.

Todas las células de nuestro cuerpo reciben el O_2 que les lleva la sangre y le dan a la sangre el CO_2.

Respiración externa. Se verifica en los pulmones. Consiste en:

1. Entrada del aire en los pulmones.
2. Cambios químicos entre la sangre y el aire.
3. Salida del aire de los pulmones.

En la respiración externa se observan fenómenos mecánicos y fenómenos químicos.

Fenómenos mecánicos de la respiración. Se refieren a los movimientos del tórax.

El tórax se ensancha y se achica alternadamente.

Cuando el tórax se ensancha entra el aire en los pulmones.

Cuando el tórax se achica sale el aire de los pulmones.

Supongamos un cubo provisto de dos asas. Si levantamos las dos asas, éstas se separan del cubo. Así se produce el ensanchamiento del tórax por la elevación de las costillas (Fig. 18-2).

En un sujeto adulto y saludable se producen 16 movimientos respiratorios por minuto.

Los movimientos respiratorios son más rápidos en los niños y en las personas que sufren un ataque febril.

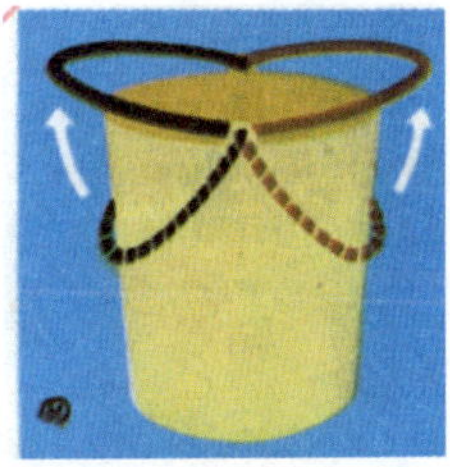

Fig. 18-2.—Así se realiza el ensanchamiento del tórax.

Inspiración. En un momento dado, se aumentan los tres diámetros del tórax.

1. Al elevarse las costillas, se aumenta el diámetro transversal.
2. Al proyectarse el esternón hacia adelante, se aumenta el diámetro anteroposterior.
3. Al contraerse el diafragma, desciende y aumenta el diámetro vertical (Fig. 18-3).

Al agrandarse el tórax, se ensanchan los pulmones y el aire penetra en su interior.

A la entrada del aire en los pulmones se llama ***inspiración.***

Los músculos que elevan las costillas se denominan ***músculos inspiradores.***

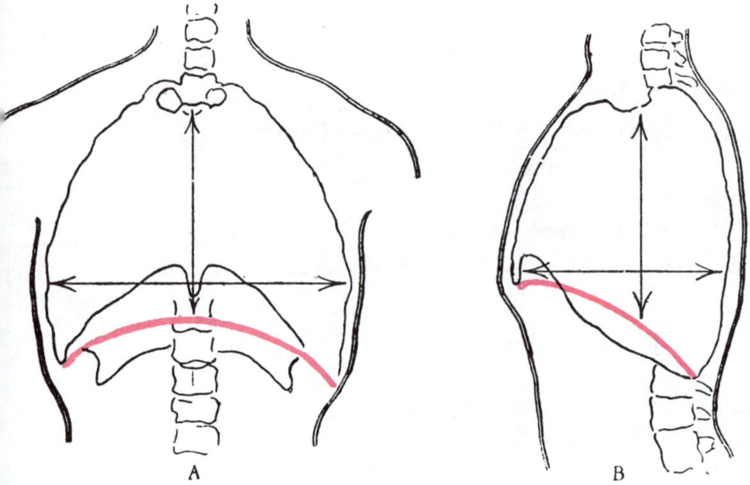

Fig. 18-3.—Tórax en inspiración: A) Visto de frente. B) Visto lateralmente.

Espiración. Al relajarse los músculos inspiradores, el tórax, que es elástico, recupera sus dimensiones primitivas porque:

1. Las costillas descienden y disminuye el diámetro transversal.
2. El esternón se proyecta hacia atrás y disminuye el diámetro anteroposterior.
3. Al relajarse el diafragma, asciende y disminuye el diámetro vertical (Fig. 18-4).

A la salida del aire de los pulmones se llama ***espiración.***

Hay músculos que hacen descender las costillas para realizar una espiración forzada. Se llaman ***músculos espiradores.***

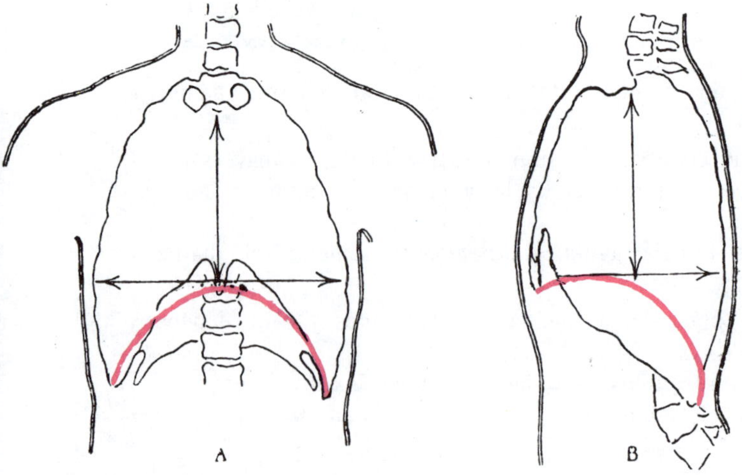

Fig. 18-4.—Tórax en espiración: A) Visto de frente. B) Visto lateralmente.

Capacidad total pulmonar. La capacidad de ambos pulmones ha sido calculada en 4 500 ml.

Estos 4 500 ml. se descomponen así:

500 ml. que entran y salen normalmente en cada movimiento respiratorio. Es el **aire corriente.**

1 500 ml. que podemos tomar después de hacer una inspiración normal. Es el **aire complementario.**

1 500 ml. que podemos expulsar después de realizar una espiración normal. Es el **aire de reserva.**

1 000 ml. que quedan en los pulmones y que no podemos expulsar. Es el **aire residual.**

Capacidad vital. Es la cantidad de aire que podemos expulsar después de realizar una inspiración profunda. Comprenderá, pues, el aire corriente, el complementario y el de reserva.

La capacidad vital se mide con aparatos llamados ***espirómetros.***

Espirómetros. Hay dos tipos fundamentales de espirómetros: los que utilizan el agua (Fig. 18-5) y los registradores.

En un depósito que contiene agua, se invierte una campana equilibrada por un peso que cuelga de una cuerda que pasa por una polea.

Hay un tubo provisto de una boquilla que penetra en el agua de la campana.

Se toma una inspiración profunda y se exhala todo el aire que se pueda a través de la boquilla.

La campana se eleva, el contrapeso desciende y marca en una escala la cantidad de aire que ha penetrado en la campana.

Los espirómetros registradores marcan el volumen de aire que pasa por ellos. Funcionan como las bombas que se usan en los expendios de gasolina.

Fig. 18-5.—Espirómetro.

Importancia de la capacidad vital. Las personas que llevan una vida sedentaria tienen una capacidad vital muy pequeña.

La capacidad vital aumenta con el ejercicio y es muy importante para la salud el aumento de la capacidad vital.

Si tomamos mayor cantidad de aire, tomaremos mayor cantidad de O_2 para repartir a todas las células del cuerpo.

ACTOS ESPECIALES DE LA RESPIRACION

Normalmente, la inspiración y la espiración del aire no encuentran obstáculos en su camino.

A veces, el diafragma se contrae muy rápidamente y con gran energía (contractura espasmódica).

Otras veces se encuentra un obstáculo al paso del aire por la glotis (espacio libre entre las cuerdas vocales).

Veamos algunas alteraciones especiales de la respiración:

Hipo. Es una inspiración brusca y sonora debido a una contractura espasmódica del diafragma.

Sollozo. Acompaña al llanto y consiste en inspiraciones breves y convulsivas debido a contracciones del diafragma con oclusión de la glotis.

Tos. Es una espiración brusca y ruidosa, más o menos repetida.

Al iniciarse la tos, la glotis está cerrada hasta que la fuerza del aire logra abrirla.

Bostezo. Es una inspiración profunda, a veces ruidosa, con la boca abierta.

El bostezo denota sueño, hambre o aburrimiento.

También se observa en los estados de excitación nerviosa.

Los bostezos son numerosos entre los estudiantes que van a sufrir un examen y entre los pacientes que esperan en la sala del dentista.

Suspiro. Es una inspiración prolongada seguida de una espiración corta.

El estímulo para la realización de la inspiración es la irritación que ocasiona en el bulbo raquídeo la sangre pobre en O_2 y cargada de CO_2.

Cuando el sujeto, abrumado por preocupaciones, deja de respirar con el ritmo normal, la sangre se sobrecarga de CO_2 y se empobrece en O_2.

La profunda inspiración se realiza para tomar O_2 y la breve espiración para expulsar el CO_2.

Estornudo. Es una espiración violenta espasmódica y sonora a través de las fosas nasales y de la boca.

Todas estas alteraciones de la respiración son actos reflejos, esto es, son actos involuntarios realizados como respuestas a diferentes estímulos.

Fenómenos químicos de la respiración. Los fenómenos químicos consisten en los cambios que se realizan entre el aire que ha penetrado hasta las vesículas pulmonares y la sangre impura que ocupa los capilares que se distribuyen por las paredes de las vesículas (Fig. 17-9).

A través de las paredes de los capilares:

1. La sangre cede al aire CO_2 y vapor de agua.
2. El aire cede a la sangre parte de su O_2.

A estos cambios se ha dado el nombre de ***hematosis.***

La sangre pura lleva el O_2 a todas las células del cuerpo.

El aire inspirado contiene un 20% de O_2.

El aire espirado contiene solamente un 16%.

Por eso se deduce que el 4% del O_2 del aire ha pasado a la sangre.

Puede comprobarse que el aire contiene CO_2 soplando a través de un tubo sumergido en agua de cal.

El agua se enturbia porque se forma carbonato de calcio, insoluble, por la unión del CO_2 con el calcio (Fig. 18-6).

Fig. 18-6.—El agua se enturbia por la formación de carbonato de calcio.

Si respiramos con la boca abierta ante un espejo o una superficie pulimentada, se formarán en ésta finas gotas de agua por condensación del vapor.

Se ha calculado en $\frac{1}{2}$ litro la cantidad de agua que se expulsa al día, en forma de vapor, por la respiración.

Si colocamos bajo una campana un animal pequeño, como un pájaro o un ratón, al poco rato da muestras de inquietud y, si no hacemos entrar aire en la campana, muere por asfixia, debido a que ha gastado el O_2 (Fig. 18-7).

Además, el animal impurifica el aire por el CO_2 que exhala.

Fig. 18-7.—El animal muere por asfixia.

Papel de la hemoglobina de los glóbulos rojos. Los glóbulos rojos contienen un pigmento rojo llamado ***hemoglobina,*** que es un compuesto orgánico de hierro.

La hemoglobina se combina en los pulmones con el O_2 del aire inspirado y forma un compuesto inestable: la ***oxihemoglobina.*** La sangre toma entonces un color rojo vivo.

Al circular la sangre por el cuerpo, la oxihemoglobina se descompone en hemoglobina y O_2.

El O_2 pasa a las células a través de las paredes de los capilares.

El CO_2 pasa de las células a la sangre, en su mayor parte al plasma sanguíneo y, en menor proporción, a los glóbulos rojos.

La sangre toma entonces un color rojo oscuro.

ASFIXIA

La asfixia es la muerte por suspensión de la respiración.

La asfixia puede producirse por falta de O_2 o por exceso de CO_2.

Se llama también asfixia, aunque impropiamente, a los envenenamientos por gases tóxicos.

La asfixia puede ocurrir por causas mecánicas, como sucede en los casos de ***estrangulación,*** en que las vías respiratorias, comprimidas, no dan paso al aire, o por ***sumersión,*** ya que no podemos respirar el aire disuelto en el agua como lo hacen los peces.

EN POCAS PALABRAS

Para aprovechar la energía almacenada en los alimentos transformados por el aparato digestivo, hay que quemarlos, esto es, que se combinen con el O_2.

Las células desprovistas de O_2 mueren rápidamente.

Necesitamos un suministro continuo de O_2.

La **respiración interna** es la respiración de los tejidos.

Las células toman el O_2 que les lleva la sangre y ceden el CO_2 que han producido.

La **respiración externa** se realiza en los pulmones.

En ellas se observan **fenómenos mecánicos** y **fenómenos químicos.**

Los fenómenos mecánicos consisten en aumento y reducción del tamaño del tórax (inspiración y espiración).

Los fenómenos químicos consisten en los siguientes cambios:

1. La sangre cede al aire CO_2 y vapor de agua.
2. El aire cede a la sangre O_2.

Los glóbulos rojos contienen un pigmento llamado **hemoglobina,** que se combina con el O_2 del aire y forma la **oxihemoglobina.**

Al circular la sangre por los tejidos, la oxihemoglobina se descompone y cede el O_2 a las células.

El CO_2, producido por las células, pasa a la sangre.

Asfixia. Es la muerte por suspensión de la respiración.

19 *Higiene de la respiración y auxilios en casos de asfixia*

Las reglas higiénicas tendrán en cuenta:

1. Las vías que sigue el aire para llegar a los pulmones.
2. La calidad del aire que respiramos.

Debemos respirar por la nariz y no por la boca.

A la entrada de las fosas nasales hay unos pelos cortos y gruesos ***(vibrisas)*** que filtran el aire.

En las fosas nasales hay unos salientes ***(los cornetes)***, muy ricos en vasos sanguíneos, que calientan el aire.

El aire respirado por la nariz llega a los pulmones más puro y más caliente.

Los principales obstáculos de las vías respiratorias son los ***adenoides***, las ***amígdalas hipertrofiadas*** (aumentadas de tamaño) y los ***pólipos nasales.***

Los adenoides son vegetaciones que se producen en la nasofaringe e impiden el paso del aire.

Los pólipos nasales son tumores benignos, a veces muy numerosos, que obstruyen las fosas nasales.

Cuando se respira por la boca, por cualquiera de las causas mencionadas, ésta se mantiene abierta y los dientes superiores se inclinan hacia adelante. Este aspecto recibe el nombre de ***cara adenoidea*** (Fig. 19-1).

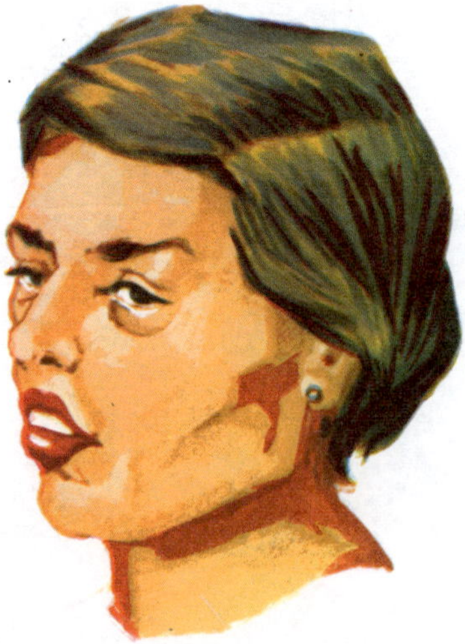

Fig. 19-1.—Cara adenoidea.

A veces, es necesario recurrir a la cirugía para quitar esos obstáculos. Al retirarlos, el sujeto respira por la nariz y su estado de salud mejora notablemente.

No usar ropas ni cinturones ajustados que limiten los movimientos del tórax. Recordemos que el tórax tiene que ensancharse para dar entrada al aire.

Antiguamente, la mujer usó el corsé, que era un verdadero aparato de tortura (Fig. 19-2).

El corsé deformaba el tórax y desplazaba los órganos internos.

No es probable que la mujer vuelva a usarlo.

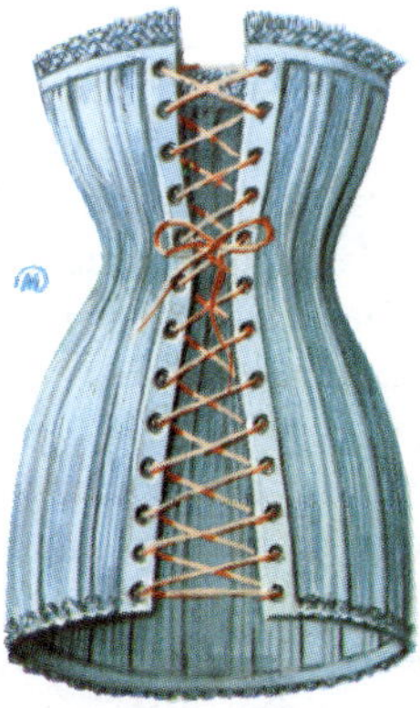

Fig. 19-2.—El corsé era un aparato de tortura.

NECESIDAD DE AIRE PURO

Sabemos que un animal muere cuando se le mantiene en un recinto cerrado.

Gasta el O_2 del aire y lo impurifica con el CO_2 que produce.

De estos conocimientos se deducen los siguientes consejos:

1. **Debe permanecerse el mayor tiempo posible al aire libre.** El aire es más puro en el campo, en las playas, en los parques y en los jardines.

2. **Debe evitarse permanecer largo tiempo en recintos cerrados.** Sabemos que el hombre impurifica el aire que respira.

Cada persona necesita 4 m^3 de aire por hora.

Deben mantenerse abiertas las ventanas de los locales. Especialmente si en ellos hay muchas personas.

Esto es importante en los dormitorios, escuelas, iglesias, etc.

3. **No debemos permanecer con animales en locales cerrados.** La respiración animal es igual a la humana. Consume O_2 y produce CO_2.

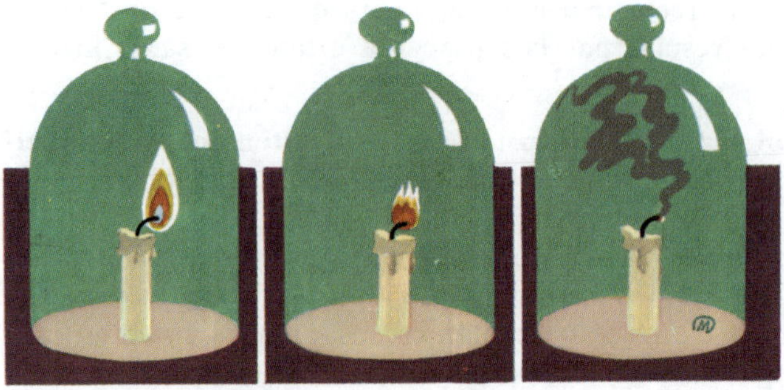

Fig. 19-3.—Las lámparas de combustión para arder consumen oxígeno.

4. **No debemos permanecer con plantas y flores, durante la noche, en locales cerrados.** Las plantas respiran como los animales. Toman O_2 y exhalan CO_2.

Durante el día se realiza la ***función clorofílica*** mediante la cual la planta absorbe CO_2 y exhala O_2.

Pero durante la noche no se realiza la función clorofílica que compensa los cambios químicos que ocurren en la respiración.

5. **No debemos permanecer en locales cerrados con lámparas de combustión encendidas.** Se llaman lámparas de combustión las que producen llamas.

Si colocamos bajo una campana una vela encendida, al poco rato se apaga. Ha consumido el O_2 del aire que está bajo la campana (Fig. 19-3).

6. **Debemos efectuar periódicamente ejercicios respiratorios.** Los ejercicios respiratorios consisten en inspiraciones y espiraciones profundas.

Ciertos movimientos de las extremidades superiores ayudan a la expansión del tórax. *Ejemplo:*

a) Brazos en cruz, inspiración lenta y profunda (Fig. 19-4).

b) Brazos abajo, espiración lenta y profunda.

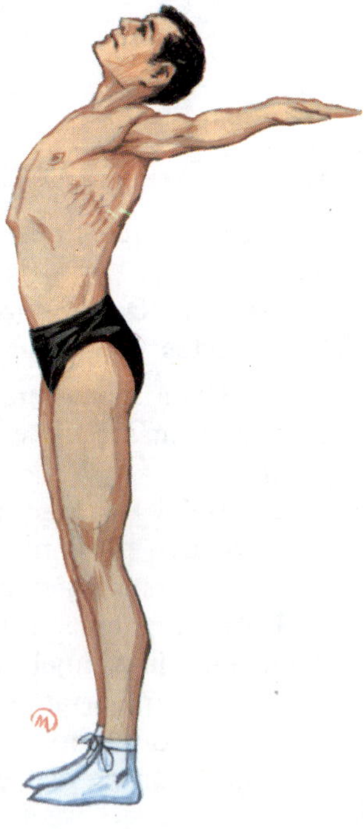

Fig. 19-4. — Así se realiza una inspiración profunda.

Los ejercicios respiratorios aumentan la capacidad vital.

El aire inspirado penetra hasta las partes más lejanas del hilio pulmonar.

El O_2 del aire es un gran antiséptico.

7. **Conveniencia de someterse periódicamente a un examen médico.** La tuberculosis pulmonar es más curable cuando se descubre en sus comienzos.

Son muy útiles los exámenes radiológicos (con los rayos X) a todos los miembros de las distintas comunidades (escuelas, talleres, cuarteles, etcétera).

ASFIXIA

Es la supresión de la función respiratoria. Puede deberse a múltiples causas: sumersión (ahogados), compresión de la tráquea (ahorcados), compresión del tórax, cuerpos extraños en las vías respiratorias, accidentes eléctricos, envenenamientos por gases, etc.

AUXILIOS EN CASOS DE ASFIXIA

En la respiración artificial se comprime el tórax y se expulsa el aire de los pulmones.

Luego, dejando que el tórax se expanda, penetra el aire en los pulmones.

En casos de ahogados, antes de comenzar a practicar la respiración artificial, debe hacerse salir el agua que haya penetrado en las vías respiratorias (Fig. 19-5).

El método de respiración artificial que hoy se considera más eficaz es el de "presión-tracción" o de Holger-Nielsen.

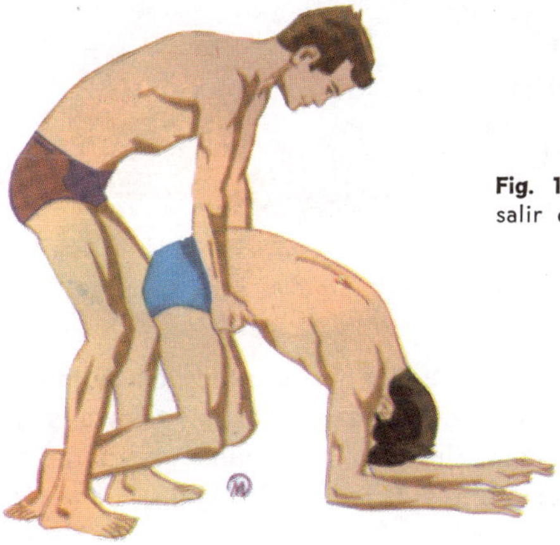

Fig. 19-5.—Maniobra para hacer salir el agua de las vías respiratorias.

Método de «presión-tracción». La víctima se coloca boca abajo, con un brazo doblado y la cabeza ladeada (Fig. 19-6).

Fig. 19-6.—Posición en que debe colocarse el accidentado.

Deben soltarse el cuello, el cinturón o cualquier compresión que presente el accidentado.

El operador se arrodilla cerca de la cabeza de la víctima y coloca sus manos sobre las últimas costillas del accidentado, de modo que se toquen ambos pulgares.

El operador, con sus dedos extendidos, se inclina hacia adelante hasta que sus brazos queden casi verticales (Fig. 19-7).

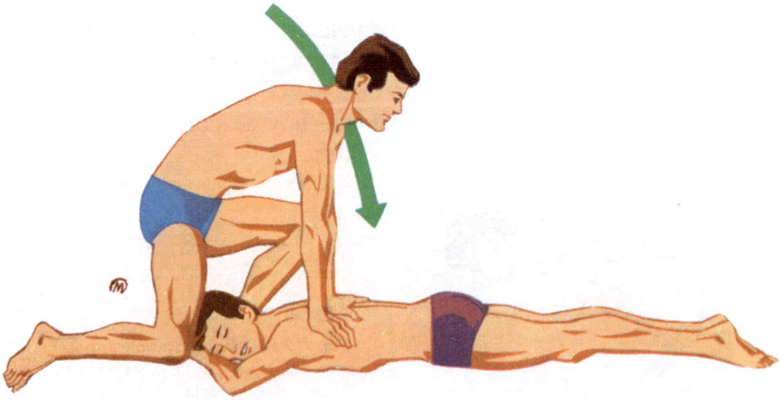

Fig. 19-7.—Momento de presión.

Al comprimirse el tórax, el aire es expulsado de los pulmones.

Luego, el operador se inclina hacia atrás mientras desliza sus manos por los brazos de la víctima hasta llegar a los codos y tira de ellos hacia arriba hasta que sienta resistencia (Fig. 19-8).

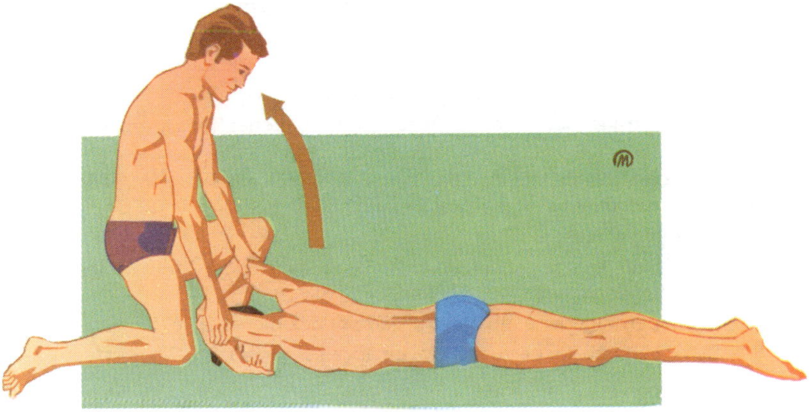

Fig. 19-8.—Momento de tracción.

Así se dilata el tórax y entra el aire en los pulmones.

Se repite el ciclo, que se realiza aproximadamente 12 veces por minuto.

No puede realizarse el método de presión-tracción cuando existan fracturas de las costillas o de los brazos.

En esos casos se empleará el método llamado de ***boca a boca.***

El operador aplica su boca sobre la boca del paciente, interponiendo una gasa o un pañuelo.

Se presionan las alas de la nariz para que no se escape por ella el aire y se exhala fuertemente por la boca del paciente para dilatarle los pulmones.

Se realizarán rítmicamente las insuflaciones a razón de 12 por minuto.

Debe continuarse la respiración artificial hasta que el accidentado respire normalmente o aparezca la rigidez cadavérica.

Debe envolverse al paciente en mantas o frazadas y mantenerlo caliente con botellas o bolsas.

No se debe dar ninguna bebida a la víctima mientras esté inconsciente.

El líquido puede pasar a las vías respiratorias.

EN POCAS PALABRAS

Debemos respirar por la nariz y no por la boca.

El aire respirado por la nariz llega a los pulmones más puro y más caliente.

Los principales obstáculos de las vías respiratorias son: **adenoides, amígdalas hipertrofiadas** y **pólipos nasales.**

Consejos higiénicos:

1. No deben usarse ropas ni cinturones ajustados. Limitan los movimientos respiratorios.
2. Debe permanecerse el mayor tiempo posible al aire libre.
3. Debe evitarse la permanencia en locales cerrados.
4. No debemos permanecer con animales en locales cerrados.
5. No debemos permanecer con plantas y flores, durante la noche, en locales cerrados.
6. No debemos permanecer en locales cerrados con lámparas de combustión encendidas.

Auxilios en caso de asfixia. En todos los casos de asfixia debe practicarse la respiración artificial. Hoy se considera que el método de presión-tracción es el más eficaz.

Cuando hay fracturas de brazos o de las costillas es necesario practicar el sistema de respiración artificial llamado de boca a boca.

Enfermedades del aparato respiratorio 20

Entre las más importantes enfermedades del aparato respiratorio consideraremos las siguientes:

TUBERCULOSIS

Germen productor: bacilo tuberculoso o ***bacilo de Koch*** (Fig. 20-1).

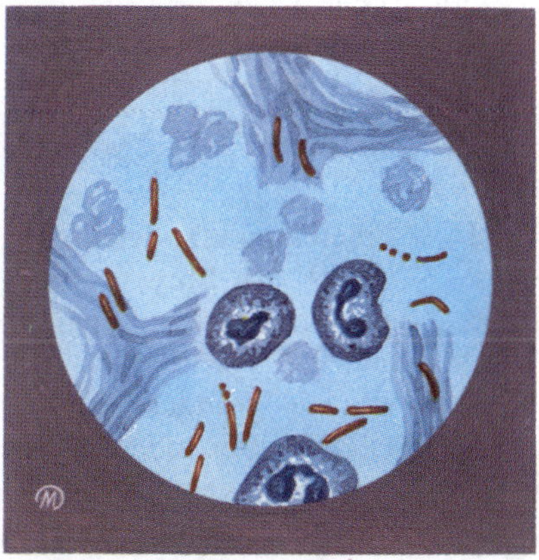

Fig. 20-1.—Bacilo de Koch en un esputo. Los bacilos son los bastoncillos teñidos de rojo.

Partes del cuerpo afectadas: puede atacar todos los órganos, pero los más afectados son los pulmones (90%), los ganglios linfáticos y los huesos.

Los gérmenes penetran más frecuentemente por las vías respiratorias. También pueden penetrar por el tubo digestivo.

Medios de transmisión:

1. ***Directa,*** por el contacto personal con el enfermo, que al toser, estornudar o hablar expulsa pequeñas gotas de saliva cargadas de bacilos (Fig. 20-2).

Fig. 20-2.—Al estornudar o toser se expulsan numerosas y pequeñas gotas de saliva.

Por escupir en el suelo. Los esputos se secan y luego, mezclados con el aire, son aspirados por sujetos sanos.

Por tomar leche procedente de animales tuberculosos.

2. ***Indirecta.*** Los objetos de uso personal (vasos, cubiertos, etc.) y los insectos pueden transmitir el bacilo de Koch.

Prevención. Entre los medios para prevenir la tuberculosis consideraremos:

1. Alimentación suficiente y bien balanceada.
2. Vida al aire libre y en contacto con el sol.
3. Buena higiene personal. Evitar la fatiga y dedicar suficientes horas al sueño.
4. Evitar el contacto innecesario con enfermos tuberculosos.
5. Pasteurización de la leche.
6. Emplear la vacuna B.C.G.
7. Someterse periódicamente a exámenes radiológicos.

La vacuna B.C.G. (Bacilo Calmette-Guerin) se obtiene del cultivo del bacilo tuberculoso en patatas cocidas y bilis de buey.

Así, el bacilo atenúa su virulencia. No puede producir la enfermedad e inmuniza al organismo contra posibles ataques posteriores.

Tratamiento. Desde antiguo se ha empleado el reposo, una alimentación adecuada, el aire libre y el contacto con el sol.

En los últimos tiempos se ha avanzado mucho en el tratamiento de la tuberculosis con el empleo de ciertas drogas.

Entre ellas tenemos la Isoniacida, el PAS (ácido paraminosalicílico) y la estreptomicina (un antibiótico).

DIFTERIA

Germen productor. El bacilo diftérico o bacilo de Klebb Löfler (Fig. 20-3).

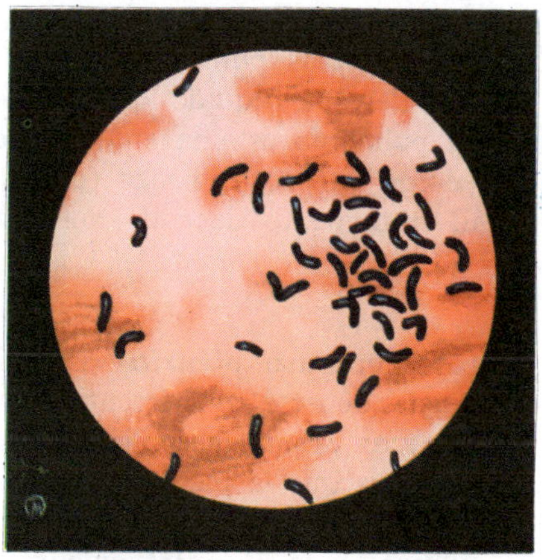

Fig. 20-3.—Bacilo diftérico o de Klebb Löfler.

Partes del cuerpo que afecta. La garganta, las fosas nasales y, a veces, la laringe.

Medios de transmisión:

1. **Directa.** El contacto con un enfermo de difteria o con un portador de gérmenes.

Portador de gérmenes es aquel que, estando sano, propaga la enfermedad.

2. **Indirecta.** Por el empleo de utensilios usados, primero por el enfermo, y, después, por el sujeto sano.

Prevención:

1. Evitar contactos innecesarios con enfermos de difteria.
2. Vacunación con el ***toxoide diftérico.***

Hoy se emplea corrientemente la ***vacuna triple*** que inmuniza contra la difteria, el tétanos y la tos ferina.

Tratamiento. El tratamiento específico es el suero antidiftérico.

El suero antidiftérico neutraliza las toxinas producidas por el bacilo diftérico.

BRONCONEUMONIA

Es una inflamación de los bronquios y de los pulmones. Puede ser producida por diferentes gérmenes.

Es una enfermedad aguda, febril, caracterizada por tos, intenso dolor y quebrantamiento general del organismo.

PULMONIA

La pulmonía, llamada también ***neumonía,*** es la inflamación del tejido pulmonar.

Las vesículas pulmonares, llenas normalmente de aire, son ocupadas por un derrame líquido que dificulta la respiración.

La pulmonía es una enfermedad febril, aguda, en la cual se observa tos, dolor intenso y disnea (dificultad respiratoria).

El tratamiento depende del germen que la produzca.

PLEURESIA

La pleuresía o ***pleuritis*** es la inflamación de la pleura.

Puede deberse a diferentes causas.

A veces es una complicación de otras enfermedades.

Sabemos que la pleura es una membrana serosa.

Como todas las serosas, posee dos hojas: la ***visceral,*** que se adhiere al pulmón, y la ***parietal,*** que reviste interiormente la pared del tórax.

Si entre ambas hojas pleurales se forma líquido, se trata de una ***pleuresía con derrame*** (Fig. 20-4). Si no se forma derrame, es una ***pleuresía seca.***

Si el líquido es muy abundante, dificulta la respiración y hay que extraerlo mediante una punción.

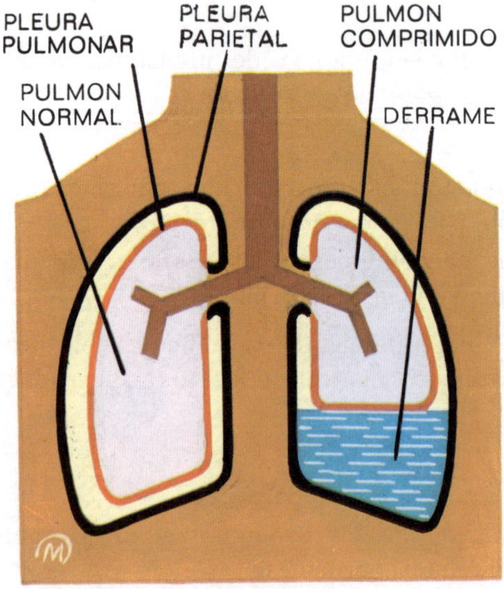

Fig. 20-4.—El pulmón es comprimido por el derrame pleural.

EN POCAS PALABRAS

Consideraremos las siguientes enfermedades del aparato respiratorio:

Tuberculosis. Germen productor: bacilo de Koch.

Afecta todos los órganos del cuerpo, pero los más atacados son los pulmones.

Para prevenir la tuberculosis se aconseja:

1. Alimentación suficiente y balanceada.
2. Buena higiene personal.
3. Vida al aire libre en contacto con el aire.
4. Evitar el contacto innecesario con enfermos tuberculosos.
5. Pasteurización de la leche.
6. Empleo de la vacuna B.C.G.

Tratamiento: reposo, alimentación adecuada, ventilación.

Medicamentos: Isoniacida, estreptomicina, PAS.

Difteria. Germen productor: bacilo de Klebb Löfler.

Ataca la garganta, las fosas nasales y la laringe.

Se previene con el toxoide diftérico. Se trata con el suero antidiftérico.

Bronconeumonía. Es una inflamación de los bronquios y de los pulmones. Puede ser producida por diferentes gérmenes.

Pulmonía. Es la inflamación del tejido pulmonar. Puede ser producida por distintos gérmenes.

Las vesículas pulmonares se llenan de un derrame líquido.

Pleuresía. Es la inflamación de la pleura. Puede ser seca o con derrame.

21 Relaciones entre la circulación y la respiración

Los distintos órganos de nuestro cuerpo no funcionan aisladamente. Están relacionados entre sí.

La trituración de los alimentos en la boca facilita su digestión en el estómago.

La digestión gástrica es continuada en el intestino.

Pero no solamente hay relación entre el trabajo de los órganos que forman un aparato. También están relacionadas las funciones de los distintos aparatos entre sí.

RELACION ENTRE LA CIRCULACION Y LA RESPIRACION

Hay una relación estrecha entre esas dos funciones.

En los pulmones la sangre toma parte del O_2 del aire que ha penetrado hasta las vesículas pulmonares.

Al mismo tiempo, cede al aire el CO_2 de que está cargada.

Este doble cambio de gases es la ***hematosis*** o ***respiración externa.***

De poco serviría la hematosis si la sangre no transportara a todas las células del cuerpo el O_2 y no recogiera el CO_2 que ellas producen.

Observe la figura 21-1. Por los capilares circula sangre rica en O_2. Las células han producido abundante CO_2.

Recordemos que las paredes de los capilares están formadas por una sola capa de células.

A través de la pared capilar se establece un doble cambio de gases. La sangre cede O_2 a las células. Las células ceden CO_2 a la sangre.

Esto es lo que se llama ***respiración interna*** o ***respiración de los tejidos.***

Como se ve, es un proceso inverso a la hematosis.

En los protozoos (animales formados por una sola célula), el cambio de gases se hace a través de su membrana.

En los metazoos (animales formados por innumerables células), muchas células están situadas en órganos distantes de los pulmones

Fig. 21-1.—Respiración de los tejidos. El O_2 de la sangre pasa a los tejidos. El CO_2 de los tejidos pasa a la sangre.

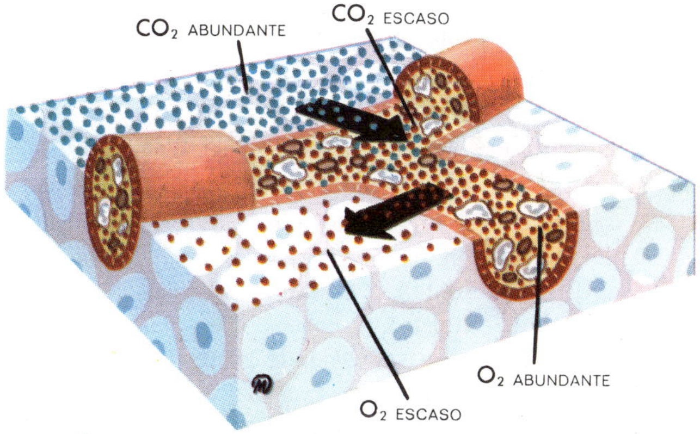

El O_2 tomado en los pulmones tiene que ser transportado hasta las células del dedo grueso de un pie.

La sangre, pues, es la intermediaria entre los pulmones y todas las células del cuerpo.

Igualmente, lleva a los pulmones el CO_2 producido por las células, para ser expulsado con el aire espirado.

EL APARATO RESPIRATORIO EN LA ESCALA ANIMAL

Como algunos animales viven en medio acuático y otros en medio terrestre, necesitan aparatos diferentes para realizar la respiración.

El aparato respiratorio de un animal estará también en relación con la complejidad de su organismo.

Animales acuáticos. La ameba, el paramecio y otros protozoos realizan la función respiratoria rudimentariamente.

A través de la membrana celular penetra el O_2 disuelto en el agua y a través de la membrana expulsan el CO_2.

Los peces poseen unos órganos especiales llamados ***branquias.***

Las branquias están formadas por numerosas láminas carnosas, ricas en vasos sanguíneos y colocadas como dientes de un peine (figura 21-2).

Fig. 21-2.—El pez respira por branquias.

El pez toma el agua por la boca, pasa a la faringe y sale por las branquias.

Al salir por las branquias, el O_2 disuelto en el agua pasa a la sangre de los filamentos branquiales y la sangre le cede al agua el CO_2 que contiene.

Animales terrestres. La lombriz de tierra respira a través de su piel húmeda.

El saltamontes presenta numerosas aberturas en su dermatoesqueleto (esqueleto externo).

Su abdomen se expande y se contrae rítmicamente. Cuando se expande, el aire penetra por las aberturas y se distribuye por numerosos tubos a todo el cuerpo del animal.

Así se pone en contacto el O_2 del aire con la sangre incolora del saltamontes, que lo distribuye por todas las células de su cuerpo.

Los mamíferos y las aves tienen aparatos respiratorios más complicados.

Sus órganos esenciales son los pulmones. Los pulmones presentan numerosas cavidades (vesículas pulmonares), donde se ponen en contacto la sangre impura y el aire rico en O_2.

En los pulmones se realiza la hematosis.

Anfibios. Los anfibios viven una parte de su vida en medio acuático y otra en medio terrestre.

Como tipo de anfibio podemos considerar la rana.

En su vida acuática (renacuajo), respira por branquias, como los peces.

En su vida terrestre, las branquias se transforman en pulmones.

La rana respira también en pequeña proporción a través de su piel húmeda.

EN POCAS PALABRAS

Todos los órganos que forman un aparato funcionan armónicamente.

También están relacionadas las funciones de los distintos aparatos.

Las funciones respiratoria y circulatoria están relacionadas muy íntimamente.

En los pulmones la sangre toma O_2 y lo distribuye a todas las células.

En los tejidos la sangre toma CO_2 y lo transporta a los pulmones para ser expulsado.

Se llama **hematosis** a los cambios gaseosos que tienen lugar en los pulmones.

D) EXCRECIONES

Aparato excretor y excreciones 22

Las células, para vivir, necesitan recibir alimentos y eliminar sustancias de desecho.

Sabemos que el alimento lo reciben las células por la sangre y por la linfa.

Las sustancias de desecho se expulsan:

1. Por el ***pulmón,*** que elimina el CO_2.
2. Por el ***ano,*** que arroja al exterior sustancias producidas por el hígado y restos de alimentos no digeridos.
3. Por los ***riñones*** y las ***glándulas sudoríparas,*** que eliminan urea, ácido úrico, creatinina y sales minerales disueltas en gran cantidad de agua.

Se llama ***excreción*** a la eliminación de todas esas sustancias.

El organismo del hombre resiste mejor a la falta de alimentos que a la falta de eliminación de desechos.

Un hombre vive mayor número de días sin comer que los que viviría si sus riñones no funcionaran.

La palabra excreción se ha usado también en otro sentido.

Hay ciertas glándulas que tienen un conducto para expulsar sus productos.

A la producción de la glándula se llama ***secreción.*** A la expulsión de la secreción se denomina ***excreción.***

APARATO URINARIO

El aparato urinario está formado por los ***riñones,*** los ***uréteres,*** la ***vejiga*** y la ***uretra*** (Fig. 22-1).

Los riñones **producen** la orina.

Los uréteres la **transportan** a la vejiga.

La vejiga la **almacena.**

La uretra la **expulsa** al exterior.

Fig. 22-1.—Esquema del aparato urinario visto por detrás.

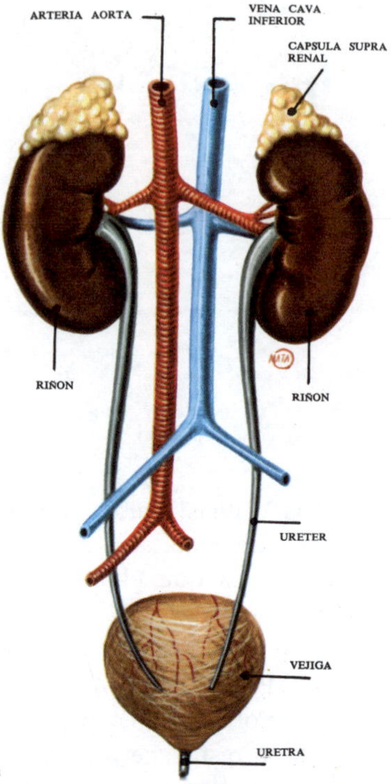

RIÑONES

Los riñones ocupan la porción superior y posterior del abdomen, a uno y otro lado de la columna vertebral.

Cada riñón tiene la forma de un fríjol.

Presenta dos caras, una anterior y otra posterior; dos polos, uno superior, en contacto con la ***cápsula suprarrenal,*** y otro inferior; y dos bordes, uno externo y otro interno.

En el borde interno se encuentra el ***hilio renal.*** Por el hilio penetra la arteria renal y salen la vena renal y el uréter.

La cápsula suprarrenal no forma parte del aparato urinario. Es una glándula de secreción interna.

Cada riñón pesa unos 150 gr y su longitud es de 10 cm.

Aspecto interno del riñón. Observemos un corte vertical a un riñón, en el mismo sentido en que un fríjol se divide en sus dos cotiledones (Fig. 22-2).

En su porción central hay una cavidad, la ***pelvis renal,*** que se continúa con el uréter.

La pelvis presenta entrantes llamados ***cálices.***

En el fondo de los cálices se ven las ***papilas,*** que son las desembocaduras, en forma de regadera, de los ***tubos uriníferos.***

El tejido renal presenta dos aspectos distintos.

La porción externa (sustancia cortical) es amarillenta, con numerosos puntos rojos.

La porción interna (sustancia medular) es de color rojo oscuro y forma varios triángulos que convergen hacia la pelvis.

Cada triángulo representa el corte de una pirámide de ***Malpighi.***

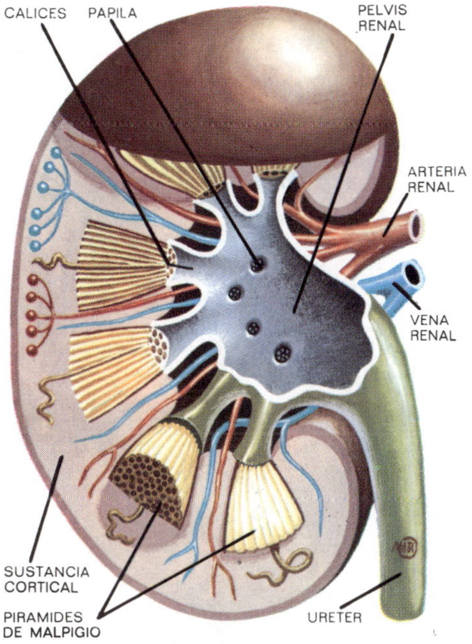

Fig. 22-2.—Esquema de un corte longitudinal del riñón que pase por su plano medio.

Estructura microscópica. Cada uno de los puntos rojos de la sustancia cortical es un ***glomérulo*** (Fig. 22-3).

Visto con aumento, se ve que un glomérulo es una arteriola enrollada, envuelta en una cápsula.

Por un punto de la cápsula penetra la arteriola (vaso aferente), y después de enrollarse sale por el mismo lado (vaso eferente). El vaso aferente es más grueso que el eferente, lo que aumenta la presión de la sangre en el glomérulo.

Por un punto opuesto de la cápsula sale el tubo urinífero.

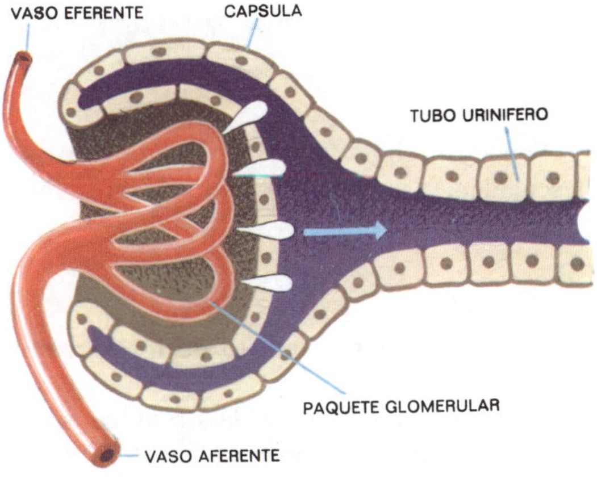

Fig. 22-3. — Esquema de un glomérulo.

El tubo urinífero sigue un trayecto tortuoso y se une con otros para formar uno de los tubos que constituyen las pirámides (Fig. 22-4).

El glomérulo es la parte esencial del riñón en la formación de la orina.

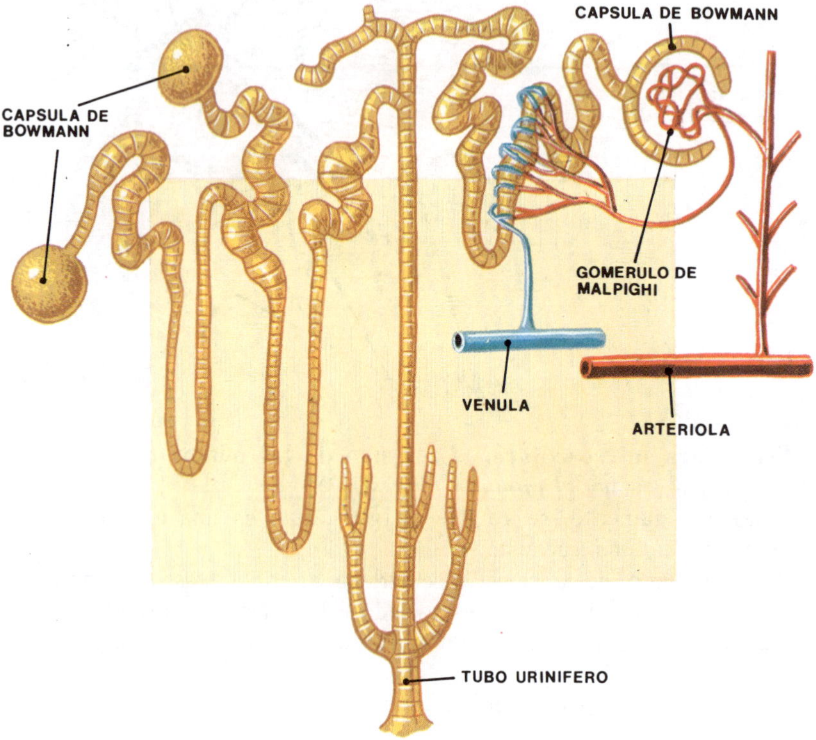

Fig. 22-4.—Esquema de los glomérulos y de los tubos uriníferos.

URETERES

Son dos tubos en forma de embudo que nacen de las pelvis renales y descienden, a uno y otro lado de la columna vertebral, para desembocar en la vejiga.

VEJIGA

La vejiga es un depósito de forma globulosa que ocupa la parte anterior de la pelvis.

Los riñones producen la orina constantemente.

En la vejiga se almacena hasta su expulsión.

La capacidad de la vejiga es indeterminada y su tamaño depende de la cantidad de orina que contenga.

Las paredes de la vejiga están formadas por músculos lisos.

A diferencia de otros músculos lisos, los de la vejiga se contraen voluntariamente.

URETRA

La uretra es el conducto que pone en comunicación la vejiga con el exterior.

En la unión de la vejiga con la uretra hay un ***esfínter*** que se abre para dar paso a la orina en el momento de su expulsión.

ORINA

La orina es un líquido amarillo y de reacción normalmente ácida.

Está formada por agua que lleva en disolución diversas sustancias.

Entre los elementos normales de la orina encontramos: ***cloruro de sodio,*** diversos ***fosfatos, urea, creatinina*** y ***ácido úrico.***

Anormalmente la orina puede contener albúmina ***(albuminuria);*** glucosa ***(glucosuria);*** pus ***(piuria),*** y sangre ***(hematuria).***

Secreción de la orina. La sangre que circula por la arteriola del glomérulo está sometida a cierta presión.

A través de las paredes de la arteriola pasan al interior de la cápsula todos los elementos del plasma sanguíneo menos las proteínas.

Como se ve, el glomérulo realiza la ***filtración*** de la orina.

Esta ***orina inicial*** es muy diluida, contiene gran cantidad de agua.

Cuando pasa a los tubos uriníferos, se realiza la ***reabsorción*** de agua y de otros elementos.

Reabsorción quiere decir que esos elementos pasan de nuevo a la sangre.

La glucosa se reabsorbe totalmente y en gran proporción la urea, la creatinina y el ácido úrico.

Resumiendo: el glomérulo filtra el plasma sanguíneo y los tubos uriníferos reabsorben las sustancias filtradas en exceso.

Así se logra la composición de la ***orina final.***

HIGIENE Y PRINCIPALES ENFERMEDADES DEL APARATO URINARIO

Para conservar en buenas condiciones el aparato urinario podemos aconsejar:

1. Una alimentación balanceada, sin exceso de carne.
2. Abstenerse de una condimentación excesiva.

3. Evitar las intoxicaciones crónicas producidas por las bebidas alcohólicas y las drogas heroicas (morfina, heroína, etc.).

ANURIA

Se llama anuria a la falta de funcionamiento de los riñones.

Si se prolonga varios días es mortal. Se produce una intoxicación del organismo por los productos de desecho.

NEFRITIS

La nefritis es la inflamación del tejido renal.

Puede afectar diferentes partes del riñón.

Si afecta los glomérulos, habrá una ***glomerulitis.*** Si la pelvis renal, una ***pielitis.***

En la nefritis hay dolor en la región renal y alteraciones de la orina.

CALCULOS URINARIOS

Los cálculos urinarios son concreciones que se forman en distintas partes de dicho aparato.

Pueden ocupar las cavidades del riñón total o parcialmente, los uréteres, la vejiga y, más raramente, la uretra.

En otros órganos del cuerpo pueden formarse cálculos, como los de la vesícula biliar y de las vías biliares, las glándulas salivales, etc.

Los cálculos se forman en las cavidades que contienen líquidos que llevan sales minerales disueltas.

Esas sales se precipitan como lo hacen las sales disueltas en el agua de una caldera, que produce costras que se adhieren a sus paredes.

EN POCAS PALABRAS

La **excreción** es la eliminación de las sustancias de desecho formadas por las células del organismo.

Si no se produce la excreción ocurre la muerte.

La excreción se realiza por los pulmones, por el ano, por los riñones y por la piel.

El aparato urinario está formado por los **riñones,** que producen la orina; por los **uréteres,** que la transportan; por la **vejiga,** que la almacena, y por la **uretra,** que la expulsa.

El riñón está formado por **sustancia cortical,** donde están los **glomérulos,** y por **sustancia medular,** donde se encuentran los **tubos uriníferos.**

En el glomérulo se realiza la filtración del plasma sanguíneo.

A través de las paredes de la arteriola pasan todos los elementos del plasma menos las proteínas.

Al pasar por los tubos uriníferos se reabsorbe gran cantidad de agua y toda la glucosa. Así se forma la orina.

La orina es un líquido que contiene agua, cloruro de sodio, fosfatos, urea, ácido úrico y creatinina.

La **anuria** es la falta de funcionamiento de los riñones. Es mortal si se prolonga varios días.

La **nefritis** es la inflamación del tejido renal.

Los cálculos urinarios son concreciones que se forman en los distintos órganos del aparato urinario.

23 La piel como órgano de excreción Otras funciones de la piel

LA PIEL

La piel es la cubierta externa del organismo.

A nivel de los orificios naturales (boca, ano, párpados, fosas nasales), la piel se continúa con las ***mucosas.***

Las mucosas tapizan interiormente los órganos de los aparatos respiratorio, digestivo, urinario, etc.

Estructura de la piel. La piel está formada por dos capas:

1. ***Dermis,*** la más profunda y
2. ***Epidermis,*** la superficial (Fig. 23-1 *A* y *B*).

Por debajo de la dermis se encuentra el ***tejido celular subcutáneo,*** muy rico en grasa (Fig. 23-1 *C*).

La epidermis está formada por dos capas principales: una superficial, ***córnea,*** y otra profunda, ***mucosa.***

La capa córnea se compone de células muertas que se desprenden continuamente. Cuando esta capa se hipertrofia, forma las callosidades.

En la dermis encontramos también dos capas: la ***papilar,*** en contacto con la epidermis, y la ***reticular,*** que se continúa con el tejido subcutáneo.

ORGANOS DE LA PIEL

En la piel encontramos: ***glándulas sudoríparas, glándulas sebáceas, vasos sanguíneos, nervios*** y ***folículos pilosos.***

Glándulas sudoríparas. Están constituidas por unos tubos enrollados que forman unas masas esferoidales en la dermis o en el tejido subcutáneo.

El tubo atraviesa la dermis y la epidermis, donde se abre para formar un ***poro*** (Fig. 23-1) (2).

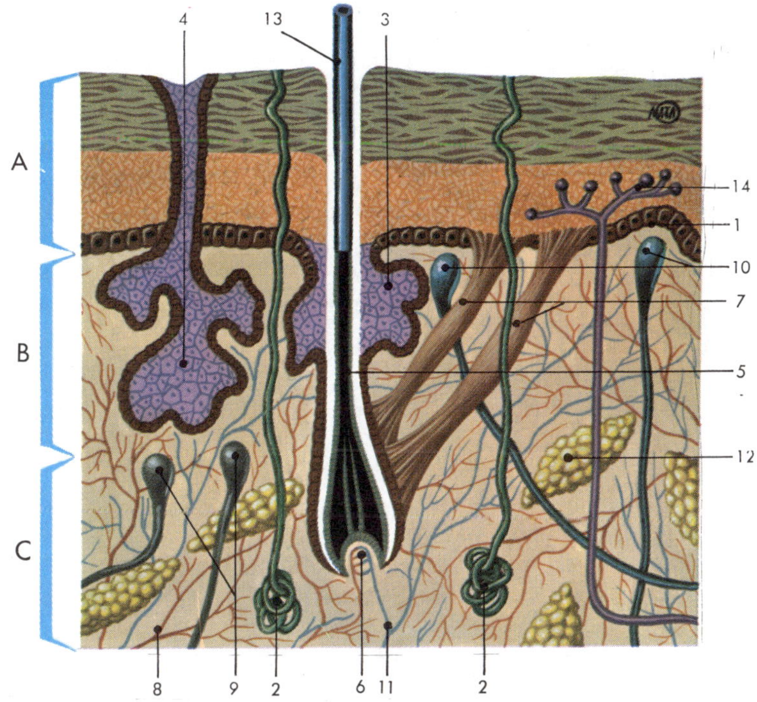

Fig. 23-1.—Corte esquemático de la piel: A) Epidermis. B) Dermis. C) Tejido celular subcutáneo: 1) Papilas de la dermis. 2) Glándulas sudoríparas. 3) Glándula sebácea que desemboca en un folículo piloso. 4) Glándula sebácea que se abre directamente en la epidermis. 5) Folículo piloso. 6) Papila del cabello. 7) Músculos horripiladores. 8) Arteriolas de la piel. 9) Corpúsculos profundos del tacto. 10) Corpúsculos superficiales del tacto. 11) Venas de la piel. 12) Depósito de grasa subcutánea. 13) Cabello. 14) Terminaciones intraepidérmicas de un nervio sensitivo.

Las glándulas sudoríparas producen el sudor, se distribuyen por toda la piel y se ha calculado su número en unos dos millones.

Glándulas sebáceas. Las glándulas sebáceas se encuentran en la cara superficial de la dermis.

Generalmente se abren en un folículo piloso (Fig. 23-1) (3). En algunas regiones se abren directamente en la epidermis (Fig. 23-1) (4).

Las glándulas sebáceas son menos numerosas que las sudoríparas y están repartidas por la superficie cutánea.

No hay glándulas sebáceas en las palmas de las manos, en las plantas de los pies y en las caras palmares y plantares de los dedos de las manos y de los pies.

Vasos sanguíneos. A la piel van a parar arteriolas que se capilarizan y forman venas.

Los vasos sanguíneos se detienen en la dermis. La epidermis está desprovista de vasos sanguíneos (Fig. 23-1) (8 y 11).

Nervios. En la piel terminan:

1. ***Nervios sensitivos,*** que emiten terminaciones intraepidérmicas o presentan abultamientos (corpúsculos del tacto) (Fig. 23-1) (14).

Estudiaremos los nervios sensitivos al hablar del sentido del tacto.

2. ***Nervios motores,*** para los músculos horripiladores y para los vasos sanguíneos.

3. ***Nervios secretorios,*** para las glándulas sudoríparas y sebáceas.

Folículos pilosos. Los folículos pilosos son depresiones de la epidermis, donde se alojan las raíces de los pelos (Fig. 23-1) (5).

En el fondo del folículo hay una prominencia llamada ***papila*** (figura 23-1) (6).

La papila es el órgano formador del pelo.

A los folículos pilosos vienen a insertarse los músculos horripiladores (Fig. 23-1) (7).

Al contraerse esos músculos, elevan el folículo y dan a la piel el aspecto conocido como ***carne de gallina.***

PELOS Y UÑAS

El pelo y las uñas son modificaciones de la epidermis y tienen estructura córnea, como la capa superficial de la epidermis.

PELO

El pelo tiene una porción alojada en el folículo piloso. Es la ***raíz*** (figura 23-2) (2).

Y una porción fuera del folículo. Es el **tallo** (Fig. 23-2) (3).

En el fondo del folículo está la papila, que recibe los vasos sanguíneos (Fig. 23-2) (5).

Los pelos se dividen en tres grupos:

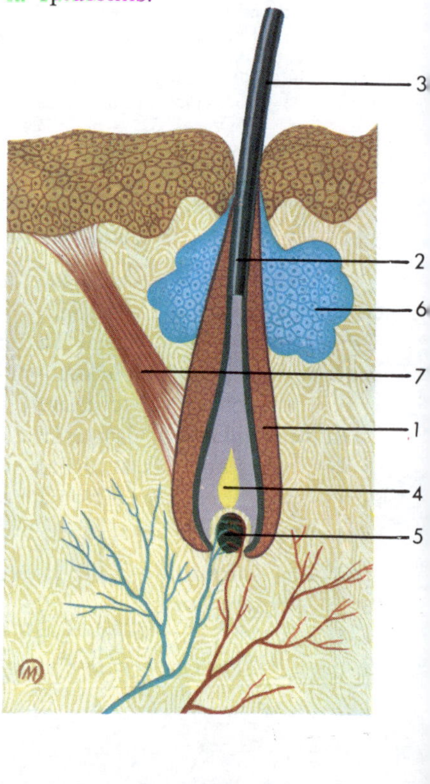

Fig. 23-2.—Esquema de un folículo piloso: 1) Folículo piloso. 2) Raíz del pelo. 3) Tallo. 4) Bulbo. 5) Papila. 6) Glándula sebácea. 7) Músculo horripilador.

1. ***Largos*** y ***gruesos*** (cabeza, barba, bigote, etc.).
2. ***Cortos*** y ***gruesos*** (ccjas, pestañas, etc.).
3. ***Cortos*** y ***finos,*** repartidos por todo el cuerpo (vellos).

El pelo está constituido por tres capas concéntricas de células.

Las células de la capa media contienen el ***pigmento*** que le da color al cabello.

En las canas esas células pierden el pigmento y están llenas de aire.

El pelo es un tejido muerto. Por eso no sentimos dolor cuando nos cortan el cabello.

UÑAS

Las uñas son unas láminas córneas que se encuentran en la cara dorsal de las extremidades de los dedos dc las manos y de los pies (Fig. 23-3).

Al igual que el pelo, las uñas presentan una parte hundida en la piel (raíz) y una parte visible (cuerpo).

La raíz se encuentra en un repliegue que forma la dermis.

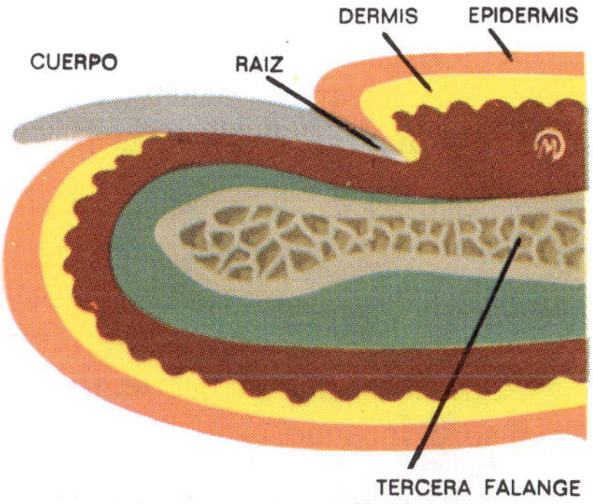

Fig. 23-3.—Corte de una tercera falange.

FUNCION EXCRETORA DE LA PIEL

Las glándulas sudoríparas producen el sudor. Se ha dicho que el sudor es una orina diluida.

En efecto, ambas excreciones tienen muchos componentes comunes.

El sudor contiene un 98% de agua.

El 2% restante de sustancias disueltas está formado por sales minerales (cloruro de sodio principalmente) y compuestos orgánicos (urea, ácido úrico y ácidos grasos).

La cantidad de sudor producida en 24 horas es muy variable. Depende de la temperatura ambiente, de la persona y del trabajo que ésta realice.

Las glándulas sudoríparas y los riñones realizan funciones compensadoras.

En verano sudamos más y orinamos menos.

En invierno sudamos menos y orinamos más.

En los enfermos que padecen ***anuria*** (falta de secreción renal) el sudor adquiere el olor propio de la orina.

Las glándulas sudoríparas eliminan sustancias que normalmente se eliminan por los riñones.

Las ***glándulas sebáceas*** no eliminan sustancias tóxicas.

La sustancias sebácea (3/4 de agua y 1/4 de grasa) suaviza la piel, evita que se cuartee y la hace impermeable.

Las ***glándulas de Meibomio,*** que se encuentran en los párpados, son glándulas sebáceas modificadas que producen una sustancia grasa que evita que las lágrimas corran normalmente por las mejillas.

OTRAS FUNCIONES DE LA PIEL

1. **Función táctil.** La piel es el órgano del sentido del tacto.

2. **Función protectora.** La piel nos protege de la entrada de los microbios. Por eso, cuando sufrimos una herida o un rasguño, debemos cubrirlos con una sustancia antiséptica.

3. **Función respiratoria.** A través de la piel se toma O_2 y se elimina CO_2 y vapor de agua.

En el hombre la respiración cutánea es muy limitada.

4. **Función de absorción.** A través de la piel pueden penetrar sustancias medicamentosas cuando se friccionan enérgicamente. Así actúan diferentes pomadas que se emplean contra los dolores reumáticos.

Si no se fricciona, la absorción no se produce.

Podemos estar largo tiempo sumergidos en el agua sin que se efectúe la absorción acuosa.

5. **Función de regulación de la temperatura.** Desde el punto de vista del mantenimiento de su temperatura, los animales se dividen en dos grupos:

a) ***De temperatura constante o de sangre caliente.***

b) ***De temperatura variable o de sangre fría,*** cuya temperatura depende de la del medio ambiente.

La temperatura del hombre saludable fluctúa entre 36 y 37 grados C, lo mismo si se encuentra en un polo que en el ecuador.

Veamos cómo se regula la temperatura:

1. Cuando realizamos un trabajo violento, la temperatura se eleva ligeramente.
2. Entonces, las glándulas sudoríparas aumentan su secreción.
3. El sudor se evapora rápidamente y enfría la piel.

4. La sangre que circula por la piel se enfría y al circular después por los órganos internos desciende la temperatura.

El enfriamiento del cuerpo se realiza por el mismo mecanismo que se enfría el agua contenida en una vasija de barro.

El agua que pasa a través de la pared porosa de la vasija se evapora. Al evaporarse, enfría la vasija y ésta enfría el agua.

El perro, el gato y otros animales solamente tienen glándulas sudoríparas entre los dedos.

Para regular su temperatura, sacan su lengua húmeda.

La evaporación de la saliva enfría la lengua y la mucosa de la boca (Fig. 23-4).

La sangre que circula por la boca se enfría. Luego, al circular por los órganos internos, desciende la temperatura.

Fig. 23-4.—Este perro ha estado corriendo.

FUNCION DEL PELO

El pelo es una protección contra los rayos solares y contra el frío.

Desempeña el papel de aislador del calor.

En los animales, el pelo es la única protección contra el frío.

Con el uso de la ropa, el pelo del cuerpo del hombre se ha ido atrofiando.

FUNCION DE LAS UÑAS

Las uñas son también órganos atrofiados.

Las garras de las fieras son uñas fuertes y dispuestas para el ataque.

En el hombre, las uñas se utilizan para la aprehensión de objetos pequeños.

EN POCAS PALABRAS

Piel	Epidermis	Capa córnea (células muertas) Capa mucosa
	Dermis	Capa papilar Capa reticular
Organos de la piel	Glándulas sudoríparas. Producen el sudor	
	Glándulas sebáceas. Producen sustancia grasa	
	Vasos sanguíneos	
	Nervios	Sensitivos (del tacto) Motores (para los músculos horripiladores) Secretorios (para las glándulas)
	Pelos	Tallo Raíz (bulbo y papila)
	Uñas	
Funciones de la piel	Protectora (contra la entrada de gérmenes) Táctil Excretora (eliminación del sudor) De absorción Regulación de la temperatura	
Composición del sudor	Agua (98%) Sales minerales (cloruro de sodio, principalmente) Urea, ácido úrico y ácidos grasos	

E) SECRECIONES

Aparato secretor y secreciones 24

Se llama secreción al producto de una glándula.

Las glándulas toman de la sangre los elementos necesarios para producir las secreciones.

Ya hemos mencionado numerosas glándulas:

1. En la piel, las sudoríparas y las sebáceas.
2. En el aparato digestivo, las salivales, las gástricas, mucosas, intestinales, hígado y páncreas.

Al continuar nuestro estudio, mencionaremos otras glándulas más.

GLANDULAS

Las glándulas están formadas por células epiteliales especializadas.

Hay dos grupos principales de glándulas:

1. **Glándulas de secreción externa o exocrinas.**

Se llaman también ***glándulas abiertas*** y están provistas de un conducto que lleva la secreción fuera de las glándulas.

Todas las que hemos mencionado pertenecen a este grupo.

2. **Glándulas de secreción interna o endocrinas.**

Se llaman también ***glándulas cerradas.***

Carecen de conducto y vierten su secreción en los capilares que rodean las glándulas.

En la figura 24-1 se señalan los dos caminos que puede seguir la secreción.

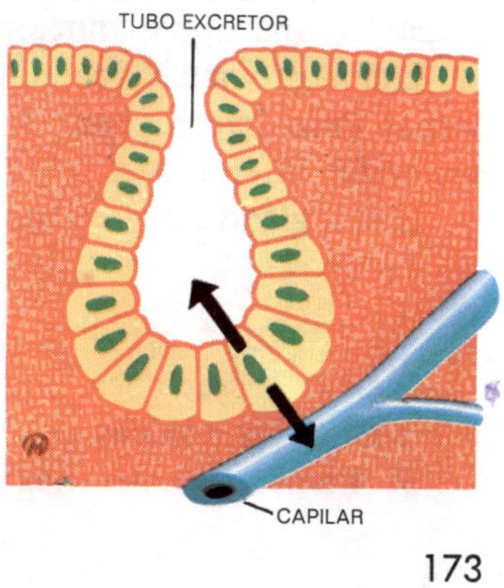

Fig. 24-1.—Caminos que puede seguir la secreción.

GLANDULAS DE SECRECION EXTERNA

Están formadas por una cavidad tapizada por células que producen la secreción.

Están provistas de un conducto que puede desembocar en la piel, como en el caso de las sudoríparas, o en algún órgano hueco (boca, estómago, intestinos, etc.).

De acuerdo con la forma y complicación de su cavidad, se dividen las glándulas exocrinas en varios grupos:

1. ***Tubulosas,*** si tienen forma de tubo.
2. ***Racimadas,*** si tienen forma de racimo.

Cada uno de estos grupos se subdivide en ***simples*** y ***compuestas*** (Fig. 24-2).

Fig. 24-2.—Esquema de las distintas variedades de glándulas de secreción externa.

GLANDULAS MIXTAS

El páncreas y las glándulas reproductoras (testículos y ovarios) desempeñan una doble función.

Están provistas de un conducto por el cual vierten su secreción externa. Pero hacen pasar a la sangre otras sustancias que representan su secreción interna.

Estas glándulas reciben el nombre de ***glándulas mixtas.***

UTILIDAD Y EMPLEO DE LA SECRECION

Ciertas secreciones, como la orina y el sudor, se emplean para eliminar sustancias tóxicas.

Se llaman ***secreciones excrementicias*** o ***excreciones.***

Los jugos digestivos (saliva, jugo gástrico, jugo intestinal, bilis y jugo pancreático) actúan sobre los alimentos y los transforman en sustancias asimilables.

Las lágrimas facilitan el movimiento de los párpados.

La sustancia sebácea suaviza e impermeabiliza la piel.

La sinovia facilita los movimientos articulares.

Las glándulas reproductoras elaboran las células encargadas de formar nuevos organismos.

Desempeñan la función de reproducción.

Las glándulas mamarias segregan la leche, que se emplea en la alimentación del nuevo ser.

Las secreciones internas, transportadas por la sangre, actúan en órganos muy distantes.

SISTEMA ENDOCRINO

Todas las funciones del cuerpo están reguladas por dos sistemas: el ***sistema nervioso*** y el ***sistema endocrino.***

Las glándulas endocrinas producen sustancias llamadas ***hormonas.***

Las hormonas regulan diferentes funciones. He aquí algunas:

1. El crecimiento del cuerpo.
2. El desarrollo del aparato reproductor.
3. El almacenamiento de azúcar en el hígado.
4. Los caracteres propios de cada sexo.
5. La conducta del animal frente a circunstancias adversas, etc.

El funcionamiento de las glándulas endocrinas no es siempre independiente.

Ciertas hormonas, producidas por una glándula, actúan sobre otras glándulas endocrinas.

Las hormonas producidas por las glándulas de muchos mamíferos tienen igual función que las del hombre.

Eso permite usar las hormonas de los cerdos, terneras, corderos, etc., en el tratamiento de las enfermedades humanas.

Las glándulas endocrinas pueden presentar dos trastornos principales:

1. Aumento de secreción ***(hiperfunción).***
2. Disminución de secreción ***(hipofunción).***

El sistema endocrino está formado por las siguientes glándulas: ***hipófisis, tiroides, paratiroides, timo, páncreas, suprarrenales, intestinales, ovarios*** y ***testículos*** (Fig. 24-3).

HIPOFISIS O PITUITARIA

Tiene el tamaño de una arveja y se encuentra en la base del cráneo, en una cavidad del hueso ***esfenoides.***

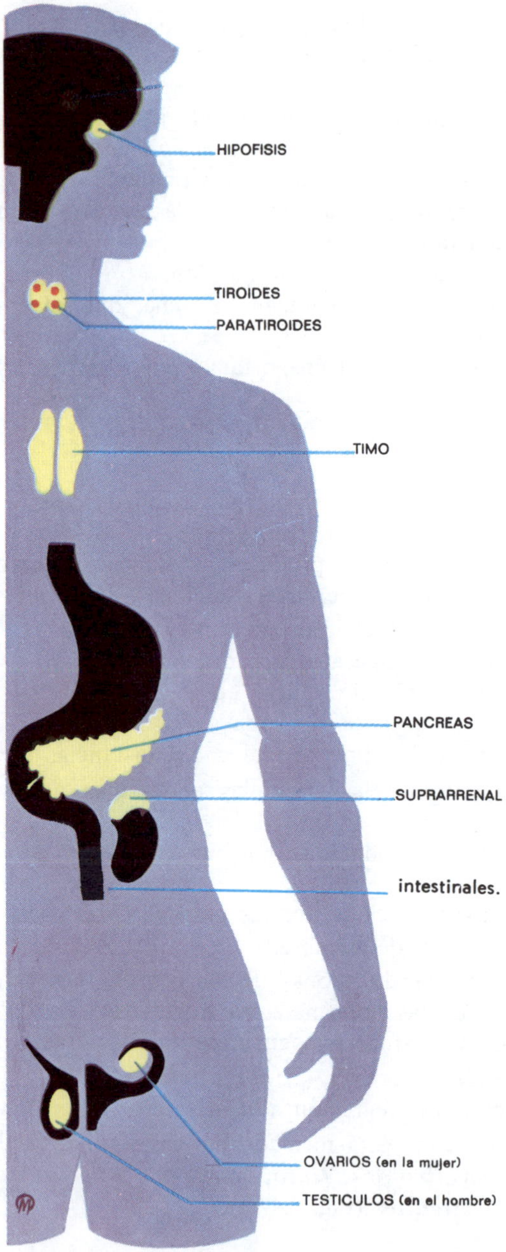

Fig. 24-3.—Sistema endocrino.

Sus principales funciones son:

1. Regular el crecimiento del cuerpo.
2. Estimular el funcionamiento de la glándula tiroides.
3. Regular el desarrollo de los órganos reproductores.
4. Producir una hormona llamada ACTH, que estimula las glándulas suprarrenales a producir ***cortisona.***

Si hay hiperfunción de la hipófisis en la niñez o en la adolescencia, se produce el ***gigantismo*** (Fig. 24-4).

Fig. 24-4.—Fotografía de un gigante. Compárese su talla con la de personas de estatura normal.

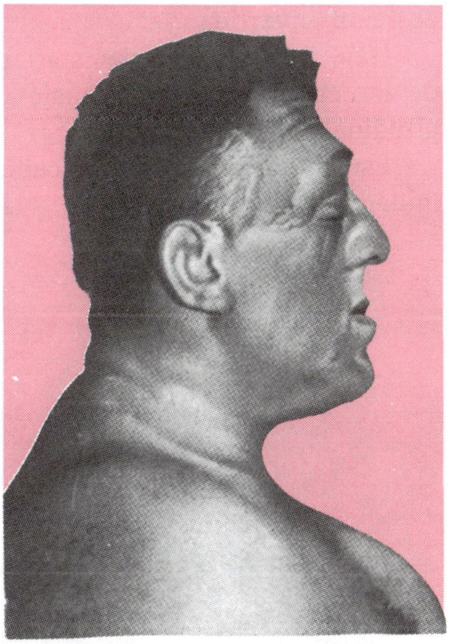

Fig. 24-5.—Fotografía de un acromegálico. En la acromegalia hay aumento exagerado de los huesos de la cabeza, especialmente del maxilar inferior.

Si hay hiperfunción en la edad adulta, se origina la ***acromegalia.***

La acromegalia se caracteriza por el crecimiento exagerado de los huesos de la cabeza, especialmente del maxilar inferior, de las manos y de los pies (Figs. 24-5, 24-6 y 24-7).

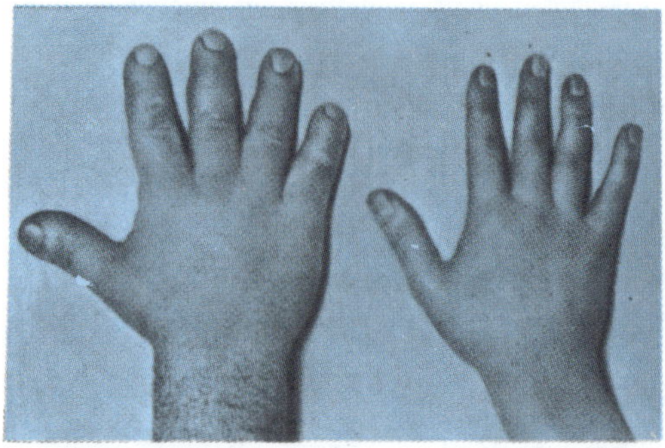

Fig. 24-6.—A la izquierda, manos de un acromegálico. Compárese con la mano de un sujeto normal, a la derecha.

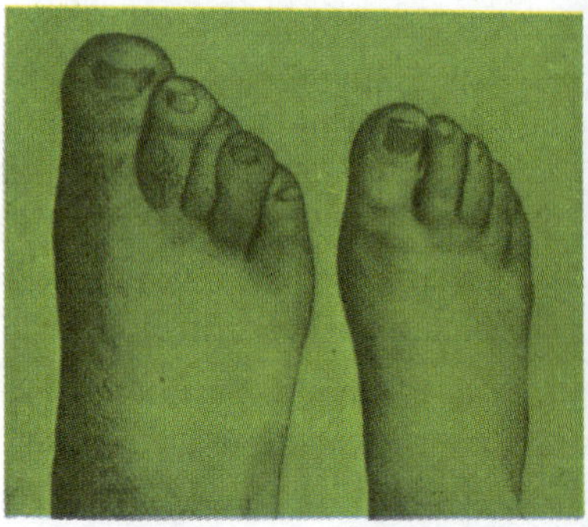

Fig. 24-7.—A la izquierda, pie de un acromegálico. Compárese con el pie de un sujeto normal, a la derecha.

Si hay hipofunción de la hipófisis en la niñez, se produce el ***enanismo.*** Los enanos hipofisarios tienen proporcionadas las partes de su cuerpo. Parecen personas normales observadas con unos gemelos colocados en posición invertida.

Hay un tipo de enanismo producido por trastornos en el desarrollo de los cartílagos de conjunción (por donde se realiza el crecimiento longitudinal de los huesos).

Estos enanos tienen la cabeza grande, el tronco normal y las extremidades cortas (Fig. 24-8).

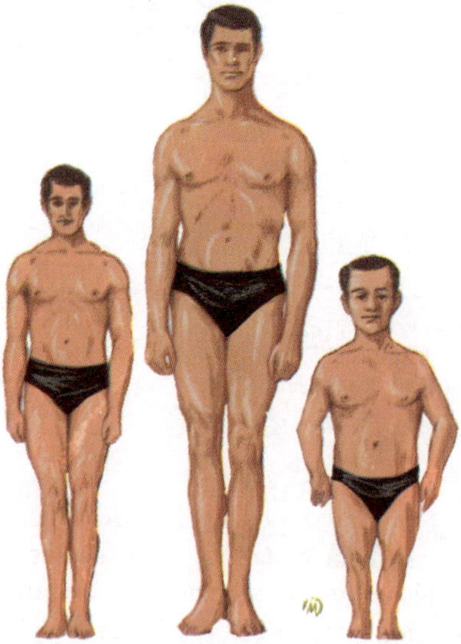

Fig. 24-8.—Al centro, un adulto de talla normal para que sirva de comparación. A la izquierda, un enano hipofisario (de proporciones normales). A la derecha, un enano de proporciones anormales, por trastornos de los cartílagos de conjunción.

TIROIDES

La glándula tiroides está situada en la cara anterior del cuello, rodeando la laringe y la tráquea.

Sus principales funciones son:

1. Regula el ***metabolismo*** del cuerpo.

El metabolismo se refiere a las transformaciones que sufren en el organismo las sustancias introducidas en él.

2. Determina el desarrollo físico y mental del niño.
3. Interviene en el desarrollo del aparato reproductor.

La glándula tiroides produce una hormona llamada ***tiroxina.***

Para el funcionamiento de la tiroides es necesario que el individuo ingiera en su dieta pequeñísimas cantidades de yodo.

El yodo se encuentra principalmente en los mariscos y en los vegetales cultivados cerca del mar.

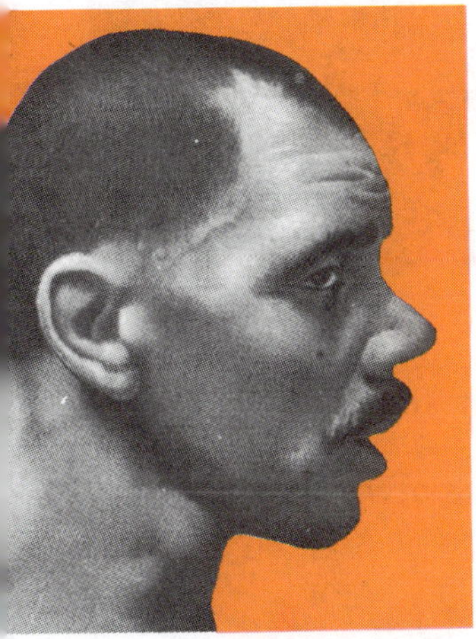

Fig. 24-9.—Aspecto de un cretino

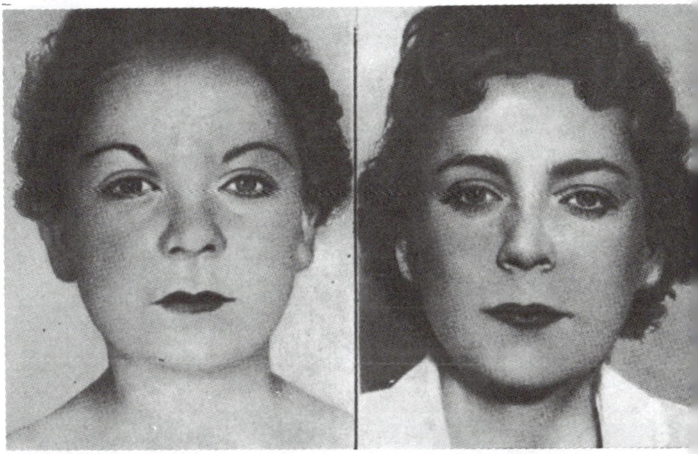

Fig. 24-10.—A la izquierda, enferma de mixedema. Obsérvese el aspecto hinchado de las facciones. A la derecha, la misma enferma después de habérsele suministrado extracto tiroideo. Nótese el aspecto normal de sus facciones.

Cuando falta el yodo en la alimentación se produce un trastorno llamado ***bocio simple*** o ***cretinismo.***

Se llama bocio cualquier tumoración de la glándula tiroides.

El cretino presenta, además del bocio, pequeña talla y escaso desarrollo intelectual (Fig. 24-9).

Si la producción de tiroxina es escasa, puede presentarse el ***mixedema.***

En el mixedema hay aumento de peso, pereza física e hinchazón de las facciones (Fig. 24-10).

Si hay hiperfunción de la tiroides, puede producirse el bocio ***exoftálmico.*** Exoftálmico quiere decir "ojos hacia afuera" (Fig. 24-11).

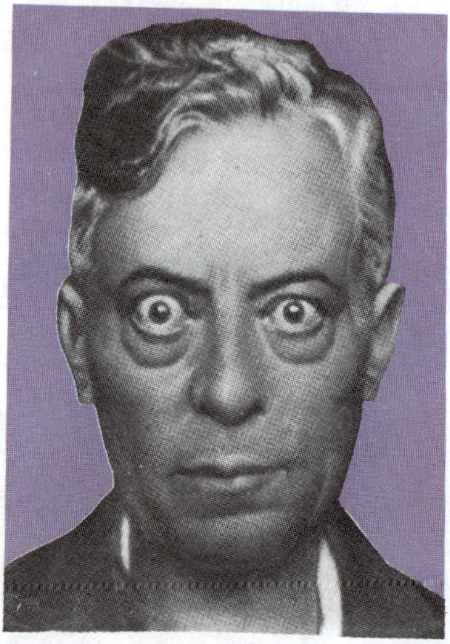

Fig. 24-11.—Fotografía de un sujeto que padece bocio exoftálmico. Obsérvese la propulsión de los globos oculares.

PARATIROIDES

Son generalmente cuatro, del tamaño de una semilla de guayaba, y están situadas en la cara posterior de la glándula tiroides.

Las paratiroides segregan la ***paratormona.***

La paratormona regula la concentración de calcio en la sangre.

TIMO

Está situado en la parte superior del tórax.

Tiene gran desarrollo en el niño y se atrofia, hasta desaparecer, en el adulto.

Se cree que interviene en el desarrollo general del organismo.

SUPRARRENALES

Como su nombre indica, están situadas sobre los riñones.

Las glándulas suprarrenales están formadas por dos tejidos distintos: ***corteza*** y ***medula.***

La corteza produce la hormona llamada ***cortisona.***

La cortisona es necesaria para la buena conservación de las articulaciones.

Se utiliza en Medicina para el tratamiento de las ***artritis*** o inflamación de las articulaciones.

Recordemos que para que las suprarrenales segreguen cortisona es necesario que reciban la hormona ACTH producida por la hipófisis.

La medula produce ***adrenina.*** La adrenina se ha sintetizado en el laboratorio con el nombre de ***adrenalina.***

La adrenina aumenta la presión sanguínea, el ritmo respiratorio y las contracciones cardíacas y hace que el hígado lance glucosa al torrente circulatorio.

Todos estos cambios son favorables para afrontar las situaciones críticas. A veces nos asombramos de la fuerza que hemos desarrollado o de la velocidad que hemos alcanzado.

La adrenina es la hormona de la lucha o de la fuga.

GLANDULAS DEL INTESTINO DELGADO

Estas glándulas producen una hormona llamada ***secretina.***

La secretina determina la excreción de la bilis y del jugo pancreático.

PANCREAS

El páncreas es una glándula mixta.

Como glándula exocrina produce ***jugo pancreático,*** necesario para la digestión de los alimentos.

Como glándula endocrina segrega ***insulina.***

La insulina es necesaria para el almacenamiento de la glucosa en el hígado.

La falta de secreción de insulina determina una enfermedad llamada ***diabetes.***

En los diabéticos la glucosa, al no almacenarse en el hígado, se elimina por la orina (glucosuria).

GLANDULAS REPRODUCTORAS

En el hombre, ***testículos;*** en la mujer, ***ovarios.***

Son también glándulas mixtas.

Como glándulas exocrinas, los testículos producen los espermatozoides; y los ovarios, los óvulos.

Como glándulas endocrinas, segregan diferentes hormonas.

Estas hormonas determinan los ***caracteres sexuales secundarios.***

Son caracteres sexuales secundarios todas las diferencias existentes entre ambos sexos, con excepción de los órganos reproductores, que son los caracteres sexuales primarios.

Son caracteres sexuales secundarios en la mujer la voz de tono alto, la ausencia de pelos en la cara, los hombros estrechos y las caderas anchas, etc.

En el hombre: la voz de tono bajo, la presencia de pelos en la cara, los hombros anchos y las caderas estrechas, etc.

EN POCAS PALABRAS

- Glándulas
  - De secreción externa
    - Sudoríparas
    - Sebáceas
    - Ceruminosas
    - De Meibomio
    - Mucosas
    - Lagrimales
    - Salivales
    - Gástricas
    - Intestinales
    - Hígado
    - Mamarias
  - De secreción interna
    - Hipófisis
    - Tiroides
    - Paratiroides
    - Timo
    - Suprarrenales
    - Glándulas del intestino delgado
  - Mixtas
    - Páncreas
    - Ovarios
    - Testículos

Estudio general del esqueleto 25

Llámase ***esqueleto*** a la armazón que presenta el cuerpo de ciertos animales.

No todos los animales están provistos de esqueleto.

Carecen de esqueleto muchos invertebrados acuáticos y algunas especies terrestres.

DIFERENTES CLASES DE ESQUELETOS

Fundamentalmente hay dos clases de esqueletos:

1. ***Exoesqueleto*** o esqueleto externo.
2. ***Endoesqueleto*** o esqueleto interno.

Exoesqueleto. Poseen esqueleto externo los corales, los moluscos, los artrópodos.

El de los corales y muchos moluscos es rígido.

El de los artrópodos es articulado y permite movimientos.

Endoesqueleto. Todos los vertebrados están provistos de endoesqueleto o esqueleto interno.

Aunque existen ciertas diferencias entre los esqueletos de los distintos vertebrados, todos están concebidos siguiendo un plan general:

1. Poseen un cráneo que aloja el encéfalo.
2. Una columna vertebral que contiene la medula.
3. Algunos de ellos, extremidades de forma y tamaño distintos.

Funciones del esqueleto:

1. Algunos huesos se unen para formar estuches de protección a órganos muy importantes (cráneo, columna vertebral, tórax, pelvis).

2. Otros huesos se unen para formar articulaciones móviles (columna vertebral y extremidades).

3. Los huesos prestan inserción a los músculos. Al contraerse un músculo, se acorta y determina movimientos en la articulación formada por los huesos donde se inserta el músculo.

GENERALIDADES

La rama de la Anatomía que estudia los huesos se llama ***Osteología.***

Se denomina ***sistema óseo*** al conjunto de los huesos de un animal.

Los huesos son unos órganos duros formados por el tejido óseo y recubiertos por una membrana llamada ***periostio.***

La unión de los huesos y los músculos forman el sistema ***osteomuscular.***

Gracias al sistema osteomuscular se realiza la locomoción (marcha, carrera, natación).

Composición química de los huesos. Si introducimos un hueso de pollo durante varias horas en una solución de ácido sulfúrico, el hueso conserva su forma, pero se dobla como si fuera de goma.

El ácido ha disuelto las sales de calcio y el hueso queda formado solamente por la sustancia orgánica llamada ***osteína.***

La osteína le comunica al hueso ***elasticidad*** y ***resistencia.***

Si colocamos otro hueso análogo sobre una llama durante unos minutos, el hueso conserva también su forma, pero si intentamos doblarlo, se partirá.

La sustancia orgánica ha sido destruida por el calor.

El hueso ha quedado formado solamente por sustancia inorgánica (sales de calcio, principalmente, fosfato y carbonato).

La sustancia inorgánica comunica al hueso ***dureza*** y ***fragilidad.***

La composición química de los huesos varía de acuerdo con la edad del individuo.

En el hueso del niño la proporción de sales calcáreas es muy baja.

Según se avanza en edad, los huesos contienen mayor proporción de sales de calcio.

Características del hueso del niño, del adulto y del viejo. La diferencia de composición química determina variaciones en las características de los huesos del niño, del adulto y del viejo.

El hueso del niño, con escasa proporción de sales de calcio, tiene cierta elasticidad.

Esa elasticidad le permite resistir las violencias y golpes que con tanta frecuencia ocurren en esa edad.

Una fractura en un niño es un accidente relativamente raro, si se tienen en cuenta las numerosas caídas y golpes que recibe su organismo.

En cambio, el hueso del viejo, muy rico en sales de calcio y desprovisto de elasticidad, resulta muy frágil.

Sabido es que una simple caída puede determinar en las personas de edad avanzada fracturas de huesos tan resistentes como los fémures.

El hueso del adulto tiene una proporción media de sales calcáreas. No es tan resistente como el del niño ni tan frágil como el del viejo.

CLASIFICACION DE LOS HUESOS

Atendiendo a su forma, los huesos se clasifican en tres grupos: ***largos***, ***anchos*** y ***cortos***.

Huesos largos. Son aquellos en los cuales predomina una dimensión, el largo, sobre las otras dos, el ancho y el grueso.

Los huesos largos se encuentran en las extremidades.

En todo hueso largo encontramos una porción central, llamada ***diáfisis***, y dos extremidades o ***epífisis***.

Ejemplo: el fémur (Fig. 25-1), la tibia, los metacarpianos.

Huesos planos. Los huesos planos o anchos presentan dos dimensiones, el largo y el ancho, considerablemente mayores que el grueso.

Se encuentran en el cráneo y en el tronco.

Ejemplos: el frontal, el occipital (Fig. 25-2), el ilíaco.

Huesos cortos. En los huesos cortos las tres dimensiones son aproximadamente iguales.

Se encuentran en la columna vertebral, el carpo y el tarso.

Ejemplos: una vértebra, el astrágalo (Fig. 25-3), el semilunar.

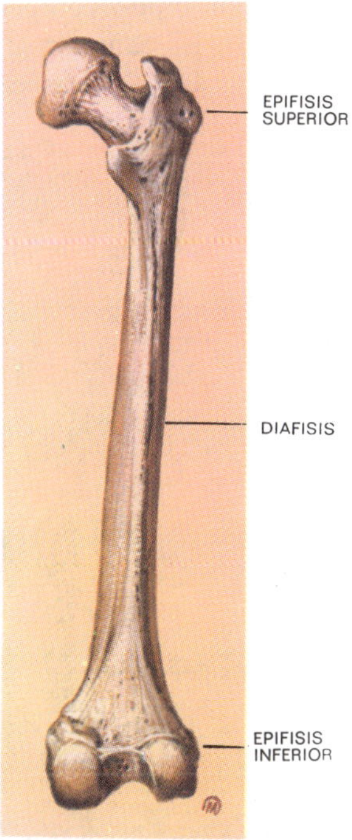

Fig. 25-1. — Un hueso largo, el fémur.

Fig. 25-2. — Un hueso plano, el occipital.

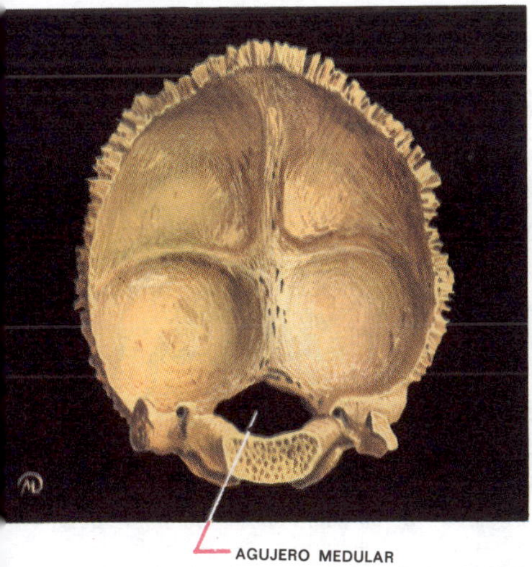

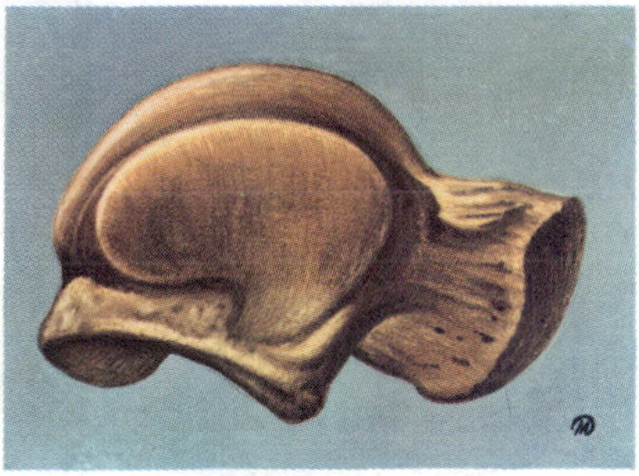

Fig. 25-3. — Un hueso corto, el astrágalo.

ESTRUCTURA DE LOS HUESOS

El tejido óseo se presenta en dos aspectos distintos:

1. ***Tejido compacto,*** de estructura parecida a la del marfil.
2. ***Tejido esponjoso,*** formado por laminillas entrecruzadas, que dejan espacios libres.

Estructura de los huesos largos (Fig. 25-4). La diáfisis está formada por tejido compacto, que deja en su centro el ***canal medular.***

El canal medular está ocupado por la ***medula ósea amarilla.***

Las epífisis están formadas por tejido esponjoso recubierto por una capa de tejido compacto.

En los espacios que quedan entre las laminillas se encuentra la ***medula ósea roja.***

Estructura de los huesos anchos o planos. Los huesos anchos están formados por dos capas de tejido compacto, entre las cuales se encuentran laminillas de tejido esponjoso.

A veces, las láminas de tejido compacto se tocan sin dejar entre ellas tejido esponjoso.

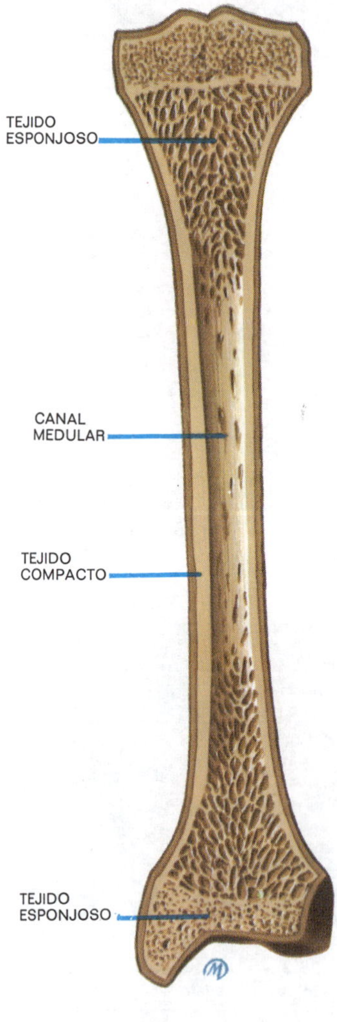

Fig. 25-4.—Estructura interior de un hueso largo. Obsérvese el canal medular, el tejido compacto y el tejido esponjoso.

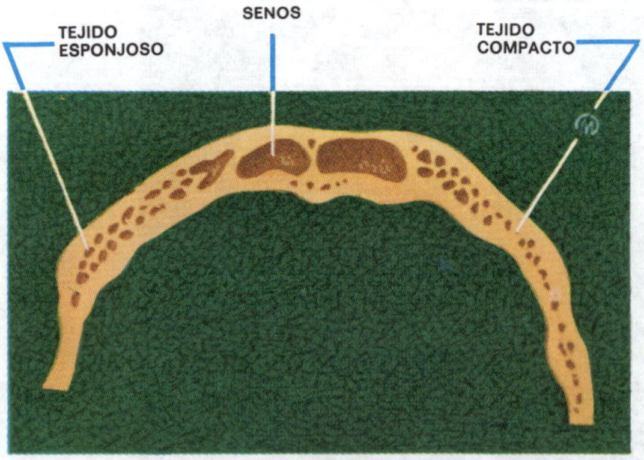

Fig. 25-5.—Estructura de un hueso ancho. Obsérvese que en algunos sitios se unen las dos capas de tejido compacto. En otros, presenta entre ambas tejido esponjoso y en otros dejan una cavidad o seno.

Otras veces, dejan entre sí cavidades que reciben el nombre de ***senos.*** En un corte del hueso frontal pueden observarse los tres casos mencionados (Fig. 25-5).

Estructura de los huesos cortos. Nos recuerda la estructura de las epífisis de los huesos largos.

Están formados por una masa de tejido esponjoso recubierto por una capa de tejido compacto (Fig. 25-6).

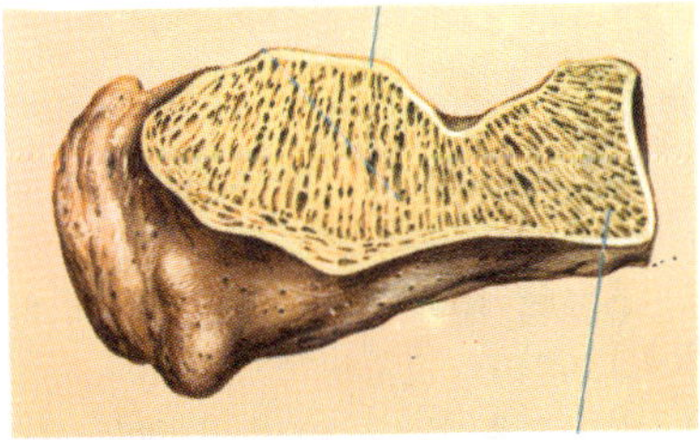

Fig. 25-6.—Estructura de un hueso corto. Al centro, tejido esponjoso. Al exterior, tejido compacto.

OSIFICACION Y DESARROLLO DE LOS HUESOS

El esqueleto del adulto está formado por huesos que presentan gran dureza.

Pero, al principio del desarrollo del organismo, en el feto, el esqueleto está formado por cartílagos.

Se llama ***osificación*** a la formación de tejido óseo en el espesor del cartílago.

En cada hueso aparecen ***puntos de osificación,*** alrededor de los cuales se va formando el tejido óseo.

La osificación completa no termina hasta que se ha efectuado el crecimiento total del esqueleto.

Crecimiento longitudinal de los huesos. Los huesos largos presentan zonas de osificación entre la diáfisis y la epífisis.

Esas zonas de osificación se llaman ***cartílagos de conjunción.***

Se ha realizado el siguiente experimento:

En el fémur de un animal joven de crecimiento rápido, como el conejo, se colocan cuatro clavijas de marfil, como aparece en el esquema de la izquierda de la figura 25-7.

Entre los puntos 1 y 2 hay un cartílago de conjunción y entre los puntos 3 y 4, otro.

Pero no hay cartílago de conjunción entre los puntos 2 y 3.

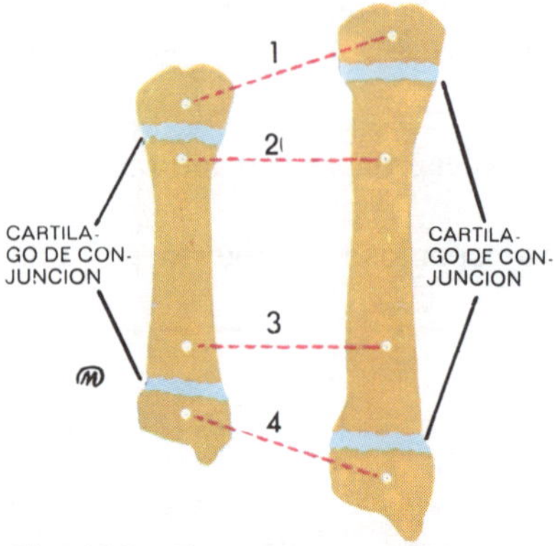

Fig. 25-7.—Experimento que demuestra que los huesos largos crecen por los cartílagos de conjunción.

Cuando el animal ha alcanzado su completo desarrollo se abre la cicatriz y se comprueban los cambios siguientes:

1. Ha aumentado la distancia entre los puntos 1 y 2.
2. Ha aumentado la distancia entre los puntos 3 y 4.
3. Ha permanecido inalterable la distancia entre los puntos 2 y 3, entre los cuales no hay cartílago.

El experimento demuestra que el crecimiento en longitud de los huesos largos se realiza por la formación de células óseas en el cartílago de conjunción.

Entre los 20 y los 25 años se termina el crecimiento del esqueleto del hombre.

En esa edad se han osificado los cartílagos de conjunción.

Se dice que se ha efectuado la ***soldadura de las epífisis.***

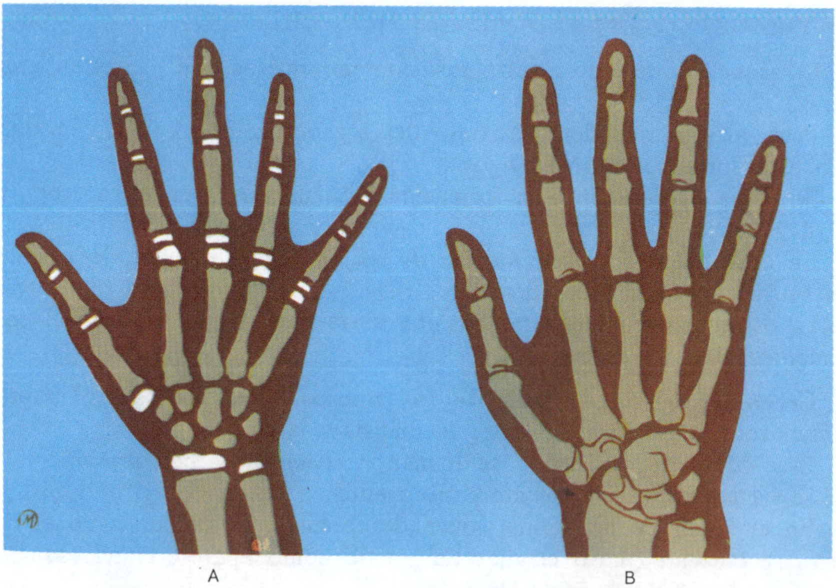

Fig. 25-8.—A) Esquema de la mano de un niño de doce años. En cada falange, en cada metacarpiano, en el cúbito y en el radio hay bandas oscuras. Son los cartílagos de conjunción por donde se efectúa el crecimiento longitudinal. B) Esquema de la mano de un adulto. Se han osificado los cartílagos de conjunción. El crecimiento ha terminado.

En la figura 25-8 aparecen dos esquemas:

Uno de ellos, *A*, es la mano de un niño de 12 años.

El otro, *B*, es la mano de un adulto.

En la del niño, cada falange, cada metacarpiano, el cúbito y el radio presentan unas bandas oscuras, que son los cartílagos de conjunción.

En la del adulto se han osificado esos cartílagos y se han soldado las epífisis. Ya el hueso no podrá crecer más.

Crecimiento en espesor de los huesos. Los huesos crecen en espesor gracias a la propiedad que tiene el periostio de formar células óseas.

Esa propiedad es tanto más activa cuanto más joven es el individuo.

Se conoce la rapidez con que se forma nuevo hueso (callo óseo) en las fracturas de los niños.

En cambio, en los viejos, la formación de callo es más lenta.

EN POCAS PALABRAS

Esqueleto	**Exoesqueleto** (corales, moluscos, artrópodos) **Endoesqueleto** (vertebrados)
Funciones del esqueleto	Formar estuches de protección a ciertos órganos Formar articulaciones móviles Prestar inserción a los músculos
Componentes de los huesos	**Sustancia orgánica** (osteína). Le comunica elasticidad y resistencia al hueso. **Sustancia inorgánica** (sales de calcio). Le comunica al hueso dureza y fragilidad.
Clases de huesos	Largos. 1 diáfisis y 2 epífisis (húmero, peroné) Planos (occipital, omóplato) Cortos (huesos del carpo y del tarso)
Estructura de los huesos	Tejido compacto Tejido esponjoso

Los huesos largos crecen en longitud por sus cartílagos de conjunción.

Los huesos crecen en espesor debido a la propiedad que tiene el periostio de formar células óseas.

26 Estudio descriptivo del esqueleto

DIVISION DEL ESQUELETO

El esqueleto se compone esencialmente de los siguientes elementos:

1. Una columna, la ***columna vertebral,*** que ocupa la línea media posterior del tronco.

2. Coronando la columna vertebral se encuentra la ***cabeza.***

3. En su porción dorsal, la columna vertebral se articula con las costillas y éstas con el esternón, para formar el ***tórax.***

4. Rodeando la parte superior del tronco se encuentran la clavícula y el omóplato, que forman la ***cintura torácica*** o primera región de las extremidades superiores.

5. El sacro se articula con los huesos ilíacos, que forman la ***cintura pelviana*** o primera región de las extremidades inferiores.

Consideraremos, pues, la columna vertebral, la cabeza, el tórax y las extremidades (Fig. 26-1).

En el estudio descriptivo del esqueleto emplearemos ciertos términos cuyo significado conviene conocer:

Apófisis es todo saliente que presenta un hueso.

Hay ***apófisis musculares,*** donde se insertan los músculos, y ***apófisis articulares,*** que se ponen en contacto con otros huesos para formar articulaciones.

Las apófisis puntiagudas se llaman ***apófisis estiloides.***

Las apófisis alargadas, en forma de almendra, se denominan ***cóndilos.***

Las epífisis que forman una sección de esfera se llaman ***cabezas.***

Las cavidades alargadas, que se corresponden con los cóndilos, reciben el nombre de ***cavidades glenoideas.***

COLUMNA VERTEBRAL

La columna vertebral, llamada corrientemente espinazo, está formada por la superposición de 33 o 34 vértebras.

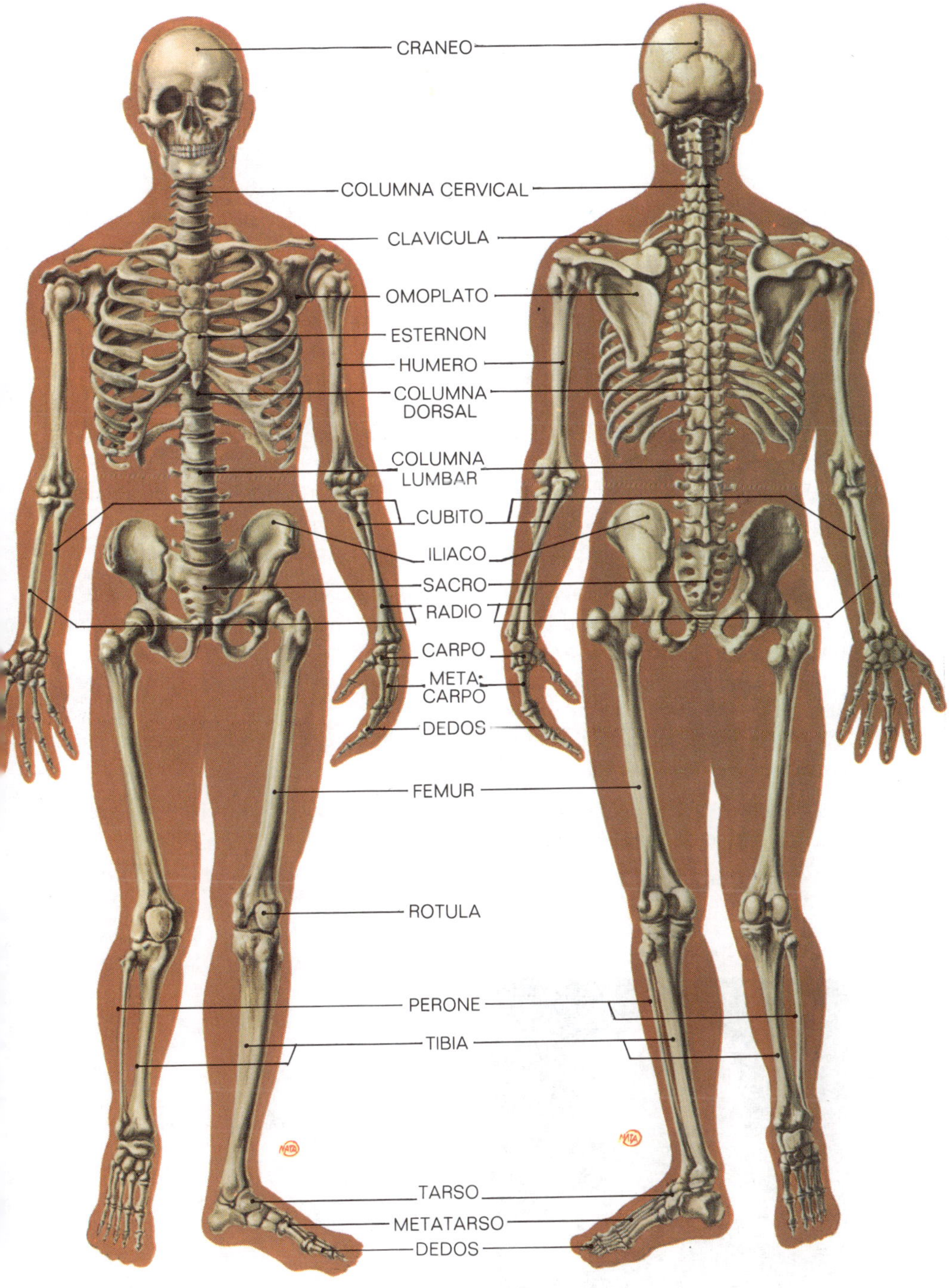

Fig. 26-1.—Esqueleto humano visto de frente y de espalda.

Se extiende desde la base del cráneo hasta la pelvis.

En el cuello forma la ***región cervical*** (7 vértebras).

En el tórax se llama ***región dorsal*** (12 vértebras).

En el abdomen se denomina ***región lumbar*** (5 vértebras).

En la pelvis hay dos regiones: la ***sacra*** (5 vértebras) y la ***coxígea*** (4 o 5 vértebras).

Estructura de la columna vertebral. Las vértebras de las regiones cervical, dorsal y lumbar gozan de cierta movilidad.

Se mantienen unidas entre sí por los ***discos intervertebrales,*** que son unos rodetes cartilaginosos, por numerosos ligamentos y por los músculos que se insertan en las vértebras.

Las 5 vértebras sacras están soldadas entre sí y forman un hueso grande, el ***sacro.***

Las 4 o 5 vértebras coxígeas también están soldadas y forman un hueso pequeño, el ***coxis.***

El coxis es el rudimento de la cola de los animales.

Caracteres de las vértebras. Todas las vértebras presentan ciertos caracteres que permiten diferenciarlas de los otros huesos del esqueleto. Esos son los ***caracteres generales.***

Las vértebras de cada región se diferencian de las restantes vértebras por ***caracteres regionales.***

Algunas vértebras presentan ciertas diferencias propias, que son sus ***caracteres individuales.***

Caracteres generales de las vértebras. Todas las vértebras presentan los siguientes caracteres (Figs. 26-2 y 26-3):

a) Hacia delante una masa ósea cilindroidea, que es el ***cuerpo vertebral.***

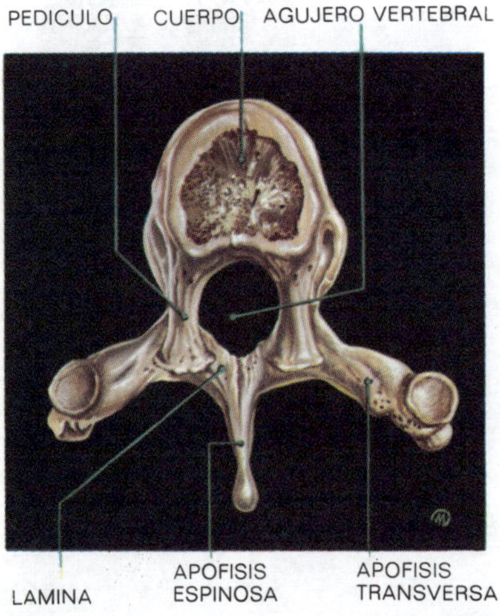

Fig. 26-2.—Una vértebra vista por arriba.

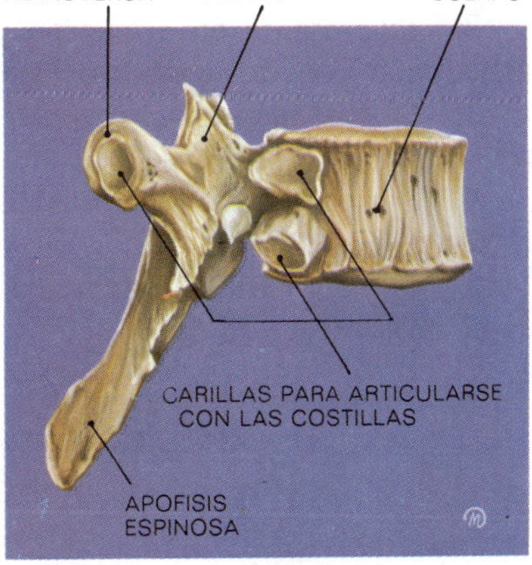

Fig. 26-3.—Una vértebra vista lateralmente. Es una vértebra dorsal. Observe las carillas articulares para las costillas.

b) Detrás del cuerpo hay un agujero, el ***agujero vertebral,*** que con los otros agujeros de las demás vértebras forman un conducto donde se aloja la medula espinal.

d) Un saliente dirigido hacia detrás, denominado ***apófisis espinosa.***

e) Cuatro prominencias, dos hacia arriba y dos hacia abajo, las ***apófisis articulares.***

f) Dos porciones aplanadas que unen las apófisis transversas a la apófisis espinosa, las ***láminas.***

g) Dos porciones que unen el cuerpo al resto de la vértebra, los ***pedículos.***

Caracteres regionales de las vértebras. Si nos entregan una vértebra, ¿podremos saber a cuál región pertenece? Veamos:

1. Si tiene perforadas sus apófisis transversas, es ***cervical*** (Fig. 26-4).

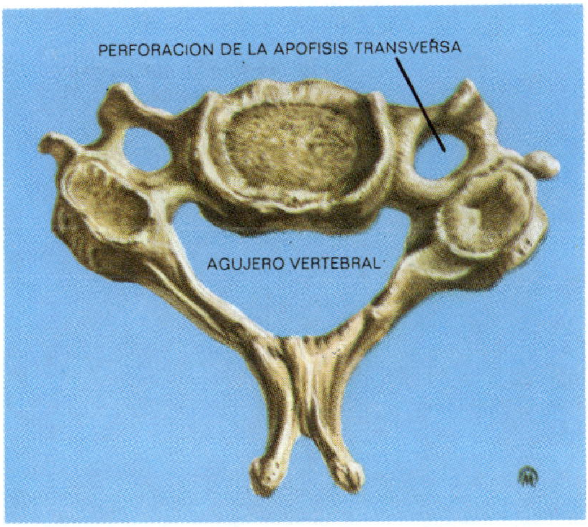

Fig. 26-4.—Una vértebra cervical. Obsérvense las apófisis transversas perforadas.

2. Si presenta en el cuerpo y en las apófisis transversas carillas para articularse con las costillas, es ***dorsal*** (Fig. 26-3).

3. Si sus apófisis transversas no están perforadas ni presenta carillas articulares, es ***lumbar.***

4. Si son varias vértebras soldadas que forman un hueso grande, es el *sacro* (Fig. 26-5).

5. Si son varias vértebras soldadas que forman un hueso pequeño, es el ***coxis*** (Fig. 26-6).

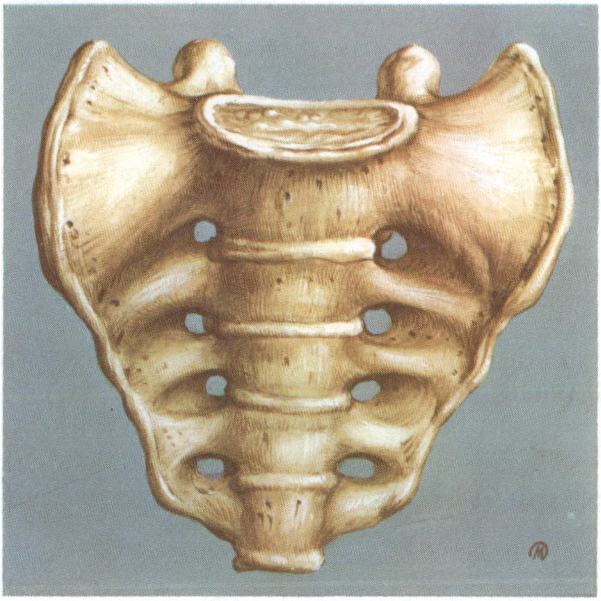

Fig. 26-5.—El sacro, visto de frente.

Fig. 26-6.—El coxis, visto de frente.

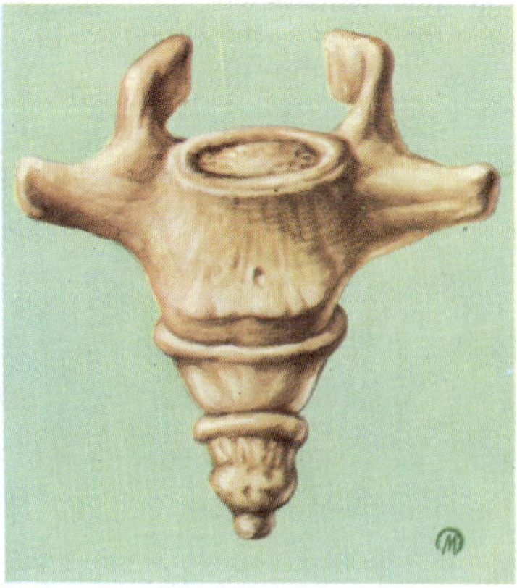

Caracteres individuales de algunas vértebras. La primera cervical o ***atlas***, la segunda cervical o ***axis*** y la quinta lumbar poseen características que sólo ellas presentan.

Dirección de la columna vertebral. Si nos colocamos por detrás o de frente a un esqueleto, podemos comprobar que la columna vertebral es casi vertical (Fig. 26-7).

Pero si observamos lateralmente, veremos que tiene una forma ondulada (Fig. 26-8).

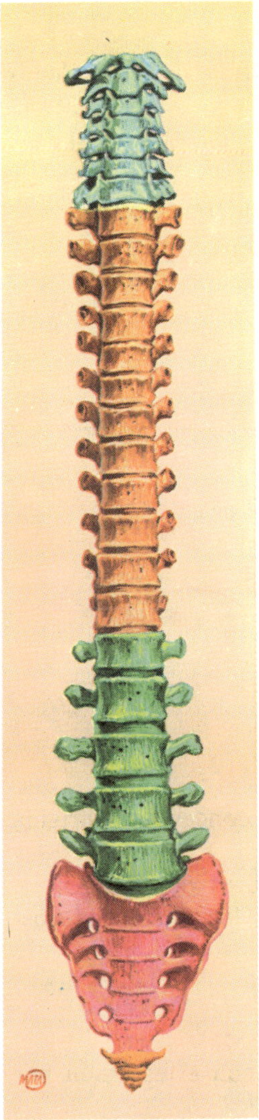

Fig. 26-7.—Columna vertebral vista de frente.

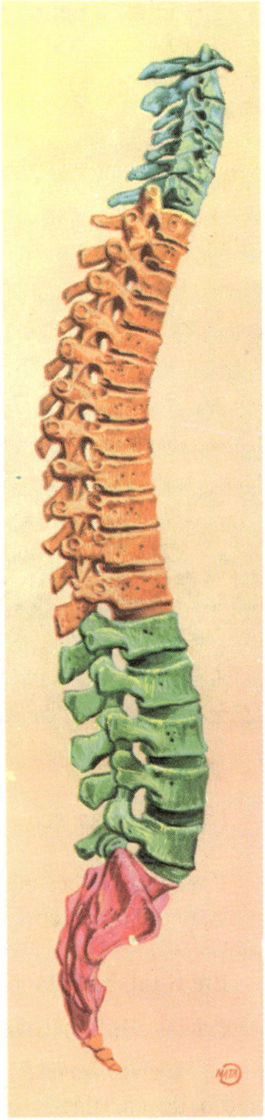

Fig. 26-8.—Columna vertebral vista lateralmente para observar sus corvaduras.

Presenta cuatro ***curvaturas***, cada una de las cuales corresponde a una región.

Las curvaturas cervical y lumbar son cóncavas hacia detrás.

Las curvaturas dorsal y sacrocoxígea son cóncavas hacia delante.

TORAX

El tórax o caja torácica está formado (Fig. 26-9):

1. Hacia atrás, por las vértebras dorsales.
2. Lateralmente, por las costillas.
3. Por delante, por el esternón.
4. Entre las costillas y el esternón se encuentran los ***cartílagos costales.***

El músculo ***diafragma*** cierra la porción inferior del tórax y lo separa del abdomen.

Ya hemos estudiado la columna vertebral. Consideraremos las costillas y el esternón.

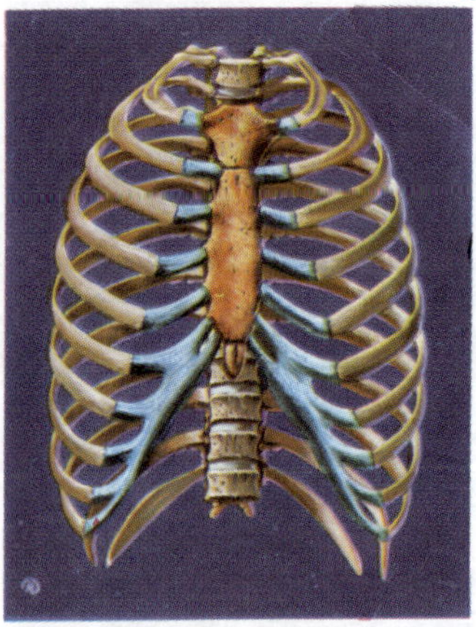

Fig. 26-9.—Tórax visto de frente.

COSTILLAS

Las costillas son unos huesos encorvados con su concavidad dirigida hacia dentro.

Por detrás, las costillas se articulan con las vértebras dorsales.

Por delante, con el esternón, por intermedio de los cartílagos costales.

En total hay 24 costillas, 12 a cada lado.

Clases de costillas. Hay tres clases de costillas:

1. ***Verdaderas*** (las 7 primeras), que se articulan con el esternón por medio de cartílagos costales individuales.

2. ***Falsas*** (las 3 siguientes), que se unen al esternón utilizando el cartílago de la séptima costilla.

3. ***Flotantes*** (las dos últimas), más cortas y que no llegan al esternón.

ESTERNON

El esternón es un hueso plano que se encuentra en la línea media anterior del tórax.

El esternón se articula con los cartílagos costales y se divide en tres regiones (Fig. 26-10):

1. Una superior, el ***mango*** o ***manubrio,*** que se articula con las clavículas.
2. Una media, alargada, llamada ***cuerpo,*** que se articula con los cartílagos costales.
3. Una inferior, casi siempre cartilaginosa, que es el ***apéndice xifoides.***

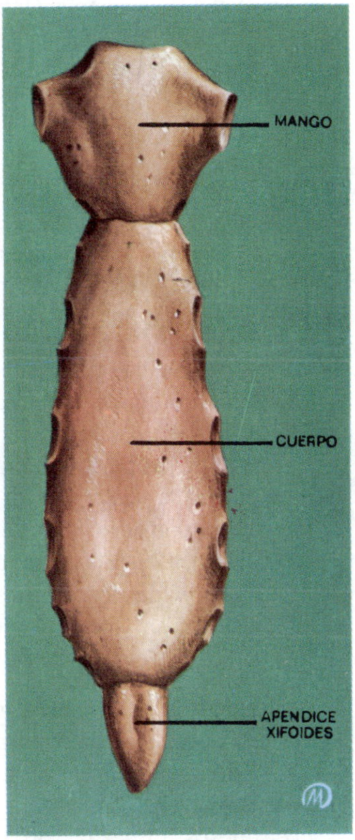

Fig. 26-10.—Esternón visto de frente.

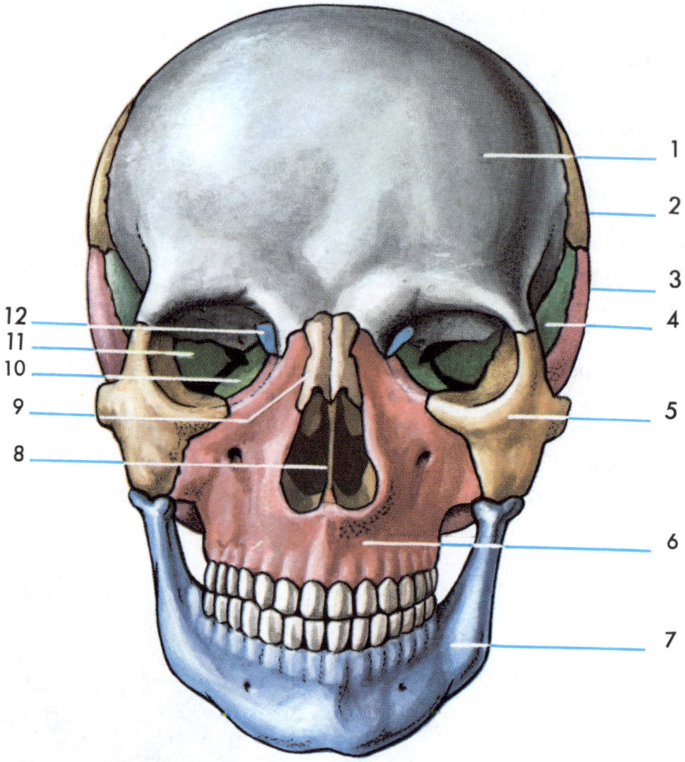

Fig. 26-11.—Cráneo visto de frente: 1) Frontal. 2) Parietal. 3) Temporal. 4) Esfenoides. 5) Pómulo. 6) Maxilar superior. 7) Maxilar inferior. 8) Vómer. 9) Nasal. 10) Unguis. 11) Esfenoides. 12) Etmoides.

CABEZA

La cabeza es la porción superior del esqueleto.

Tiene forma ovoidea y descansa sobre la primera vértebra cervical o atlas.

La porción superior de la cabeza está cubierta por el cuero cabelludo y forma un estuche de protección al encéfalo. Se llama ***cráneo.***

La porción anterior e inferior de la cabeza se denomina ***cara.***

La cara presenta varias cavidades: órbitas, fosas nasales, boca, que alojan órganos de los sentidos.

CRANEO

Los huesos del cráneo son ocho.

De ellos, cuatro son impares y se encuentran situados en la línea media y dos son pares y se colocan a derecha e izquierda (Fig. 26-11, 26-12 y 26-13).

Los huesos impares son: ***frontal, occipital, etmoides*** y ***esfenoides.***

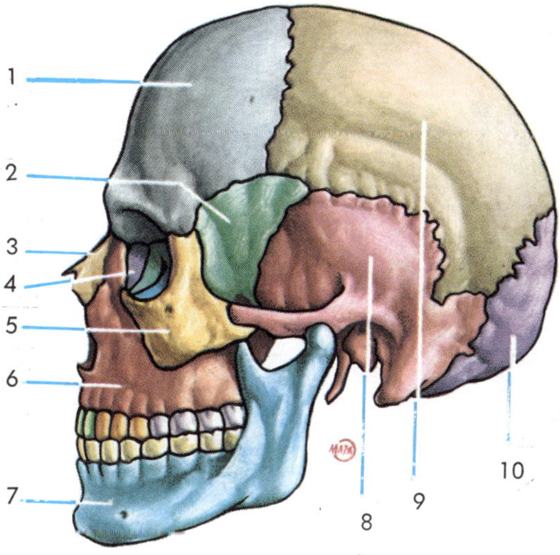

Fig. 26-12.—Cráneo visto lateralmente: 1) Frontal. 2) Cara temporal del ala mayor del esfenoides. 3) Nasal. 4) Lagrimal (unguis). 5) Pómulo. 6) Maxilar superior. 7) Maxilar inferior. 8) Temporal. 9) Parietal. 10) Occipital.

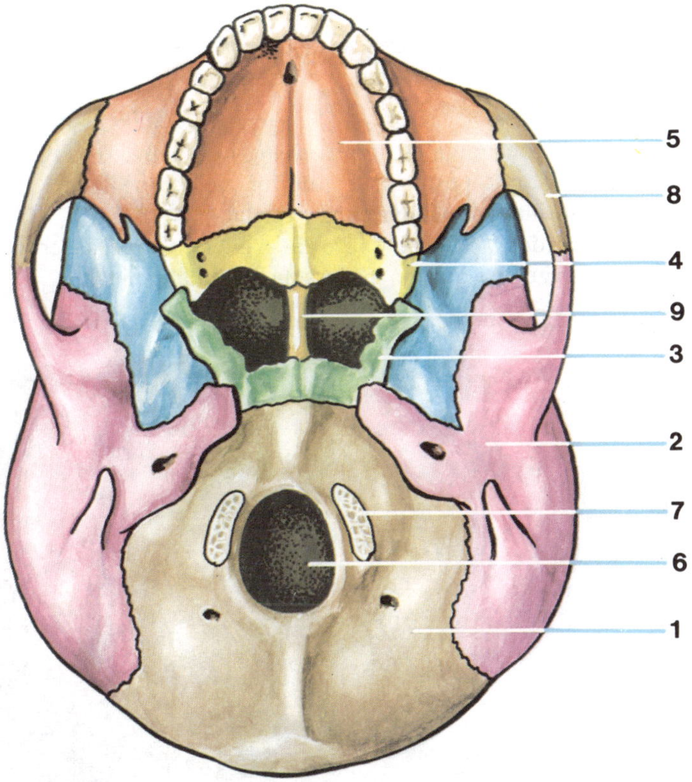

Fig. 26-13.—Cráneo visto por debajo: 1) Occipital. 2) Temporal. 3) Esfenoides. 4) Palatino. 5) Maxilar. 6) Agujero occipital. 7) Cóndilo occipital. 8) Arco cigomático. 9) Vómer.

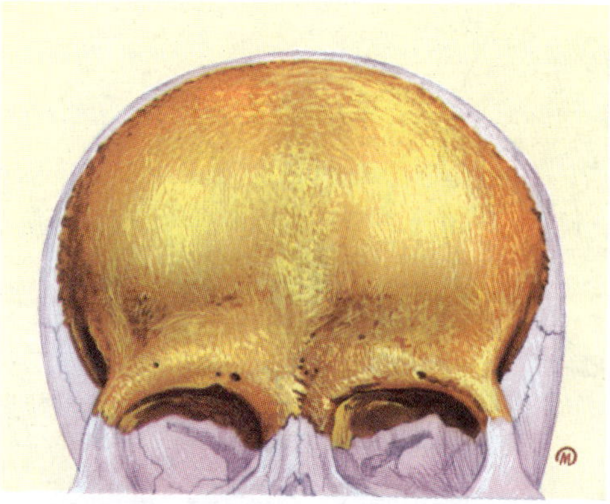

Fig. 26-14.—El frontal.

Frontal. El frontal es un hueso plano que ocupa la parte anterior y superior del cráneo (Fig. 26-14).

Tiene una cara anterior, convexa, cubierta por la piel de la frente y una cara posterior, cóncava, en contacto con las envolturas del cerebro.

Forma el techo de las órbitas y presenta dos cavidades llamadas ***senos frontales.***

Occipital. El occipital es también un hueso plano (Fig. 26-15).

Ocupa las regiones posterior e inferior del cráneo.

Tiene una forma parecida a una concha.

Descansa por dos ***cóndilos*** sobre la primera vértebra cervical o atlas.

Presenta un agujero que da paso a la medula espinal.

Etmoides. El etmoides se encuentra en la línea media, por debajo del frontal.

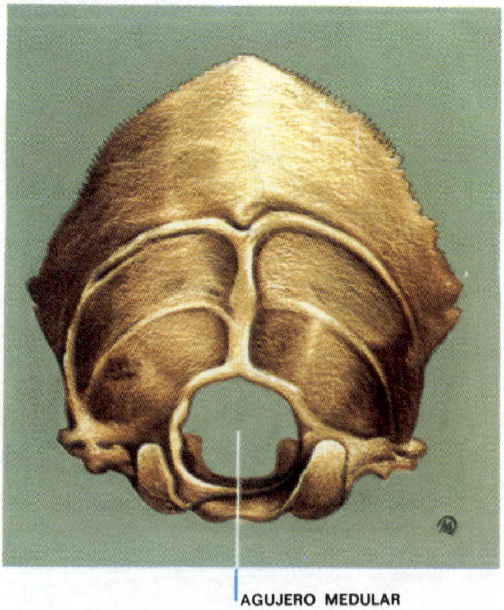

Fig. 26-15.—El occipital.

Puede representarse esquemáticamente como formado por dos láminas, una horizontal y otra vertical, que se cruzan en ángulo recto.

La lámina horizontal separa la cavidad craneal de las fosas nasales.

El etmoides forma parte de las órbitas y del tabique de las fosas nasales. En las fosas nasales presenta dos repliegues, el ***cornete superior*** y el ***cornete medio*** (Fig. 26-16).

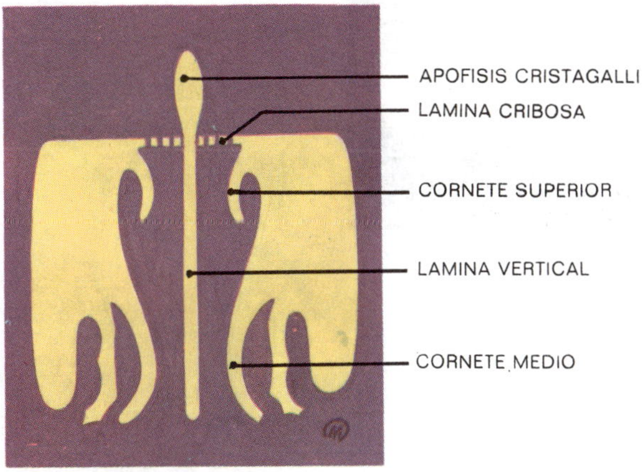

Fig. 26-16.—Esquema del etmoides.

Esfenoides. El esfenoides se encuentra en la base del cráneo.

Presenta una porción central llamada ***cuerpo,*** dos ***alas mayores,*** dos ***alas menores*** y dos ***apófisis terigoides*** (Fig. 26-17).

Los huesos pares son los parietales y los temporales.

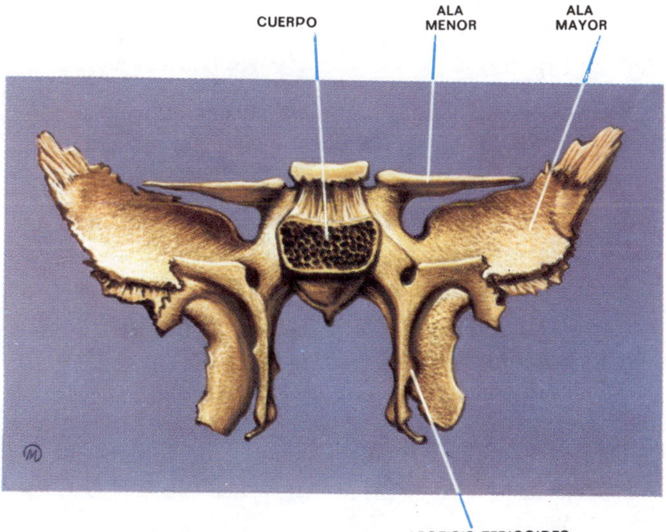

Fig. 26-17. — El esfenoides.

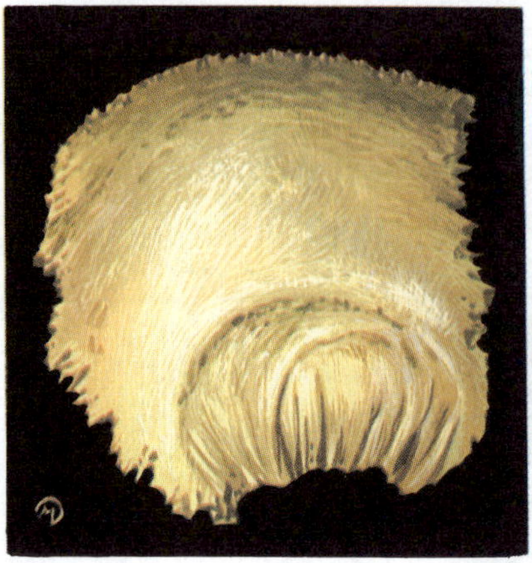

Fig. 26-18.—El parietal.

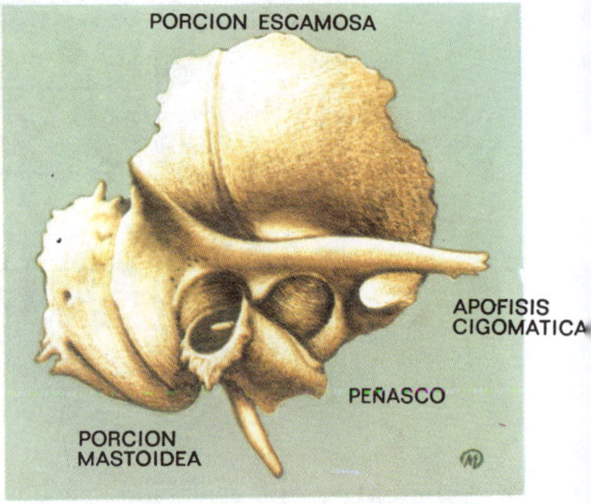

Fig. 26-19.—El temporal.

Parietales. Son huesos pares unidos entre sí en la línea media.

Están situados por detrás del frontal, por delante del occipital y por encima del temporal.

Se llaman parietales porque forman gran parte de la pared del cráneo (Fig. 26-18).

Temporales. Los temporales se encuentran por debajo de los parietales y presentan tres porciones bien diferenciadas (Fig. 26-19):

1. ***Porción escamosa.*** Forma parte de la pared del cráneo.
2. ***Porción petrosa o peñasco.*** Se encuentra en la base del cráneo y aloja órganos del sentido del oído.
3. ***Porción mastoidea,*** destinada a inserciones musculares.

El temporal presenta la ***apófisis cigomática,*** que se articula con el pómulo para formar el ***arco cigomático.***

También presenta la ***cavidad glenoidea,*** que se articula con el maxilar inferior.

Esta es la única articulación móvil de la cabeza.

CARA

La cara está formada por 14 huesos.

De ellos, 6 son pares y 2 impares.

Los pares son: ***maxilares superiores, palatinos, nasales, unguis, conchas*** y ***pómulos.***

Los impares son: ***vómer*** y ***maxilar inferior.***

Maxilares superiores. Los maxilares superiores se unen entre sí y ocupan la parte central de la cara (Fig. 26-20).

Contribuyen a formar las órbitas, las fosas nasales y la bóveda palatina.

Los maxilares superiores presentan una gran cavidad central, el ***seno maxilar.***

Alrededor de la bóveda palatina se encuentran los ***alvéolos,*** que alojan las raíces de las piezas dentarias superiores.

Palatinos. Los palatinos se encuentran por detrás de los maxilares superiores. Porman la porción posterior del cielo de la boca o bóveda palatina (Fig. 26-21).

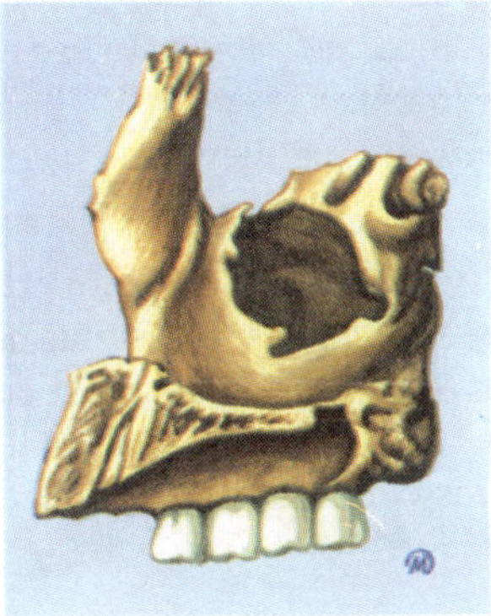

Fig. 26-20.—Maxilar superior visto por su cara interna para mostrar la abertura del seno maxilar.

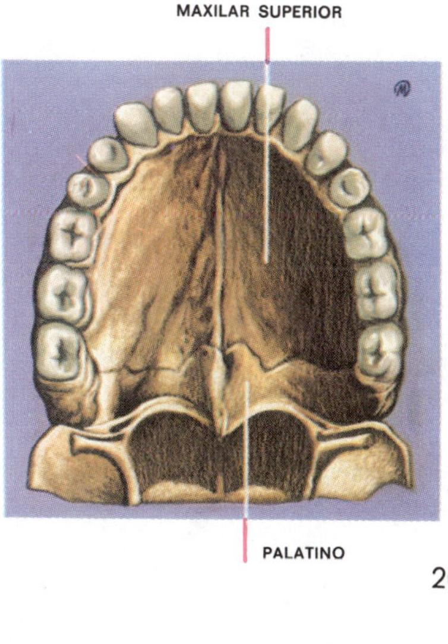

Fig. 26-21.—Bóveda palatina, formada por los maxilares superiores y los palatinos.

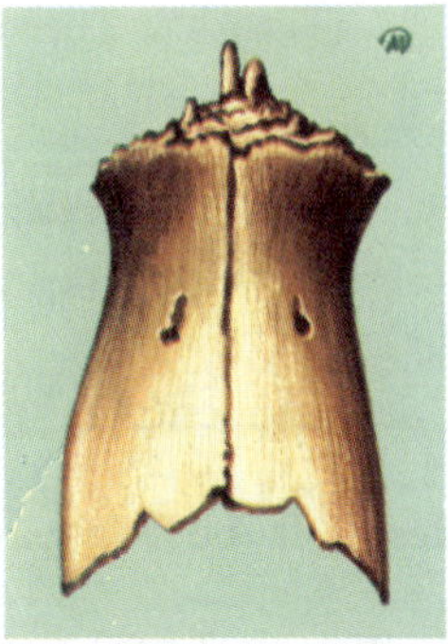

Fig. 26-22.—Nasales.

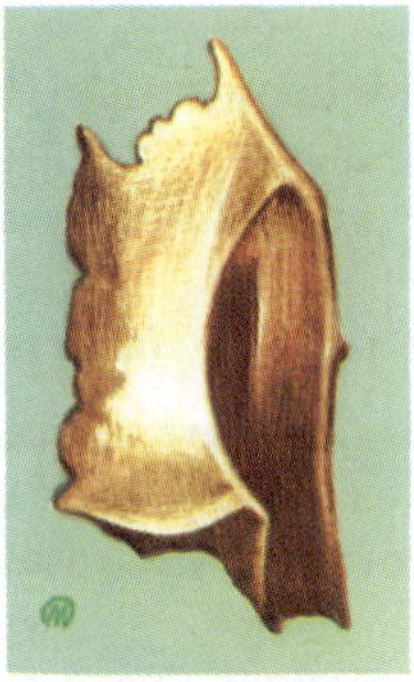

Fig. 26-23.—Unguis.

Fig. 26-24.—Concha o cornete inferior.

Nasales. Son unos pequeños huesos cuadriláteros que forman el esqueleto de la nariz (Fig. 26-22).

Ocupan el espacio que dejan libre el frontal, por arriba, y los maxilares superiores, por los lados.

En el sujeto vivo, son continuados hacia abajo por cartílago para formar la punta de la nariz.

Unguis. Los unguis o ***lagrimales*** son unos pequeños huesos que ocupan la porción interna de la órbita (Fig. 26-23).

Contribuyen a formar el canal ***lacrimonasal,*** que lleva las lágrimas a las fosas nasales.

Conchas. Se llaman también ***cornetes inferiores.*** Son unos repliegues óseos que se encuentran en la cara externa de las fosas nasales.

Recordemos que el etmoides presenta dos repliegues llamados ***cornetes superior*** y ***medio.***

Los cornetes inferiores están formados por las conchas (Fig. 26-24).

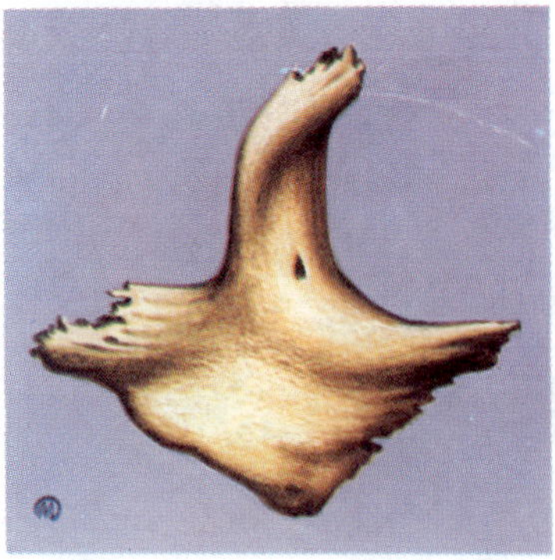

Fig. 26-26.—Vómer.

Fig. 26-25.—Pómulo o malar.

Pómulos. Llamados también ***malares.*** Ocupan las porciones laterales de la cara y forman parte del suelo de las órbitas (Fig. 26-25).

Son muy salientes en las personas delgadas y en algunas razas, como la amarilla.

Vómer. El vómer es una lámina ósea que forma la porción posterior del tabique de las fosas nasales (Fig. 26-26).

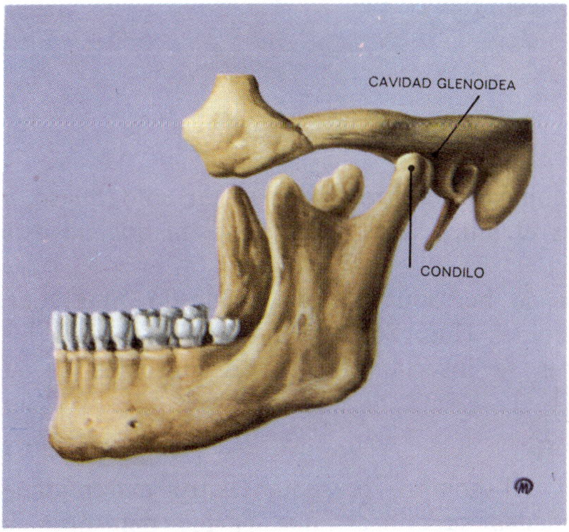

Fig. 26-27.—Articulación temporomaxilar.

Maxilar inferior. Ocupa la porción inferior de la cara.

Es el único hueso móvil de la cabeza.

Se articula con el temporal para formar la ***articulación temporomaxilar*** (Fig. 26-27).

El maxilar inferior consta de una porción central, llamada *cuerpo* y de dos ***ramas laterales.***

En el borde superior de su cuerpo se encuentran los alvéolos destinados a alojar las raíces de las piezas dentarias inferiores.

Cada rama tiene dos apófisis:

1. Una redondeada, llamada ***cóndilo,*** destinada a articularse con la ***cavidad glenoidea*** del temporal.

2. Otra puntiaguda, la ***apófisis coronoides,*** donde se inserta el músculo temporal que eleva el maxilar inferior (Fig. 26-28).

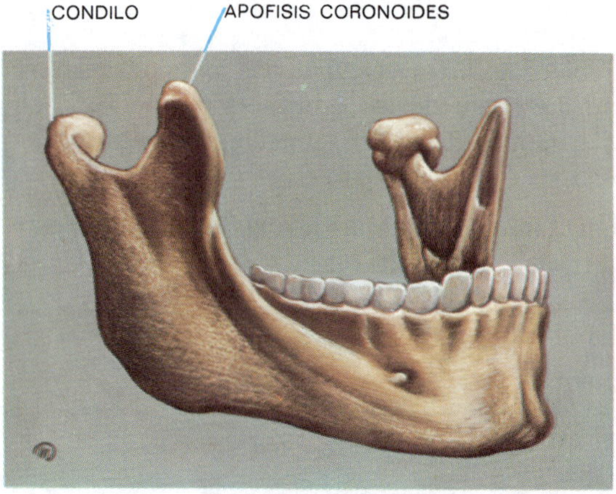

Fig. 26-28.—Maxilar inferior.

REGION HIOIDEA

La región hioidea está formada por un solo hueso, el ***hioides.***

El hioides es el único hueso del esqueleto que no está unido a otros huesos.

Tiene forma de herradura y está colocado en el cuello por encima del cartílago tiroides (Fig. 26-29).

En el hioides se insertan numerosos músculos de la lengua.

EXTREMIDADES

El esqueleto del hombre presenta cuatro extremidades o miembros.

Las extremidades superiores, que parten del tórax, se llaman también ***torácicas.***

Las extremidades inferiores, que parten de la pelvis, se denominan ***pelvianas*** o ***abdominales.***

Las superiores están destinadas a la aprehensión.

Las inferiores se emplean en la locomoción.

Debido a sus fines distintos, presentan ciertas diferencias.

Sin embargo, muestran muchas analogías (Fig. 26-30).

EXTREMIDADES SUPERIORES

Las extremidades superiores constan de cuatro regiones denominadas: ***hombro, brazo, antebrazo*** y ***mano.***

Hombro. El hombro o cintura torácica está formado por dos huesos: la ***clavícula,*** por delante; el ***omóplato,*** por detrás.

La clavícula es un hueso largo, cilíndrico, encorvado en forma de "S".

Se articula por dentro con el mango del esternón y por fuera con el omóplato (Fig. 26-31).

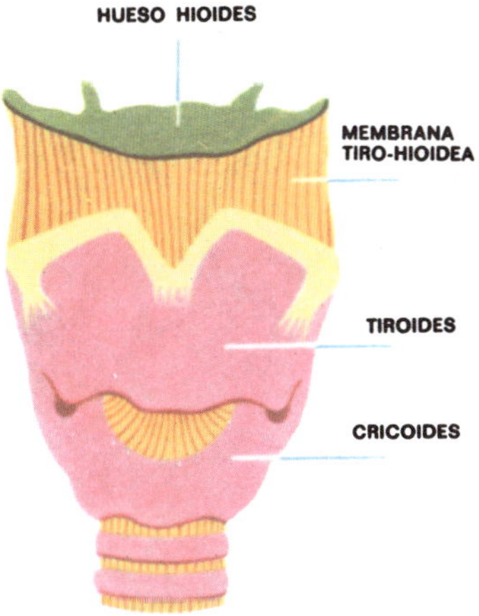

Fig. 26-29.—Esquema de la laringe con el hueso hioides.

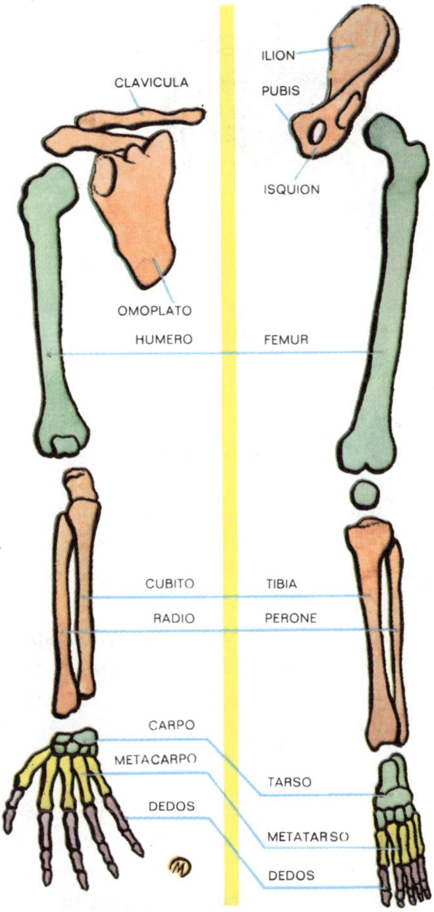

Fig. 26-30.—Comparación del esqueleto de las extremidades superiores e inferiores.

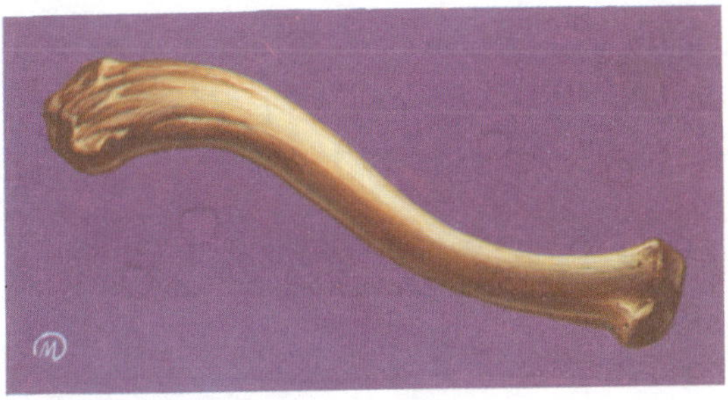

Fig. 26-31.—La clavícula.

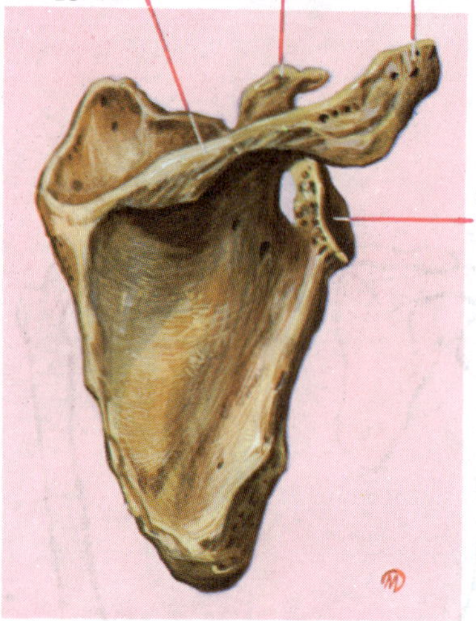

Fig. 26-32.—Omóplato.

El ***omóplato*** o ***escápula*** es un hueso plano, triangular, colocado en la parte posterior del tórax.

Tiene dos caras: una anterior y otra posterior.

La cara posterior está dividida por una prominencia llamada ***espina,*** que termina en una apófisis, el ***acromion.***

El acromion se articula con la clavícula.

El ángulo externo de la escápula, truncado, presenta una superficie cóncava, la ***cavidad glenoidea,*** para articularse con el húmero.

En el borde superior se encuentra la ***apófisis coracoides,*** destinada a inserciones musculares (Fig. 26-32).

BRAZO

El brazo tiene un solo hueso: el ***húmero*** (Fig. 26-33).

El húmero es un hueso largo, de diáfisis cilindroidea.

Su epífisis superior presenta un segmento de esfera, la ***cabeza humeral.***

Tiene dos apófisis destinadas a inserciones musculares: ***troquín*** y ***troquíter.***

Su epífisis inferior es aplanada y se articula con el cúbito y con el radio.

ANTEBRAZO

El antebrazo está formado por dos huesos: el ***cúbito*** y el ***radio.***

Cuando la palma de la mano está dirigida hacia adelante ambos huesos quedan colocados paralelamente.

Esa posición se denomina ***supinación.***

Cuando la palma se dirige hacia detrás, el cúbito y el radio se cruzan. Esa posición se denomina ***pronación*** (Fig. 26-34).

Los movimientos de supinación y pronación se utilizan para descorchar una botella, para colocar o quitar un tornillo, para abrir o cerrar una cerradura, etc.

Cúbito. El cúbito ocupa el borde interno del antebrazo.

Es un hueso largo de diáfisis prismática triangular.

Su epífisis superior es más voluminosa que la inferior. Se articula con el húmero.

Su epífisis inferior presenta una apófisis puntiaguda, la ***apófisis estiloides del cúbito.***

Radio. Ocupa el borde externo del antebrazo.

También es un hueso largo de diáfisis prismática triangular.

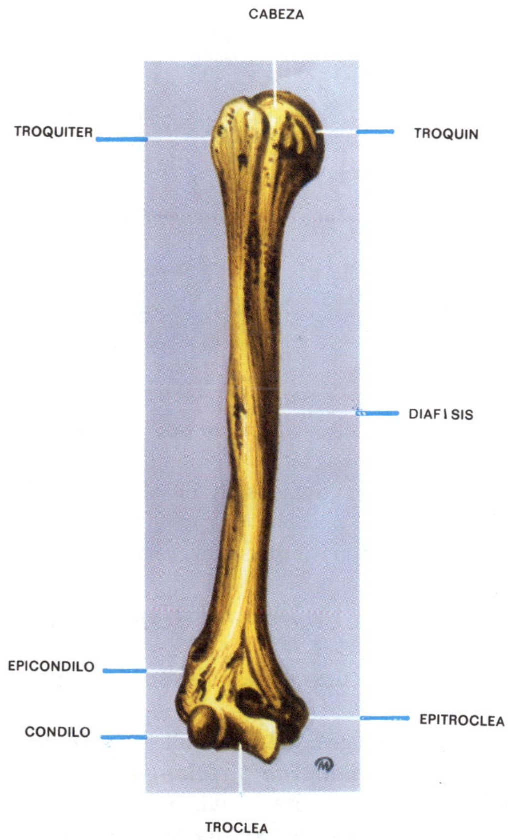

Fig. 26-33.—El húmero.

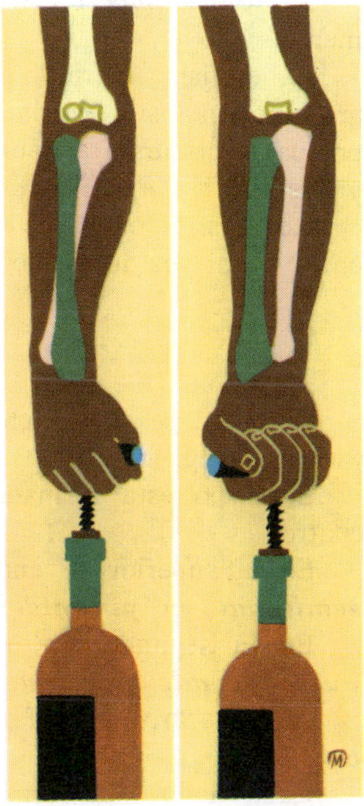

Fig. 26-34.—Esquema que muestra los movimientos de supinación (palma hacia delante) y pronación (palma hacia detrás).

Fig. 26-35.—Huesos del antebrazo: A) Radio. B) Cúbito.

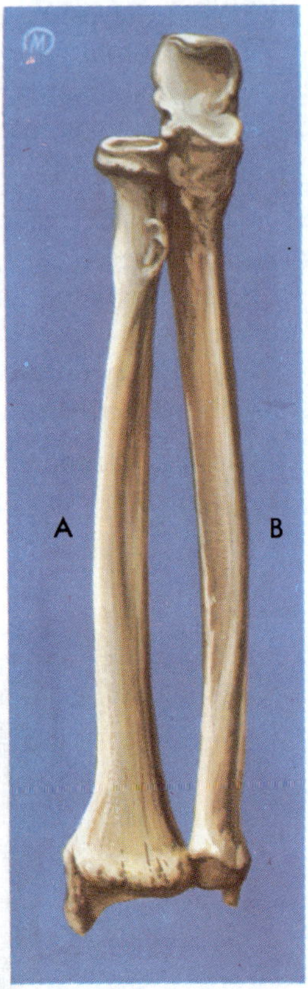

Su epífisis superior se articula con el húmero.

Su epífisis inferior, más voluminosa, se articula con los tres primeros huesos del carpo, para formar la articulación de la muñeca y presenta la ***apófisis estiloides del radio.***

Además, el cúbito y el radio se articulan entre sí por sus dos extremidades (Fig. 26-35).

MANO

La mano se divide en tres regiones secundarias: ***carpo, metacarpo*** y ***dedos*** (Fig. 26-36).

El carpo está formado por ocho huesos dispuestos en dos filas de cuatro.

En la superior se encuentran, de fuera a dentro: el ***escafoides,*** el ***semilunar,*** el ***piramidal*** y el ***pisiforme.***

En la segunda fila, en igual orden, el ***trapecio,*** el ***trapezoide,*** el ***hueso grande*** y el ***hueso ganchoso.***

El metacarpo está formado por cinco huesos largos llamados ***metacarpianos.***

Cada dedo está formado por tres falanges, denominadas: ***primera, segunda*** y ***tercera falanges*** o ***falange, falangina*** y ***falangeta.***

El pulgar tiene solamente dos falanges (le falta la falangina).

Aunque las falanges son huesos pequeños, se consideran huesos largos por estar formados por una diáfisis y dos epífisis.

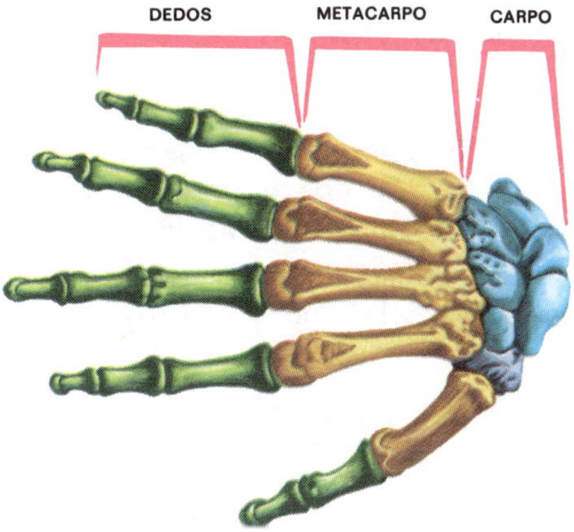

Fig. 26-36.—Huesos de la mano.

EXTREMIDADES INFERIORES

Las extremidades inferiores se dividen en cuatro regiones: ***cadera, muslo, pierna*** y ***pie.***

CADERA

La cadera o cintura pelviana está formada por un solo hueso plano, muy voluminoso y resistente: el ***ilíaco*** o ***coxal.***

Ambos ilíacos se articulan por detrás con el sacro, el que se coloca como una cuña.

Por delante se ponen en contacto ambos ilíacos.

La unión de los ilíacos y el sacro constituyen el ***cinturón pélvico*** (Fig. 26-37).

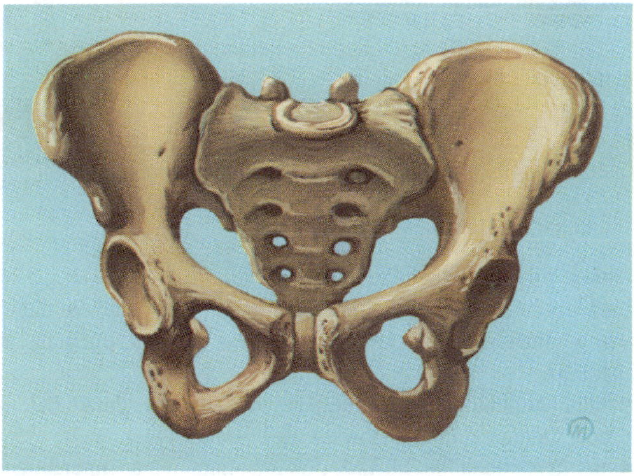

Fig. 26-37.—Los ilíacos y el sacro forman el cinturón pélvico.

En el adulto, el ilíaco es un solo hueso (Fig. 26-38).

En el feto y en el niño se encuentran tres huesos separados por zonas cartilaginosas:

1. El ***pubis,*** hacia delante.
2. El ***isquion,*** hacia abajo y atrás.
3. El ***ilion,*** hacia arriba.

En el ilíaco encontramos la **cavidad cotiloidea,** para articularse con la cabeza del fémur y el ***agujero obturador.***

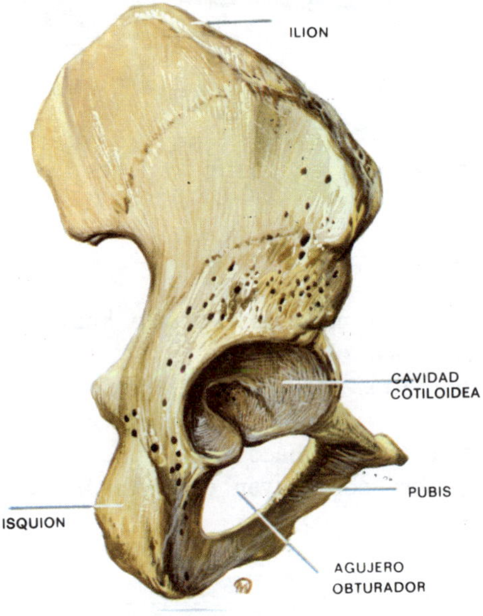

Fig. 26-38.—El hueso ilíaco.

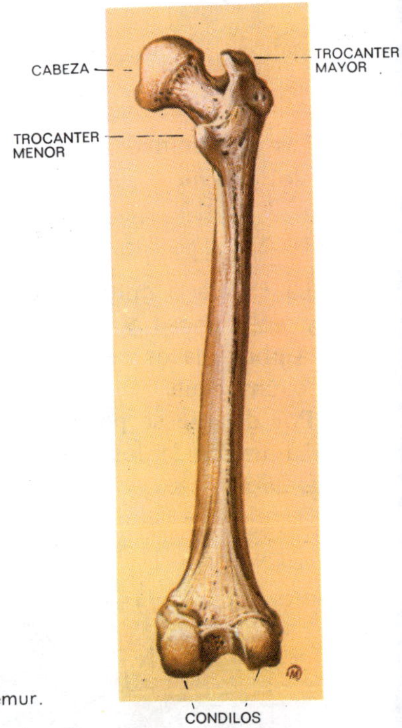

Fig. 26-39.—El fémur.

MUSLO

El muslo está formado por un solo hueso, el ***fémur*** (Fig. 26-39).

El fémur es un hueso largo, el más largo de los huesos del esqueleto.

Presenta una diáfisis prismática triangular y dos epífisis, una superior y otra inferior.

En la epífisis superior se encuentra la ***cabeza femoral,*** destinada a articularse con la cavidad cotiloidea del ilíaco.

Por fuera de la cabeza se hallan dos apófisis para inserciones musculares: el ***trocánter mayor*** y el ***trocánter menor.***

La epífisis inferior presenta dos masos óseas, los ***cóndilos femorales***, que se articulan con la tibia para formar la articulación de la rodilla.

PIERNA

La pierna está formada por dos huesos: la ***tibia*** y el ***peroné*** (Fig. 26-40).

La tibia es un hueso largo, mucho más voluminoso que el peroné. Ocupa la porción anterior e interna de la pierna.

Está colocada muy superficialmente, cubierta solamente por la piel. Su borde anterior es claramente perceptible cuando se toca con los dedos.

Su epífisis superior presenta dos superficies cóncavas para articularse con los cóndilos del fémur.

Su epífisis inferior forma un saliente en el tobillo, llamado ***maléolo interno.***

El ***peroné*** es un hueso largo y delgado.

La tibia y el peroné se articulan por sus dos extremos. Pero el peroné no se articula con el fémur.

El peso del cuerpo pasa directamente del fémur a la tibia.

Su epífisis inferior o ***maléolo externo*** hace prominencia en la cara externa del tobillo.

Rótula. La rótula o ***choquezuela*** ocupa la parte anterior de la rodilla.

La rótula es un hueso corto, muy móvil, desarrollado en el espesor de un tendón, por lo que es un ***hueso sesamoideo*** (Fig. 26-41).

La rótula es el mayor de los huesos sesamoideos.

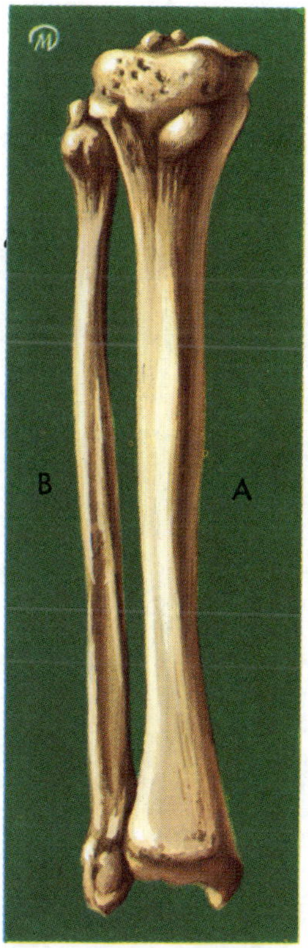

Fig. 26-40.—Huesos de la pierna: A) Tibia. B) Peroné.

Fig. 26-41.—La rótula.

En otras partes del cuerpo, como en las manos y en los pies se encuentran huesos sesamoideos.

Pie. El pie, como la mano, se divide en tres regiones secundarias: ***tarso, metatarso*** y ***dedos*** (Fig. 26-42).

El tarso está formado por dos filas de huesos cortos, una posterior y otra anterior.

La posterior la integran el ***astrágalo*** y el ***calcáneo.***

El astrágalo se articula con la tibia y el peroné para formar el tobillo.

El calcáneo ocupa la porción posterior del pie llamada ***calcañal.***

En la fila anterior hay cinco huesos: el ***escafoides del pie,*** el ***cuboides*** y los ***tres cuneiformes*** o ***cuñas.***

El metatarso está formado por cinco huesos largos llamados ***metatarsianos.***

Los dedos del pie, como los de la mano, constan de tres falanges (1.ª, 2.ª, 3.ª) con excepción del dedo grueso, que sólo tiene dos.

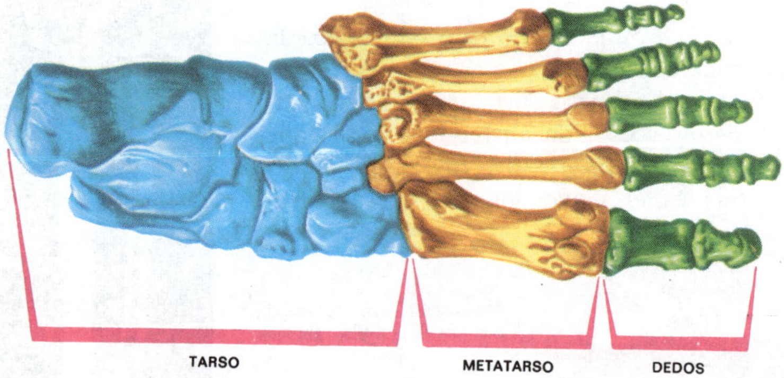

Fig. 26-42.—Huesos del pie vistos por arriba.

EN POCAS PALABRAS

- **Esqueleto**
  - Columna vertebral
  - Tórax
  - Cabeza
  - Extremidades

- **Columna vertebral**
  - Región cervical (7 vértebras)
  - Región dorsal (12 vértebras)
  - Región lumbar (5 vértebras)
  - Región sacra (5 vértebras)
  - Región coxígea (4 ó 5 vértebras)

- **Tórax**
  - Columna dorsal
  - Costillas
    - Verdaderas (7)
    - Falsas (3)
    - Flotantes (2)
  - Esternón

- **Cabeza**
  - Cráneo: 1 frontal, 1 occipital, 1 etmoides, 1 esfenoides, 2 parietales, 2 temporales
  - Cara: 2 maxilares superiores, 2 palatinos, 2 nasales, 2 unguis, 2 conchas, 2 pómulos, 1 vómer, 1 maxilar inferior

- **Extremidades superiores**
  - Hombro: 1 clavícula y 1 escápula
  - Brazo: 1 húmero
  - Antebrazo: 1 cúbito y 1 radio
  - Mano
    - Carpo: 1 escafoides, 1 semilunar, 1 piramidal, 1 pisiforme, 1 trapecio, 1 trapezoide, 1 hueso grande y 1 hueso ganchoso
    - Metacarpo: 5 metacarpianos
    - Dedos: 5 falanges, 4 falanginas y 5 falangetas

- **Extremidades inferiores**
  - Cadera — 1 ilíaco o coxal
  - Muslo — 1 fémur
  - Pierna — 1 rótula, 1 tibia y 1 peroné
  - Pie
    - Tarso: 1 astrágalo, 1 calcáneo, 1 cuboides, 1 escafoides y 3 cuneiformes
    - Metatarso: 5 metatarsianos
    - Dedos: 5 falanges, 4 falanginas y 5 falangetas

27 *Funciones de los huesos*

Los huesos desempeñan diferentes funciones.

Citaremos las más importantes:

1. Dan forma y sirven de sostén al cuerpo.
2. Se unen para proteger órganos muy importantes.
3. Forman articulaciones para permitir los movimientos.
4. Prestan inserción a los músculos.
5. La medula roja de los huesos es un órgano hemopoyético.

Función de sostén o armazón. El esqueleto puede ser comparado a la estructura de acero de los edificios modernos (Fig. 27-1).

Cuando vemos la estructura de un edificio nos damos cuenta de su forma y de su tamaño.

Cuando vemos el esqueleto de un hombre, no lo confundimos con el de ningún otro animal.

Función de protección a órganos importantes. Los huesos se articulan a veces para constituir estuches de protección a órganos importantes. *Ejemplos:*

a) Los huesos del cráneo forman articulaciones inmóviles para proteger el encéfalo.

b) Numerosos huesos del cráneo y de la cara forman las órbitas, donde se alojan los globos oculares.

c) Las vértebras dorsales, las costillas y el esternón constituyen el tórax, que protege, entre otros órganos, el corazón y los pulmones.

d) Los huesos ilíacos y el sacro forman el cinturón pélvico, donde se alojan la vejiga y los órganos de la reproducción en la mujer.

Las uniones de los huesos del cráneo reciben el nombre de ***suturas.***

Se describen tres clases de suturas: ***dentadas, escamosas*** y ***armónicas.***

a) *Sutura dentada.* Los huesos que se unen presentan en sus bordes entrantes y salientes que se corresponden (Fig. 27-2 *A*).

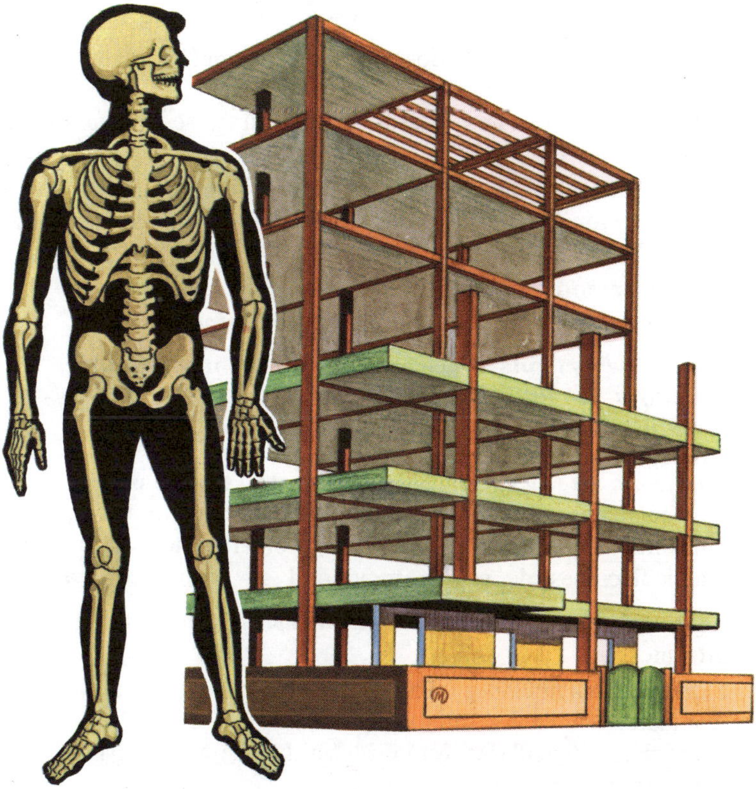

Fig. 27-1.—El esqueleto es la armazón del cuerpo, como la estructura de acero es la armazón de este edificio.

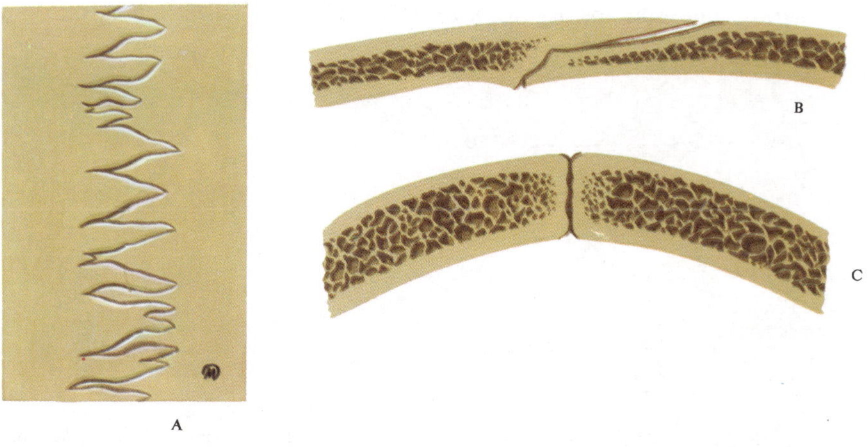

Fig. 27-2.—A) Sutura dentada. B) Sutura escamosa. C) Sutura armónica.

Ejemplos: la unión de los dos parietales, la del frontal con los parietales, etc.

b) *Sutura escamosa.* Los huesos, para unirse, se adelgazan en sus bordes en forma de bisel (Fig. 27-2 *B*).

Ejemplo: la articulación del parietal con el temporal.

c) *Sutura armónica.* Los bordes lisos de los huesos se ponen en contacto (Fig. 27-2 *C*).

Ejemplo: la unión en la línea media de ambos nasales.

Las articulaciones inmóviles se denominan ***sinartrosis.***

Formación de articulaciones que permiten movimientos. El húmero, el cúbito y el radio se articulan para formar el ***codo.*** Esa articulación es móvil.

Las articulaciones móviles se llaman ***diartrosis.***

Las diartrosis se encuentran, generalmente, en las extremidades.

Hay articulaciones que tienen movimientos muy limitados, como los de las vértebras de las regiones cervical, dorsal y lumbar.

Esas articulaciones de escasa movilidad se denominan ***anfiartrosis.***

Elementos de las articulaciones móviles. En toda articulación móvil encontramos:

a) *Superficies articulares.* Son las partes de los huesos que se ponen en contacto.

Las superficies articulares están revestidas de una capa de cartílago que facilita los movimientos (Fig. 27-3).

b) *Medios de unión.* De uno a otro hueso se extienden fibras de tejido conjuntivo que rodea la articulación. Constituyen la ***cápsula articular.***

En algunos sitios la cápsula se refuerza con cordones cilíndricos o aplanados, que son los ***ligamentos*** (Fig. 27-4).

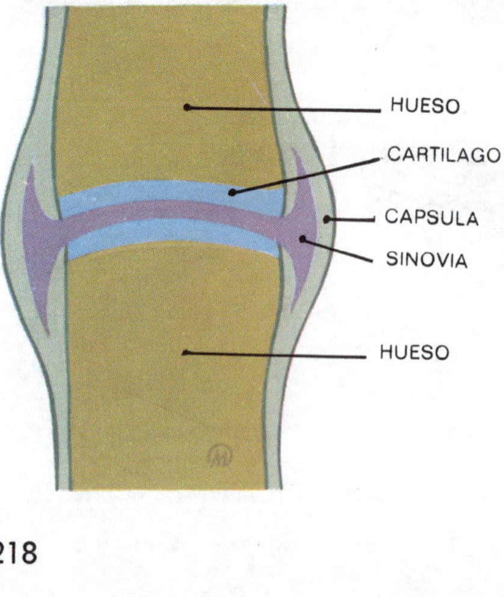

Fig. 27-3.—Elementos de una diartrosis o articulación móvil.

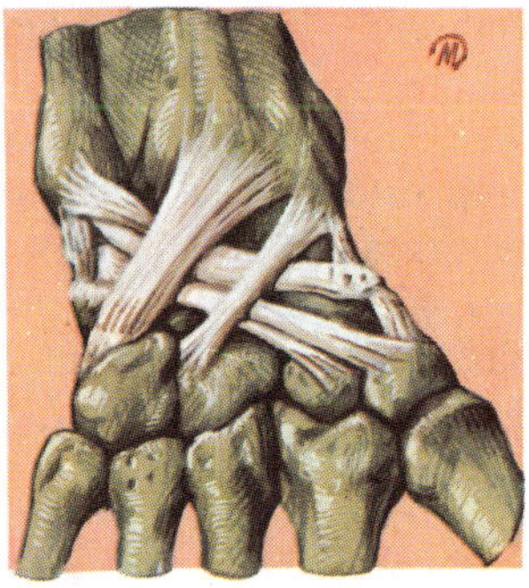

Fig. 27-4.—Obsérvense los ligamentos de la articulación de la muñeca.

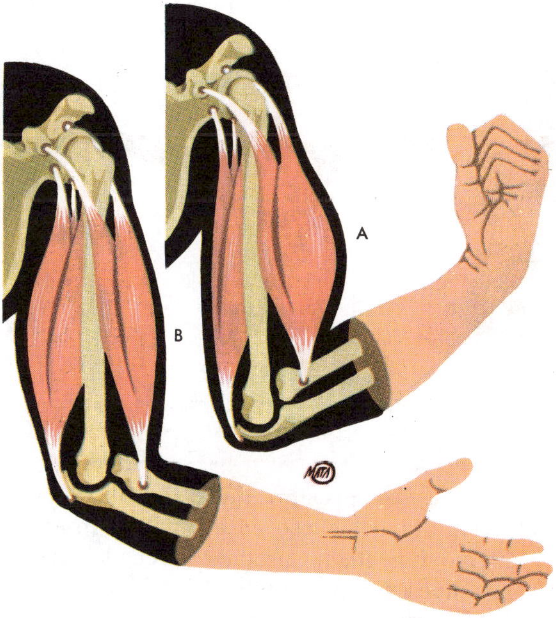

Fig. 27-5.—Movimientos de flexión y extensión del antebrazo.

Otro medio de unión lo forman los ***músculos,*** que se insertan en los huesos y cubren la articulación.

c) *Medio de lubrificación.* En el interior de las diartrosis se encuentra una membrana llamada ***sinovial,*** que segrega la ***sinovia.***

La sinovia es un líquido viscoso que facilita el deslizamiento de las superficies articulares.

MOVIMIENTOS

Las diartrosis dan lugar a los siguientes movimientos:

a) *Flexión,* que consiste en acercar un segmento del cuerpo a otro.

b) *Extensión,* que es lo contrario de la flexión. Los segmentos que habían sido acercados por la flexión, se separan por la extensión (figura 27-5).

c) *Abducción,* que consiste en alejar un miembro de la línea media del cuerpo.

d) *Aducción.* El miembro se acerca a la línea media del cuerpo.

e) *Circunducción,* que es un movimiento compuesto por la realización sucesiva y metódica de los cuatro movimientos anteriormente expuestos.

f) *Rotación,* que es un movimiento de torsión. Puede ser externa o interna. *Ejemplos:* llevar el pulgar hacia afuera o hacia adentro (Fig. 27-6).

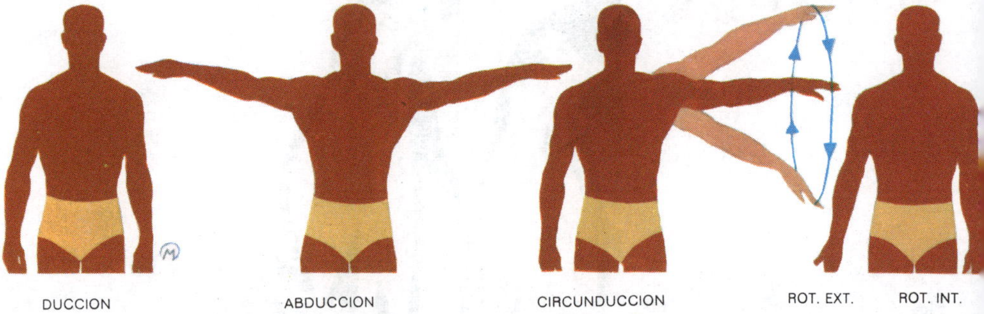

Fig. 27-6.—Movimientos de aducción, abducción, circunducción y rotación de las extremidades superiores.

Los huesos prestan inserción a los músculos. Al contraerse un músculo, tira del hueso en el cual se inserta.

El movimiento se produce alrededor de las articulaciones móviles.

Los huesos representan el papel de ***palancas.***

Estudiaremos esto al tratar de la función de los músculos.

Función hemopoyética de la medula roja. La medula roja de los huesos se encuentra en el esternón, las costillas, los huesos del cráneo y las epífisis de los huesos largos.

En la medula roja se forman los hematíes, los leucocitos polimorfonucleares y las plaquetas.

Por eso se dice que la medula roja desempeña una función hemopoyética.

EN POCAS PALABRAS

Funciones de los huesos	1. Dar forma y sostén al cuerpo 2. Articularse para proteger órganos importantes 3. Unirse para producir los movimientos 4. Prestar inserción a los músculos 5. Formar ciertos glóbulos de la sangre (función hemopoyética de la medula ósea)
Clases de articulaciones	Sinartrosis (inmóviles) Diartrosis (móviles) Anfiartrosis (de escasa movilidad)
Elementos de las diartrosis	Superficies articulares (recubiertas por cartílagos) Medios de unión: Cápsula; Ligamentos Medio de lubrificación (sinovial)
Movimientos de las diartrosis	Flexión (los segmentos se acercan) Extensión (los segmentos se alejan) Abducción (el miembro se aleja de la línea media del cuerpo) Aducción (el miembro se acerca a la línea media del cuerpo) Rotación (movimiento de torsión)

28 *Higiene y principales accidentes de los huesos*

Resumiremos en varias reglas y consejos las recomendaciones más importantes para obtener el mejor desarrollo y conservación del esqueleto.

NECESIDAD DE CALCIO, FOSFORO Y VITAMINAS

Recordemos que los huesos se componen de una sustancia orgánica (la ***osteína***) y de ***sales minerales.***

Entre las sales minerales predomina el ***fosfato de calcio.***

Para el normal desarrollo del esqueleto debemos ingerir alimentos que contengan calcio y fósforo.

Esta necesidad es mayor durante la niñez y la adolescencia en que se realiza el crecimiento de los huesos y el desarrollo de los dientes.

Contienen calcio la leche, los quesos, frutas secas, guisantes, coliflor, etc.

Contienen fósforo los huevos, los cereales, la carne, el pescado, etc.

Cuando estudiamos las vitaminas, vimos que la vitamina D es esencial para el desarrollo de los huesos y de los dientes.

Cuando falta la vitamina D en la alimentación infantil, se desarrolla una enfermedad llamada ***raquitismo.*** El raquitismo determina deformidades y mal desarrollo de los huesos.

En nuestra piel hay una sustancia llamada ***ergosterol.***

Cuando la piel recibe los rayos solares, el ergosterol se convierte en vitamina D.

Por eso el raquitismo es más frecuente en los países fríos, en los cuales los niños, durante largos meses, reciben escasos rayos solares.

ACCION DE CIERTAS HORMONAS

Sabemos que ***hormonas*** son las sustancias que producen las glándulas de secreción interna.

Al estudiar esas glándulas, vimos que algunas de ellas influían en el desarrollo del esqueleto.

Las más importantes son:

1. La ***hipófisis***, situada en la base del encéfalo.
2. La ***tiroides***, en la parte anterior del cuello.
3. El ***timo***, en la parte superior del tórax.

CUIDADOS QUE REQUIERE LA CABEZA DEL RECIEN NACIDO

En el recién nacido los huesos del cráneo no están completamente unidos. Dejan espacios llamados ***fontanelas***, que están cubiertos por membranas (Fig. 28-1).

Por tanto, en esta época la protección del encéfalo no es tan eficaz. Debe evitarse todo golpe y compresión permanente sobre el cráneo.

Se sabe que los caribes deformaban sus cráneos, alargándolos. Esto lo conseguían colocando vendas ajustadas que pasaban por la frente y por la nuca de los recién nacidos (Fig. 28-2).

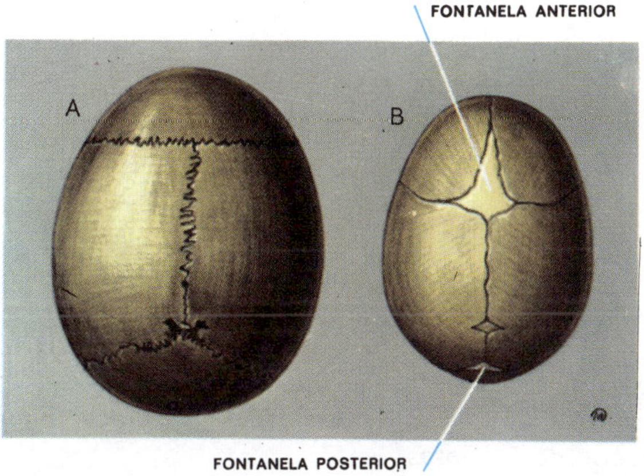

Fig. 28-1.—A) Cráneo del adulto con los huesos unidos. B) Cráneo del niño recién nacido cuyos huesos no se han unido completamente.

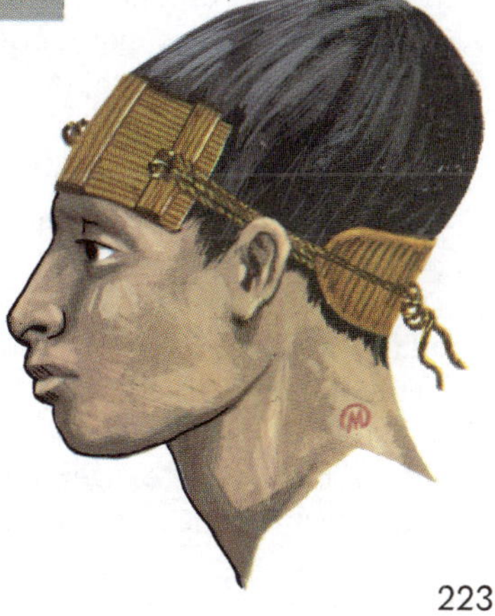

Fig. 28-2.—Así se deformaban el cráneo los indios caribes.

CUIDADOS QUE REQUIEREN LAS PIERNAS DEL NIÑO

Cuando las piernas del niño tienen la solidez necesaria, él solo se pone en pie. No debe forzársele a caminar, sosteniéndolo por los brazos, ni colocándolo en aparatos llamados andadores.

Así se producen deformidades permanentes de las piernas (deformidades "en paréntesis", en "X", en "K" y en "K" invertida) (Fig. 28-3).

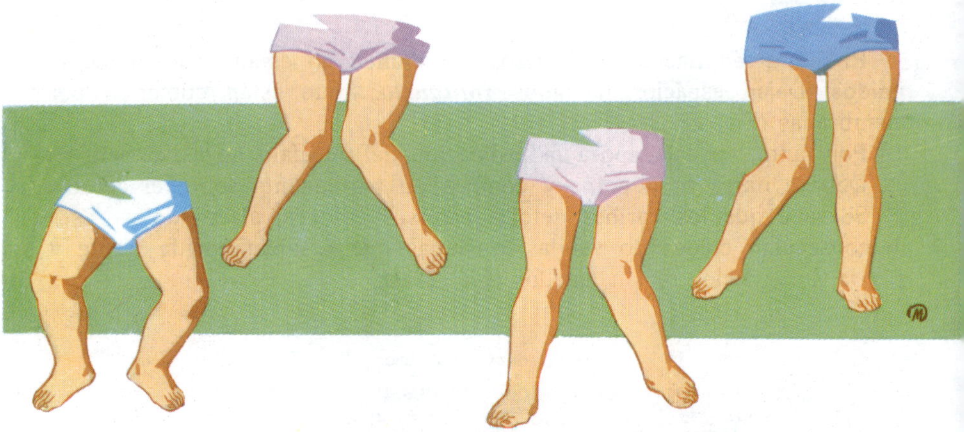

Fig. 28-3.—Deformidades de las piernas.

CUIDADOS QUE REQUIERE LA COLUMNA VERTEBRAL

Durante los primeros meses de la vida, la columna vertebral no tiene la solidez necesaria para mantener al niño en posición erecta.

Es impropio sostenerlo erguido antes de tiempo.

Así pueden producirse deformidades de la columna.

En la edad escolar pueden originarse deformidades de la columna vertebral producidas por actitudes viciosas.

Una posición impropia, mantenida durante varias horas todos los días, deforma la columna.

En el niño recién nacido la columna vertebral no presenta curvaturas. Estas se forman después.

La exageración de las curvaturas normales constituyen deformidades.

Si la curvatura dorsal es la exagerada, se trata de ***cifosis*** (espalda redonda).

Trabajar encorvado, en una mesa baja, puede producir la cifosis (Fig. 28-4).

Si la curvatura exagerada es la lumbar, se trata de ***lordosis.***

Las desviaciones laterales constituyen la ***escoliosis.***

Fig. 28-4.—Cifosis producida por el trabajo prolongado en una mesa muy baja.

Fig. 28-5.—Escoliosis producida por el trabajo prolongado en una mesa muy alta.

Trabajar en una mesa alta obliga a elevar el brazo derecho y la columna se curva lateralmente (Fig. 28-5).

También son causas de escoliosis cargar pesos utilizando siempre el mismo lado, como se hace cuando se transporta agua, se reparten diarios o se carga al hermanito menor.

PRINCIPALES ACCIDENTES DE LOS HUESOS

Los principales accidentes que pueden sufrir los huesos son las ***fracturas*** y las ***luxaciones***.

Fracturas. Llámase fractura a la rotura que sufre un hueso.

Las fracturas son causadas por caídas, golpes, disparos de armas de fuego, etc.

Clases de fracturas. Las fracturas se clasifican atendiendo a distintos puntos de vista (Fig. 28-6):

a) ***completa*** es la fractura que divide el hueso en dos o más fragmentos.

b) ***incompleta*** o ***fisura*** es aquella en que la línea de fractura se inicia en una cara del hueso, pero se detiene sin llegar a la opuesta.

c) ***doble*** es la fractura de los dos huesos de una región como el antebrazo o la pierna.

d) ***sencilla*** es aquella en que está fracturado solamente un hueso de una región que consta de dos.

e) ***abierta*** se llama la fractura en que los tejidos blandos (piel y músculos) están seccionados.

f) ***cerrada,*** por el contrario, es aquella en la cual los tejidos blandos están intactos.

g) ***conminuta*** es la fractura que divide el hueso en muchos fragmentos.

h) Si las fracturas comprimen nervios, desgarran vasos sanguíneos, producen hemorragias, comprimen la masa encefálica o determinan infecciones, se llaman ***complicadas.***

i) Si nada de esto ocurre, la fractura se denomina ***simple.***

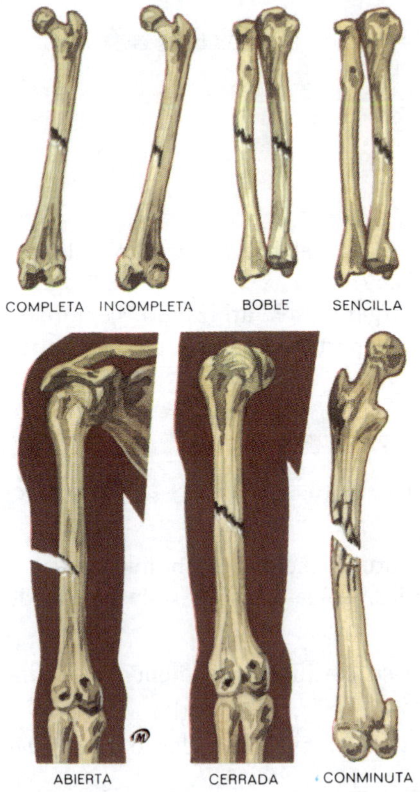

Fig. 28-6.—Distintos tipos de fracturas.

Síntomas y signos de las fracturas. ¿Cómo conocemos que un hueso se ha fracturado?

Hay ciertos ***síntomas*** y ***signos*** que nos permiten asegurar o sospechar que un hueso esté fracturado.

Los síntomas y los signos son dos clases de informaciones distintas.

El síntoma es la información que da el paciente acerca de lo que él siente.

El signo es el fenómeno que el médico u otra persona aprecia por medio de sus sentidos.

Son síntomas de fractura:

a) El ***dolor.*** Pero el dolor no es un síntoma seguro de fractura.

Muchas veces hay dolor intenso por contusión de las partes blandas y el hueso no está fracturado.

b) La ***incapacidad funcional.*** La región fracturada no puede moverse. Todo movimiento origina un dolor intenso.

Las fracturas completas, con separación de los fragmentos, presentan los siguientes signos:

a) ***Crepitación.*** Se aprecia a la vez por el oído y por el tacto.

Se parece a la sensación que experimentamos cuando comprimimos entre nuestros dedos un saco que contiene sal.

La crepitación es debida al roce de los fragmentos de los huesos fracturados.

b) ***Acortamiento.*** Frecuentemente los fragmentos se superponen. Se dice que se montan.

La extremidad fracturada es más corta que la sana.

c) ***Deformidad.*** La forma externa del cuerpo es la consecuencia de la forma del esqueleto.

Si el hueso está fracturado y desplazados sus fragmentos, la forma de la región tiene que estar alterada.

d) ***Movimientos anormales.*** Es la consecuencia de la fractura.

El hueso se mueve, con gran dolor, en el punto fracturado.

Los signos de crepitación, acortamiento, deformidad y movimientos anormales se observan en las fracturas completas con separación de los fragmentos.

Las fracturas incompletas dan como único síntoma el dolor.

Para diagnosticarlas será necesario un examen con los rayos X.

El examen radiológico es necesario en todo caso de fractura.

Nos informa del número de los fragmentos, de la posición de los mismos y de otros detalles importantes.

Tratamiento de las fracturas. El tratamiento de las fracturas incumbe al médico.

Primero realizará la ***reducción*** de la fractura.

Reducción es la colocación de los fragmentos en su posición normal o tan normal como sea posible.

Luego, inmovilizará la región durante un tiempo variable.

El ***callo*** es el tejido óseo que se forma para unir los extremos del hueso fracturado.

AUXILIOS A LOS FRACTURADOS

En presencia de un lesionado, los profanos pueden realizar importantes auxilios.

Para examinar la parte lesionada, deben descoserse o rasgarse las ropas. Así se evitan los dolores que ocasionaría tratar de despojar al lesionado de sus prendas de vestir.

Comprobada o sospechada una fractura, es necesario trasladar a la víctima al centro médico, donde será tratada.

Hay que procurar no producir movimientos innecesarios que puedan empeorar la posición de los fragmentos óseos.

Para inmovilizar y dar sostén al miembro fracturado, se realiza el entablillamiento.

Se colocan dos tablillas acolchonadas con algodón, que se fijan con un vendaje.

A falta de tablillas puede inmovilizarse el miembro fracturado envolviéndolo en una frazada doblada varias veces para darle mayor consistencia (Fig. 28-7).

Fig. 28-7.—Pierna fracturada envuelta en una frazada.

Un bastón, un paraguas o cualquier otro objeto rígido semejante puede fijarse con pañuelos, corbatas y sustituir las tablillas (Fig. 28-8).

Cuando no tengamos a mano ninguno de los objetos mencionados, podemos unir ambas piernas.

La pierna sana sirve de sostén a la fracturada (Fig. 28-9).

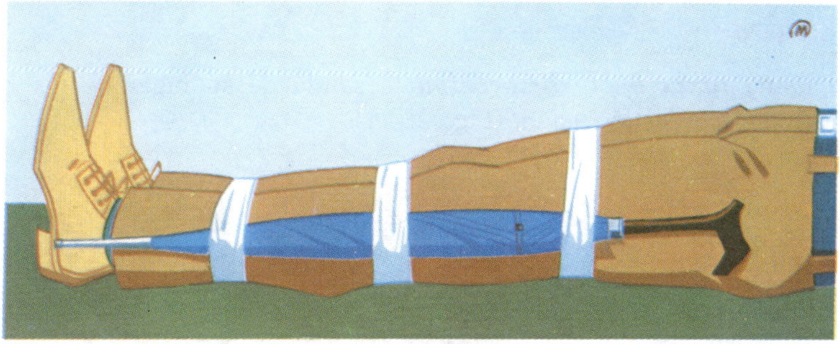

Fig. 28-8.—Improvisacion de tablillas con un paraguas.

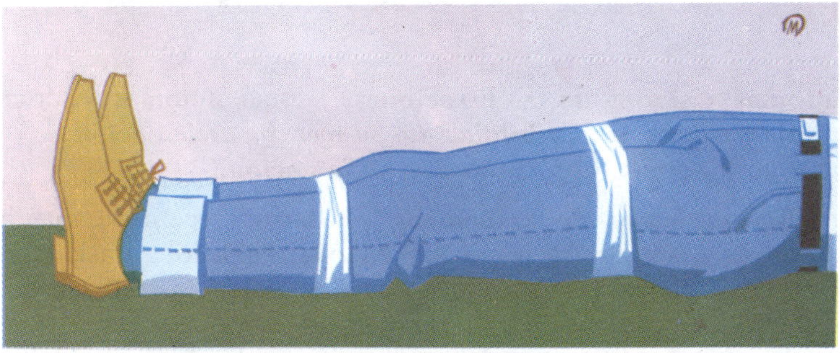

Fig. 28-9.—Unión de la pierna fracturada con la sana.

En las fracturas de los huesos de las extremidades superiores es útil hacer descansar el antebrazo en un pañuelo grande anudado al cuello (figura 28-10).

Así se evita el movimiento que se produciría si la extremidad quedara colgante.

Hay que tener gran cuidado en el traslado de los lesionados de la columna vertebral.

Debe usarse una camilla para evitar que la columna vertebral se arquee.

Un traslado descuidado puede producir lesiones de la medula espinal.

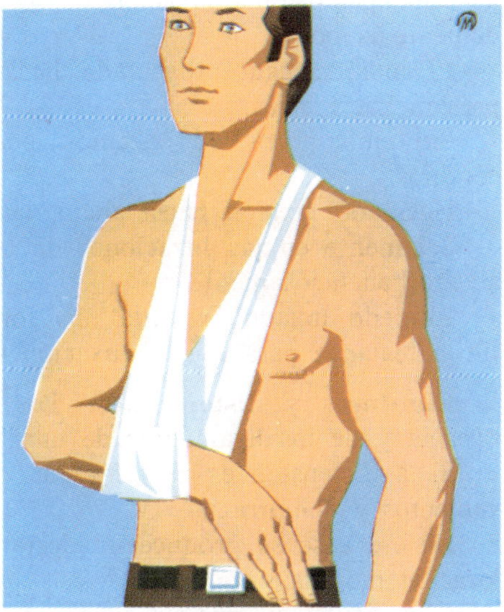

Fig. 28-10.—Antebrazo descansando en un pañuelo.

LUXACIONES

Se llama ***luxación*** o ***dislocación*** la salida de su lugar de los huesos que forman una articulación (Fig. 28-11).

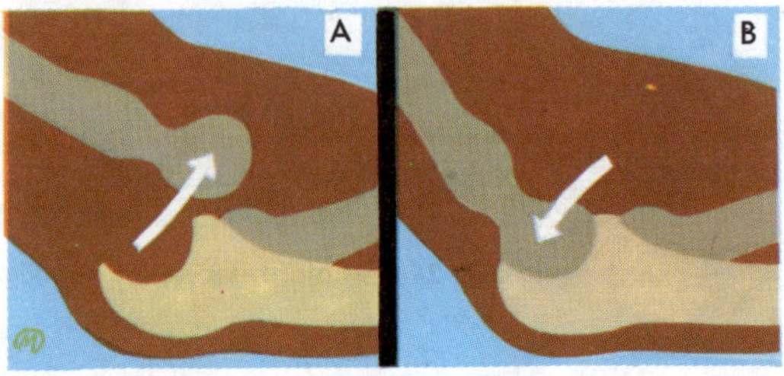

Fig. 28-11.—Luxación del codo: A) Luxado. B) Reducida la luxación.

Síntomas y signos de las luxaciones. Como síntomas tendremos el ***dolor intenso*** y la ***imposibilidad de mover la articulación.***

Los signos serán: ***deformidad*** e ***inflamación.***

Auxilios en casos de luxaciones. Podemos repetir lo que hemos aconsejado en casos de fractura: inmovilidad, cuidadoso traslado del lesionado y evitar que personas incapacitadas traten de reducir la luxación.

La falta de conocimientos del que actúa puede ocasionar serios perjuicios.

Supongamos una luxación del maxilar inferior, por abrir desmesuradamente la boca.

El maxilar está proyectado hacia adelante. Parecería natural hacer presión hacia atrás.

Sin embargo, si lo hacemos, podemos fracturar los cuellos de los cóndilos.

Haciendo presión hacia abajo, las articulaciones se encajan.

Solamente en las luxaciones de las falanges cualquier persona puede actuar beneficiosamente.

El dedo luxado presenta una forma de bayoneta. Basta tirar de la última falange para que la luxación se reduzca.

Esguinces y distensiones. Los esguinces son estiramientos de la cápsula y de los ligamentos de una articulación.

Si la distensión es muy forzada, puede haber desgarradura de los ligamentos y hemorragia.

En ese caso se produce un derrame bajo la piel que tomará una coloración morada.

La articulación que ha sufrido un esguince se inflama, es muy dolorosa y no puede moverse.

La articulación que con más frecuencia sufre de esguinces es la del tobillo.

Sobre los tobillos gravita todo el peso del cuerpo.

Cuando pisamos sobre una piedra u otro obstáculo, el pie se inclina, el tobillo se tuerce y se produce el esguince.

Qué hacer en casos de esguinces. En las primeras horas deben ponerse aplicaciones frías para disminuir la inflamación.

Pasado el primer día, se aplicará calor para facilitar la reabsorción de los exudados sanguíneo y seroso.

La articulación afectada debe permanecer en reposo.

ALGUNAS ENFERMEDADES DE LOS HUESOS Y LAS ARTICULACIONES

Osteomielitis. La osteomielitis es una inflamación ***piógena*** de los huesos. Piógeno quiere decir que produce pus.

Puede ser aguda o crónica. La aguda es debida generalmente al estafilococo (1) y se produce con frecuencia en la época del crecimiento.

Se presenta con fiebre, dolor e inflamación del hueso afectado.

La osteomielitis crónica puede ser producida por traumatismos, tuberculosis y sífilis.

Artritis. Se llama artritis a la inflamación de una articulación.

De acuerdo con la violencia de los síntomas, puede ser ***aguda*** o ***crónica.***

Las artritis son producidas por numerosas causas: traumatismos, infecciones por gérmenes, etc.

En las artritis agudas hay dolor, inflamación e imposibilidad de producirse los movimientos.

A veces se produce la soldadura de los huesos, con inmovilidad completa ***(anquilosis).***

Hay ***artritis deformantes,*** que alteran permanentemente la forma de la articulación.

En las ***artritis destructivas*** hay destrucción de las superficies articulares y de los cartílagos que las cubren.

Sinovitis. Sinovitis es la inflamación de la membrana sinovial.

Recordemos que la membrana sinovial produce la ***sinovia,*** que lubrica las superficies articulares.

Cerca de las articulaciones hay pequeñas bolsas sinoviales destinadas a facilitar el movimiento de los tendones de ciertos músculos.

---

(1) *Estafilococo.* Bacteria de forma esférica que se agrupa como las uvas en un racimo.

Tal ocurre en las articulaciones del hombro y de la cadera.

Cuando esas bolsas sinoviales se inflaman, se producen las ***bursitis.***

Las sinovitis se producen por traumatismos o por infecciones.

Se caracterizan por dolor e impotencia funcional de la articulación afectada.

EN POCAS PALABRAS

Para el buen desarrollo y conservación del esqueleto es necesario ingerir alimentos que contengan **calcio, fósforo** y **vitamina D** y recibir la acción de los rayos solares.

Influyen en el desarrollo de los huesos las hormonas producidas por las glándulas **hipófisis, tiroides** y **timo.**

No debe comprimirse la cabeza del recién nacido. Pueden producirse deformidades permanentes.

Si mantenemos forzadamente al niño en pie, pueden producirse deformidades de las piernas.

Las posiciones impropias, mantenidas durante varias horas todos los días producen deformidades de la columna vertebral (**cifosis, lordosis, escoliosis**).

Fractura es la rotura de un hueso. Las fracturas pueden ser: completas, incompletas, dobles, sencillas, abiertas, cerradas, conminutas, complicadas y simples.

Luxación es la salida de su lugar de los huesos que forman una articulación.

Esguince es el estiramiento de la cápsula y de los ligamentos de una articulación.

Osteomielitis es la inflamación del hueso.

Artritis es la inflamación de las articulaciones.

Sinovitis es la inflamación de las membranas sinoviales.

B) MUSCULOS

Características generales del sistema muscular

29

El ***sistema muscular*** está formado por la reunión de los músculos.

Músculo es el nombre científico con que se designa la carne del hombre y de otros animales.

Se llama ***Miología*** la rama de la Anatomía que estudia los músculos.

En el hombre, en el carnero, en el ganado vacuno y en otros animales, la mayor parte de los músculos son rojos, debido a un pigmento parecido a la hemoglobina ***(miohemoglobina).***

En otros animales, como ciertos peces, las ranas, etc., los músculos son completamente blancos.

El pollo tiene ciertos músculos blancos (pechuga) y otros oscuros (muslos).

El color de los músculos generalmente va oscureciéndose con el envejecimiento del animal.

El peso total de los músculos del hombre es aproximadamente la mitad del peso de su cuerpo.

Forma de los músculos. Obsérvese la figura 29-1. Representa el cuerpo humano desprovisto de la piel. Es lo que se llama un ***desollado.***

Se pueden ver en él:

1. ***Músculos largos,*** en forma de huso o de cinta, en las extremidades.
2. ***Músculos anchos,*** en el tórax y en el abdomen.
3. ***Músculos cortos,*** en la cabeza.

Número de los músculos. ¿Cuántos músculos tiene el cuerpo del hombre? Algunos anatomistas describen 346. Otros llegan a 501.

Esto se debe a que alguna masa muscular es descrita por algunos como un músculo y, por otros, como varios músculos que se enumeran separadamente.

Fig. 29-1.—Músculos del cuerpo humano.

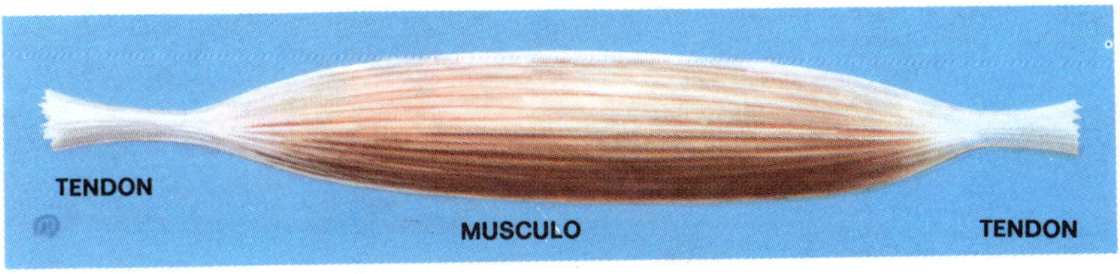

Fig. 29-2.—Partes de un músculo.

Estructura de los músculos. La porción central de un músculo largo es el músculo propiamente dicho. Es roja y blanda.

Los extremos, adelgazados, son los **tendones.** Los tendones son blancos y duros y sirven para unir el músculo al hueso (Fig. 29-2).

Si se hierve un pedazo de carne se verá que se separa en cordones llamados **fascículos.** Cada fascículo está formado por numerosas **fibras.**

Fibra es el nombre que se da a las células alargadas. Cada fibra, a su vez, está compuesta por filamentos llamados fibrillas **(miofibrillas).**

Vasos y nervios de los músculos. A los músculos llegan arterias que contienen sangre rica en oxígeno y en otras sustancias nutritivas, principalmente glucosa (Fig. 29-3).

Las arterias se capilarizan y los capilares se reúnen para formar venas.

La sangre que sale de los músculos lleva CO_2 y otras sustancias de desecho.

También llegan a los músculos las ramificaciones de los nervios motores (Fig. 29-4) y parten hacia los órganos centrales nervios sensitivos.

Clasificación de los músculos. No todas las fibras musculares presentan el mismo aspecto. Se describen tres clases de fibras: **estriadas, lisas** y **cardíacas.**

1. **Fibras estriadas.** Reciben también el nombre de esqueléticas porque se insertan en los huesos. Son largas y poseen varios núcleos colocados en su porción periférica (Fig. 29-5-A).

Tienen coloración roja e intervienen en las funciones de la vida de relación (marcha, carrera, movimientos generales del cuerpo, mantenimiento de las posiciones). Se contraen voluntariamente y de modo brusco.

2. **Lisas.** No representan estrías, son fusiformes y poseen un sólo núcleo. Tienen una coloración blanquecina y se reúnen en capas para formar las paredes de las vísceras huecas, excepto el corazón. Se encuentran también en las

Fig. 29-3.—Las arterias llevan alimentos a los músculos.

Fig. 29-4.—Terminaciones de un nervio motor en la fibra muscular.

paredes de los vasos sanguíneos (Fig. 29-5-B). Se contraen involuntariamente y de modo lento.

Se presentan algunas excepciones a estas características. Los músculos de la pared de la vejiga urinaria son lisos, pero se contraen voluntariamente.

El diafragma es un músculo estriado pero se contrae generalmente de modo involuntario para determinar la inspiración. (Respiramos aun cuando estamos dormidos). También se contrae el diafragma voluntariamente para realizar movimientos respiratorios extensos.

3. **Cardíacas.** Se encuentran en el corazón. Las fibras cardíacas presentan, como las estriadas, bandas alternadas claras y oscuras. Además, de trecho en trecho están provistas de líneas transversales oscuras llamadas **discos intercalares** y presentan uno o dos núcleos (Fig. 29-5-C).

El músculo cardíaco se contrae de modo automático y rítmico e involuntariamente. Esas contracciones se inician desde el tercer mes de la vida fetal y no se detienen hasta que ocurre la muerte.

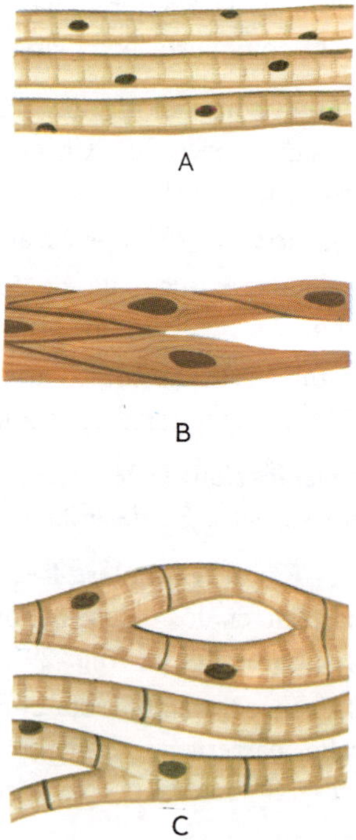

Fig. 29-5.—Distintos tipos de fibras musculares.

Denominación de los músculos. El nombre de los músculos se debe a distintas causas:

1. A su forma geométrica ***(trapecio, romboides, redondo mayor).***
2. A su semejanza con otras cosas ***(serratos,*** parecidos a una sierra; ***deltoides,*** parecido a la letra griega delta).
3. A su función ***(flexor de los dedos, elevador del labio superior).***
4. A los huesos a los cuales se insertan ***(frontal, temporal, esternocleidomastoideo).***

Cuando dos músculos realizan igual o parecida función, se dice que son ***congéneres.***

Si realizan función contraria se les llama ***antagónicos.***

EN POCAS PALABRAS

La **Miología** estudia los músculos.

Hay músculos largos, anchos y cortos.

Los músculos se insertan en los huesos por intermedio de los tendones.

Los músculos están formados por cordones, y los cordones, por **fibras.**
Se llaman fibras a las células alargadas.

Los músculos reciben vasos sanguíneos y nervios.

Clases de fibras musculares:

ESTRIADAS	LISAS
Presentan estrías.	No presentan estrías.
Tienen varios núcleos.	Tienen un solo núcleo.
Son rojas.	Son blanquecinas.
Se contraen voluntariamente.	Se contraen involuntariamente.
Se contraen de modo brusco.	Se contraen de modo lento.
Intervienen en la vida de relación.	Intervienen en la vida vegetativa.

Las fibras cardíacas presentan estrías, tienen uno o dos núcleos y se contraen rítmica e involuntariamente.

30 Estudio descriptivo de los músculos

Como hemos visto, los músculos del hombre son muy numerosos. Estudiaremos los más importantes de cada región.

Se agrupan, para su estudio, en siete regiones.

1. Músculos de la cabeza.
2. Músculos de la región anterior del cuello.
3. Músculos de la región posterior del tronco y del cuello.
4. Músculos del tórax.
5. Músculos del abdomen.
6. Músculos de las extremidades superiores.
7. Músculos de las extremidades inferiores.

1) MUSCULOS DE LA CABEZA

Los músculos de la cabeza se dividen en dos grupos: ***músculos masticadores*** y ***músculos cutáneos.***

a) **Músculos masticadores.** Son los que mueven el maxilar inferior.

Son 4: ***temporal, masetero*** y los ***dos terigoideos, interno*** y ***externo.***

Temporal. Es un músculo en forma de abanico que cubre el hueso temporal. Se inserta por debajo en la apófisis coronoides del maxilar inferior (Fig. 30-1).

Masetero. Músculo cuadrilátero, que va del pómulo al maxilar inferior (Fig. 30-1).

Tanto el temporal como el masetero elevan el maxilar inferior.

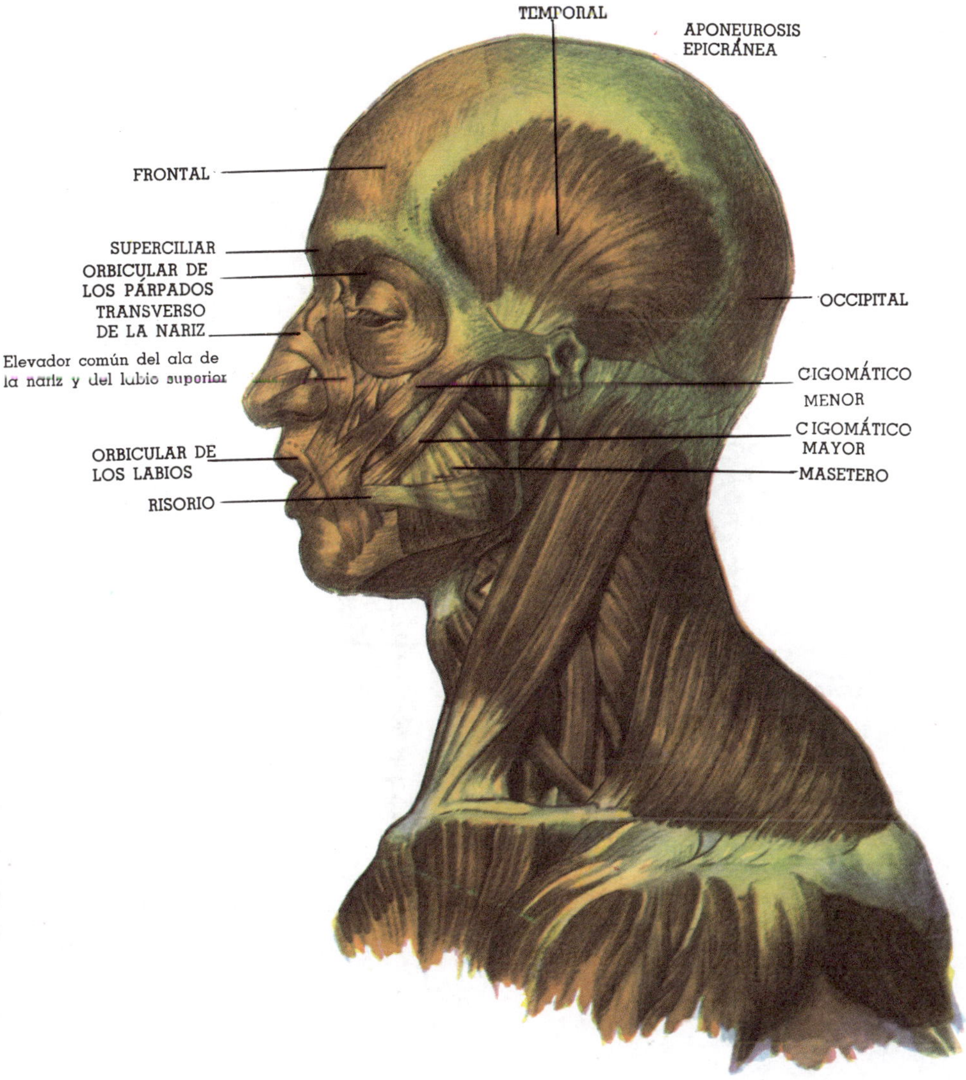

Fig. 30-1.—Músculos de la cabeza.

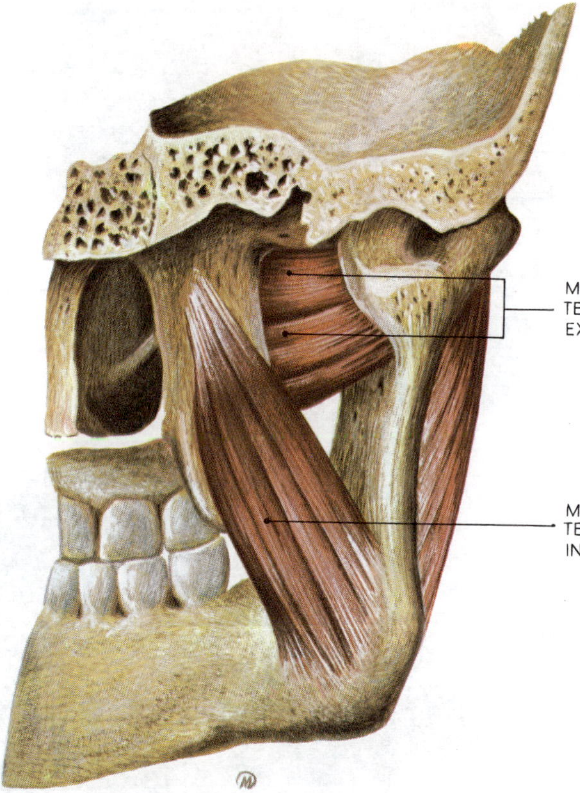

Fig. 30-2.—Músculos terigoideos.

Terigoideos. Son dos: ***interno*** y ***externo.***

Van desde la apófisis terigoides del esfenoides hasta las ramas del maxilar inferior. (Fig. 30-2).

El terigoideo interno eleva el maxilar inferior. Es congénere del temporal y del masetero.

La contracción de los terigoideos externos de ambos lados proyectan hacia delante el maxilar inferior.

Si se contrae solamente uno, el maxilar se dirige hacia el lado contrario.

b) **Músculos cutáneos.** Estos músculos tienen, por lo menos, una inserción en la cara profunda de la piel.

Fig. 30-3. — Representación esquemática de la atención.

Fig. 30-4. — Representación esquemática de la impaciencia, el dolor y la cólera.

Fig. 30-5. — Representación esquemática de la sonrisa.

Fig. 30-6. — Representación esquemática de la tristeza y el abatimiento.

Su contracción determina cambios en las parte de la cara que alteran la fisonomía.

Se han denominado ***músculos de la expresión.***

Mencionaremos los más importantes:

Orbicular de los párpados. Cierra fuertemente la abertura palpebral (Fig. 30-1).

Frontal. Músculo cuadrilátero colocado sobre el hueso frontal (figura 30-1).

Su contracción forma pliegues horizontales en la frente. Es el músculo de la atención (Fig. 30-3).

Superciliar. Pequeño músculo colocado en la parte interna de la piel de las cejas.

Su contracción determina pliegues verticales en el entrecejo.

Expresa la impaciencia, el dolor y la cólera (Fig. 30-4).

Cigomáticos. Elevan la comisura labial (Fig. 30-1).

Risorio. Lleva la comisura labial hacia atrás (Fig. 30-1).

Los cigomáticos y el risorio intervienen en la sonrisa (Fig. 30-5).

Orbicular de los labios. Cierra fuertemente la abertura labial (figura 30-1). Interviene en la succión y las acciones de silbar, tomar los alimentos y besar.

Buccinador. Es el músculo de los carrillos (Fig. 30-1).

Permite hacer presión en el interior de la boca para tocar los instrumentos de viento.

Triangular de los labios. Va del maxilar inferior a la comisura labial (Fig. 30-1).

Su contracción expresa la tristeza y el abatimiento (Fig. 30-6).

2) MUSCULOS DE LA REGION ANTERIOR DEL CUELLO

Cutáneo del cuello. Es un músculo delgado y atrofiado que ocupa la región lateral del cuello.

Esternocleidomastoideo. Nace por dos tendones, uno en el esternón y otro en la clavícula.

Asciende por la parte lateral del cuello y se inserta en la apófisis mastoides del temporal (Fig. 30-7).

La contracción de los músculos de ambos lados inclina la cabeza hacia delante. Cuando se contrae uno solo, la hace rotar.

Ambos músculos limitan un espacio en forma de "V" con su vértice en el esternón.

Ese espacio está ocupado por numerosos músculos, que forman la ***región hioidea*** y se dividen en dos grupos:

Suprahioideos, los colocados por encima del hioides.

Infrahioideos, los que se encuentran por debajo.

Digástrico. Es un músculo suprahioideo. Su contracción desciende el maxilar inferior.

3) MUSCULOS DE LA REGION POSTERIOR DEL TRONCO Y DEL CUELLO

Trapecio. Músculo triangular que forma un trapecio al unirse con el del lado opuesto.

Va de la columna vertebral a los huesos del hombro.

Aproxima el omóplato a la columna vertebral (Fig. 30-8).

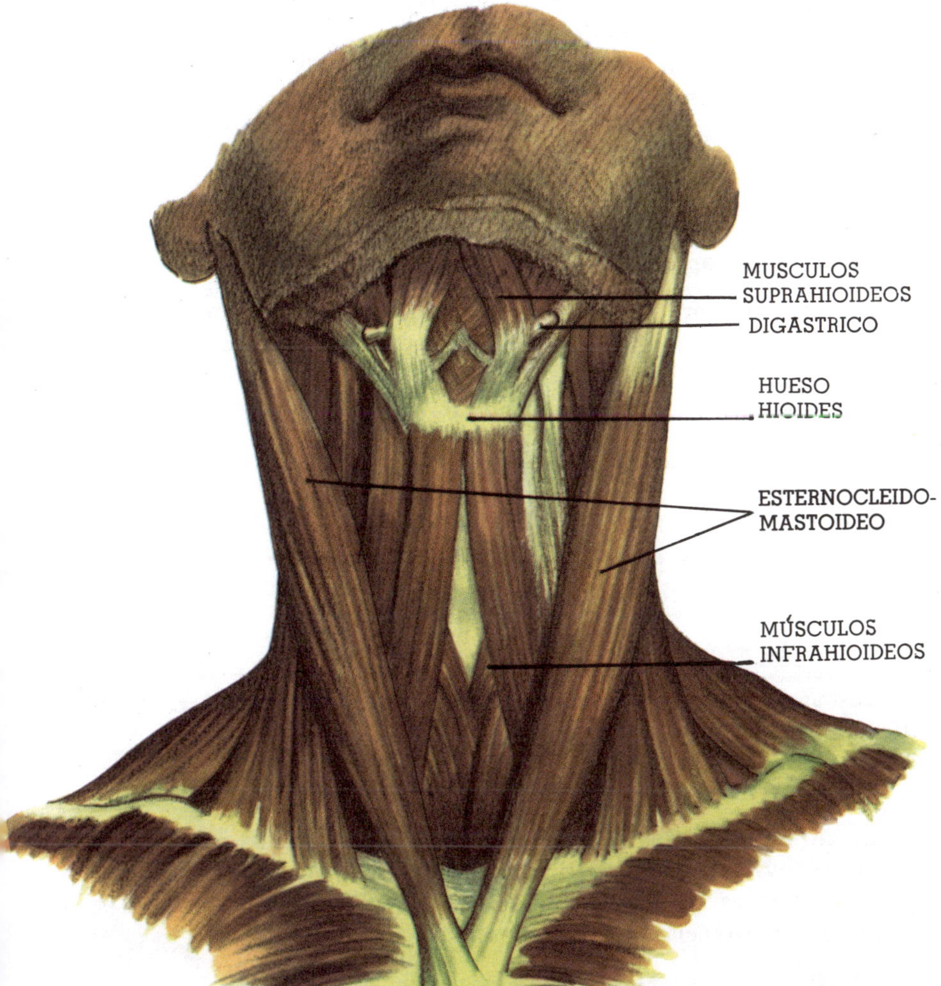

Fig. 30-7.—Músculos de la cara anterior del cuello.

Dorsal ancho. Músculo voluminoso que va desde la porción inferior del tronco hasta el húmero (Fig. 30-8).

Su acción consiste en llevar el brazo hacia abajo, adentro y atrás. Este músculo es muy útil en la acción de trepar.

4) MUSCULOS DEL TORAX

Pectoral mayor. Músculo ancho y triangular que va desde la clavícula y el esternón al húmero (Fig. 30-9).

Su acción es aproximar el brazo a la línea media. Es, pues, aductor.

Pectoral menor. Colocado por debajo del pectoral mayor, va desde las costillas 3.ª, 4.ª y 5.ª hasta la apófisis coracoides del omóplato (Fig. 30-9).

Al contraerse, el pectoral menor desciende el hombro.

Intercostales. Ocupan los espacios intercostales.

En cada espacio hay dos músculos, uno interno y otro externo (figura 30-10).

Los intercostales contribuyen a formar las paredes del tórax.

5) MUSCULOS DEL ABDOMEN

Los agruparemos en cuatro regiones: ***anterior***, ***posterior***, ***lateral*** y ***diafragmática***.

a) **Región anterior.** Mencionaremos un solo músculo.

Recto mayor. Colocado junto a la línea media, se extiende desde el esternón y las últimas costillas hasta el pubis (Fig. 30-11).

Desciende las costillas (espirador) y flexiona el tórax sobre la pelvis (hacer una reverencia).

b) **Región posterior.** Citaremos el cuadrado lumbar y el soas.

Cuadrado lumbar. Ocupa el espacio limitado hacia arriba por las últimas costillas; por abajo, por el ilíaco, y por dentro, por la columna lumbar (Fig. 30-12).

Por descender las costillas es un músculo espirador. Si se contrae el músculo de un solo lado, inclina la columna del lado que se contrae.

Soas. Es un músculo grueso (constituye el filete de los animales).

Va desde la columna lumbar hasta el trocánter menor del fémur (Fig. 30-12).

Su contracción flexiona el muslo sobre la pelvis.

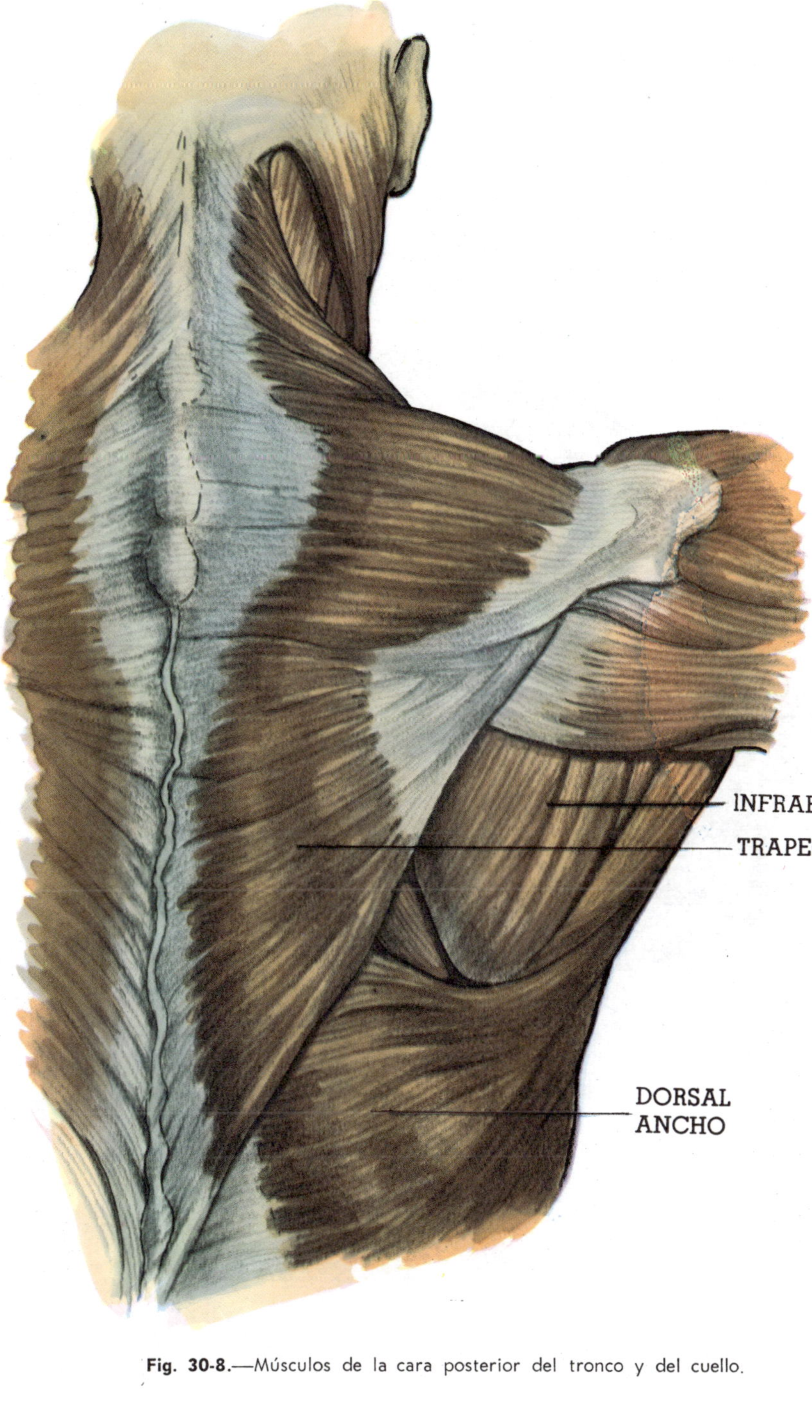

Fig. 30-8.—Músculos de la cara posterior del tronco y del cuello.

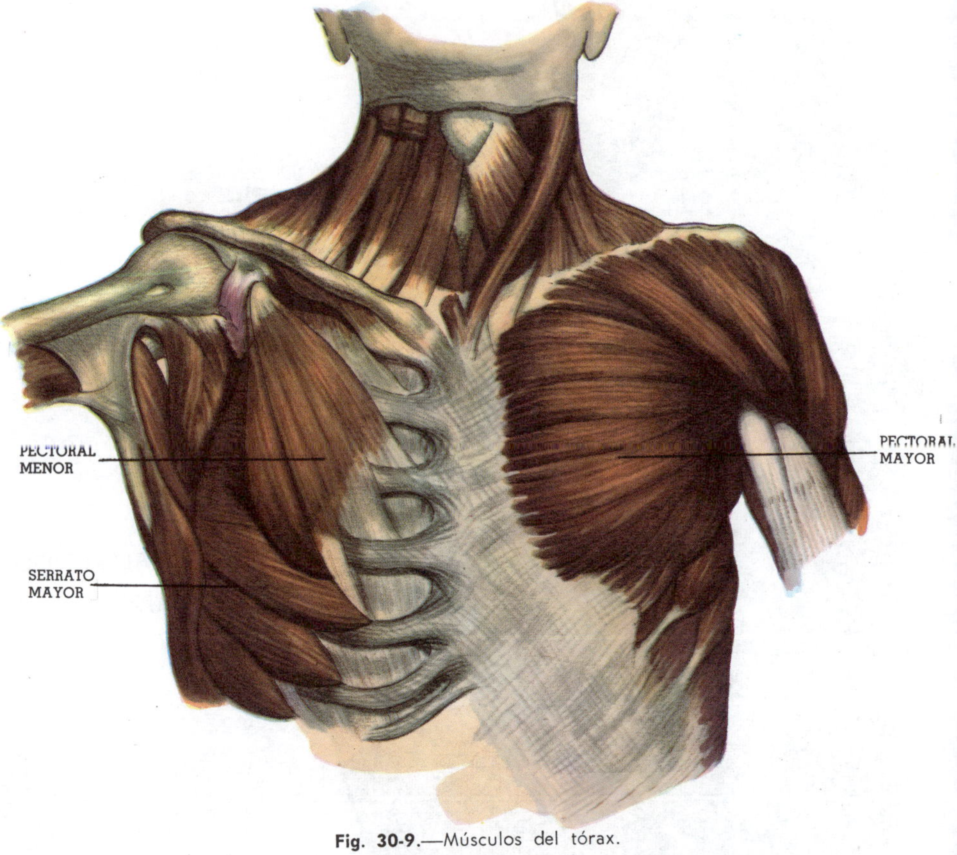

Fig. 30-9.—Músculos del tórax.

Fig. 30-10.—Músculos intercostales.

c) **Región lateral.** Está formada por tres músculos anchos superpuestos.

Oblicuo mayor, oblicuo menor y transverso. El nombre de cada uno indica la dirección de sus fibras.

En la figura 30-11 se ve el oblicuo mayor. Por debajo se encuentra el oblicuo menor y, más profundamente, el transverso.

En general, estos tres músculos tienen función espiradora, flexionan el tórax sobre la pelvis y aumenta la presión abdominal.

Tienen empleo en la defecación, el vómito, el parto, etc.

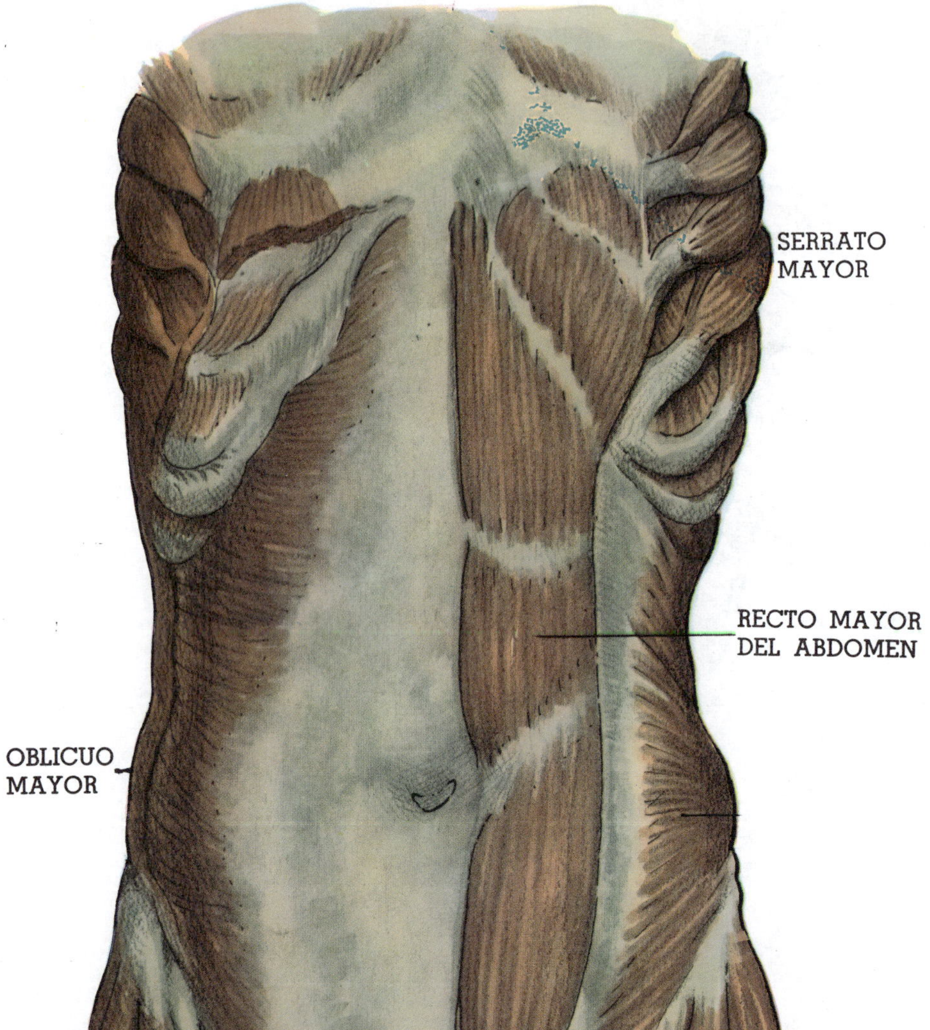

Fig. 30-11.—Músculos de la cara anterior del abdomen.

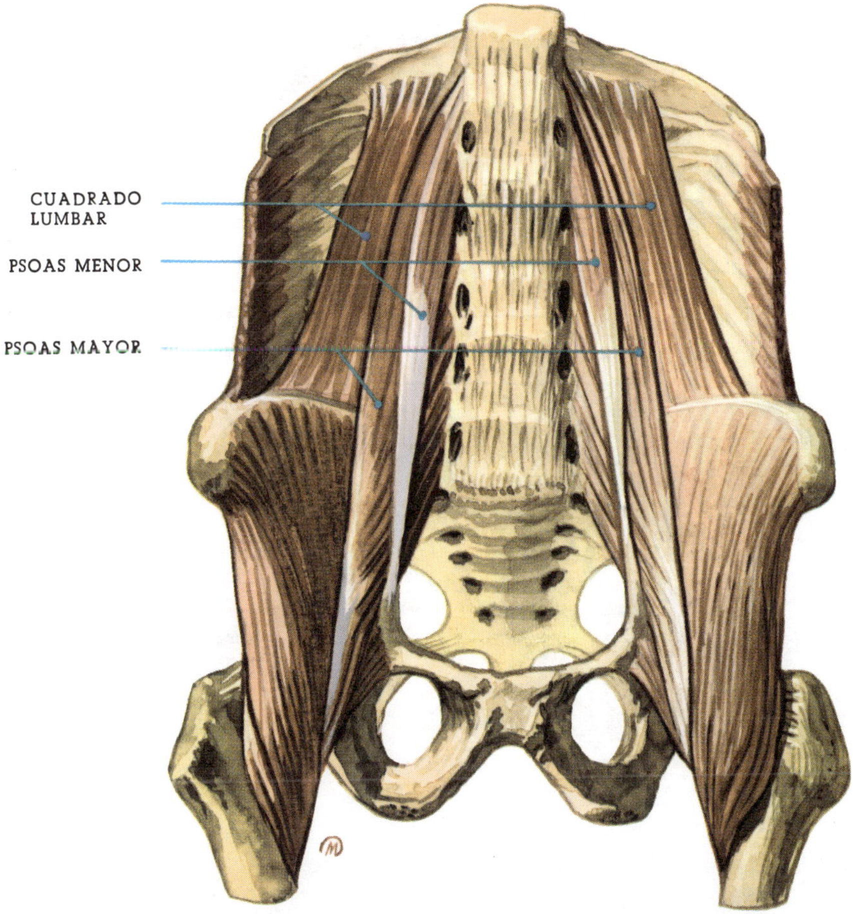

Fig. 30-12.—Músculos de la región posterior del abdomen.

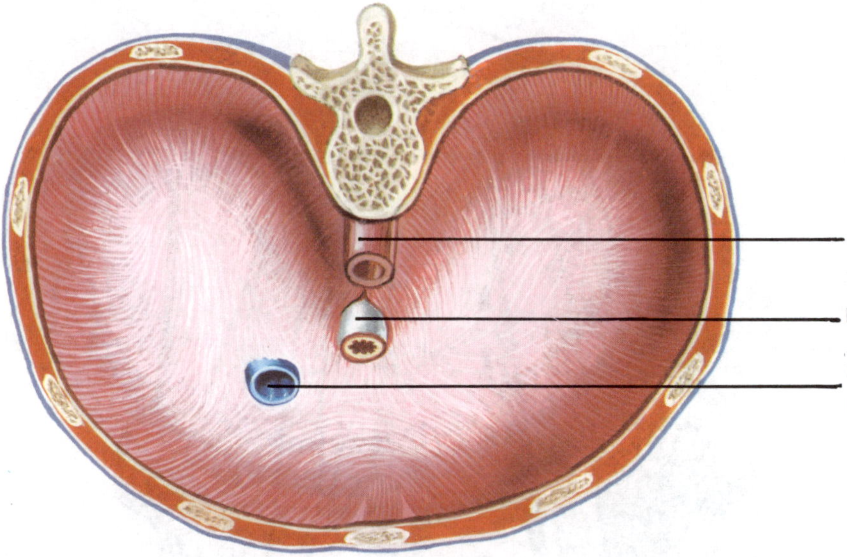

Fig. 30-13.—El diafragma, visto por su cara superior.

d) **Región diafragmática.** Está constituida por un solo músculo.

Diafragma (Fig. 30-13). Músculo en forma de cúpula que se inserta en la circunferencia inferior del tórax y sirve de límite entre el tórax y el abdomen.

Presenta perforaciones para el paso del esófago, la arteria aorta y la vena cava inferior.

El diafragma es el más importante de los músculos inspiradores.

Aumenta simultáneamente las tres dimensiones torácicas: de arriba abajo, de atrás adelante y de derecha a izquierda.

6) MUSCULOS DE LAS EXTREMIDADES SUPERIORES

Se dividen en cuatro regiones: ***hombro, brazo, antebrazo*** y ***mano.***
Algunos músculos pasan de una a otra región.

En esos casos, los describiremos en la región donde se encuentre su mayor parte.

a) **Músculos del hombro.** Mencionaremos tres músculos:

Deltoides. Le da forma redondeada al hombro.

Se inserta en la clavícula y el omóplato y de ahí sus fibras convergen hacia el húmero (Fig. 30-14).

Su acción consiste en elevar el brazo.

En la cara posterior del omóplato hay una gruesa apófisis: la ***espina.*** Por encima de la espina se inserta el ***supraespinoso;*** por debajo, el ***infraespinoso.***

Ambos músculos se insertan por su otro extremo en el húmero (figura 30-14).

El supraespinoso eleva el brazo. Es congénere del deltoides.

El infraespinoso hace rotar el brazo hacia afuera.

b) **Músculos del brazo.** Mencionaremos solamente dos:

Bíceps, que ocupa la cara anterior del brazo.

Se inserta por arriba en el omóplato por dos tendones distintos y, por debajo, en el radio (Fig. 30-14).

Es el músculo flexor del antebrazo sobre el brazo.

Tríceps, formado por tres tendones distintos que se insertan, uno en el omóplato y los otros dos en la cara posterior del húmero.

Sus fibras convergen para insertarse en el cúbito, en la apófisis llamada ***olécranon*** (Fig. 30-14).

El tríceps es el extensor del antebrazo sobre el brazo. Es antagonista del bíceps.

c) **Músculos del antebrazo.** Los músculos del antebrazo son muy numerosos.

En general, los de la cara anterior son flexores de la mano sobre el antebrazo y flexores de los dedos de la mano.

Los de la cara posterior son extensores de la mano sobre el antebrazo y extensores de los dedos de la mano (Fig. 30-14).

d) **Músculos de la mano.** Son numerosos y se dividen en tres grupos:

Región palmar externa o ***eminencia tenar,*** que mueven el dedo pulgar.

Región palmar interna o ***eminencia hipotenar,*** que mueven el dedo meñique, y

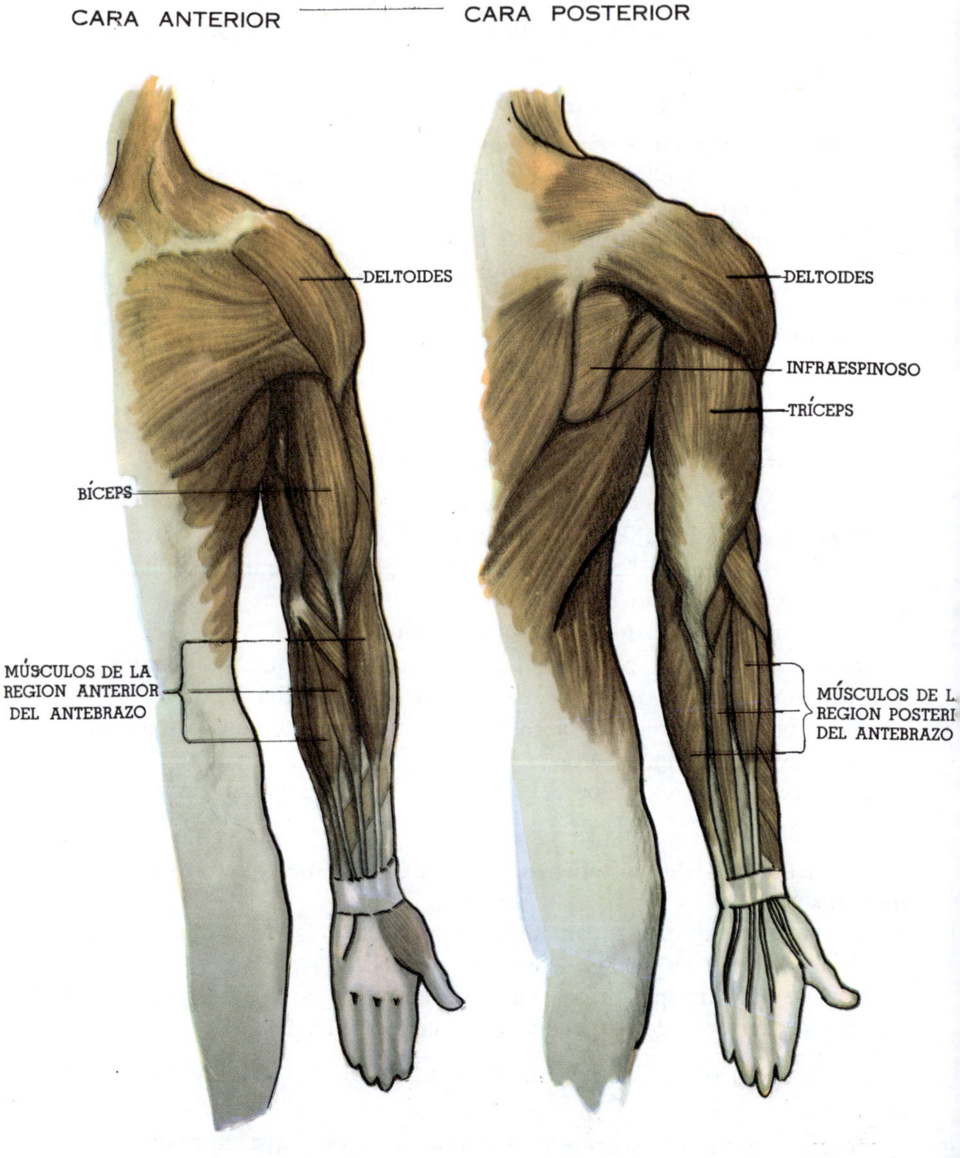

Fig. 30-14.—Músculos de las extremidades superiores.

Región palmar media, formada por los músculos ***interóseos*** y ***lumbricales*** (Fig. 30-15).

7) MUSCULOS DE LAS EXTREMIDADES INFERIORES

Se dividen en cuatro regiones: ***cadera, muslo, pierna*** y ***pie.***

a) **Músculos de la cadera.** En la cadera encontramos los tres ***glúteos: mayor, medio*** y ***menor.***

Forman la región de la nalga y están superpuestos en el orden en que han sido citados.

Se insertan, de una parte, en la cara posterior del hueso ilíaco, y, de otra, en el fémur (Fig. 30-16).

La contracción de esos músculos realiza la extensión del fémur.

Desempeñan un importante papel en el mantenimiento de la estación de pie.

b) **Músculos del muslo.** Consideraremos dos caras: una anterior y otra posterior.

En la cara anterior se encuentran el ***sartorio*** y el ***cuadríceps.***

Sartorio. Músculo en forma de cinta, que cruza oblicuamente el muslo. Va desde el ilíaco a la extremidad superior de la tibia (Fig. 30-16).

Su acción es flexionar la pierna sobre el muslo y el muslo sobre la pelvis.

Cuadríceps. Formado por cuatro porciones que parten, por arriba, del ilíaco y del fémur y, por debajo, se insertan en la rótula.

Estas porciones son: recto anterior, vasto externo, vasto interno y crural.

La rótula se une por el tendón rotuliano a la tibia (Fig. 30-16).

La rótula es, pues, un hueso sesamoideo, esto es, desarrollado en el espesor de un tendón.

El cuadríceps es el músculo extensor de la pierna.

En la ***cara posterior*** se encuentran:

El ***bíceps crural*** y el ***semitendinoso,*** que flexionan la pierna sobre el muslo y los tres ***aductores,*** que, como su nombre indica, aproximan el muslo a la línea media (Fig. 30-16).

c) **Músculos de la pierna.** Se describen dos caras principales: la anterior y la posterior.

En la ***cara anterior: extensor común de los dedos,*** cuyo nombre expresa su función, y el ***tibial anterior,*** que es flexor del pie sobre la pierna.

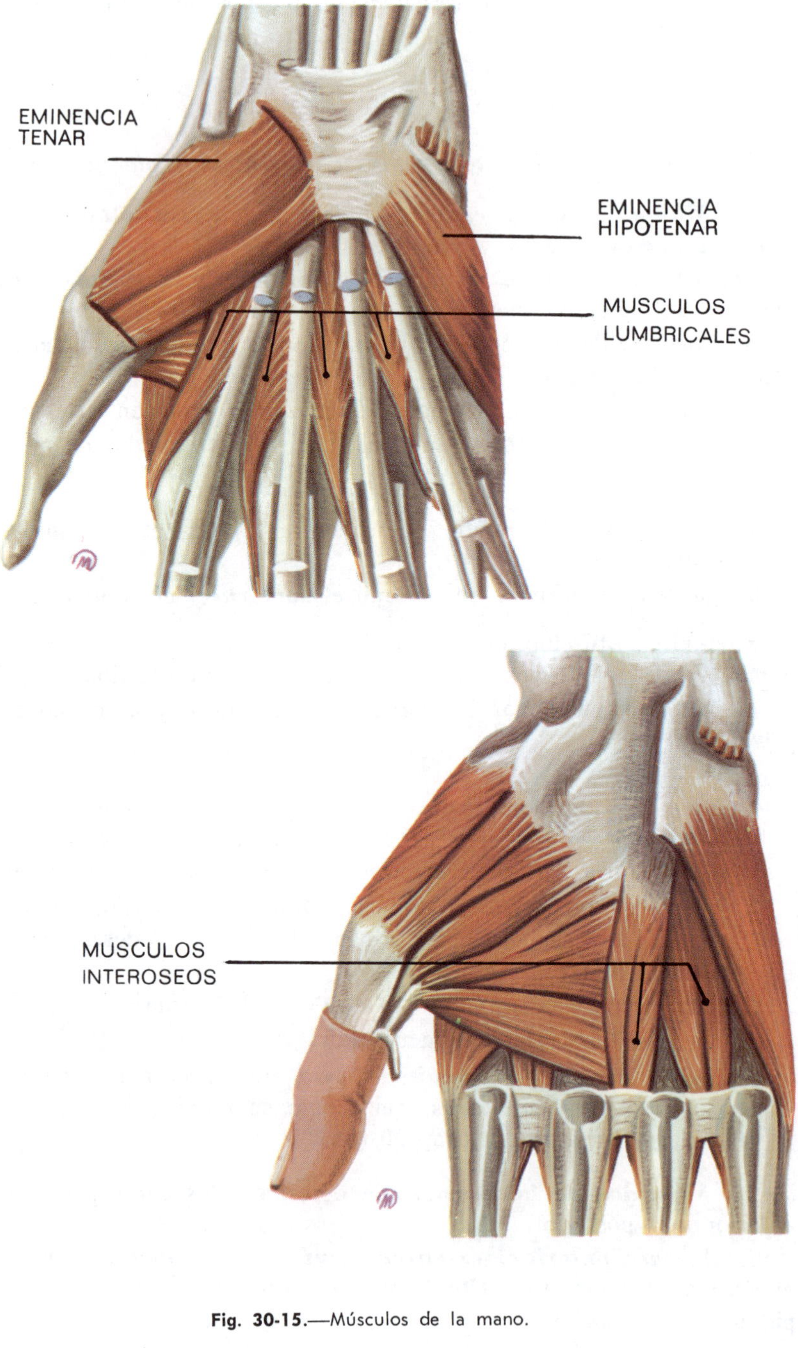

Fig. 30-15.—Músculos de la mano.

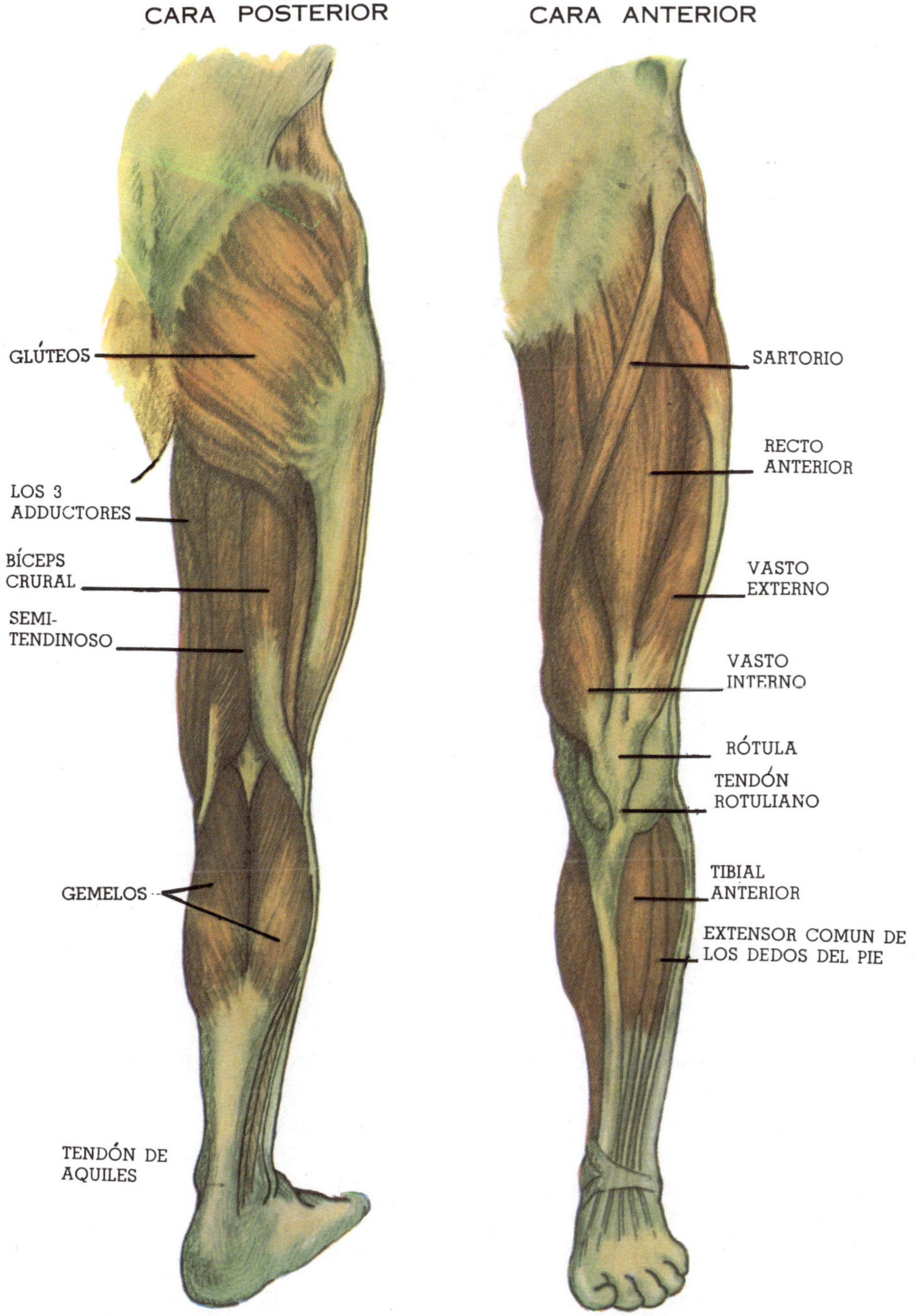

Fig. 30-16.—Músculos de las extremidades inferiores.

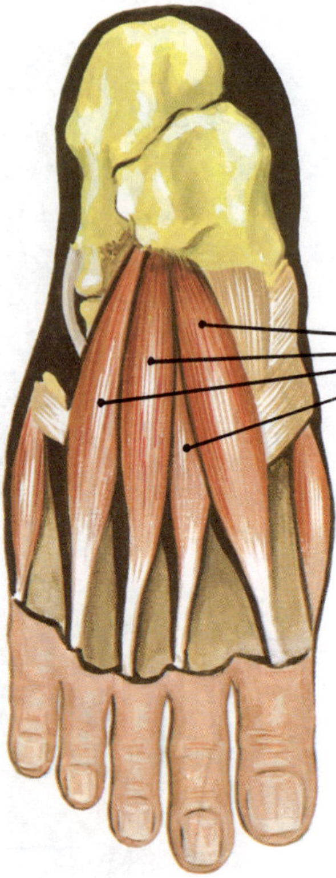

Fig. 30-17.—Músculos de la cara dorsal del pie.

En la ***cara posterior*** mencionaremos:

Los dos ***gemelos,*** que dan forma a la pantorrilla y, por debajo de ellos, el ***sóleo.***

Los gemelos y el sóleo forman el ***tríceps sural,*** que se inserta por el tendón de Aquiles en el calcáneo.

Por su contracción nos elevamos sobre las puntas de los pies.

Son los músculos esenciales de la marcha.

d) **Músculos del pie.** Se agrupan en dos caras: ***dorsal*** y ***plantar.***

Pedio. Ocupa la parte dorsal del pie (Fig. 30-17).

Es extensor de los dedos del pie.

En la región plantar, como en la palmar de la mano, hay tres grupos de músculos:

1. ***Región plantar interna,*** que mueve el dedo grueso.
2. ***Región plantar externa,*** que mueve el quinto dedo.
3. ***Región plantar media,*** formada por los interóseos y lumbricales del pie (Fig. 30-18).

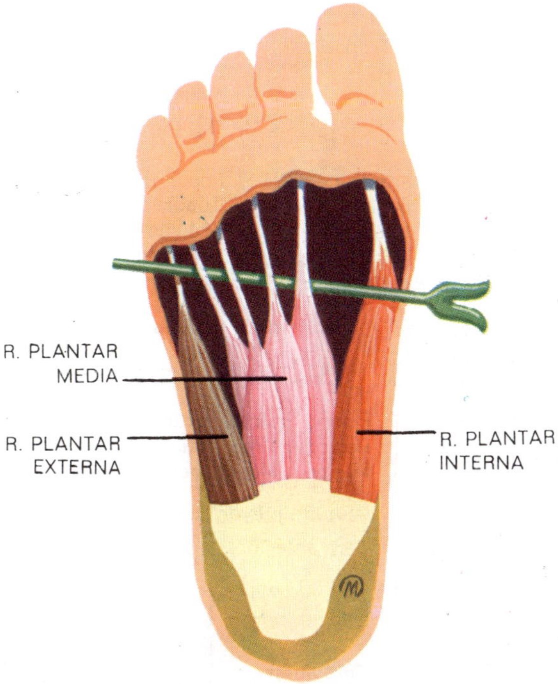

Fig. 30-18.—Músculos de la cara plantar del pie.

EN POCAS PALABRAS

- Masticadores: Temporal, masetero, 2 terigoideos
- Cutáneos:
  - Orbicular de los párpados, frontal,
  - Superciliar, cigomáticos, risorio,
  - Orbicular de los labios, buccinador,
  - Triangular de los labios

2. Músculos del cuello (región anterior)
   - Cutáneo del cuello
   - Esternocleidomastoideo
   - Suprahioideos, infrahioideos
3. Músculos de la región posterior del tronco y del cuello
   - Trapecio
   - Dorsal ancho
4. Músculos del tórax: Pectoral mayor, pectoral menor, intercostales
5. Músculos del abdomen
   - Región anterior: Recto mayor
   - Región posterior: Cuadrado lumbar y soas
   - Región lateral: Oblicuo mayor, oblicuo menor, transverso
   - Región diafragmática: Diafragma
6. Músculos de las extremidades superiores
   - Hombro: Deltoides, supraespinoso, infraespinoso
   - Brazo: Bíceps, tríceps
   - Antebrazo: Cara anterior, Cara posterior
   - Mano:
     - Región palmar externa
     - Región palmar interna
     - Región palmar media
7. Músculos de las extremidades inferiores
   - Cadera: Glúteos mayor, mediano y menor
   - Muslo:
     - Cara anterior: Sartorio y cuadríceps
     - Cara posterior:
       - Bíceps crural, semitendinoso
       - 3 aductores
   - Pierna:
     - Cara anterior:
       - Extensor común de los dedos
       - Tibial anterior
     - Cara posterior: Gemelos y sóleo
   - Pie:
     - Cara dorsal: Pedio
     - Cara plantar:
       - Región plantar externa
       - Región plantar interna
       - Región plantar media

Propiedades y funciones de los músculos

31

Las funciones de los músculos se derivan de sus propiedades.

PROPIEDADES DE LOS MUSCULOS

Los músculos son ***elásticos, excitables*** y ***contráctiles.***

Elasticidad. La elasticidad es la propiedad que tienen ciertos cuerpos de recuperar su forma cuando cesa la causa que los ha deformado.

Si comprimimos un músculo, éste se deprimirá en el sitio de la compresión. Al cesar la compresión, recuperará su forma primitiva.

Si colgamos un peso de un músculo de un animal recientemente sacrificado, el músculo se alargará.

Al quitar el peso, el músculo recuperará su longitud primitiva.

Excitabilidad. La excitabilidad o irritabilidad es una propiedad común a todas las células.

Las células musculares (fibras) tienen esa propiedad muy desarrollada.

La respuesta de los músculos a los excitantes es la ***contracción.***

El músculo puede ser excitado ***directamente*** (dejar caer unas gotas de ácido sobre las fibras musculares) o ***indirectamente*** (hacer pasar una corriente eléctrica por el nervio motor).

Contractilidad. La contractilidad es la propiedad más importante que poseen los músculos.

Consiste en cambiar de forma bajo el estímulo de distintos agentes.

Un músculo puede presentarse en dos estados distintos: en estado de ***contracción*** o en estado de ***relajación.***

Coloquemos una mano sobre la cara anterior del brazo y flexionemos el antebrazo.

El bíceps adquiere una forma globulosa, se acorta y se endurece considerablemente. ***Se ha contraído*** (Fig. 31-1 *A*).

Ahora, extendamos el antebrazo. El bíceps se alarga, disminuye de grosor y se ablanda. ***Se ha relajado*** (Fig. 31-1 *B*).

La contracción muscular determina cambios en la forma de los músculos, pero su volumen permanece inalterable.

Esto puede demostrarse con una sencilla experiencia (Fig. 31-2).

Introduzcamos en un recipiente lleno de agua la pata de una rana recientemente sacrificada, con su nervio descubierto.

Hagamos pasar por el nervio una corriente eléctrica. Los músculos de la pata se contraerán.

Si el volumen de los músculos aumentara, el nivel de agua ascendería.

Si el volumen de los músculos disminuyera, el nivel del agua descendería.

Pero el nivel del agua permanece constante.

Luego el volumen de los músculos no se ha alterado.

Causas de la contracción muscular. El músculo se contrae por un golpe que reciba, por una gota de ácido que caiga sobre él, por el estímulo de la corriente eléctrica.

Pero el estímulo natural de la contracción muscular es el impulso nervioso que le llega a través del nervio motor.

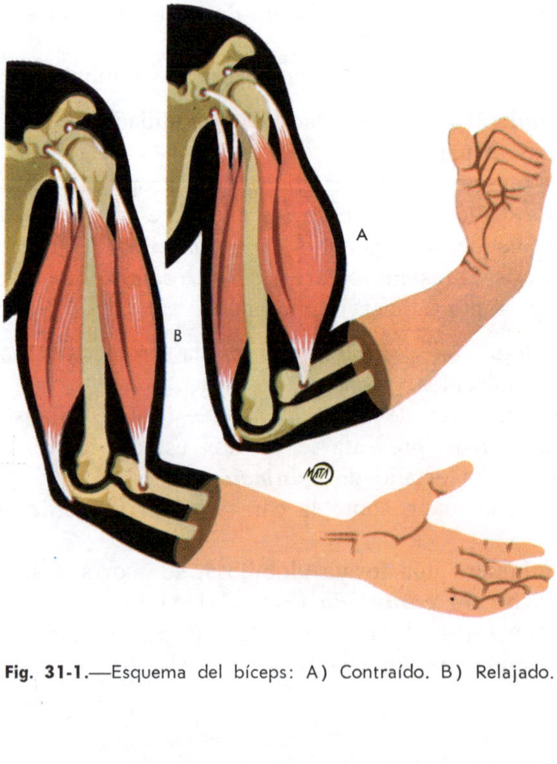

Fig. 31-1.—Esquema del bíceps: A) Contraído. B) Relajado.

Fig. 31-2.—Experimento para demostrar que la contracción muscular no altera el volumen de los músculos.

TONICIDAD MUSCULAR

Se llama tonicidad al estado de tensión de los músculos en reposo. Poseen esa propiedad tanto los músculos esqueléticos como los viscerales.

Debido a la tonicidad de los músculos que forman las paredes de los vasos sanguíneos, éstos mantienen cierta presión sobre la sangre.

Igualmente, las fibras musculares del estómago e intestinos mantienen cierto grado de tensión sobre su contenido.

La tonicidad de los músculos esqueléticos se emplea para el mantenimiento de las posiciones del cuerpo.

EL TRABAJO DE LOS MUSCULOS

El trabajo de los músculos depende de la clase a que pertenezcan.

1. **Músculos de fibras lisas.** Desempeñan distintas funciones:

a) Aumentan o disminuyen el calibre de los vasos sanguíneos.

b) Hacen progresar los alimentos en el tubo digestivo.

c) Determinan la expulsión de la orina, etc.

2. **Músculos estriados.** Al acortarse, tiran de los huesos y determinan los movimientos.

Intervienen en la marcha, la carrera, el salto y en todos los movimientos necesarios para el deporte y el trabajo.

3. **Músculo cardíaco.** La contracción del corazón es la causa principal de la circulación sanguínea.

Al contraerse el corazón, disminuye el tamaño de sus cavidades y la sangre es impulsada hacia las grandes arterias.

El corazón se contrae automática y rítmicamente desde la vida fetal hasta la muerte.

LA CONTRACCION MUSCULAR PRODUCE CALOR

Si colocamos el dorso de una mano sobre un brazo que ha estado trabajando activamente, lo encontramos más caliente que cuando estaba en reposo.

Hay una temperatura óptima, es decir, más apropiada, para obtener el máximo rendimiento de la contracción muscular.

Un lanzador no iniciará un juego de béisbol sin haber realizado previamente numerosos lanzamientos.

Un corredor no comenzará una competición sin haber corrido pequeñas distancias a corta velocidad.

A eso se llama en lenguaje deportivo ***calentamiento del músculo.***

LA CONTRACCION MUSCULAR PRODUCE SUSTANCIAS DE DESECHO

Entre estas sustancias se encuentra el ***dióxido de carbono*** y el ***ácido láctico.***

Esas sustancias son arrastradas por la circulación sanguínea y llevadas a los órganos encargados de eliminarlas.

El dióxido de carbono se expulsa por los pulmones en la respiración.

El ácido láctico lo elimina el riñón por la orina.

FATIGA MUSCULAR

La fatiga muscular es un estado de malestar que se experimenta en el músculo que ha estado contrayéndose durante mucho tiempo.

La fatiga muscular puede llegar a impedir la contracción.

Si el músculo afectado es el corazón, puede ocasionar la muerte.

Se ha creído que la fatiga es originada por el acúmulo en los músculos de los productos de desecho.

También es causa de fatiga el empobrecimiento del músculo en ***glucógeno.***

El glucógeno se almacena en el músculo y es necesario para su contracción.

En las personas habituadas a la realización de ejercicios, la circulación en los músculos es más activa.

La sangre, al circular más activamente, lleva al músculo mayor cantidad de alimento (oxígeno y glucosa).

El músculo transforma la glucosa en glucógeno.

Al mismo tiempo, retira más rápidamente del músculo las sustancias de desecho.

Por eso se explica que las personas entrenadas se fatiguen mucho menos que las no entrenadas.

SURMENAGE

Es un estado morboso producido por la prolongación del ejercicio más allá de la sensación de fatiga.

En el entrenamiento de un atleta debe evitarse la aparición del surmenage.

Cuando un atleta se prepara excesivamente para una competición, no obtiene tan buenos resultados como si se hubiera entrenado correctamente.

También hay un estado de surmenage mental.

Un estudiante no concurre a un examen en las mejores condiciones si ha estado estudiando ininterrumpidamente la noche anterior.

MECANISMO DE LOS MOVIMIENTOS

En la producción de los movimientos, los músculos son los ***órganos activos.*** Son los que tiran de los huesos.

Los huesos son los ***órganos pasivos.*** Se dejan arrastrar por la contracción muscular.

Las articulaciones son los puntos alrededor de los cuales se realizan los movimientos.

Los movimientos se efectúan de acuerdo con las leyes físicas de las palancas.

PALANCAS

La palanca es una barra inflexible que se emplea para realizar un esfuerzo.

En toda palanca encontramos tres elementos:

1. ***Punto de apoyo,*** *A,* que es el sitio sobre el cual gira.
2. ***Potencia,*** *P,* que es la fuerza que mueve la palanca.
3. ***Resistencia,*** *R,* que es el trabajo que queremos realizar.

Las palancas se dividen en tres grupos llamados ***géneros:***

El género de una palanca lo determina el elemento que ocupe el centro.

Si *A* está en el centro, la palanca es de primer género.

Si *R* está en el centro, es de segundo género.

Por último, la palanca es de tercer género si *P* está en el centro.

Como medio nemotécnico (procedimiento para recordar) podemos emplear la sílaba *ARP*.

Obsérvese el elemento que ocupa el centro de la palanca. Si corresponde a la primera, segunda o tercera letra de esa sílaba, será de primero, segundo o tercer género.

PALANCAS DE PRIMER GENERO (*A* entre *P* y *R*)

Si con una barra queremos mover una piedra, tendremos una palanca de primer género (Fig. 31-3 *A*).

R es el peso de la piedra.

P es la fuerza muscular del que mueve la palanca.

A es el punto de la palanca que descansa para poder girar.

El movimiento de la cabeza sobre la primera vértebra (para decir que sí) representa una palanca de primer género.

La cabeza tiende a inclinarse hacia adelante porque la mayor parte de su peso está por delante de su articulación con la columna vertebral.

R es el peso de la cabeza.

P es la fuerza de los músculos de la nuca que se insertan en el occipital.

A está en la articulación del atlas con el occipital (Fig. 31-3 *B*).

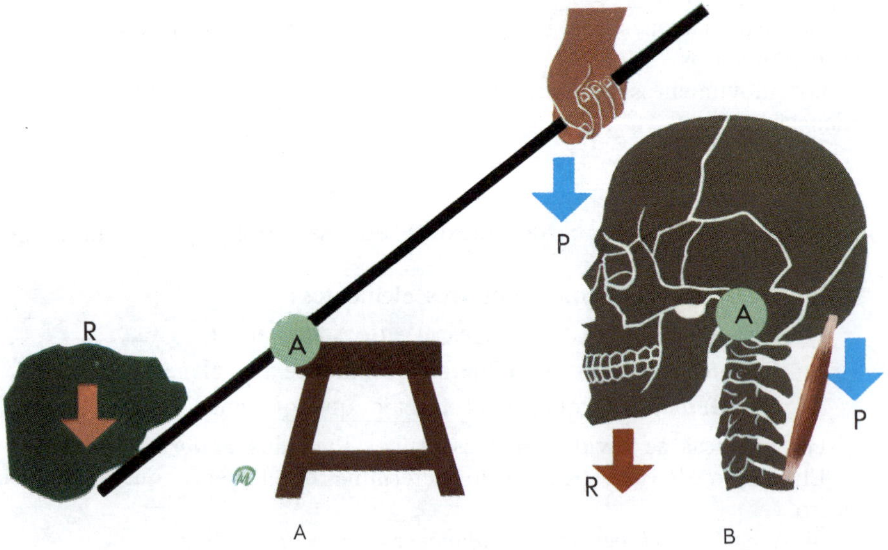

Fig. 31-3.—Palancas de primer género: A) Levantamiento de una piedra por medio de una barra. B) Movimiento de la cabeza sobre la columna vertebral.

PALANCAS DE SEGUNDO GENERO (*R* entre *P* y *A*)

Cuando levantamos o transportamos un peso en una carretilla, estamos utilizando una palanca de segundo género (Fig. 31-4 *A*).

R es el peso de la carretilla y de su carga.

P es la fuerza muscular del que mueve la carretilla.

A está en el eje de la rueda cuando levantamos la carretilla, que se transmite al punto en que la rueda toca el suelo cuando transportamos el peso.

Cuando elevamos el cuerpo sobre la punta de los pies, utilizamos una palanca de segundo género (Fig. 31-4 *B*).

R es el peso del cuerpo, que cae sobre la articulación del tobillo.

P es la fuerza muscular de los gemelos que se aplica por el tendón de Aquiles en el calcáneo.

A está en la punta de los pies.

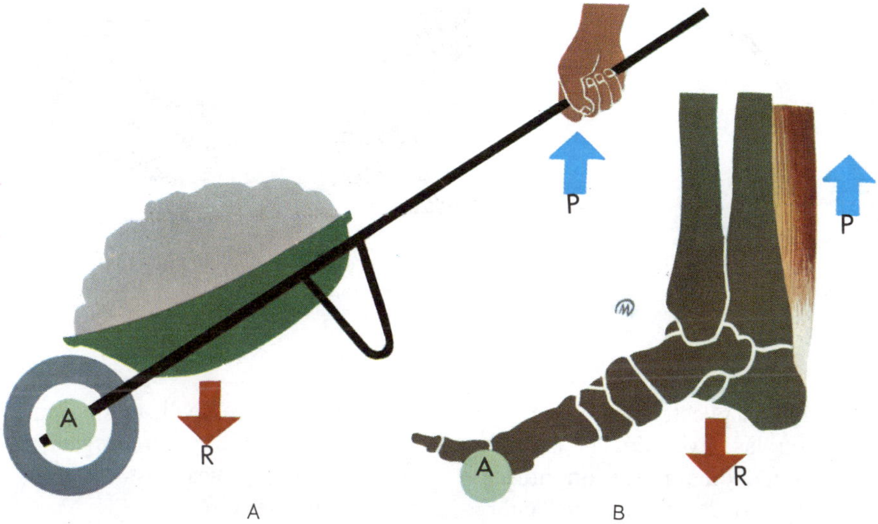

Fig. 31-4.—Palancas de segundo género: A) Carretilla. B) Movimiento de elevación sobre las puntas de los pies.

PALANCAS DE TERCER GENERO (*P* entre *A* y *R*)

Un ejemplo de palanca de tercer género lo tenemos en la vara del pescador cuando saca un pez del agua (Fig. 31-5 *A*).

R es el peso del pez, que pende del extremo de la vara.

P es la fuerza del pescador.

A está en el extremo libre de la vara.

La flexión del antebrazo es un ejemplo de palanca de tercer género (Fig. 31-5 *B*).

R es el peso del antebrazo y de la mano.

P es la fuerza muscular del bíceps que se inserta en el radio.

A está en la articulación del codo.

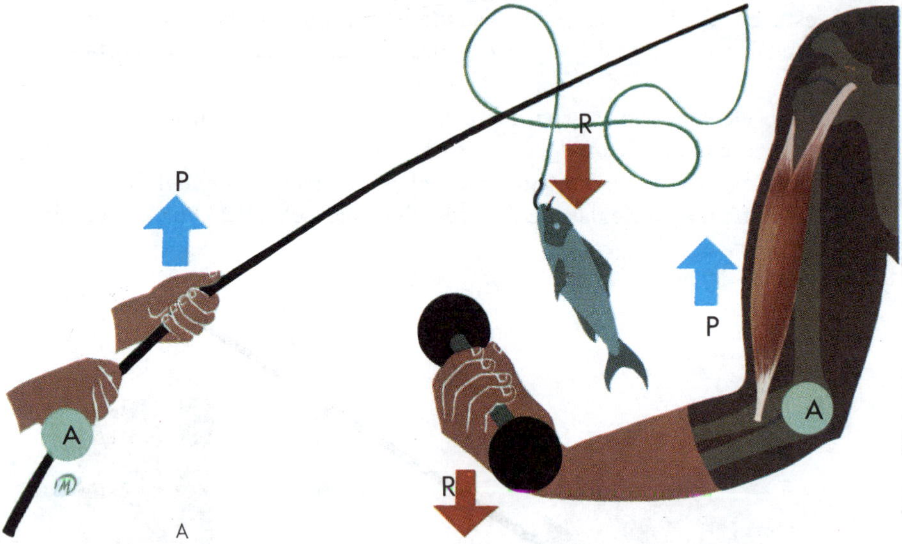

Fig. 31-5.—Palancas de tercer género: A) Una vara de pescar. B) Movimiento de flexión del antebrazo.

EMPLEO DE LAS PALANCAS

Hemos puesto ejemplos de los movimientos que se realizan de acuerdo con las leyes de las palancas de primero, segundo y tercer géneros.

Donde quiera que un músculo se inserte en un hueso está *P*.

El peso de la parte del cuerpo que movamos será *R*.

La articulación alrededor de la cual se efectúa el movimiento será *A*.

Las palancas se emplean en el organismo con dos fines:

1. **Producir movimientos.** Esos movimientos se emplean en los trabajos, en los deportes, en todas las necesidades de la vida diaria.

2. **Mantener las posiciones del cuerpo.** Cuando permanecemos acostados no tenemos necesidad de contraer ningún músculo.

Por eso esa posición se adopta para el sueño y el descanso.

En esa posición hay una ***base de sustentación*** muy amplia.

Base de sustentación es la figura que resulta de reunir los puntos extremos con que el cuerpo toca el plano sobre el cual descansa.

En la figura 31-6 se muestran varias bases de sustentación.

Una posición será tanto más fatigosa cuanto más pequeña sea la base de sustentación.

Para mantenernos en pie tenemos que contraer numerosos grupos musculares (Fig. 31-7).

Si nos sentamos, no tenemos que contraer los músculos de las extremidades inferiores.

La posición sentada es una posición de relativo descanso.

Si el asiento tiene respaldo, el descanso es mayor por no ser necesario contraer los músculos del tronco.

Las posiciones del cuerpo se mantienen debido a la tonicidad muscular.

La tonicidad es el estado de tensión del músculo en reposo.

Pongamos un ejemplo: una persona despierta mantiene, sin esfuerzo, su cabeza erguida.

Si está sentada y soñolienta, su cabeza presenta movimientos de atrás adelante.

Cuando queda dormida, la cabeza cae hacia delante. Los músculos han perdido su tonicidad.

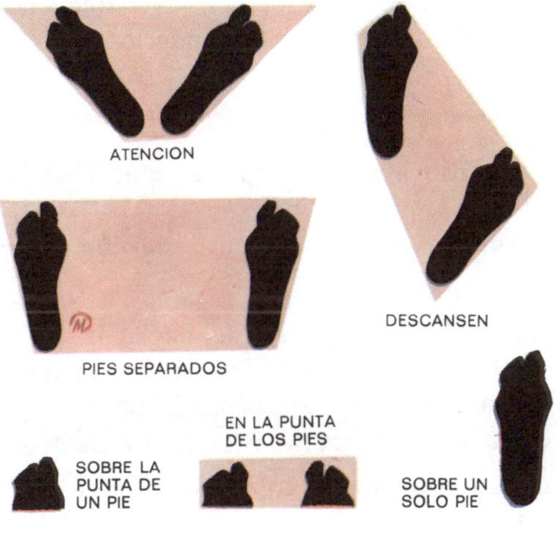

Fig. 31-6.—Algunas bases de sustentación.

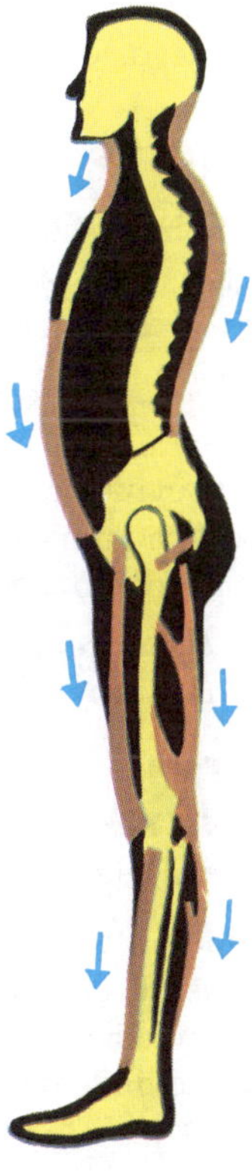

Fig. 31-7. — Músculos necesarios para mantener la posición en pie.

GESTICULACION

Los músculos cutáneos de la cara expresan distintos estados de ánimo (alegría, tristeza, dolor, cólera, etc.).

Al hablar, realizamos movimientos con las manos y los brazos para dar mayor énfasis a lo que decimos.

No podemos concebir un orador que pronunciara un discurso con las manos en los bolsillos.

No convencería ni entusiasmaría a su auditorio.

Para darnos cuenta de la importancia de la gesticulación, recordemos que podemos entender a un mudo que, emitiendo sonidos inarticulados, gesticule ampliamente.

LENGUAJE DE ACCION

Los sordomudos emplean también otro modo de comunicarse con sus semejantes.

Cada letra del alfabeto es representada por un movimiento de la mano.

Es interesante observar la extraordinaria rapidez con que hablan. Desde luego, es necesario un entrenamiento para entenderlos.

LOCOMOCION

El hombre se traslada de un sitio a otro debido a la acción de sus músculos.

Hay tres procedimientos naturales de locomoción: ***marcha, carrera*** y ***natación.***

Marcha. Al iniciarse la marcha, el cuerpo se inclina hacia adelante. Para evitar que caiga, una pierna se levanta del suelo y avanza. A esto se denomina un ***paso.*** La marcha es una sucesión de pasos.

Se ha dicho que es una caída hacia adelante detenida a tiempo.

En la marcha hay momentos alternados de apoyo sobre los dos pies y de apoyo sobre un solo pie.

Carrera. La carrera es una sucesión de ***saltos.***

En la carrera hay momentos en que el cuerpo está suspendido en el aire y momentos de apoyo sobre un solo pie.

Natación. La natación es el traslado del cuerpo sumergido total o parcialmente en un líquido.

Hay muchas variedades de estilos de natación, pero en todas se producen movimientos bruscos de flexión y de extensión de las extremidades.

EN POCAS PALABRAS

Propiedades de los músculos.	**Elasticidad** (recuperación de su forma). **Excitabilidad** (respuesta a los estímulos). **Contractibilidad** (cambios en sus dimensiones).

El estado contrario a la **contracción** es la **relajación.**

Empleo de la contracción muscular.	Se realizan los movimientos. Funcionan algunas vísceras (corazón, estómago, intestinos).

La **tonicidad** es el estado de tensión de los músculos en reposo.

Los movimientos se realizan de acuerdo con las leyes físicas de las **palancas.**

Formas de locomoción.	**Marcha** (alterna momentos de apoyo doble y de apoyo simple). **Carrera** (alterna momentos de apoyo simple y de suspensión del cuerpo en el aire). **Natación** (desplazamiento en un medio líquido).

32 *Higiene del sistema muscular*

NECESIDAD DEL EJERCICIO MUSCULAR

Una persona sufre una fractura de un hueso de una pierna.

Se le coloca un aparato enyesado para inmovilizar la fractura.

Dos meses después, cuando se quita el yeso, se comprueba que la pierna fracturada está más delgada que la pierna sana.

¿Qué consecuencia se deriva de este hecho?

Que la inmovilidad determina la atrofia muscular.

Se somete al enfermo a un tratamiento en que se ejerciten los músculos de la pierna fracturada.

Algún tiempo después, tiene el mismo grosor que la pierna sana.

¿Qué nos demuestra esto?

Que el ejercicio desarrolla los músculos.

Para el normal desarrollo de los músculos necesitamos ejercitarlos.

EQUILIBRIO FISIOLOGICO DEL TRABAJO

El trabajo de todos los hombres no es igual.

Algunos realizan trabajos musculares rudos.

Otros, en cambio, trabajan en la quietud de una oficina y realizan pequeños esfuerzos musculares.

Se dice que llevan una ***vida sedentaria.***

Para que exista un equilibrio saludable, el que trabaja con sus músculos debe dedicar algún tiempo al estudio, y el trabajador intelectual debe ejercitar sus músculos.

PELIGROS DE LA VIDA SEDENTARIA

El individuo que no realiza ejercicios corporales, rara vez goza de salud perfecta.

No solamente se atrofian sus músculos. La respiración, la circulación y la excreción se realizan con poco vigor.

Recordemos que por la respiración tomamos el oxígeno del aire.

Que por la circulación repartimos a las células el oxígeno y las sustancias nutritivas.

Y que por la excreción eliminamos las sustancias de desecho.

VENTAJAS DE LA REALIZACION DE EJERCICIOS MUSCULARES

Quien efectúa metódicamente ejercicios musculares disfruta de las siguientes ventajas:

1. Aumentará el tamaño de sus músculos y gozará de mayor fuerza muscular.

2. Aumentará su apetito, con lo cual mejorará su nutrición.

3. Disminuirá la grasa superflua que se deposita en los tejidos y crea la obesidad. Las personas gruesas se sofocan al menor esfuerzo. Las que no lo son, pueden realizar un trabajo mayor sin sofocarse.

4. Aumentará su capacidad pulmonar.

Esto tiene una enorme importancia. Tomamos mayor cantidad de oxígeno y eliminamos mayor cantidad de dióxido de carbono.

5. Aumentará su actividad circulatoria.

Cuando hacemos ejercicios musculares intensos, el corazón se contrae más rápidamente.

Recordemos que el corazón es un músculo que se beneficia y desarrolla con un ejercicio adecuado.

Las contracciones de un corazón más desarrollado serán más enérgicas y eficaces.

6. Aumentará la eliminación de sustancias tóxicas.

Cuando realizamos ejercicios musculares nuestra piel se cubre de sudor.

La mayor cantidad de sudor representa una mayor eliminación de sustancias tóxicas.

7. Adquirirá elegancia y soltura en los movimientos.

Ciertos ejercicios, como las danzas, comunican mayor soltura a las articulaciones.

8. Será más útil desde el punto de vista social.

Un individuo fuerte y ágil tiene mayores oportunidades de ser útil a sus semejantes.

Supongamos un accidente. En un derrumbe, un hombre se encuentra cubierto de escombros. Una persona fuerte podrá quitar las grandes piedras y maderos que lo cubren. Una persona débil no podrá prestar un auxilio eficaz.

Supongamos un individuo que se ahoga.

En la orilla hay dos personas. Una sabe nadar y conoce cómo realizar el salvamento. Puede salvar una vida.

La otra no sabe nadar ni prestar auxilio a alguien que se ahoga. Será un triste espectador de la tragedia.

PELIGROS DEL EXCESO DE EJERCICIOS

Hemos mencionado las ventajas de la realización de ejercicios musculares.

Pero el abuso o exceso de ejercicio es muy perjudicial.

No debemos continuar el ejercicio cuando aparezca el cansancio.

Además, hay ejercicios, como el levantamiento de pesos, que exigen un gran esfuerzo muscular.

Hay esfuerzos superiores a la resistencia del organismo.

Se han observado casos de muerte violenta después de realizar esfuerzos extraordinarios. Se ha producido la ruptura de vasos sanguíneos importantes.

Todo atleta debe someterse periódicamente a un examen médico.

Las lesiones del aparato circulatorio, especialmente las del corazón, obligan a la supresión del ejercicio.

CONDICIONES EN QUE DEBEN REALIZARSE LOS EJERCICIOS

Consideraremos tres factores: ***indumentaria, sitio*** y ***hora.***

Indumentaria. Los ejercicios deben realizarse con escasa cantidad de ropa.

Los antiguos griegos efectuaban sus ejercicios completamente desnudos.

Terminados los ejercicios, debe evitarse el enfriamiento brusco del cuerpo por la evaporación rápida del sudor, cubriéndose con una camisa de lana.

Sitio. El sitio ideal es al aire libre.

A veces, por condiciones del tiempo, es necesario realizar los ejercicios bajo techo. Pero, siempre que se pueda, es mejor realizarlos en espacios abiertos.

Hora. Antes de tomar el desayuno pueden realizarse ejercicios moderados, especialmente respiratorios.

Los ejercicios más fuertes deben efectuarse por la tarde, cuando los rayos solares no son tan intensos.

Deben evitarse los ejercicios violentos después de las comidas.

El músculo que se contrae necesita mayor cantidad de sangre que el que está en reposo y el estómago requiere mayor cantidad de sangre cuando está funcionando.

Y no pueden recibir a un mismo tiempo ese exceso de sangre los músculos y el estómago.

EJERCICIOS ADECUADOS A LAS DISTINTAS EDADES

Durante la niñez, los ejercicios más adecuados son los juegos en que intervienen la carrera y el salto.

Debemos cuidar que no sean excesivos y que no ocasionen un cansancio profundo.

En la adolescencia y en la edad adulta la forma más agradable de realizar ejercicios musculares es la práctica de los deportes.

Ejemplo de ellos son el béisbol, el fútbol, el baloncesto, el tenis, etc. (Fig. 32-1).

En esos deportes se realizan el salto, la carrera y el lanzamiento de la pelota, directamente o con ayuda de una raqueta.

En la edad madura y en la vejez debe evitarse la práctica de ejercicios de gran intensidad.

La marcha es un ejercicio suave apropiado para todas las edades, pero especialmente para la vejez.

Activa las funciones orgánicas y estimula el apetito sin producir un cansancio exagerado.

LOS EJERCICIOS METODIZADOS Y LOS DEPORTES. SUS VENTAJAS E INCONVENIENTES

Si nuestro trabajo no exige esfuerzos musculares, debemos realizar ejercicios físicos.

Para eso podemos practicar algún deporte o realizar los ejercicios metodizados de algún sistema gimnástico.

Los deportes son más agradables, pero exigen condiciones especiales que no tienen todas las personas.

A menudo se descorazonan las que no tienen esas condiciones y abandonan el deporte.

Los ejercicios gimnásticos son a veces monótonos, pero las personas constantes obtienen grandes beneficios de su realización.

En estos ejercicios puede graduarse la intensidad del esfuerzo y realizarse repetidamente de modo progresivo.

PRINCIPALES ENFERMEDADES Y TRASTORNOS DE LOS MUSCULOS

A veces, cuando se realizan grandes esfuerzos musculares, pueden producirse ***estiramientos*** y ***ruptura de las fibras musculares.*** El accidente es muy doloroso y ocurre con frecuencia en la práctica de los deportes.

Se llama ***miositis*** a la inflamación del tejido muscular.

La miositis puede ser producida por traumatismos o por procesos infecciosos.

Fig. 32-1.—Los deportes son una forma agradable de realizar ejercicios.

En los músculos pueden desarrollarse distintos tumores.

Todos reciben la denominación genérica de ***miomas.***

Pueden ser benignos o malignos.

Se llama ***parálisis*** a la pérdida de movimiento de uno o muchos músculos.

Las parálisis son producidas por distintas causas:

1. Puede haber una lesión de los órganos del sistema nervioso central, como ocurre en la ***poliomielitis*** o ***parálisis infantil.***

2. El nervio que conecta el órgano del sistema central con el músculo puede estar comprimido o seccionado, como puede ocurrir en una herida.

3. Por último, la causa de la parálisis puede estar en el mismo músculo. Así ocurre en las miositis agudas, en las cuales el músculo está paralizado por el dolor que ocasionan sus contracciones.

Pongamos un ejemplo que aclare este hecho:

La causa por la cual no se encienda una lámpara eléctrica puede ser:

1. Desperfecto en la planta generadora.
2. La rotura del cable que lleva la corriente.
3. Que la bombilla esté inutilizada.

EN POCAS PALABRAS

El músculo que se ejercita se desarrolla.

El músculo que no se ejercita se atrofia.

Los que trabajan intensamente con sus músculos deben realizar algún trabajo mental.

Los que realizan trabajo intelectual deben hacer ejercicios musculares.

La realización metódica de ejercicios musculares proporciona numerosas ventajas: aumenta las fuerzas del músculo, aumenta el apetito, disminuye la grasa superflua, aumenta la capacidad pulmonar, la actividad circulatoria y la eliminación de sustancias de desecho y la adquisición de elegancia en los movimientos y de mayor utilidad social.

En la niñez los ejercicios más apropiados son los juegos; en la adolescencia y en la edad adulta, los deportes; en la vejez, la marcha.

La **miositis** es la inflamación del músculo.

Los tumores musculares se llaman **miomas.**

La **parálisis** es la imposibilidad de mover una parte del cuerpo.

33 Organos centrales

Generalidades. Todas las funciones del cuerpo están reguladas por dos sistemas: el ***sistema nervioso*** y el ***sistema endocrino.***

Ya hemos estudiado el sistema endocrino.

Veamos ahora el papel que desempeña el sistema nervioso.

Al cruzar una calle vemos un automóvil que se acerca. Nos quedamos en la acera.

Pasamos la mano por la superficie de una mesa, notamos que es lisa.

Cuando masticamos un alimento, las glándulas salivales producen saliva.

Al recibir una impresión violenta, la piel de nuestra cara palidece.

Hemos visto el automóvil, hemos apreciado la lisura de la mesa, segregamos saliva, empalidecemos y realizamos numerosas funciones más con la intervención del sistema nervioso.

El sistema nervioso es un conjunto de órganos cuya función consiste en ponernos en contacto con el medio exterior (sensibilidad) y dirigir las funciones orgánicas.

La producción de movimientos (motilidad), la secreción de las glándulas, la circulación, la digestión, etc., están presididas por el sistema nervioso.

En los vertebrados superiores, y especialmente en el hombre, dirige también las actividades intelectuales y afectivas.

La parte de la Anatomía que estudia el sistema nervioso se llama ***Neurología.***

El sistema nervioso está formado por dos sistemas secundarios:

1. El ***sistema cerebroespinal,*** que interviene en las funciones de la vida de relación (sensibilidad, locomoción).

2. El ***sistema autónomo,*** que regula las funciones de la vida vegetativa (circulación, respiración, digestión, etc.).

Sin embargo, no hay una independencia completa entre ambos sistemas, ya que existen numerosas conexiones nerviosas entre los mismos.

El sistema autónomo se subdivide en sistema simpático y sistema parasimpático.

ESTRUCTURA MICROSCOPICA DEL TEJIDO NERVIOSO

Para comprender las funciones del sistema nervioso necesitamos conocer su estructura microscópica.

La unidad estructural del sistema nervioso es una célula muy especializada llamada ***neurona*** (Fig. 33-1).

Como toda célula, la neurona presenta una masa de citoplasma que contiene el núcleo.

Además, las neuronas presentan dos clases de prolongaciones o fibras: ***dendritas*** y el ***cilindroeje*** o ***axón.***

Las dendritas, colocadas en torno al citoplasma, son generalmente cortas aunque, a veces, alcanzan considerable longitud.

El cilindroeje termina dando arborizaciones (ramas terminales) y, a veces, da ramas colaterales en ángulo recto.

Podemos considerar tres clases de neuronas:

1. **Neuronas sensitivas** o **aferentes,** que llevan a los órganos centrales los impulsos nerviosos originados en distintas partes del cuerpo.

2. **Neuronas motoras** o **eferentes,** que llevan los impulsos nerviosos desde los órganos centrales a los músculos o a las glándulas.

3. **Neuronas intercaladas** o de **asociación,** que sirven de intermediarias entre otras neuronas.

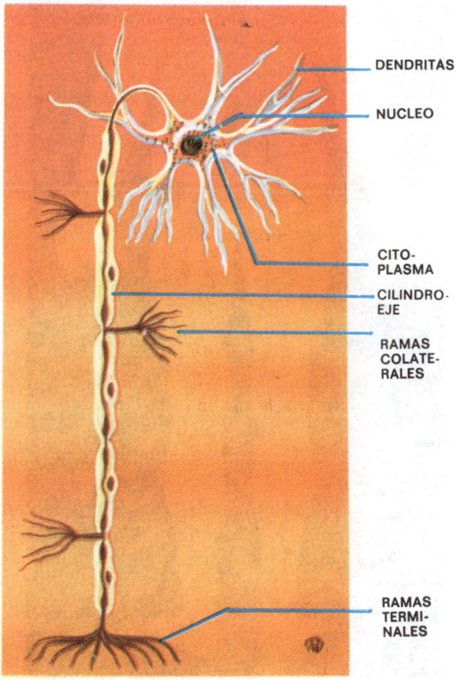

Fig. 33-1.—Representación esquemática de una neurona.

Las terminaciones o fibras de las neuronas se unen para formar los nervios.

ASPECTO MACROSCOPICO DEL TEJIDO NERVIOSO

Observado a simple vista, el tejido nervioso se presenta bajo dos aspectos distintos: ***sustancia blanca*** y ***sustancia gris.***

Estas dos sustancias se distribuyen de modo distinto en los diferentes órganos.

En algunos (cerebro), la sustancia gris ocupa la periferia y la blanca el centro.

En otros (medula espinal), la sustancia gris se halla en el centro y la blanca en la periferia.

Esta distribución es constante en cada órgano.

SISTEMA CEREBROESPINAL

El sistema cerebroespinal está formado por:

1. El ***eje cerebroespinal,*** alojado en el cráneo y en la columna vertebral.

2. Los ***nervios,*** que son unos cordones que unen el eje con los órganos de los sentidos, los músculos y las glándulas (Fig. 33-2).

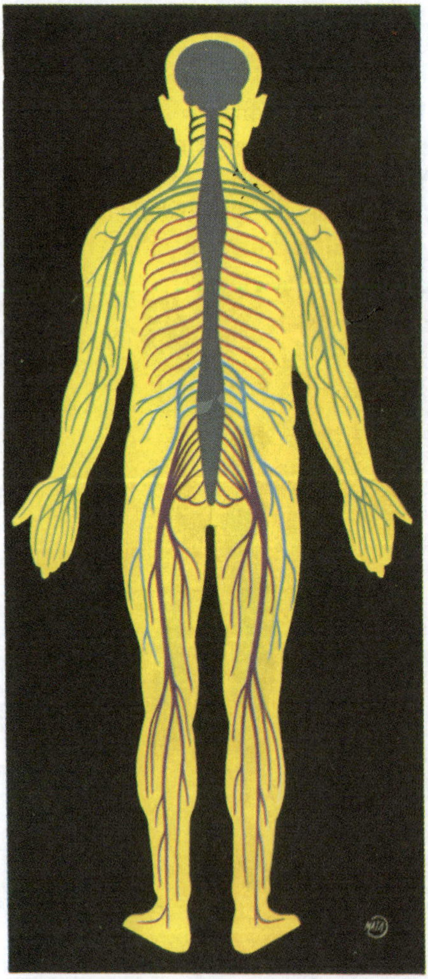

Fig. 33-2.—Sistema cerebroespinal.

EJE CEREBROESPINAL

Lo constituyen la medula espinal y el encéfalo.

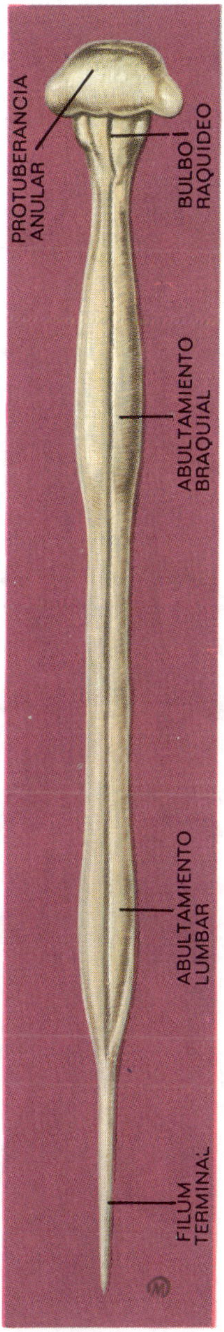

MEDULA ESPINAL

La medula espinal es un largo tallo cilindroideo de sustancia nerviosa (Fig. 33-3).

Se halla alojada en el canal que le forma la columna vertebral.

Es ligeramente aplanada de delante a atrás, presenta dos ***abultamientos:*** uno cervical y otro lumbar y se adelgaza hacia abajo para formar el ***filum terminal.***

A derecha y a izquierda la medula emite unos cordones de sustancia blanca, denominados ***nervios raquídeos.***

Los nervios raquídeos salen por los ***agujeros de conjunción*** de la columna vertebral.

Se llaman agujeros de conjunción porque están formados por la unión de dos vértebras vecinas (Fig. 33-4).

Longitud de la medula. En el embrión humano de tres meses la medula ocupa la totalidad del canal raquídeo.

Fig. 33-3.—Medula espinal.

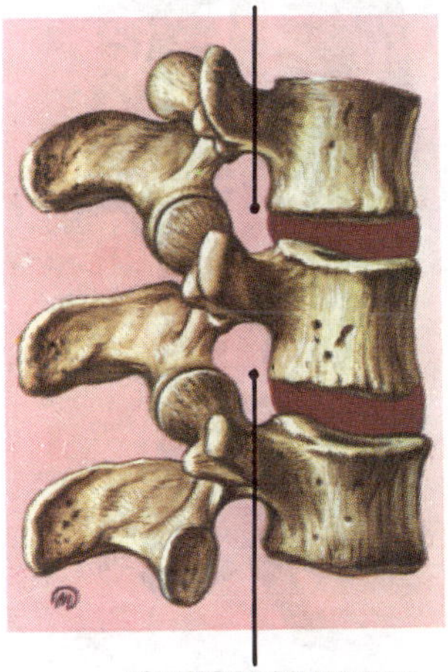

Fig. 33-4.—Columna vertebral vista lateralmente para mostrar los agujeros de conjunción.

Los nervios que salen de la medula encuentran frente a ellos sus agujeros de conjunción correspondientes (Fig. 33-5).

Pero la columna vertebral crece más que la medula.

En el adulto la medula llega tan sólo hasta la segunda vértebra lumbar, de donde se continúa con el filum terminal.

Los nervios raquídeos no encuentran frente a ellos sus agujeros de conjunción correspondientes.

Tienen que seguir un trayecto dentro del canal raquídeo para encontrarlos.

A la reunión del filum terminal y los últimos nervios raquídeos se llama ***cola de caballo*** (figura 33-6).

Estructura interior de la medula. Si damos un corte horizontal a la medula, veremos que está formada por sustancia blanca y por sustancia gris (Fig. 33-7).

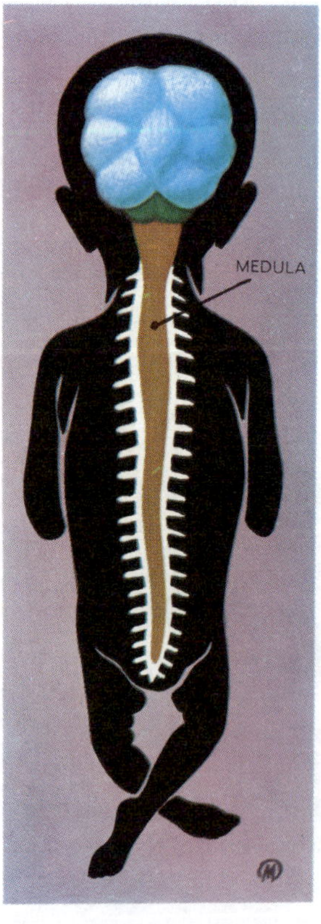

Fig. 33-5.—Embrión humano de tres meses. La medula ocupa la totalidad del canal raquídeo.

Fig. 33-6.—Cola de caballo.

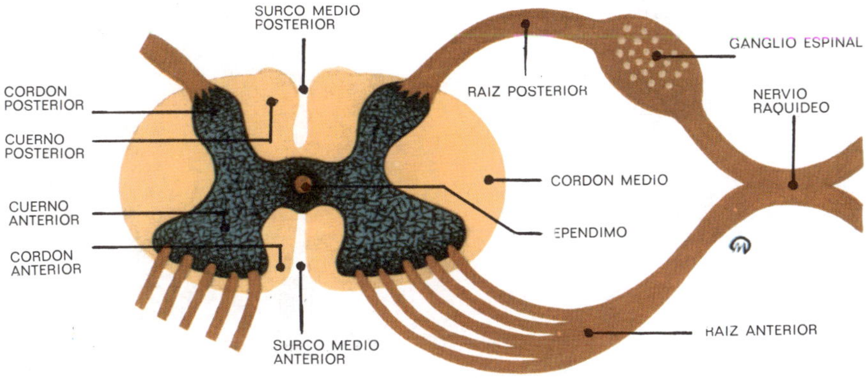

Fig. 33-7.—Esquema de la medula espinal vista en un corte horizontal

La sustancia gris ocupa la porción central, adopta la forma de una "H" y tiene en su centro un conducto llamado ***epéndimo.***

Observemos la figura 33-7. El ***surco medio anterior*** y el ***surco medio posterior*** dividen la medula en dos mitades.

Los extremos de las ramas de la "H" son los ***cuernos anteriores*** y ***posteriores.***

De los cuernos parten las ***raíces anteriores*** y ***posteriores*** que, al reunirse después de su salida de la medula, forman los ***nervios raquídeos.***

La sustancia blanca queda dividida en cada mitad de la medula en tres porciones llamadas ***cordones anterior, medio*** y ***posterior.***

La raíz posterior presenta cerca de su salida de la medula un abultamiento, el ***ganglio espinal.***

ENCEFALO

El encéfalo se encuentra en la cavidad craneal.

Está formado por: el ***bulbo raquídeo,*** el ***cerebelo,*** el ***istmo del encéfalo*** y el ***cerebro.***

Bulbo raquídeo o medula oblongada. Es el ensanchamiento superior de la medula espinal (Fig. 33-8).

Tiene forma de cono con su parte más ancha hacia arriba.

Su altura es de 3 cm y pesa 6 a 7 gr.

En el bulbo, como en la medula espinal, la sustancia gris ocupa la porción central y la blanca, la periferia.

Las fibras procedentes de cada mitad del cerebro (motoras) cruzan a nivel del bulbo para descender por el lado opuesto de la medula.

Igualmente, las fibras procedentes de cada mitad del cuerpo (sensi-

Fig. 33-8.—Bulbo raquídeo visto por su cara anterior.

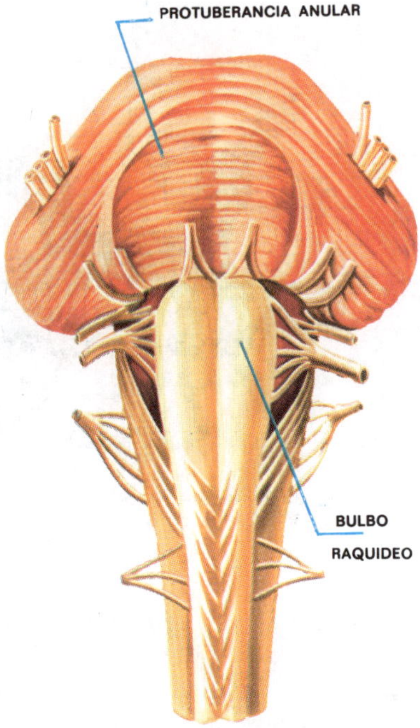

tivas), cruzan a nivel del bulbo para dirigirse a la mitad opuesta del cerebro.

Al estudiar las funciones del bulbo veremos cuáles son las consecuencias de este cruce.

CEREBELO

El cerebelo ocupa la parte posterior e inferior de la cavidad craneana. Pesa aproximadamente 140 gramos.

División del cerebelo. En el cerebelo encontramos dos masas laterales denominadas ***lóbulos laterales*** o ***hemisferios cerebelosos*** y un ***lóbulo medio*** o ***vermis,*** llamado así por su aspecto parecido a un gusano (Fig. 33-9).

La superficie del cerebelo presenta surcos que lo dividen en ***lóbulos.*** Los lóbulos presentan un aspecto parecido al que dejaría el paso de un peine sobre un trozo de arcilla blanda.

Estructura interior del cerebelo. Si damos un corte medio al cerebelo observaremos:

1. Que la sustancia blanca ocupa el centro.
2. Que la sustancia gris (corteza cerebelosa) se encuentra en la periferia.
3. Que la corteza cerebelosa penetra en los surcos profundos y determina un aspecto arborescente al cual los antiguos anatómicos llamaron ***árbol de la vida*** (Fig. 33-10).

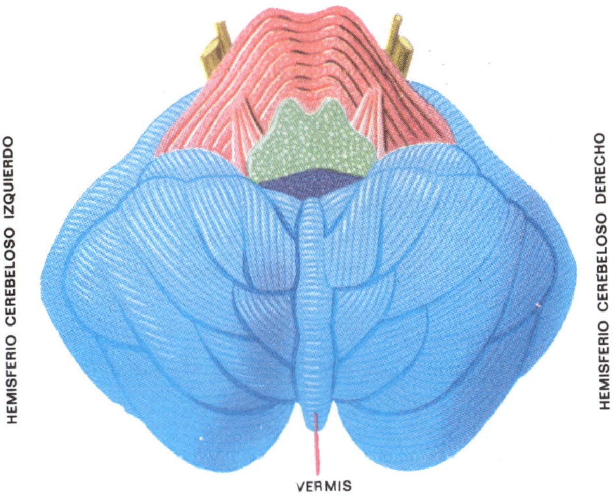

Fig. 33-9.—Cerebelo visto por su cara inferior.

Fig. 33-10.—Corte central del cerebelo para ver el árbol de la vida.

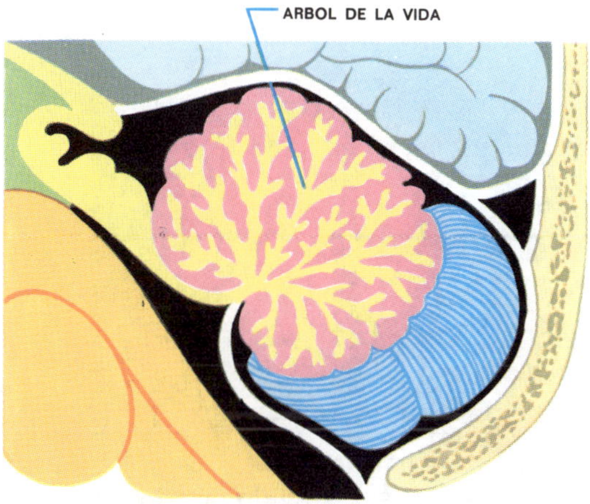

ISTMO DEL ENCEFALO

Se llama istmo del encéfalo a la porción de la masa encefálica que une entre sí el cerebro, el cerebelo y el bulbo.

CEREBRO

El cerebro es una masa de sustancia nerviosa de forma ovoidea que ocupa las 9/10 partes de la cavidad craneana.

Su peso aproximado es de 1 200 gr en el hombre y de 1 000 gr en la mujer.

El cerebro ocupa las porciones superior, anterior y laterales de la cavidad craneana.

División y subdivisión del cerebro. Visto por arriba, el cerebro presenta en la línea media una hendidura que lo divide en dos mitades.

Cada mitad es un ***hemisferio cerebral*** y la hendidura se llama ***interhemisférica.***

En su porción media ambos hemisferios están unidos por una lámina de sustancia blanca llamada ***cuerpo calloso*** (Fig. 33-11).

La superficie cerebral no es igual en todos los vertebrados.

Es lisa en los vertebrados inferiores, que se llaman ***lisencéfalos.***

En cambio, los vertebrados superiores se llaman ***girencéfalos*** por presentar su superficie cerebral con numerosos accidentes.

El hombre es el animal que presenta más accidentada su superficie cerebral.

La superficie del cerebro presenta entrantes y salientes.

Los entrantes profundos ***(cisuras),*** lo dividen en ***lóbulos.***

Cada lóbulo presenta entrantes más superficiales ***(surcos),*** que lo dividen en ***circunvoluciones*** (Fig. 33-12).

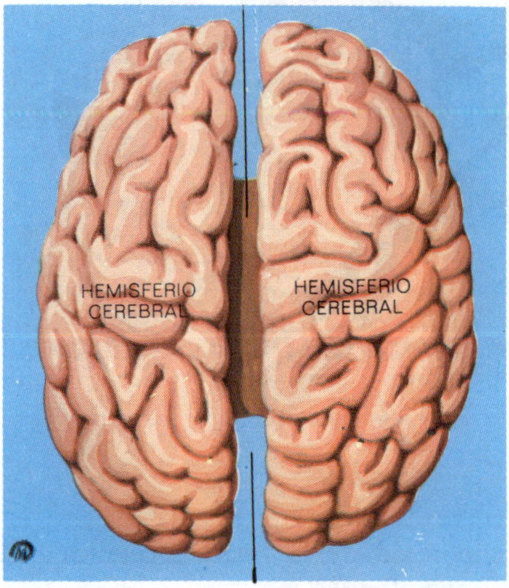

Fig. 33-11.—Cerebro visto por arriba.

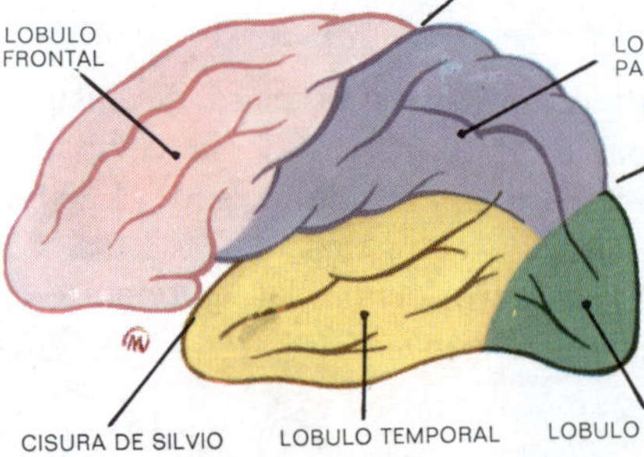

Fig. 33-12.—Cerebro visto por su cara superoexterna. Obsérvense las cisuras, los lóbulos, los surcos y las circunvoluciones.

Fig. 33-13.—Corte horizontal del cerebro en el cual puede observarse la disposición de la sustancia blanca central y la gris periférica.

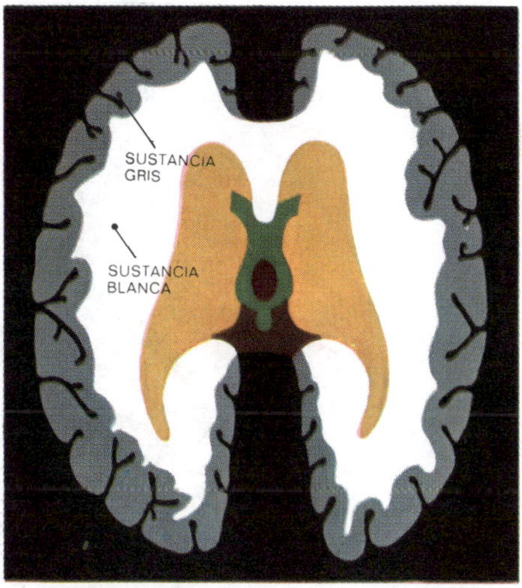

Estructura interior del cerebro. Como el cerebelo, el cerebro presenta la sustancia blanca central y la gris, periférica (Fig. 33-13).

La sustancia gris tiene un grosor aproximado de 3 mm y se llama ***corteza cerebral.***

En el cerebro se encuentran miles de millones de neuronas.

Los cuerpos celulares de esas neuronas se encuentran en la sustancia gris.

En la corteza cerebral se hallan los cuerpos de las neuronas sensitivas que reciben los impulsos nerviosos procedentes de la distintas partes del cuerpo.

También se encuentran allí los cuerpos de las neuronas motoras que emiten impulsos nerviosos a los músculos.

La sustancia blanca está formada por las prolongaciones (fibras) de esas neuronas.

Esas fibras ponen en comunicación las distintas partes del cerebro entre sí y al cerebro con los restantes órganos del sistema nervioso.

En el interior del cerebro se encuentran tres cavidades llamadas ***ventrículos.*** Dos son laterales y el tercero ocupa una posición central.

Los ventrículos están ocupados por el ***líquido cefalorraquídeo.***

Hay un ***cuarto ventrículo*** que se forma a la altura del bulbo raquídeo y que se continúa con el conducto del epéndimo de la medula espinal.

MENINGES Y LIQUIDO CEFALORRAQUIDEO

Los órganos centrales del sistema cerebroespinal (encéfalo y medula) están rodeados por tres membranas concéntricas que reciben, en conjunto, el nombre de ***meninges*** (Fig. 33-14).

La externa se llama ***duramadre;*** la media, ***aracnoides,*** y la interna, ***piamadre.***

Entre la aracnoides y la piamadre se encuentra el ***líquido cefalorraquídeo.***

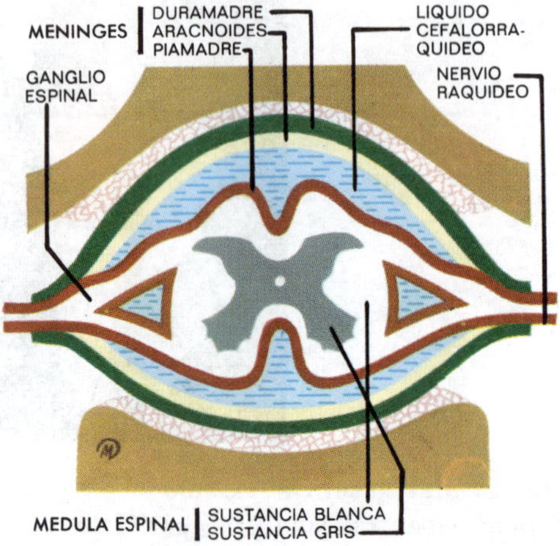

Fig. 33-14.—Corte horizontal de la medula que permite ver las meninges, el líquido cefalorraquídeo y la formación de los nervios raquídeos.

EN POCAS PALABRAS

- Sistema nervioso
  - Sistema cerebroespinal (vida de relación)
    - Eje cerebroespinal (Organos centrales)
      - Medula
      - Encéfalo
        - Bulbo
        - Istmo
        - Cerebelo
        - Cerebro
    - Nervios (Organos periféricos) (1)
  - Sistemas autónomos (vida vegetativa) (1)

(1) Los nervios y el sistema autónomo serán estudiados en la próxima lección.

Organos periféricos del sistema cerebroespinal. Sistemas autónomos 34

NERVIOS

Los órganos periféricos del sistema cerebroespinal son los ***nervios.***

Los nervios son unos cordones formados por la reunión de las prolongaciones de las neuronas (dendritas y axones).

Los nervios ponen en comunicación los órganos centrales con las distintas partes del cuerpo.

La estructura de los nervios nos recuerda la de un cable eléctrico (Fig. 34-1).

Algunas fibras nerviosas están recubiertas por una sustancia grasa llamada ***mielina.***

Las fibras que forman los nervios de los sistemas autónomos están desprovistas de mielina (fibras amielínicas) (Fig. 34-2).

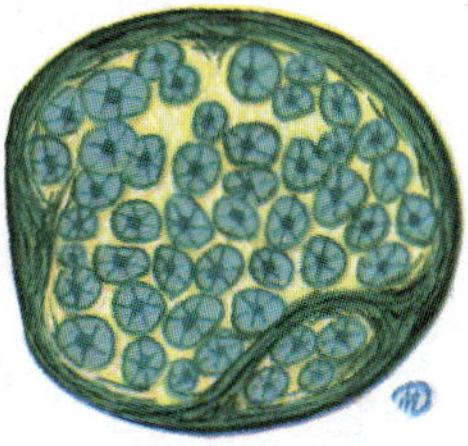

Fig. 34-1.—Corte transversal de un nervio. Obsérvense las fibras que lo forman.

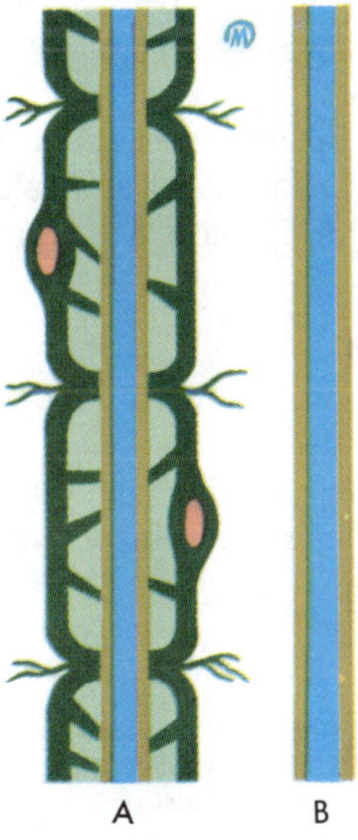

Fig. 34-2.—A) Fibra mielínica. B) Fibra amielínica.

CLASIFICACION DE LOS NERVIOS

Los nervios pueden clasificarse, atendiendo a su función, a la dirección que lleve en ellos el impulso nervioso y a la parte del neuroeje de donde parten.

1. De acuerdo con su función, los nervios se clasifican en:

a) **Sensitivos,** que llevan a los órganos centrales los impulsos originados en los distintos órganos, externos o internos.

b) **Motores,** que llevan a los músculos los impulsos originados en los órganos centrales.

c) **Secretorios,** que llevan esos impulsos a las glándulas.

d) **Mixtos,** formados por fibras sensitivas y motoras o secretorias.

2. Atendiendo a la dirección del impulso nervioso, tenemos:

a) **Centrípetos.** Llevan el impulso de la periferia al centro. Son los nervios sensitivos.

b) **Centrífugos.** El impulso se dirige del centro a la periferia. Son los nervios motores y secretorios.

3. Si tenemos en cuenta la parte del neuroeje de que salen, los nervios se clasifican en:

a) **Medulares** o **raquídeos,** que parten de la medula y salen por los agujeros de conjunción.

b) **Encefálicos** o **craneales,** que parten de distintas regiones del encéfalo y atraviesan los agujeros de la base del cráneo.

NERVIOS RAQUIDEOS

Parten a uno y otro lado de la medula espinal (Fig. 34-3).

Se forman por la reunión de las raíces anteriores y las raíces posteriores que emite la medula.

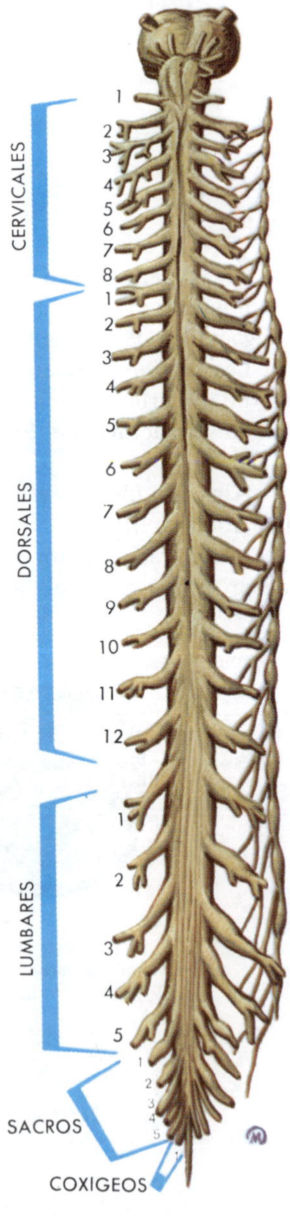

Fig. 34-3.—Esquema de la medula espinal que muestra la salida de los nervios raquídeos. A la derecha, la cadena de ganglios del sistema simpático.

En la raíz posterior se observa el ***ganglio espinal.***

En el ganglio espinal se encuentran los cuerpos de las neuronas sensitivas, cuyos axones se dirigen a la medula.

Como las raíces anteriores están formadas por fibras motoras y las raíces posteriores por fibras sensitivas, ***todos los nervios raquídeos son mixtos, a la vez sensitivos y motores.***

DIVISION Y NUMERO DE LOS NERVIOS RAQUIDEOS

Atendiendo a la región de la cual parten, los nervios raquídeos se dividen en cinco grupos:

Cervicales, con 8 pares de nervios.

Dorsales, con 12 pares de nervios.

Lumbares, con 5 pares de nervios.

Sacros, con 5 pares de nervios.

Coxígeos, con 1 par de nervios.

Treinta y un pares en total.

NERVIOS CRANEALES

Los nervios craneales son 12 pares, nacen del encéfalo, atraviesan agujeros de la base del cráneo y desempeñan distintas funciones (figura 34-4).

Fig. 34-4.—Esquema de la base del encéfalo en que puede observarse el nacimiento de los nervios craneales.

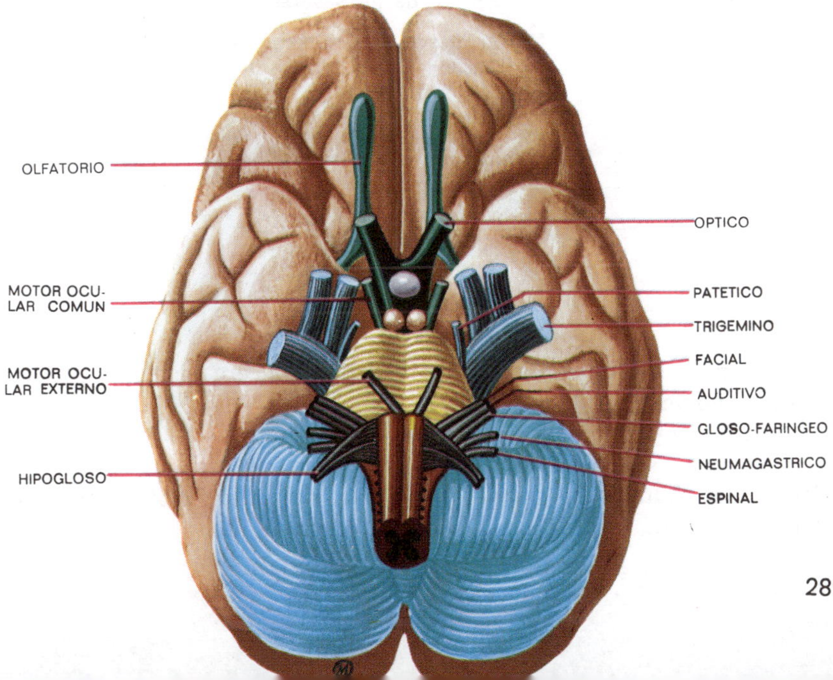

El siguiente cuadro resume los nervios craneales.

Nos muestra a qué órganos están destinados y qué funciones desempeñan.

I. Par N. OLFATORIO	Va a las fosas nasales.	Sensitivo.
II. Par N. OPTICO	Va a la retina.	Sensitivo.
III. Par N. MOTOR OCULAR COMÚN	Va a todos los músculos del ojo, con excepción de dos.	Motor.
IV. Par N. PATÉTICO	Va al músculo oblicuo mayor.	Motor.
V. Par N. TRIGÉMINO que da tres ramas	Oftálmico. Va al globo ocular. Maxilar superior. Va al maxilar superior. Maxilar inferior. Va al maxilar inferior.	Mixto.
VI. Par N. MOTOR OCULAR EXTERNO	Va al músculo recto externo.	Motor.
VII. Par N. FACIAL	Va a los músculos de la cara. Es el nervio de la fisonomía, interviene en la secreción de la saliva y la percepción de sabores.	Mixto.
VIII. Par N. AUDITIVO	Va al oído interno.	Sensitivo.
IX. Par N. GLOSOFARÍNGEO	Va a la faringe y a la lengua. Interviene en la percepción de los sabores.	Mixto.
X. Par N. NEUMOGÁSTRICO O VAGO	Llega hasta el abdomen, da ramas para los órganos del cuello, del tórax y del abdomen.	Mixto y toma parte en funciones de la vida vegetativa.
XI. Par N. ESPINAL	Va al trapecio y al esternocleidomastoideo.	Motor.
XII. Par N. HIPOGLOSO MAYOR	Va a los músculos de la lengua y del hueso hioides.	Motor.

SISTEMAS AUTONOMOS

Muchas de las funciones que se realizan en el organismo se producen sin que intervenga nuestra voluntad.

Son las llamadas funciones de la vida vegetativa.

Entre ellas se encuentran las contracciones del corazón, los movimientos del aparato digestivo, los cambios de calibre de los vasos sanguíneos y los cambios de tamaño de las pupilas.

Todas esas actividades se realizan de modo ***reflejo*** y son regidas por los sistemas autónomos.

Reflejo, como veremos en la próxima lección, es la respuesta a un estímulo.

Los sistemas autónomos comprenden el ***simpático*** y el ***parasimpático.***

SISTEMA SIMPATICO

Llamado también ***sistema del gran simpático.***

A derecha y a izquierda de la columna vertebral se encuentran dos cadenas de ganglios simpáticos, desde la primera vértebra cervical hasta la última sacra.

El número de ganglios de las cadenas oscila entre 20 y 23 a cada lado.

De los ganglios simpáticos parten ramas que van a parar a los nervios raquídeos ***(ramas comunicantes)*** (Fig. 34-5).

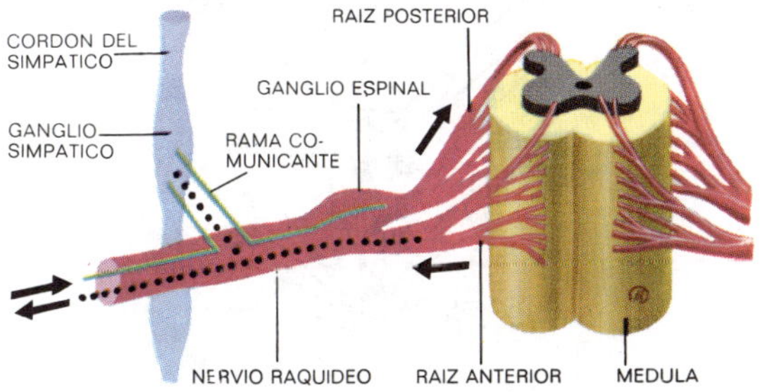

Fig. 34-5.—Rama comunicante que une un ganglio simpático con un nervio raquídeo. Obsérvese la formación del nervio raquídeo por la unión de la raíz anterior y la raíz posterior. Véase también el ganglio espinal en la raíz posterior.

Otras ramas ***(nervios simpáticos)***, se dirigen a diferentes órganos: tubo digestivo, glándulas digestivas, pulmones, corazón, vejiga urinaria, etcétera.

Los nervios simpáticos a veces se entrecruzan y forman ***plexos,*** donde se encuentran ganglios (Fig. 34-6).

Estos ganglios se denominan ***periféricos*** para diferenciarlos de los que forman las cadenas, que se llaman ***centrales.***

Los principales plexos son:

1. El ***plexo cardíaco,*** destinado al corazón.
2. El ***plexo esplácnico,*** que da ramas al estómago.
3. El ***plexo solar,*** cuyas ramas van al bazo, a la aorta, etc.
4. El ***plexo mesentérico,*** destinado al intestino.
5. El ***plexo hipogástrico,*** que da ramas a la vejiga.

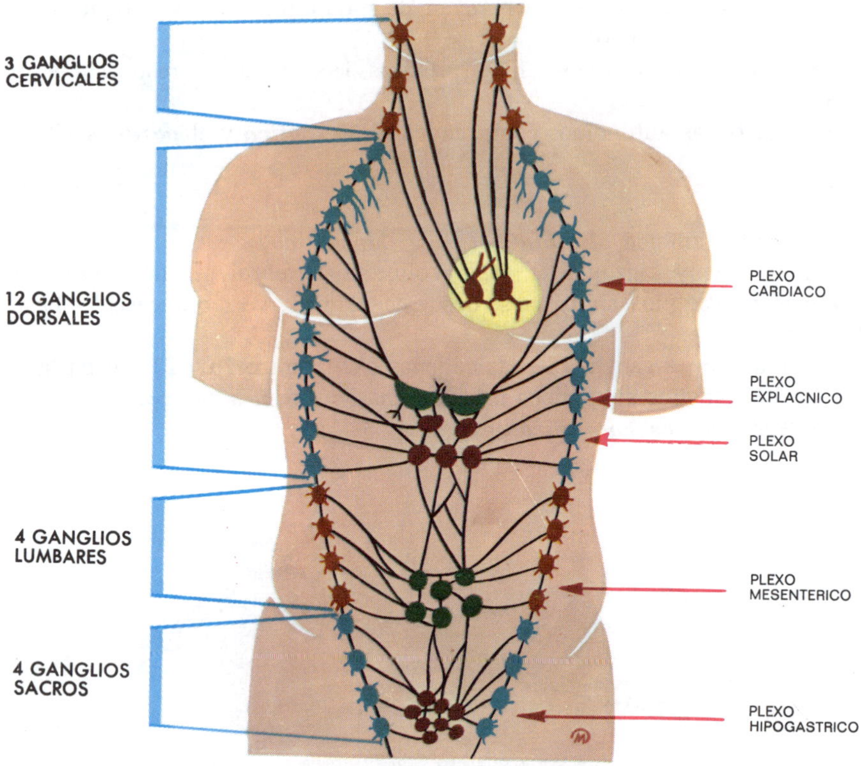

Fig. 34-6.—Esquema del sistema simpático. Las cadenas simpáticas son paralelas. Se representan en forma separada para poder mostrar los plexos.

SISTEMA PARASIMPATICO

Las fibras del sistema parasimpático provienen de nervios craneales y sacros.

Por eso se divide en dos regiones: ***parasimpático craneal*** y ***parasimpático sacro.***

El parasimpático craneal se forma por fibras procedentes de los siguientes nervios craneales: ***motor ocular común, facial, glosofaríngeo*** y ***neumogástrico.***

El parasimpático sacro, como su nombre indica, se forma por fibras procedentes de los nervios sacros del sistema cerebroespinal, que terminan en ganglios.

Hay una diferencia fundamental entre los nervios del sistema simpático y los del parasimpático.

Los nervios simpáticos proceden de los ganglios de las cadenas centrales.

Las fibras que forman los nervios parasimpáticos no han pasado por dichas cadenas.

El parasimpático craneal da ramas al iris, a las glándulas salivales, a las fosas nasales, a los músculos respiratorios, al corazón y a la mayor parte de los órganos abdominales.

El parasimpático sacro da ramas a los órganos pelvianos: vejiga, recto, etc.

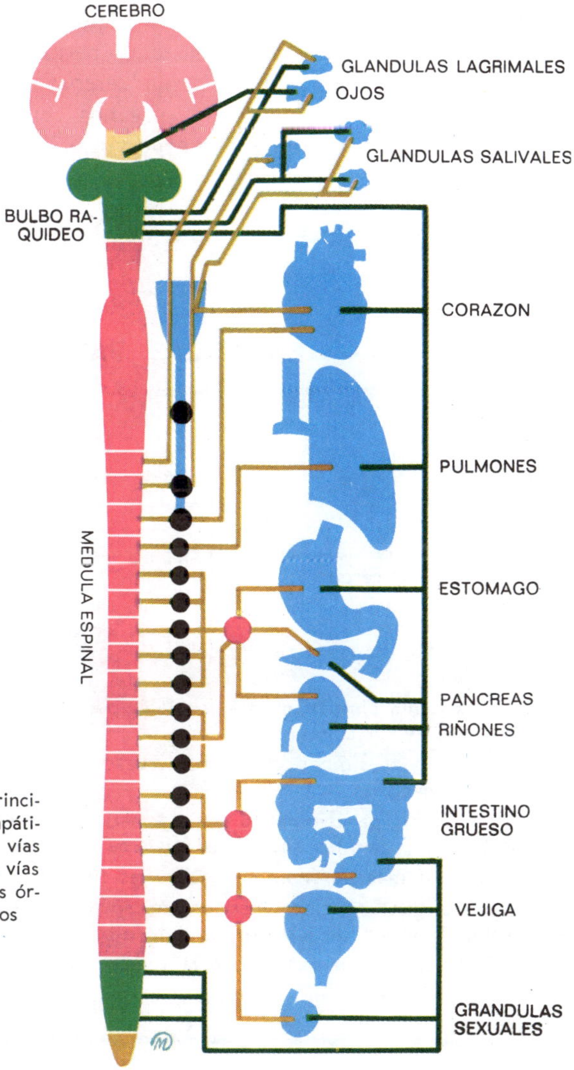

Fig. 34-7.—Esquema de las principales vías simpáticas y parasimpáticas. En líneas amarillas, las vías simpáticas. En líneas oscuras, las vías parasimpáticas. Obsérvese que los órganos reciben nervios de ambos sistemas.

Los órganos de la vida vegetativa reciben nervios simpáticos y parasimpáticos (Fig. 34-7).

Esa doble inervación es, generalmente, antagónica.

UNIDAD DEL SISTEMA NERVIOSO

Hemos dicho, al comenzar el estudio del sistema nervioso, que no hay una verdadera independencia entre ambos sistemas secundarios: el cerebroespinal y el autónomo.

Hemos visto que los ganglios de las cadenas del simpático reciben ramas comunicantes de los nervios raquídeos.

Igualmente, las fibras del sistema parasimpático provienen de nervios craneales y sacros del sistema cerebroespinal.

Directa o indirectamente, los órganos centrales del sistema cerebroespinal gobiernan todo el sistema nervioso.

EN POCAS PALABRAS

Clasificación de los nervios del sistema cerebroespinal	De acuerdo con su función	Sensitivos Motores Secretorios Mixtos
	De acuerdo con la dirección del impulso	Centrífugos Centrípetos
	De acuerdo con el órgano del cual parten	Medulares Encefálicos

El **sistema simpático** está formado por dos cadenas de ganglios, una a cada lado de la columna vertebral.

Los nervios simpáticos se entrecruzan para formar **plexos,** donde se encuentran ganglios.

El **sistema parasimpático** está formado por fibras procedentes de nervios encefálicos y nervios sacros del sistema cerebroespinal.

Los sistemas autónomos regulan las funciones de la vida vegetativa.

Los órganos reciben nervios de ambos sistemas autónomos. Generalmente, la acción de los nervios simpáticos y parasimpáticos es antagónica.

Todo el sistema nervioso está regido por los órganos centrales del sistema cerebroespinal.

Fisiología del sistema nervioso

35

El sistema nervioso desempeña numerosas funciones:

1. Recibe informes del medio exterior (órganos de los sentidos).

2. Recibe informaciones de los órganos internos (dolor o malestar de una víscera).

3. Gobierna la contracción de los músculos y la secreción de las glándulas.

Con estas informaciones que recibe y estas órdenes que emite, regula las funciones de locomoción, circulación, respiración, digestión, etc.

4. Además, en el hombre y en los animales superiores, dirige las actividades intelectuales y afectivas.

Las distintas funciones que desempeña el sistema nervioso dependen de dos propiedades de la materia viva: la ***irritabilidad*** y la ***conductibilidad.***

La irritabilidad es la propiedad básica de los seres vivos. Debido a esa propiedad, la célula puede ser estimulada.

Al ser estimulada, se origina el ***impulso nervioso.***

La irritabilidad alcanza su mayor desarrollo en las células nerviosas.

La conductibilidad es la propiedad que tienen las células de transmitir el impulso nervioso a sus partes más distantes.

Poseen conductibilidad las células musculares y, más especialmente, las células nerviosas.

EL IMPULSO NERVIOSO

Se ha podido demostrar que el impulso nervioso se transmite a través de la neurona debido a cambios eléctricos.

Pero modernamente se ha comprobado que también se producen cambios químicos (consumo de oxígeno, producción de dióxido de carbono) y, además, liberación de calor.

Por tanto, el impulso nervioso se transmite debido a ***cambios electroquímicos*** que se producen a lo largo de la fibra nerviosa.

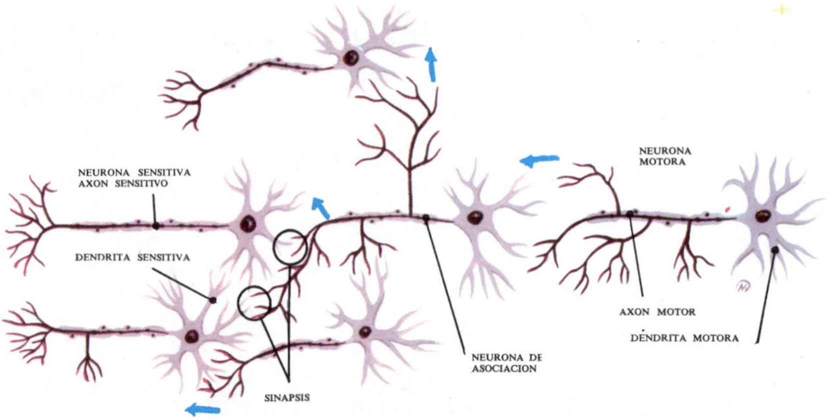

Fig. 35-1.—El impulso nervioso pasa del axón a las dendritas. El axón de una neurona puede hacer sinapsis con las dendritas de varias neuronas.

La sinapsis. El impulso nervioso pasa de una a otra célula.

Pero las prolongaciones de una neurona no están soldadas con las prolongaciones de otra neurona. No hay continuidad, sino contigüidad.

Se ha descrito la sinapsis como el sitio en que las ramificaciones del axón de una neurona se ponen en contacto con las dendritas de otra neurona.

La transmisión del impulso nervioso se realiza en un solo sentido: del axón de una neurona a las dendritas de otra.

La sinapsis actúa como una válvula unidireccional que permite la transmisión del axón a las dendritas, pero nunca de las dendritas al axón.

Las terminaciones del axón de una neurona pueden ponerse en contacto con las dendritas de varias neuronas.

Así, el impulso nervioso puede seguir varias direcciones (Fig. 35-1).

Las terminaciones de los axones segregan una sustancia que facilita la transmisión del impulso nervioso del axón de una neurona a las dendritas de otra.

LOS REFLEJOS. EL ARCO REFLEJO

Si, con la pierna flexionada, golpeamos el tendón rotuliano, la pierna se extiende.

Un grano de sal, dejado caer sobre la lengua, determina abundante secreción de saliva.

Una corriente de aire frío nos hace estornudar.

El movimiento de la pierna, la secreción de la saliva y el estornudo son reflejos que se han producido como respuestas a diferentes estímulos.

El reflejo se ha definido como la respuesta a un estímulo.

Para que se realice un acto reflejo son necesarias ciertas formaciones nerviosas a través de las cuales se transmite el impulso nervioso.

Ese conjunto de formaciones nerviosas se llama ***arco reflejo.***

La unidad anatómica del sistema nervioso es la neurona.

Pero la unidad funcional es el arco reflejo.

El arco reflejo está formado por cinco elementos (Fig. 35-2):

1. ***Receptor*** (piel, retina, tendones, etc.).
2. ***Una neurona sensitiva*** o ***aferente,*** que lleva el impulso nervioso al órgano central.
3. ***Una neurona intercalada*** o ***de asociación,*** en el órgano central.
4. ***Una neurona motora*** o ***eferente.***
5. ***Efector*** (músculo, glándula).

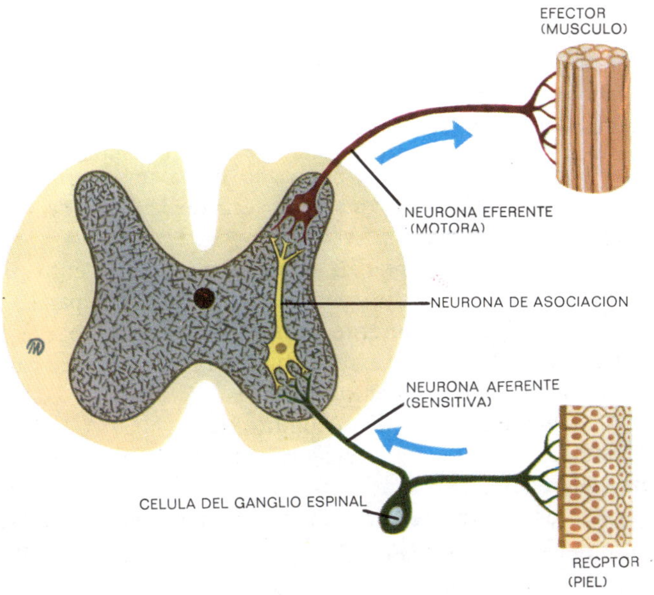

Fig. 35-2.—Elementos de un arco reflejo.

CLASES DE REFLEJOS

Hay dos clases principales de reflejos: ***incondicionados*** y ***condicionados.***

Reflejos incondicionados. Como su nombre indica, no necesitan para producirse ninguna condición previa.

Los reflejos que acabamos de citar son incondicionados.

Los reflejos incondicionados tienen los siguientes caracteres:

1. Son cortos en número.
2. Son iguales en todos los individuos de una especie.
3. Son innatos y hereditarios.
4. Duran toda la vida del individuo.
5. Pueden realizarse sin intervención de la corteza cerebral. Tienen su centro en la medula. En esto se basan los experimentos en ranas descerebradas.

El arco de los reflejos incondicionados está formado antes del nacimiento.

Resumiendo, podemos decir que los reflejos incondicionados son reacciones nerviosas regulares y estables que se realizan en una misma forma.

La mayor parte de las acciones que realiza un organismo son de naturaleza refleja.

No solamente son reflejos los movimientos para evitar un estímulo dañino (retirar la mano que se pone en contacto con un cuerpo caliente); son reflejos también los movimientos del estómago y de los intestinos, los respiratorios, las contracciones del corazón, etc.

Reflejos condicionados. Es un hecho observado que cuando los alimentos se ponen en contacto con la mucosa de la boca de un perro, sus glándulas salivales producen saliva.

El fisiólogo ruso Pavlov realizó el siguiente experimento:

Antes de dar alimento a un perro, tocaba una campana.

Repitió el experimento durante varios días y, pasado ese tiempo, las glándulas salivales del perro segregaban saliva al tocar la campana, aun cuando no se le daba el alimento.

Este es un ejemplo de reflejo condicionado.

Se necesita una condición previa (el toque de la campana) para que se produzca el reflejo.

Los caracteres de los reflejos condicionados son los siguientes:

1. Su número es ilimitado. Casi cualquier estímulo indiferente puede convertirse en estímulo condicionado si se establece bien el reflejo. Pongamos algunos ejemplos:

Después de inyectar durante varios días a una persona un hipnótico (medicamento para provocar el sueño) se obtiene el mismo efecto si se le inyecta, sin saberlo ella, agua destilada.

Se ha observado que los asmáticos a quienes se les produce una crisis al percibir el perfume de una flor determinada, la tienen también si se trata de una flor artificial que carece de perfume.

2. Son distintos en los diferentes individuos de una misma especie. Cada cual elabora el reflejo que le es útil.

3. No se heredan ni el individuo nace con ellos. Cada persona tiene que elaborar sus propios reflejos condicionados. Tiene que crear los arcos reflejos correspondientes.

4. Se pierden si no se ejercitan. Los movimientos que hacemos al guiar un automóvil son reflejos condicionados (al ver la luz verde, seguimos; al ver la luz roja, nos detenemos).

Adquirimos esos reflejos con la práctica diaria.

Una persona que ha estado durante años sin guiar un automóvil, no tiene la habilidad que tenía cuando guiaba a diario.

5. El centro de ellos radica en la corteza cerebral.

Si los animales no contaran más que con los reflejos incondicionados, no podrían subsistir.

Para adaptarse a las cambiantes condiciones del medio, tienen que elaborar reflejos condicionados.

FUNCIONES DE LOS DISTINTOS ORGANOS DEL SISTEMA NERVIOSO

Cuando una orquesta interpreta una melodía, cada músico realiza una parte del trabajo.

Igual ocurre con la labor que efectúa el sistema nervioso en la regulación de las funciones del cuerpo. Cada cual realiza su parte.

FUNCION DE LA MEDULA

La sustancia gris de la medula (formada por los cuerpos de las neuronas), actúa como centro de numerosos reflejos.

La sustancia blanca (formada por las prolongaciones o fibras de las neuronas) tiene función transmisora.

Unas fibras conducen el impulso nervioso procedente de los distintos órganos hacia el encéfalo (vía ascendente).

Otras transmiten el impulso nervioso desde el encéfalo a los distintos órganos, pasando por la medula (vía descendente).

FUNCION DEL BULBO

En la sustancia gris del bulbo se encuentran los ***centros respiratorio, circulatorio*** y ***vasomotor.***

La sustancia blanca tiene función transmisora. Sus fibras ponen en comunicación el cerebro, el cerebelo y la medula.

A nivel del bulbo se cruzan las vías nerviosas.

En la figura 35-3 se representa en azul la vía sensitiva (ascendente) y en rojo la vía motora (descendente).

Véase cómo se cruzan ambas vías a nivel del bulbo.

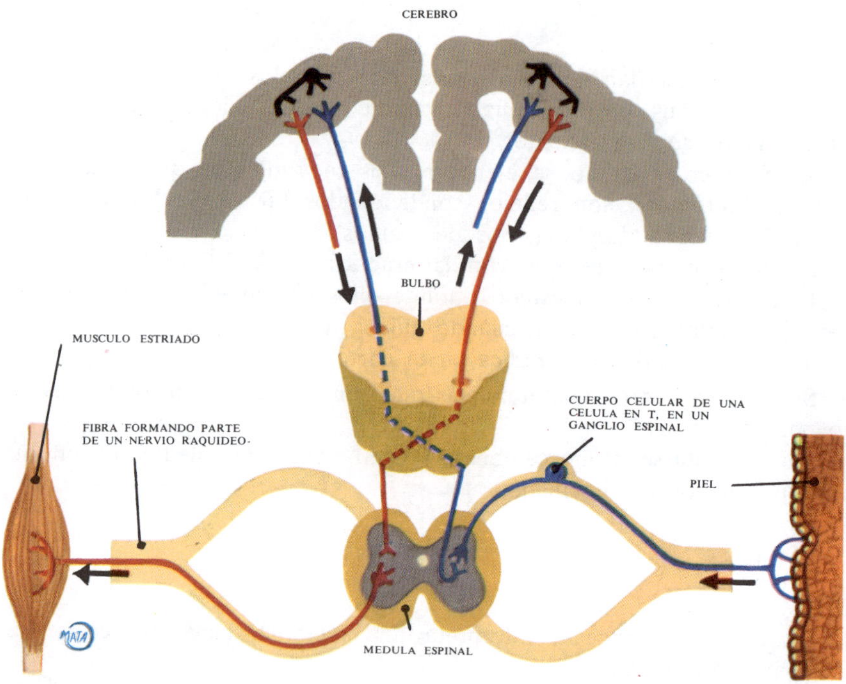

Fig. 35-3.—A nivel del bulbo se cruzan las vías sensitiva, en azul, y motora, en rojo.

De esto resulta que el hemisferio cerebral de un lado recibe los impulsos nerviosos originados en el lado opuesto del organismo.

Igualmente, un hemisferio cerebral rige las contracciones de los músculos esqueléticos de la otra mitad del cuerpo.

Cuando una persona presenta una hemiplejía (parálisis de los músculos de la mitad del cuerpo), la lesión cerebral está localizada en la parte opuesta a la paralizada.

FUNCION DEL CEREBELO

Si se le extirpa el cerebelo a una paloma no podrá volar ni caminar (Fig. 35-4).

Si se lanza al aire, caerá como un cuerpo inerte.

Fig. 35-4.—Aspecto que presenta una paloma a la cual se le ha extirpado el cerebelo. No puede volar ni caminar.

Pero puede mover sus alas, lo que indica que no hay parálisis de los músculos que las mueven, sino incoordinación de los movimientos.

Un hombre con lesiones del cerebelo realiza movimientos incoordinados. No puede sostener en sus manos un vaso de agua sin que ésta se derrame. Si sube una escalera, levanta los pies exageradamente o no lo suficiente.

Se mantiene en pie balanceándose como un alcoholizado.

De esto se deduce que las funciones del cerebelo son:

1. **Coordina las contracciones de los músculos esqueléticos.** El cerebro rige los movimientos, pero el cerebelo los coordina.

Los movimientos normales son el resultado de la contracción de varios músculos.

Hay músculos que realizan el movimiento y músculos antagónicos que se oponen a la realización del mismo.

El movimiento preciso es el resultado de la contracción del músculo que lo realiza y del músculo antagónico que lo limita.

2. **Conserva el tono muscular.** Los músculos no están nunca completamente relajados.

Se encuentran en estado de contracción parcial (tono).

3. **Interviene en el mantenimiento del equilibrio.** En el cerebelo hay centros reflejos que reciben constantemente impulsos sensitivos procedentes de los conductos semicirculares del oído interno, de los músculos y de los tendones del cuerpo.

Como respuesta a esos impulsos sensitivos, emite impulsos motores a los músculos esqueléticos para el mantenimiento de la postura.

FUNCIONES DEL ISTMO

En el istmo del encéfalo encontramos sustancia blanca y sustancia gris.

La sustancia blanca tiene función conductora y pone en conexión los distintos órganos centrales.

La sustancia gris actúa como centro nervioso y de ella parten algunos nervios craneales (motor ocular común, patético, trigémino).

FUNCIONES DEL CEREBRO

Entre todos los animales, es el hombre el que presenta un cerebro más desarrollado.

A esto debe su posición aparte en la escala zoológica.

Recordemos que el cerebro está formado por una porción central blanca, recubierta por una corteza gris.

En la corteza se encuentran los cuerpos de billones de neuronas que reciben los impulsos nerviosos originados en distintas partes del cuerpo.

En otros cuerpos de neuronas de la corteza se originan impulsos que se transmiten a los músculos estriados.

La porción central, blanca, está formada por fibras que ponen en comunicación (Fig. 35-5):

a) Distintas partes de la corteza cerebral.
b) Ambos hemisferios cerebrales.
c) El cerebro con otros órganos del sistema nervioso.

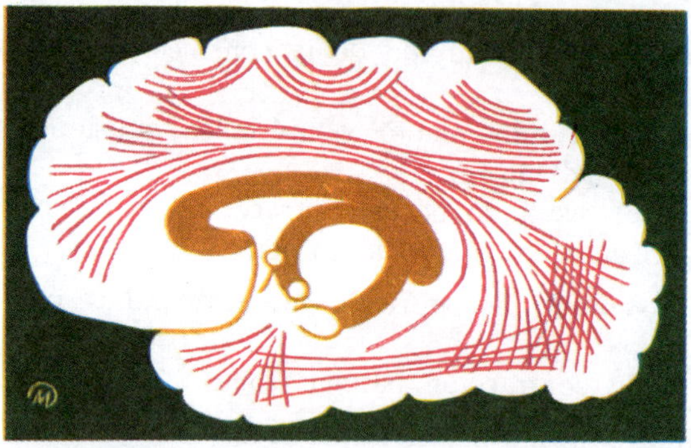

Fig. 35-5.—Corte del cerebro que muestra las fibras de asociación que unen distintas partes del mismo.

Las funciones cerebrales están en relación con:

1. La sensibilidad consciente.
2. La motilidad voluntaria.
3. El aprendizaje, la memoria y la inteligencia.
4. La formación de reflejos condicionados.

LOCALIZACIONES CEREBRALES

Por experiencias en animales y por observación de personas lesionadas, se ha podido demostrar que existen en la corteza cerebral centros que gobiernan distintas actividades (Fig. 35-6).

Area motora. La cisura de Rolando, que separa el lóbulo frontal del parietal, es un área muy importante.

Por delante de esa cisura se localizan, de arriba abajo, los centros motores de la pierna, el tronco, el brazo y la cabeza.

Area sensitiva. Por detrás de la cisura de Rolando y en el mismo orden en que se encuentran los centros motores, están colocados los centros sensitivos de las distintas partes del cuerpo.

Otros centros. En el lóbulo occipital está el centro visual; en el temporal, el auditivo, etc.

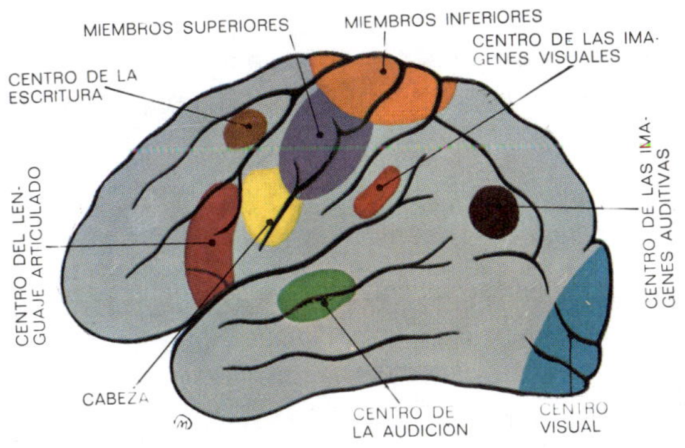

Fig. 35-6.—Algunas localizaciones de la corteza cerebral.

Hay un centro de la palabra hablada, como otro de la palabra escrita, otro de la lectura, otro de la interpretación del lenguaje oral.

AREAS DE ASOCIACION

Hay extensas áreas de la corteza, especialmente de los lóbulos frontal y parietal, donde no se han localizado centros motores ni sensitivos.

Esas regiones se conocen como ***áreas de asociación.***

Las neuronas de esas áreas establecen conexiones con las neuronas de otras áreas o centros y están relacionadas con las altas funciones mentales, como son el ***aprendizaje,*** la ***memoria*** y el ***razonamiento.***

Se ha considerado que la mayor o menor inteligencia de un individuo depende del grado de desarrollo de las áreas de asociación.

Cuando se destruyen, por enfermedad o por accidente, estas áreas de asociación se produce la ***afasia.***

Afasia es el trastorno que impide la expresión o la interpretación del lenguaje en sus distintas formas:

a) Un individuo no podrá articular palabras, aunque no tenga ninguna dificultad en emitir los sonidos. Está en las mismas condiciones que si intentara hablar un idioma desconocido.

b) Otro sujeto, que no está impedido de realizar los movimientos de su mano, ha olvidado la escritura. Como si se tratara también de un lenguaje desconocido.

c) Otra persona, que ve perfectamente, será incapaz de darse cuenta de lo que está escrito, como si no supiera leer.

d) Por último, otro individuo no podrá interpretar el lenguaje que oiga. Como si fuera también un idioma desconocido.

En las personas a las cuales se les ha extirpado el lóbulo frontal se ha observado pérdida de la iniciativa, de la persistencia en las decisiones y de la previsión.

La persona vive en el presente sin tomar en consideración el futuro. Por eso se localizan en el lóbulo frontal esas actividades.

PARTICIPACION DE LA CORTEZA EN LA FORMACION DE LOS REFLEJOS CONDICIONADOS

Hemos visto que los reflejos condicionados se efectúan con la intervención de la corteza cerebral.

Se forma una nueva vía nerviosa entre el centro que recibe el estímulo condicionado (sonido de la campana), y el centro que rige la respuesta (secreción salival).

FUNCIONES DE LAS MENINGES Y DEL LIQUIDO CEFALORRAQUIDEO

Las meninges, colocadas concéntricamente alrededor de los órganos centrales del sistema cerebroespinal, desempeñan una labor de protección a esos órganos.

El líquido cefalorraquídeo impide que las vibraciones y las sacudidas que el cuerpo recibe, como consecuencia de las caídas o golpes, se transmitan con violencia a los centros nerviosos. Desempeña, pues, una función amortiguadora de esas sacudidas.

FUNCION DE LOS NERVIOS

Los nervios, formados por la unión de las prolongaciones de las neuronas, tienen función transmisora.

Veamos cuál es la función de las distintas clases de nervios.

FUNCION DE LOS NERVIOS RAQUIDEOS

Todos los nervios raquídeos son mixtos, pues están formados por la reunión de las raíces anteriores (motoras) y las raíces posteriores (sensitivas).

FUNCION DE LOS NERVIOS CRANEALES

Entre los nervios craneales, son sensitivos el ***olfatorio,*** el ***óptico*** y el ***auditivo,*** que llevan a la corteza los impulsos nerviosos originados por los olores, la luz y el sonido.

Son motores exclusivamente: el ***motor ocular común,*** el ***patético,*** el ***motor ocular externo,*** el ***hipogloso*** y el ***espinal.***

Los restantes son mixtos.

FUNCION DE LOS SISTEMAS AUTONOMOS

Estudiaremos conjuntametnc la acción de ambos sistemas: el ***simpático*** y el ***parasimpático.***

Generalmente, los órganos que se encuentran regidos por los sistemas autónomos reciben nervios de ambos sistemas y su acción es antagónica.

El siguiente cuadro resume el efecto de ambos sistemas sobre distintos órganos.

ORGANO	ACCION DEL SIMPATICO	ACCION DEL PARASIMPATICO
Corazón	Acelera los latidos	Retarda los latidos
Estómago	Disminuye el peristaltismo	Aumenta el peristaltismo
Vejiga urinaria	La relaja	La contrae
Glándulas sudoríparas	Aumenta la secreción	Disminuye la secreción
Arterias	Las contrae	Las dilata
Músculos del iris	Dilata la pupila	Contrae la pupila

EVOLUCION DEL SISTEMA NERVIOSO

Los animales de estructura muy simple realizan sus actividades debido a la irritabilidad.

Según se asciende en la escala zoológica, encontramos órganos cada vez más complejos que reciben los estímulos del exterior y dirigen las funciones.

El conjunto de esos órganos constituyen el sistema nervioso.

La ***hidra*** posee el sistema nervioso más simple que se conoce. Consta, tan sólo, de una red nerviosa que cubre su cuerpo (Fig. 35-7 *A*).

La ***estrella de mar*** tiene un anillo nervioso que rodea la boca, del cual parten varios radios que corren a lo largo de sus brazos y terminan en un ojo rudimentario llamado ***ocelo*** (Fig. 35-7 *B*).

El ***saltamontes*** tiene en la cabeza un ganglio de gran tamaño y un nervio que corre por la cara ventral del insecto. A lo largo del nervio ventral se encuentran ganglios de pequeño tamaño (Fig. 35-7 *C*).

Recordemos que los ganglios nerviosos son abultamientos de sustancia gris y, por tanto, están formados por los cuerpos de las neuronas que rigen un determinado territorio.

El ***cangrejo*** presenta un sistema nervioso de estructura análoga al del saltamontes (Fig. 35-7 *D*).

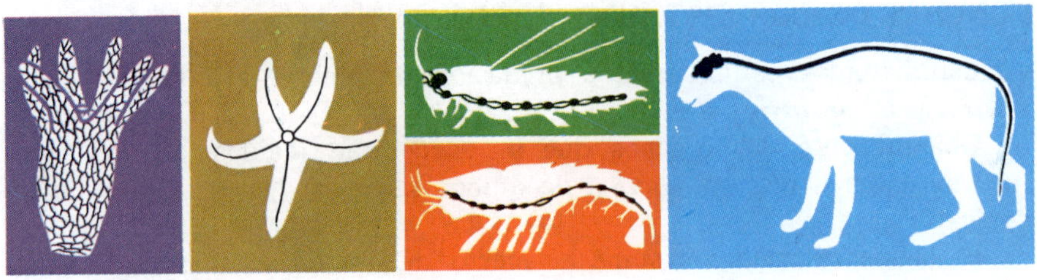

Fig. 35-7.—Esquema que muestra el sistema nervioso de algunos animales.

En los vertebrados encontramos los tipos de sistemas nerviosos más complejos Fig. 35-7 *E*).

Podemos decir, en general, que un animal posee un sistema nervioso tanto más desarrollado cuanto más alto lugar ocupe en la escala zoológica.

RELACION DEL SISTEMA NERVIOSO CON LA SICOLOGIA

Una definición moderna, generalmente aceptada, de la Sicología, es la que dice que "es la ciencia que se relaciona con la conducta del hombre y los demás animales. La Sicología utiliza métodos rigurosamente científicos y se propone comprender, predecir y controlar la conducta del hombre y de los animales".

Todos los órganos del cuerpo están regulados en sus funciones por los sistemas nervioso y endocrino.

Generalmente, la acción del sistema nervioso es más directa y más rápida en la coordinación de las funciones orgánicas.

Podemos decir que la conducta de un animal está en relación con la complejidad de su sistema nervioso.

En los organismos rudimentarios la conducta del animal se basa en la irritabilidad de la célula que lo forma. Ante una agresión, huirá del agente agresor. Ante sustancias alimenticias, las engloba para digerirlas.

Según aparecen los distintos tipos de sistemas nerviosos, va siendo más compleja la conducta de los animales, hasta llegar al hombre, que ha alcanzado el desarrollo más avanzado de su sistema nervioso.

PAPEL DEL SISTEMA NERVIOSO EN EL CONOCIMIENTO DEL MEDIO AMBIENTE

Nos damos cuenta del medio que nos rodea gracias a los estímulos recibidos del exterior y transmitidos a los órganos centrales por los nervios aferentes o sensitivos.

Los nervios aferentes se especializan en sus terminaciones para recibir distintos tipos de estímulos.

Estas terminaciones especializadas reciben el nombre de ***receptores.***

Encontramos receptores en los distintos órganos de los sentidos.

Por medio del sentido de la vista percibimos la luz. Y, por tanto, el tamaño, la forma, la distancia, el color y el movimiento de los cuerpos.

Por medio del oído apreciamos el sonido y sus características.

El sentido del olfato nos informa acerca de los olores, y el gusto, acerca de los sabores.

Por último, el tacto nos permite apreciar el contacto, la presión, el dolor, el calor y el frío.

Con razón se ha dicho que los órganos de los sentidos son ventanas abiertas que tiene el organismo hacia el exterior.

EN POCAS PALABRAS

Algunos hechos fundamentales para comprender el funcionamiento del sistema nervioso:

1. La distribución de la sustancia blanca y de la sustancia gris en los distintos órganos del sistema nervioso es siempre igual e inmutable.

2. En la sustancia gris se encuentran los cuerpos de las neuronas.

3. Los cuerpos de las neuronas actúan siempre como centros nerviosos. Reciben o emiten impulsos.

4. La sustancia blanca está formada por las prolongaciones de las neuronas.

5. La reunión de las prolongaciones forman los nervios.

6. Los nervios tienen siempre función transmisora.

7. El impulso nervioso tiene siempre dirección celulífuga en los axones.

8. El impulso nervioso tiene siempre dirección celulípeta en las dendritas.

9. El impulso nervioso pasa siempre del axón a las dendritas.

10. Entre las ramificaciones del axón y las dendritas no hay continuidad, sino contigüidad.

11. Los reflejos incondicionados pueden realizarse sin intervención de la corteza cerebral.

12. Los reflejos condicionados no pueden producirse sin la intervención de la corteza cerebral.

13. Al cruzarse las vías ascendente y descendente en el bulbo, sucede lo siguiente:

a) Cada hemisferio cerebral recibe los impulsos nerviosos originados en la otra mitad del cuerpo.

b) Cada hemisferio cerebral rige la motilidad de los músculos esqueléticos del lado opuesto.

Higiene del sistema nervioso 36

Consignaremos a continuación una serie de consejos y recomendaciones para conservar en buenas condiciones el sistema nervioso.

1. **Necesidad de reposo mental.** Hemos visto que cuando realizamos un prolongado trabajo físico aparece la fatiga muscular.

De igual modo, si efectuamos prolongadamente un trabajo intelectual, aparece la fatiga mental.

La fatiga mental se manifiesta por la realización de un trabajo deficiente.

Leemos un párrafo y no nos damos cuenta de lo que hemos leído.

Realizamos operaciones matemáticas y cometemos numerosos errores.

La causa de la fatiga mental es el acúmulo en las células nerviosas de productos de desecho.

¿Qué provecho reporta realizar un trabajo inútil y deficiente?

Cuando aparece la fantiga mental debemos interrumpir el trabajo y descansar durante algún tiempo.

2. **El cambio de ocupación representa un descanso.** Si interrumpimos el trabajo mental y realizamos durante cierto tiempo un trabajo físico, éste representará un descanso.

Después de un largo período de estudio, un trabajo muscular ligero o un rato de reposo representan un descanso para la mente.

3. **Necesidad del sueño.** Para darnos cuenta de la importancia del sueño, recordemos que es más esencial para la vida que el alimento.

Se ha hecho la siguiente experiencia: a un perro se le ha privado de toda alimentación y a otro perro análogo se le ha impedido dormir.

Ha muerto primero el perro privado de sueño que el privado de alimento.

El sueño es el mejor tónico para el sistema nervioso.

De modo general, el adulto debe dormir, por lo menos, de seis a siete horas.

En casos en que esté realizando un intenso trabajo físico o mental, debe dormir más.

Se cuenta que a Napoleón le bastaban cuatro horas de sueño para sentirse bien. Pero en esto, como en otras muchas cosas, no nos parecemos a Napoleón.

El niño necesita dedicar más tiempo al sueño mientras más pequeño es. Sabemos que los niños recién nacidos pasan la mayor parte del día dormidos (Fig. 36-1).

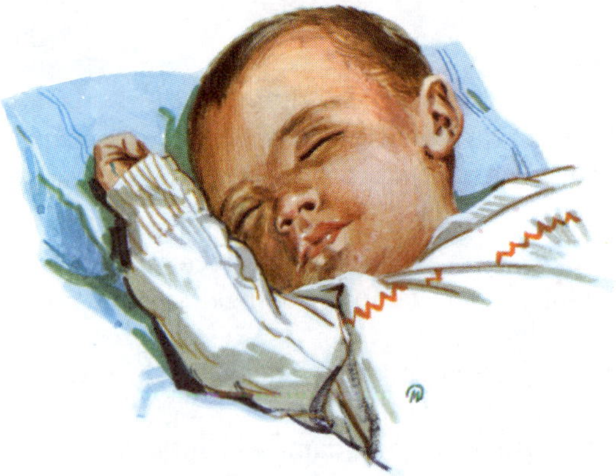

Fig. 36-1.—Los niños recién nacidos pasan casi todo el tiempo dormidos.

A veces, por circunstancias transitorias, tenemos que dedicar durante muchos días menor número de horas de las necesarias al sueño.

La asistencia a un enfermo durante la noche y la necesidad de trabajar durante el día, obligan a una persona a dormir mucho menos que lo necesario.

Pero eso debe ser una situación pasajera que no puede prolongarse indefinidamente.

De continuar en esas condiciones, el individuo no podrá realizar un trabajo eficiente y existe el peligro de que su sistema nervioso sufra serios trastornos.

4. **Condiciones en que debe efectuarse el sueño.** Para que el sueño sea reparador es necesario que se efectúe.

a) En una cama cómoda.

b) En una habitación bien ventilada.

c) Sin luces encendidas y sin ruido.

En las grandes ciudades y en las fábricas que trabajan las 24 horas del día no es posible obtener ese silencio.

Los primeros días se duerme mal, pero, al fin, el individuo se acostumbra.

Pero nunca ese sueño es tan reparador como el que se efectúa en un ambiente de quietud.

Debe evitarse ir a la cama inmediatamente después de una comida copiosa. En esas condiciones, el sueño es interrumpido por frecuentes pesadillas.

5. **Peligro de la falta de trabajo mental.** Recordemos que la vida sedentaria atrofia los músculos.

La falta de actividad mental determina una disminución del poder intelectual, el cual puede llegar a reducirse considerablemente.

El equilibrio saludable de las funciones se logra cuando el trabajador intelectual ejercita sus músculos y cuando el trabajador corporal cultiva su intelecto.

6. **Influencia del miedo sobre el sistema nervioso.** A menudo, para lograr que el niño se retire a dormir o para que realice algún acto que no desea hacer, se le amenaza con el "coco", el "diablo" o cualquier ser terrorífico.

Esta conducta puede producir grandes daños. En niños de equilibrio nervioso normal, puede no tener trascendencia.

Pero los niños excitables y nerviosos pueden sufrir trastornos que les acompañan durante toda la vida.

El temor a la oscuridad o a la soledad que algunos adultos sufren, tienen por causas esas amenazas realizadas en la niñez.

7. **Efectos del tabaco, el café, el alcohol y los narcóticos sobre el sistema nervioso.** El sistema nervioso es muy susceptible a los venenos y todas esas sustancias son venenos que actúan lentamente sobre el organismo.

El uso del ***tabaco*** ocasiona irritaciones sobre el aparato respiratorio.

Son muchos los hombres de ciencia que consideran el tabaco como una de las causas principales del cáncer del pulmón.

Aparte de estos trastornos, el tabaco ocasiona perturbaciones del sistema nervioso.

El tabaco contiene un veneno muy activo llamado ***nicotina.***

Generalmente, la primera vez que el niño o el adolescente fuma sufre una intoxicación.

Con el uso continuado, el organismo se acostumbra, pero se sigue intoxicando.

Es corriente que los grandes fumadores sufran trastornos de la memoria. Olvidan, al hablar, las palabras adecuadas y su expresión resulta difícil.

El ***café*** es un excitante nervioso debido a que contiene una sustancia llamada ***cafeína.*** Tan poderosa es la acción de la cafeína, que se utiliza en Medicina como excitante cardíaco.

El abuso del café produce el insomnio y mantiene a la persona en un estado de excitación nerviosa.

El ***alcohol*** es un veneno que puede actuar en forma aguda y en forma crónica.

En la embriaguez aguda hay trastornos de la marcha, de la pronunciación de las palabras y de la ideación.

En algunos casos puede llegar a la pérdida total del conocimiento durante varias horas.

En el alcoholismo crónico hay un embotamiento de las facultades intelectuales que puede llegar a la idiotez absoluta.

También se observa una pérdida completa de la voluntad.

Con frecuencia se producen alucinaciones (delirium tremens).

En esos casos el alcohólico se ve rodeado y acosado por ratones u otros animales pequeños que lo persiguen.

Se nota también temblor de las manos y cierta torpeza de la lengua en la articulación de las palabras.

Las ***sustancias narcóticas*** se emplean para producir artificialmente el sueño y para aliviar los dolores.

Las más usadas son el ***opio*** y sus derivados, entre los cuales el más empleado es la ***morfina.***

El hábito innecesario de la morfina y de otros narcóticos actúa sobre el sistema nervioso determinando una disminución de la sensibilidad y una pérdida absoluta de la voluntad.

Desde el punto de vista moral, el narcómano desciende a la realización de las más bajas acciones. Recurrirá a la mentira, al robo y hasta al crimen para proporcionarse la droga.

AUXILIOS EN CASOS DE ACCIDENTES NERVIOSOS

Consideraremos dos accidentes frecuentes en que la intervención del profano puede ser útil mientras llegan los auxilios médicos.

Nos referimos a las ***convulsiones*** y a los ***desmayos.***

En casos de convulsiones debemos acostar al individuo y sujetarle los brazos y las piernas, permitiéndole los movimientos convulsivos, pero evitando que se produzcan golpes o caídas.

Se colocará una toalla entre los dientes para impedir que se lastime la lengua y se produzca mordeduras.

Se aflojarán el cuello, el cinturón y cuantas compresiones entorpezcan la libre circulación de la sangre.

En casos de desmayos o vahídos, colocaremos al sujeto en una cama sin almohada para facilitar la circulación cerebral.

Se evitará la aglomeración de personas alrededor del accidentado, para que no se vicie el aire.

Se abrirán bien las puertas y ventanas para que pueda respirar un aire puro; se le dará a oler alcohol y se realizarán fricciones en las extremidades.

No se dará a tomar ninguna bebida estimulante (café, bebidas alcohólicas) hasta que el accidentado haya recuperado el conocimiento.

ENFERMEDADES MENTALES

Demencia. Llámase demencia a un trastorno mental en el cual el enfermo pierde el concepto de su propia personalidad.

Hay varias clases de demencia (precoz, senil, etc.).

Generalmente, la demencia es debida a lesiones cerebrales.

En el lenguaje vulgar y corriente, demente y loco son palabras sinónimas.

Idiotez. La idiotez es la más grave forma de deficiencia mental.

El idiota tiene una edad mental generalmente no mayor de la que corresponde a tres años.

La idiotez es el estado de desarrollo cerebral incompleto con falta de las facultades intelectuales, afectivas y morales propias del hombre.

Imbecilidad. Es el estado congénito o adquirido de debilidad intelectual que representa un grado atenuado de la idiotez.

ENFERMEDADES ORGANICAS DEL SISTEMA NERVIOSO

Meningitis. Recibe el nombre de meningitis la inflamación de las meninges.

Generalmente, las más afectadas son la aracnoides y la piamadre.

La meningitis puede ser traumática, alcohólica o infecciosa.

En caso de ser infecciosa puede ser producida por distintos gérmenes.

Los síntomas dominantes en los casos de meningitis son: cefalalgia (dolor de cabeza) y rigidez del cuello.

Cualquier infección cercana a las meninges puede transmitirse a ellas, como se observa con cierta frecuencia en las otitis (inflamación del oído).

Gomas cerebrales. Recordemos que la sífilis comienza por una lesión primaria llamada ***chancro.***

Algún tiempo después aparecen lesiones secundarias en la piel y en las mucosas.

Por último, se presentan lesiones terciarias llamadas ***gomas*** en distintas partes del cuerpo.

El ***goma cerebral*** es, pues, una lesión sifilítica terciaria.

El goma sifilítico es una lesión que destruye los tejidos en los cuales se desarrolla.

Al desarrollarse en un órgano tan complejo como el cerebro puede dar lugar a numerosos trastornos, de acuerdo con las destrucciones realizadas.

EN POCAS PALABRAS

Para conservar en buenas condiciones el sistema nervioso es necesario:

1. Evitar la fatiga mental. Intercalar períodos de reposo en las jornadas de trabajo mental.
2. Cambiar de trabajo. Intercalar el trabajo físico en el trabajo mental.
3. Dormir las horas necesarias. El sueño es más importante para la vida que el alimento.
4. Realizar el sueño en una cama cómoda, en una habitación ventilada, sin luz y en silencio.
5. Realizar trabajos intelectuales para que la mente no se atrofie.
6. No amenazar a los niños con el «coco» y otros seres terroríficos. A veces se producen trastornos que duran toda la vida.
7. Evitar las intoxicaciones con el café, el tabaco, el alcohol y las drogas narcóticas.

La **demencia** es un trastorno mental en que el enfermo pierde el concepto de su personalidad.

La **idiotez** es una gran deficiencia mental.

El idiota tiene una edad mental no mayor de tres años.

La **imbecilidad** es una debilidad intelectual menor que la idiotez.

Meningitis es la inflamación de las meninges.

El **goma cerebral** es una lesión terciaria de la sífilis.

D) ORGANOS DE LOS SENTIDOS

Los sentidos 37

Por medio de los sentidos nos ponemos en contacto con el exterior.

Los sentidos son cinco: ***tacto, vista, oído, olfato*** y ***gusto.***

En cada sentido debemos considerar:

1. **Receptores** (piel, ojo, oído, lengua, pituitaria).

Los receptores son excitados por diferentes estímulos (contacto, luz, sonido, sustancias químicas) y originan impulsos nerviosos.

2. **Transmisores.** Son los nervios sensitivos que llevan a la corteza cerebral el impulso nervioso originado en los receptores.

3. **Una determinada parte de la corteza cerebral,** a donde llegan los impulsos nerviosos.

En la corteza cerebral se originan las ***sensaciones.***

Por tanto, podemos decir que sentimos el contacto, vemos, oímos, gustamos y olemos con la corteza cerebral.

La piel, el ojo, el oído, la lengua y la pituitaria no son más que receptores.

Vías que siguen los impulsos nerviosos. Cada clase de impulso nervioso, originado en los receptores, utiliza siempre la misma vía para llegar al cerebro.

Las impresiones luminosas se transmiten siempre a través del nervio óptico; las sonoras, a través del nervio acústico, etc.

Los nervios de los órganos de los sentidos originan siempre la misma clase de sensación.

Una compresión sobre el nervio óptico, producida por un golpe recibido sobre el ojo, determina una sensación luminosa (ver las estrellas).

Muchos trastornos del oído determinan sensaciones sonoras (silbidos, escapes de vapor, etc.).

El sentido fundamental es el del tacto.

Los demás son especializaciones del tacto.

Para percibir el sabor de un cuerpo es necesario que éste ***se ponga en contacto*** con la lengua.

Percibimos el olor de un cuerpo cuando las partículas volátiles que éste emite ***tocan la pituitaria.***

Vemos un cuerpo cuando la luz que éste emite o refleja ***toca la retina.***

Nos damos cuenta del sonido cuando las ondas sonoras ***chocan contra el tímpano*** y la vibración del tímpano es transmitida al nervio acústico.

SENSACIONES INTERNAS

Además de las sensaciones originadas en la corteza cerebral por los estímulos exteriores, hay otras que se originan en el interior de nuestro cuerpo. Veamos algunas:

1. Nos damos cuenta de la posición en que se encuentra nuestro cuerpo.
2. Percibimos dolor originado por lesiones de los distintos órganos (úlcera de estómago, paso de un cálculo a través del uréter, lesiones reumáticas de una articulación).
3. Sentimos hambre y sed. El hambre y la sed son gritos de alarma del organismo que necesita alimentos y agua.

El hambre se localiza en el estómago. Sin embargo, a un individuo a quien se le ha extirpado el estómago, sigue localizando la sensación de hambre en el sitio en que tuvo ese órgano.

La sed se localiza en la garganta. Pero si inyectamos en las venas de un individuo sediento suero fisiológico (agua y sal), la sed desaparece.

No es necesario que el agua se ponga en contacto con la garganta.

Diferente agudeza de los sentidos en distintos animales. La mayoría de los mamíferos poseen un olfato más desarrollado que el hombre.

El perro, que posee un oído y un olfato extraordinarios, tiene una agudeza visual muy deficiente.

Un perro es incapaz de reconocer a su dueño, aunque lo vea, si sale desnudo de un baño prolongado que le haya privado de su olor especial.

Las aves, dotadas de un sentido de la vista prodigioso, tienen generalmente poco olfato.

EN POCAS PALABRAS

Los sentidos sirven para ponernos en contacto con el exterior. Son cinco: **tacto, vista, oído, gusto** y **olfato.**

Los sentidos constan de tres partes: **receptores, transmisores** y **corteza cerebral.**

El sentido fundamental es el del tacto. Los otros son especializaciones del tacto.

Además de las impresiones externas, la corteza cerebral recibe impresiones originadas en el interior del cuerpo. Así nos damos cuenta de la posición que adoptamos, percibimos los dolores de los distintos órganos y sentimos hambre y sed.

Hay animales que presentan algunos sentidos más desarrollados que los del hombre. En cambio, otros sentidos presentan menor agudeza que los humanos.

38 La piel y el tacto

LOS NERVIOS DEL TACTO

Al hablar de las excreciones estudiamos la piel y conocimos su estructura.

Nos interesaba entonces la secreción de las glándulas sudoríparas y sebáceas.

Ahora nos interesan las terminaciones de los nervios.

Véase el esquema de la figura 38-1 en que se representan las terminaciones nerviosas.

Los nervios sensitivos terminan en la piel de dos maneras distintas:

1. Se distribuyen por la capa profunda de la epidermis y forman las ***terminaciones libres.***

Fig. 38-1.—Corte esquemático de la piel. Obsérvense las terminaciones libres de los nervios de la capa profunda de la epidermis y los corpúsculos del tacto que terminan a diferentes alturas.

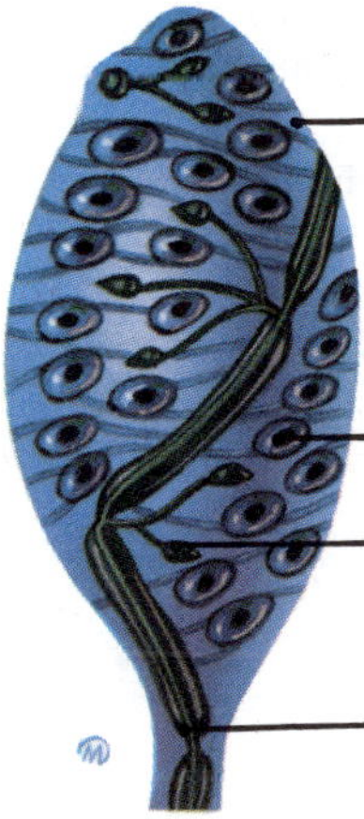

Fig. 38-2.—Un corpúsculo del tacto. Obsérvense los discos táctiles.

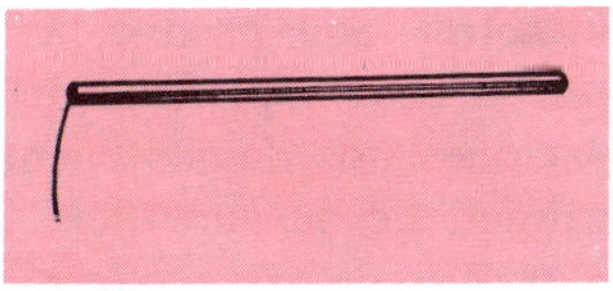

Fig. 38-3.—Cerda montada en un mango para explorar los puntos sensibles al contacto y a la presión.

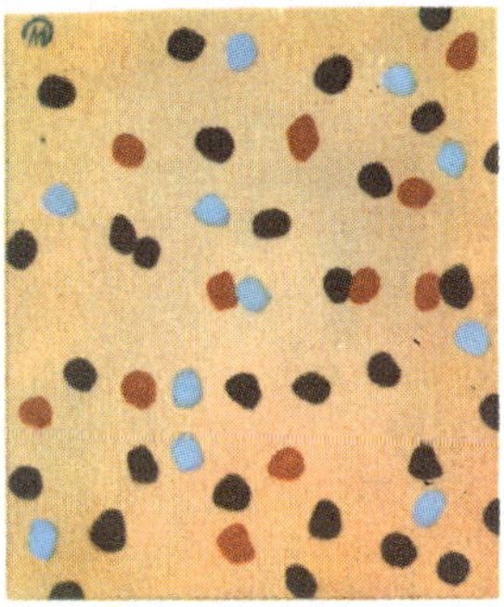

Fig. 38-4. — Esquema que muestra los puntos sensitivos de la piel. Los negros son de presión. Los azules de frío, y los rojos, de calor.

2. Se ensanchan en forma ovoidea y constituyen los ***corpúsculos del tacto***, que se distribuyen a distintas alturas de la piel y en algunas mucosas.

Estos corpúsculos están formados por ramificaciones aplanadas del nervio sensitivo (discos táctiles), células de sostén y una cubierta epitelial (Fig. 38-2).

Se ha podido comprobar que hay distintas clases de corpúsculos.

Unos perciben el contacto, otros la presión, otros el calor y otros el frío.

Como es natural, cada clase de corpúsculo tiene su estructura especial.

Con ayuda de una cerda montada en un mango se ha podido determinar cuáles son los puntos sensibles al contacto y a la presión (Fig. 38-3).

Con un objeto de punta roma calentado o enfriado, se pueden marcar los puntos de calor y de frío. Si los marcamos en la piel, responden siempre a los mismos estímulos (Fig. 38-4).

SENTIDO DEL TACTO

El sentido del tacto reside en la piel y en las mucosas de la boca y de los labios.

Por este sentido se aprecian tres clases de sensaciones:

1. Sensaciones de contacto y de presión.
2. Sensaciones térmicas (calor y frío).
3. Sensaciones dolorosas.

Sensaciones de contacto. Son producidas por impresiones de corpúsculos que terminan en la capa superficial de la dermis.

Gracias a estas sensaciones nos damos cuenta del tamaño y la forma de los objetos, de la calidad de su superficie y de la distancia que los separa unos de otros.

Este sentido suple al de la vista cuando estamos en la oscuridad.

Sabemos que el tacto se desarrolla de modo extraordinario en los ciegos.

Apreciamos el contacto de modo especial en la punta de la lengua, en los labios, en las yemas de los dedos, en la cara palmar de las manos y en la cara plantar de los pies.

Sensaciones de presión. Las sensaciones de presión se originan por la impresión de los corpúsculos profundos.

Haciendo presión nos damos cuenta de la consistencia de los cuerpos y sabemos si son duros o blandos.

Por la presión que un cuerpo ejerce sobre nuestra piel, nos damos cuenta de su peso (una persona que se para sobre uno de nuestros pies).

Pero corrientemente el peso se aprecia por el esfuerzo que nos cuesta levantar el objeto. Por eso se dice que el peso se aprecia por el ***sentido muscular.***

Sensaciones de temperatura. La temperatura normal del hombre oscila entre 36 y 37 grados centígrados.

El contacto con un cuerpo de menor temperatura origina una sensación de frío.

Si la temperatura de ese cuerpo es mayor que la nuestra, se origina una sensación de calor.

No toda la superficie cutánea tiene la misma sensibilidad térmica.

Cuando queremos saber si llovizna, extendemos la mano con el dorso hacia arriba. Cuando sospechamos que una persona pueda tener fiebre, la tocamos con la cara dorsal de los dedos.

La cara dorsal de la mano es más sensible a la temperatura que la cara palmar.

Relatividad de las sensaciones de temperatura. Introduzcamos la mano derecha en una vasija que contenga agua a 50 grados C y la mano izquierda en otra vasija que contenga agua a 10 grados C.

Después de unos minutos, retiremos las manos de ambas vasijas e introduzcámoslas en otra que contenga agua a 30 grados C.

La mano derecha encontrará esta agua fría y la izquierda, la encontrará caliente.

Sensaciones de dolor. La piel percibe el dolor por las terminaciones libres intraepidérmicas.

Ocasionan dolor:

1. El frío por debajo de 0 grados C.
2. El calor por encima de 70 grados C.
3. La presión excesiva.
4. La punción o desgarradura de la piel.

Aunque los puntos de dolor son muy numerosos, hay zonas que son insensibles.

A veces no sentimos la aguja de la jeringuilla hipodérmica que punciona la piel. Ha penetrado en una de esas zonas insensibles.

Trastornos e ilusiones del tacto. A veces, las informaciones que nos suministra el tacto no son correctas.

Puede haber exceso de sensibilidad, desproporcionada al estímulo. Se dice entonces que hay ***hiperestesia.***

Puede haber una falta completa de sensibilidad, lo cual se llama ***anestesia.*** Algunas enfermedades, como la lepra, determinan zonas de anestesia.

Para realizar intervenciones quirúrgicas, se anestesian artificialmente los tejidos.

Pero, otras veces, el tacto nos suministra informaciones erróneas, como ocurre con el viejo experimento de Aristóteles.

Si colocamos sobre una pequeña bola nuestros dedos índice y del medio como indica la figura 38-5 (1) e imprimimos a los dedos un movimiento de rotación, nos damos cuenta, aunque no la veamos, que estamos tocando una sola bola.

En cambio, si cruzamos el dedo del medio por encima del índice, como se ve en la figura 38-5 (2) y tocamos la bola con los dedos imprimiéndole un movimiento de rotación, nos parecerá que hay dos bolas en lugar de una.

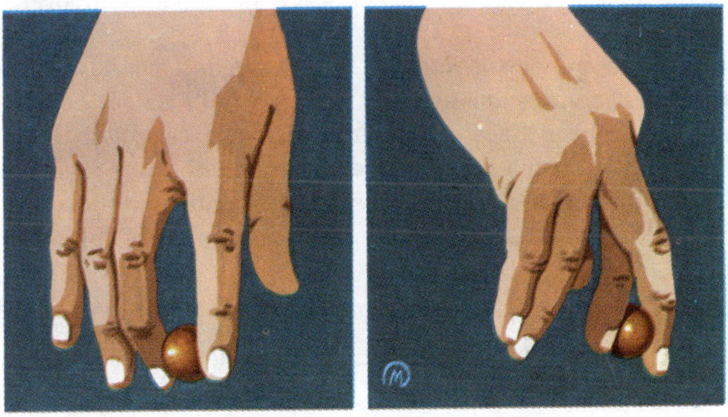

1 2

Fig. 38-5.—Experimento de Aristóteles.

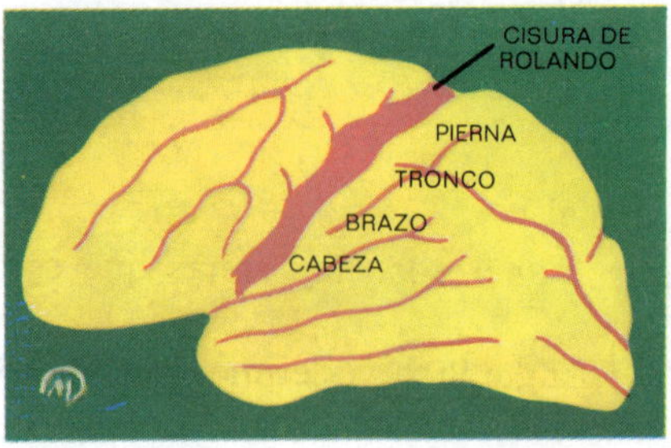

Fig. 38-6.—Localización en la corteza cerebral de las sensaciones del tacto.

Esto ocurre porque habitualmente no podemos sentir el contacto de una bola con los bordes de los dedos con que la tocamos en ese segundo momento.

Localización en la corteza cerebral de las sensaciones táctiles. Las impresiones del tacto son transmitidas por distintas vías porque la superficie cutánea y mucosa es de gran extensión.

Los impulsos nerviosos originados en sitios distintos llegan a la zona de la corteza cerebral que está por detrás de la cisura de Rolando (Fig. 38-6).

ENFERMEDADES CUTANEAS

Tiña. Los hongos son parásitos vegetales de estructura filamentosa que pueden atacar la piel o los órganos internos del hombre.

Entre las enfermedades de la piel producidas por hongos, citaremos la ***tiña de la cabeza,*** la ***tiña favosa*** y la ***dermatomicosis.***

1. La tiña de la cabeza ataca a los niños.

Los cabellos se vuelven quebradizos y sin brillo. La piel presenta costras y pústulas. El cabello puede caer de modo temporal o permanente.

Al llegar a la pubertad, aunque la enfermedad no haya sido tratada, tiende a curar espontáneamente.

2. La tiña favosa ataca igualmente el cuero cabelludo y la piel desprovista de pelos y forma costras amarillas que cubren ulceraciones planas.

3. La dermatomicosis se presenta preferentemente en los espacios interdigitales de los pies, aunque puede desarrollarse en las manos, ingles o axilas.

Determina prurito intenso y, a menudo, se infecta por el rascado.

Carate o pinta. Es una enfermedad característica de América.

Es frecuente en México, Centro y Sudamérica y ataca preferentemente a las razas coloreadas (negros, indios y mestizos).

Los enfermos de carate presentan en las palmas de las manos y en las plantas de los pies unas manchas de color gris azuloso que, con el tiempo, adquieren un color blanco.

El carate es producido por una ***espiroqueta*** (bacteria en forma de tirabuzón) análoga a la que produce la sífilis.

Se cree que la transmisión se produce por el contacto directo o por insectos chupadores de sangre.

La enfermedad cura con los arsenobenzoles y es, en general, una dolencia benigna.

Barros o acné juvenil. Se presenta corrientemente en la pubertad, a lo que debe su denominación de juvenil.

El acné es la infección de las glándulas sebáceas y es más frecuente en las personas de cutis grasiento.

La piel de la cara y, a veces, del pecho y de la espalda se cubren de pequeños abscesos (Fig. 38-7).

Las ***espinillas*** son producidas por una sustancia grasa sólida que llena el conducto de las glándulas sebáceas.

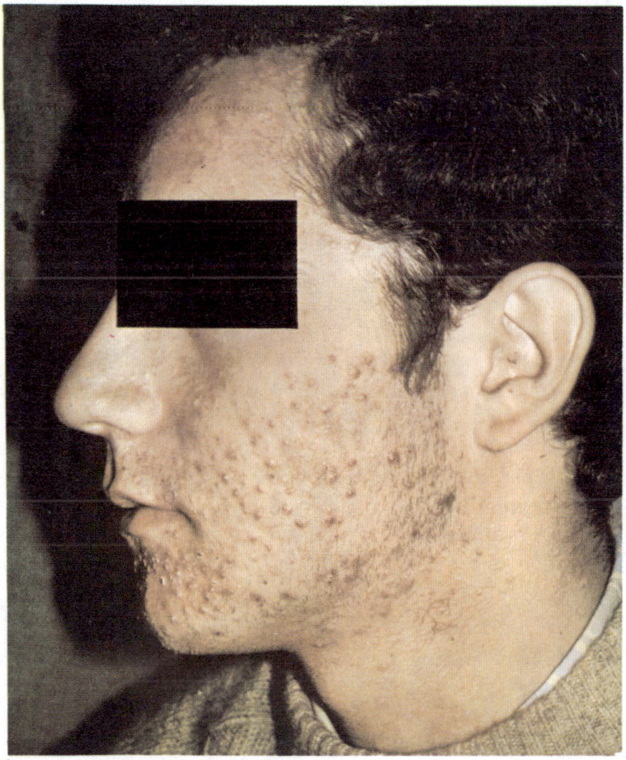

Fig. 38-7.—Joven con acné.

Las personas que padecen de acné tienen que extremar la limpieza de la cara y extraer las espinillas.

En casos de acné es conveniente seguir estos consejos:

1. Combatir el estreñimiento.
2. Suprimir o disminuir considerablemente de la alimentación los dulces y las grasas.
3. Hacer ejercicios al aire libre.

EN POCAS PALABRAS

Los nervios sensitivos terminan en la piel:

1. Ramificándose en la epidermis para formar las **terminaciones libres.**
2. Ensanchándose para constituir los **corpúsculos del tacto.**

Hay nervios que transmiten impresiones de contacto, otros de presión, otros de calor, otros de frío y otros de dolor.

Hay zonas del cuerpo que perciben más fácilmente cada una de esas impresiones.

El dolor se percibe por las terminaciones libres.

Hiperestesia es el exceso de sensibilidad táctil.

Anestesia es la ausencia de sensibilidad táctil.

Las sensaciones táctiles tienen sus centros en la corteza cerebral, en la porción que se encuentra por detrás de la cisura de Rolando.

Las **tiñas** son enfermedades producidas por hongos.

Pinta o **carate** es una enfermedad producida por una espiroqueta.

Barros o **acné juvenil** es la infección de los conductos de las glándulas sebáceas.

Organos del sentido de la vista 39

Por medio del sentido de la vista percibimos las sensaciones luminosas.

Para poder ver un cuerpo es necesario que produzca luz, esto es, que sea ***luminoso*** (el sol, un fósforo encendido) o que reciba la luz de un cuerpo luminoso, es decir, que esté ***iluminado.***

Los receptores del sentido de la vista se encuentran en los ojos, llamados también por su forma globos oculares.

Los globos oculares son los órganos esenciales del sentido de la vista.

Además de los globos oculares econtramos ***órganos anexos,*** que ayudan a realizar la función de los globos oculares.

Los órganos anexos son: ***cejas, párpados, pestañas, aparato lagrimal*** y ***músculos motores del ojo.***

ORBITAS

Los globos oculares se encuentran alojados y protegidos en unas cavidades llamadas ***órbitas.***

Las órbitas están formadas por huesos del cráneo y de la cara.

El tamaño de las órbitas es considerablemente mayor que el de los globos oculares.

Además del globo ocular, se encuentran en cada órbita los músculos motores del ojo y cierta cantidad de tejido adiposo que sirve de acolchonamiento.

En el fondo de cada órbita se encuentra el ***orificio óptico.***

Por ese orificio pasa el ***nervio óptico,*** encargado de transmitir al cerebro las impresiones luminosas.

GLOBO OCULAR

El globo ocular tiene forma esferoidal, ligeramente alargado de delante a atrás.

El globo ocular está formado por tres membranas concéntricas: ***esclerótica, coroides*** y ***retina*** y por cuatro medios transparentes: ***córnea, humor acuoso, cristalino*** y ***cuerpo vítreo.***

MEMBRANAS OCULARES

Esclerótica. Es la más externa de las membranas del ojo.

Es gruesa y resistente y contiene las demás partes integrantes del globo ocular.

Es de color blanco azulado en el niño y amarillento en el adulto (Fig. 39-1).

En la esclerótica se insertan los músculos motores del ojo.

Por detrás, la esclerótica presenta una abertura para dar paso al nervio óptico.

Por delante, se continúa con un tejido incoloro y transparente llamado ***córnea.***

La córnea es más prominente que el resto de la esclerótica. Representa un segmento de esfera de radio menor (Fig. 39-2).

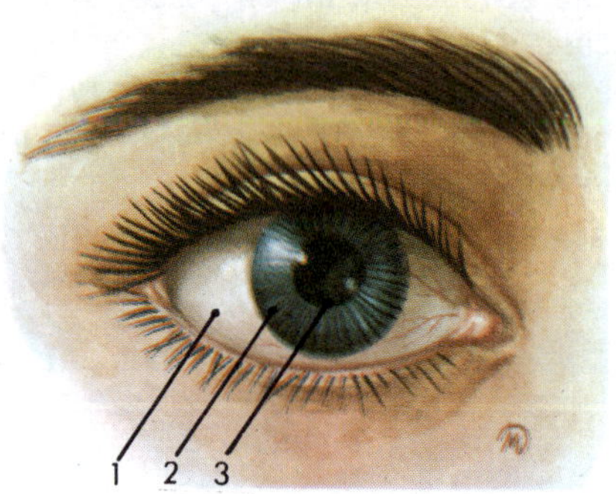

Fig. 39-1.—El ojo visto de frente: 1) Esclerótica. 2) Iris. 3) Pupila.

Coroides. La coroides es la membrana intermedia del ojo.

Es una membrana muy vascularizada y pigmentada.

Por detrás, presenta un orificio para el paso del nervio óptico.

Por delante, se continúa con una membrana de color variable llamada ***iris,*** que presenta en su centro una abertura circular denominada ***pupila*** (Fig. 39-2).

La coloración del iris puede ser azul, verde, gris, parda o casi negra.

La pupila es una abertura de tamaño variable.

El iris está formado por fibras circulares y por fibras radiadas.

La contracción de las fibras circulares achica la pupila.

La contracción de las fibras radiadas la agranda (Fig. 39-3).

Entre la coroides y el iris se encuentran el músculo ciliar y los procesos ciliares.

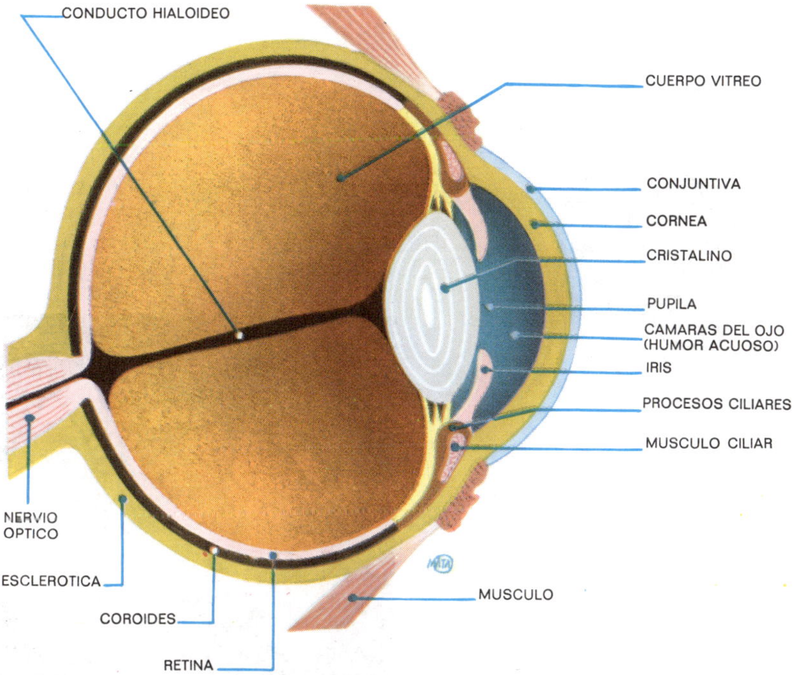

Fig. 39-2.—El globo ocular y sus órganos anexos.

El músculo ciliar presenta la forma de una cinta circular y los procesos ciliares son unos repliegues muy vascularizados colocados en forma radiada (Fig. 39-4).

Retina. La retina es la más interna de las membranas y la más importante debido a su sensibilidad luminosa.

La retina es una membrana muy fina que tapiza la cara interna de la coroides sin adherirse a ella.

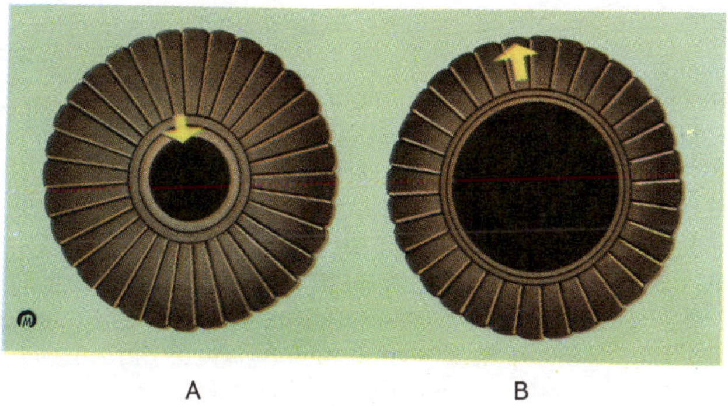

Fig. 39-3.—Estructura muscular del iris: A) Pupila contraída. B) Pupila dilatada.

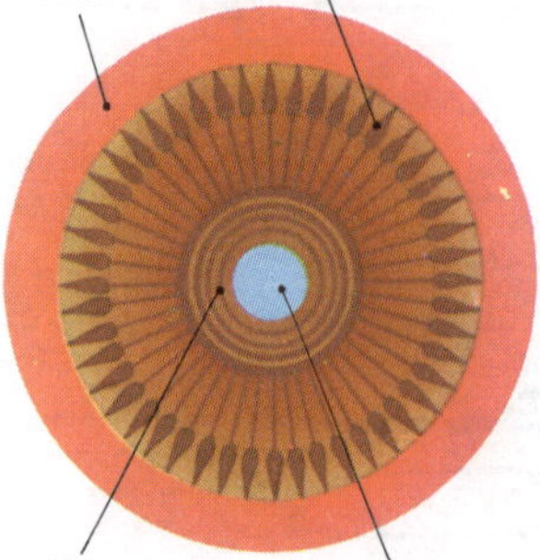

Fig. 39-4.—El iris y la pupila vistos por detrás. Obsérvense el músculo ciliar y los procesos ciliares colocados alrededor del iris.

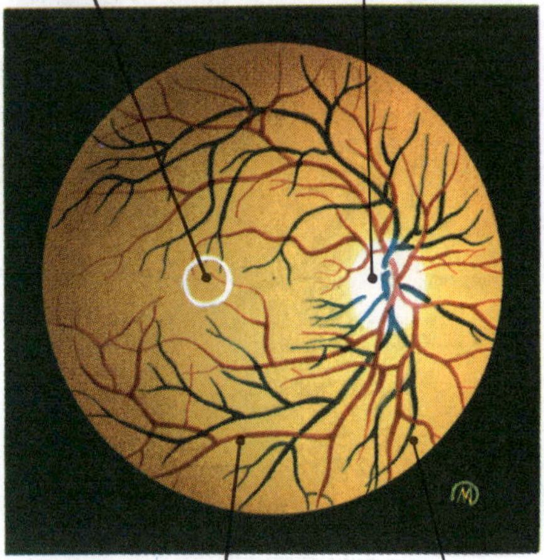

Fig. 39-5.—Vista del fondo del ojo. Aprécìense el punto ciego, la mancha amarilla y los vasos sanguíneos.

Puede considerarse la retina como la expansión de las fibras del nervio óptico.

La sensibilidad luminosa de la retina no es igual en todas sus partes.

El punto de entrada del nervio óptico, donde sus fibras se expanden para formar la retina, se llama ***papila*** o ***punto ciego,*** por ser insensible a la luz.

La papila es el punto de entrada de los vasos sanguíneos de la retina.

Por fuera del punto ciego se encuentra la ***mancha amarilla,*** que es la zona de la retina más sensible a la luz (Fig. 39-5).

La mancha amarilla tiene unos 3 mm^2 de superficie.

A pesar de su delgadez, la retina está formada por varias capas de células superpuestas.

La capa más superficial está formada por células alargadas, sensibles a la luz. Por su forma, reciben los nombres de ***conos*** y ***bastones.***

Los conos y bastones se continúan con las terminaciones del nervio óptico por intermedio de otras capas de células (Fig. 39-6).

Los bastones tienen forma cilíndrica y coloración rojiza por contener una sustancia llamada ***púrpura retiniana.***

Los conos son más cortos y más gruesos que los bastones.

Los bastones se distribuyen por toda la retina, con excepción de la mancha amarilla.

La mancha amarilla está formada exclusivamente por conos.

MEDIOS TRANSPARENTES DEL OJO

Córnea. Es la primera parte del globo ocular que atraviesa la luz.

Ya hemos visto que es una transformación transparente de la esclerótica.

Cristalino. El cristalino es un órgano en forma de lente biconvexa (vidrio de aumento) que divide la cavidad del ojo en dos compartimientos:

1. Uno anterior, formado por las ***cámaras del ojo***, y
2. Otro posterior, ocupado por el ***cuerpo vítreo*** (Fig. 39-2).

Las cámaras del ojo son dos: una anterior y otra posterior.

Ocupan todo el espacio limitado por delante por la córnea y por detrás por el cristalino.

El iris separa las dos cámaras y la pupila las comunica (Fig. 39-2).

Ambas cámaras están ocupadas por el humor acuoso.

El cristalino está formado por una cápsula transparente llamada ***cristaloides***, en el interior de la cual se encuentra una sustancia fibrosa y transparente.

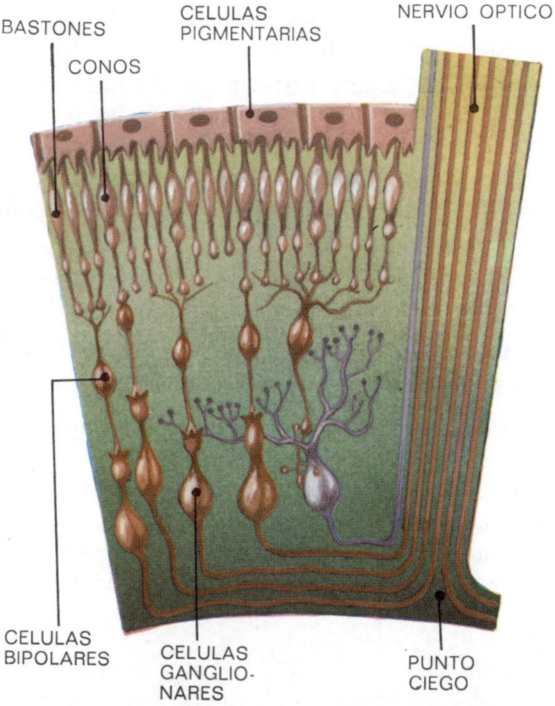

Fig. 39-6.—Esquema muy simplificado de las capas de células de la retina. Obsérvense los conos y los bastones.

La enfermedad conocida con el nombre de ***catarata*** es la opacidad del cristalino.

La catarata puede formarse por algún traumatismo o por vejez.

Al hacerse opaco el cristalino, no deja pasar los rayos luminosos e impide la visión del ojo afectado.

Humor acuoso. Es un líquido de aspecto parecido al del agua que ocupa ambas cámaras del ojo.

Cuerpo vítreo. El cuerpo vítreo ocupa el compartimiento posterior del ojo, limitado por delante por el cristalino y por detrás por la retina (Fig. 39-2).

El cuerpo vítreo se compone de una membrana envolvente, llamada ***hialoides*** y por un líquido que ocupa su interior, denominado ***humor vítreo.***

El humor vítreo es muy denso y presenta un aspecto parecido al de la clara de huevo.

ORGANOS ANEXOS AL OJO

Cejas. Son unos pelos cortos y gruesos colocados en varias filas que forman un arco en la piel que recubre el borde superior de la órbita.

Párpados. Son unos repliegues cutáneos recubiertos por detrás por una membrana mucosa llamada ***conjuntiva.***

Los párpados son dos: uno superior y otro inferior y están colocados por delante de las órbitas.

En el espesor de los párpados encontramos:

a) Una lámina cartilaginosa llamada ***tarso.***

El tarso es más desarrollado en el párpado superior que en el inferior.

b) Unas glándulas sebáceas modificadas, las ***glándulas de Meibomio.***

c) El ***músculo orbicular de los párpados*** que, cuando se contrae, los cierra fuertemente.

El músculo ***elevador del párpado superior*** tira de éste. Su contracción eleva el párpado y su relajación lo desciende.

Pestañas. En los bordes de los párpados encontramos una fila de pelos cortos y gruesos que son las ***pestañas.***

Aparato lagrimal. En la parte superior y externa de cada órbita se encuentra la ***glándula lagrimal.***

Las glándulas lagrimales segregan las lágrimas, que son un líquido formado principalmente por agua, cloruro de sodio y albúmina.

Una parte de las lágrimas se evapora, pero las que no llegan a evaporarse se reúnen en el ángulo interno de la abertura palpebral.

De allí pasan al ***conducto lagrimal*** y luego a una dilatación llamada ***saco lagrimal*** y siguen por el ***conducto nasal*** que termina en las fosas nasales (Fig. 39-7).

La doble corriente de aire que pasa por las fosas nasales, al entrar hacia los pulmones y al salir de ellos, determina la rápida evaporación de las lágrimas.

Músculos motores del ojo. Los músculos motores del ojo son seis: cuatro ***rectos*** y dos ***oblicuos*** (Fig. 39-8).

Los rectos se distinguen, según su posición, en ***superior, inferior, externo*** e ***interno.***

Los oblicuos se diferencian en ***mayor*** y ***menor.***

Todos los músculos motores del ojo se insertan en la esclerótica. Su contracción mueve el globo ocular y lo orienta en distintas direcciones.

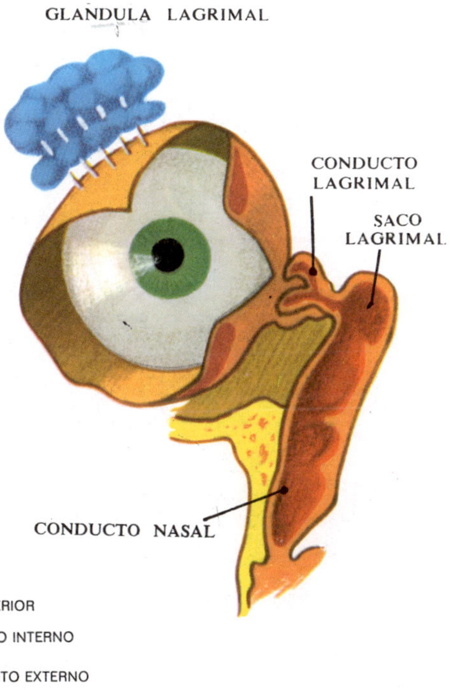

Fig. 39-7.—Aparato lagrimal

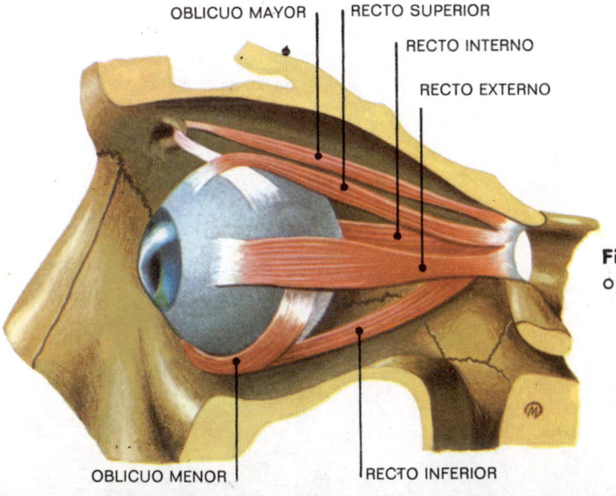

Fig. 39-8.—Músculos motores del ojo vistos por el lado externo.

EN POCAS PALABRAS

Membranas oculares	**Esclerótica** (blanca y resistente) continuada por delante por la córnea. **Coroides** (vascularizada y pigmentada) continuada por delante por el iris. **Retina** (expansión de las fibras del nervio óptico). Muy fina y sensible a la luz. Punto ciego y mancha amarilla.
Medios transparentes	**Córnea** (es el primer medio atravesado por la luz). **Humor acuoso** (ocupa las cámaras del ojo). **Cristalino** (aumenta o disminuye la convexidad de sus caras). **Humor vítreo** (ocupa el compartimiento posterior del ojo).
Organos anexos	Cejas (pelos cortos y gruesos). Párpados (tarso y glándulas de Meibomio). Pestañas (pelos en los bordes de los párpados). Aparato lagrimal: Glándula lagrimal. Conducto lagrimal. Saco lagrimal. Conducto nasal. Músculos motores: 4 rectos y 2 oblicuos.

40 Sentido de la vista

Por medio de este sentido apreciamos:

a) La forma y el tamaño de los cuerpos y la distancia a que se encuentran de nosotros.

b) El color de los mismos.

Se ha comparado el funcionamiento del ojo con el de una cámara fotográfica (Fig. 40-1).

Veamos sus partes análogas:

CAMARA	GLOBO OCULAR
Cubierta exterior	Esclerótica.
Pintura negra interior	Coroides.
Lente	Cristalino.
Diafragma	Iris.
Obturador	Párpados.
Película sensible	Retina.

Formación de las imágenes. Realicemos el experimento que se ilustra en la figura 40-2.

Tomemos una lente biconvexa. Coloquemos, de un lado, una vela encendida. Del otro lado, un pedazo de cartón.

Acerquemos o alejemos el cartón a la lente hasta que se forme en él la imagen de la vela.

La imagen es invertida y menor que el objeto (Fig. 40-2).

La imagen se forma porque los rayos luminosos que parten de un punto del objeto, al atravesar la lente, se desvían, se reúnen sobre el cartón y forman la imagen de ese punto.

Como lo mismo ocurre con cada punto del objeto, se formará sobre el cartón la imagen del objeto entero.

La experiencia debe realizarse en un ambiente poco iluminado.

Algo parecido ocurre con el funcionamiento del globo ocular.

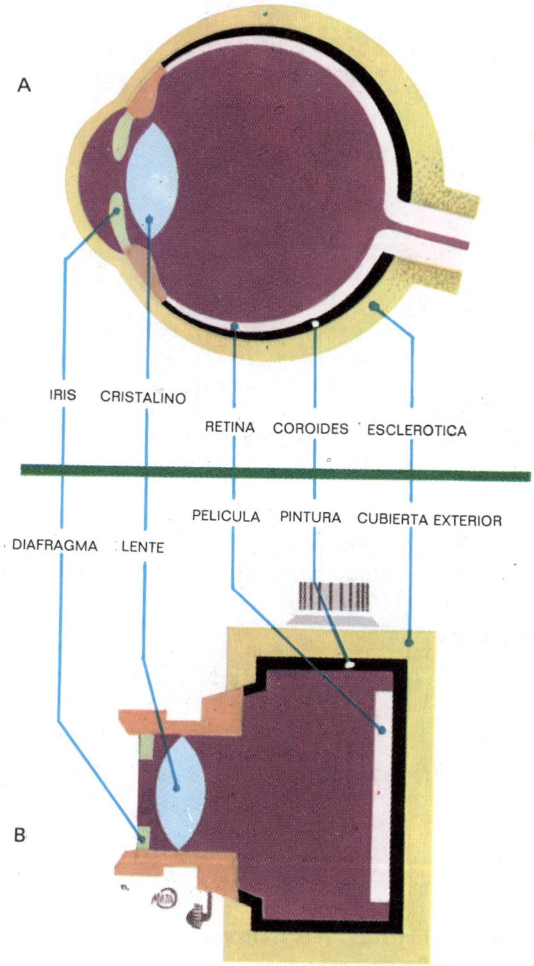

Fig. 40-1.—A) Corte del globo ocular. B) Corte de una cámara fotográfica.

El objeto puede ser el mismo; la lente es el cristalino, y la hoja de papel está representada por la retina (Fig. 40-3).

Se ha comprobado que esto ocurre así.

Quitemos un fragmento de esclerótica de la porción posterior del ojo de un buey. Coloquemos, en un ambiente oscuro, una vela encendida a cierta distancia.

En el fondo del ojo se formará la imagen de la vela, invertida y menor (Fig. 40-4).

Veamos ahora qué papel desempeña cada parte del ojo en el mecanismo de la visión.

Fig. 40-2.—Formación de la imagen a través de una lente biconvexa.

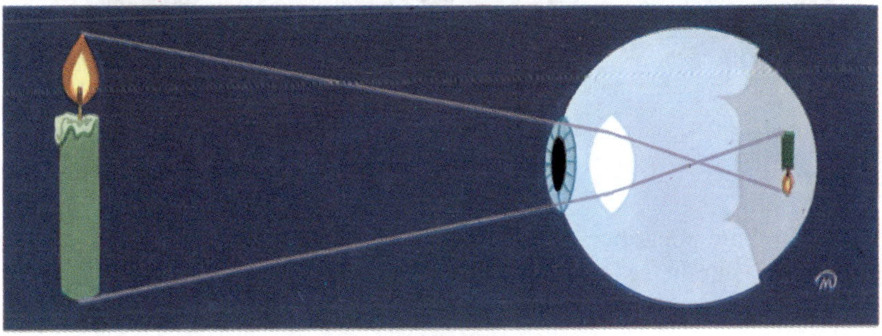

Fig. 40-3.—Formación de la imagen de un objeto sobre la retina.

Función de la esclerótica. Contiene y protege todas las partes que forman el globo ocular y presta inserción a los músculos motores del ojo.

Función de la coroides. El pigmento de la coroides oscurece el interior del ojo para que se destaque la imagen.

Algo parecido ocurre en los teatros. Se oscurecen para poder observar la proyección cinematográfica.

Función del iris. Para ver con claridad la imagen retiniana es necesario que penetre en el ojo cierta cantidad de luz.

Cuando hay mucha luz en el ambiente, se contraen las fibras circulares del iris y la pupila se achica.

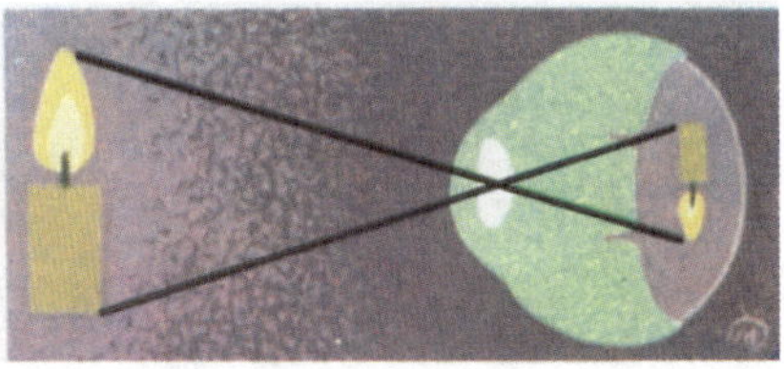

Fig. 40-4.—Formación de la imagen en la retina de un ojo de buey.

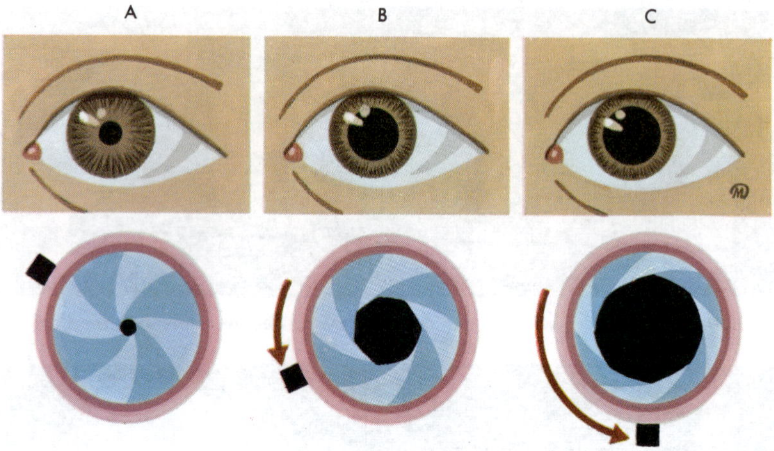

Fig. 40-5.—A) Pupila contraída. B) Pupila medianamente dilatada. C) Pupila muy dilatada.

Cuando hay poca luz en el ambiente, se contraen las fibras radiadas del iris y la pupila se agranda (Fig. 39-3).

Se llama ***reacción pupilar*** a los cambios de tamaño de la pupila (Fig. 40-5).

La reacción pupilar es un reflejo incondicionado (con el que se nace).

Si pasamos de un sitio intensamente iluminado a un local semioscuro, no vemos casi nada. Algunos momentos después, la pupila se dilata, entra más luz en el ojo y vemos mucho mejor.

Función de la retina. La retina es la parte más importante del globo ocular.

En ella se encuentran las células especializadas sensibles a la luz. Pero la sensibilidad de la retina no es igual en todas sus partes.

Carece de sensibilidad luminosa en el ***punto ciego.*** Tiene su sensibilidad máxima en la mancha amarilla.

Punto ciego. Se demuestra la existencia del punto ciego con el experimento de Mariotte.

Fig. 40-6.—Experimento de Mariotte.

Trácese sobre un papel, a la izquierda, una cruz, y a la derecha, un círculo, separados por 5 cm, como aparece en la figura 40-6.

Colóquese la nariz a una distancia media entre las dos marcas. Ciérrese el ojo izquierdo y mírese la cruz con el ojo derecho. Veremos también el círculo.

Aléjese lentamente el papel. A cierta distancia no veremos el círculo. A esa distancia la imagen del círculo se ha formado sobre el punto ciego.

Mancha amarilla. La mancha amarilla es la zona de la retina que utilizamos para que se formen en ella las imágenes de los cuerpos que miramos con atención.

Cuando leemos, tenemos que mover los ojos de izquierda a derecha y de derecha a izquierda para que se formen en la mancha amarilla las imágenes de las letras.

Se ha dicho que la mancha amarilla sirve para mirar y el resto de la retina para orientarnos acerca de lo que debemos mirar.

La función del resto de la retina no carece de importancia.

Un orador que habla ante un público no puede mirar al mismo tiempo más que un pequeño grupo de personas, aquellas cuyas imágenes se forman en la mancha amarilla.

Pero, con el resto de la retina se da cuenta si un espectador se pone de pie o una puerta se cierra.

Si sólo dispusiéramos de la visión con la mancha amarilla, nuestra situación sería análoga a la de un hombre que atravesara las calles mirando a través de largos tubos colocados en una dirección determinada.

Función de los conos y de los bastones. Los conos y los bastones tienen estructura distinta. Por tanto, realizarán diferentes funciones.

Los bastones aprecian la intensidad de luz. Realizan una ***apreciación cuantitativa.***

Por medio de los bastones nos damos cuenta del blanco, del negro y de la distinta gama de grises.

Los conos aprecian los colores, es decir, la calidad de la luz.

Es una ***apreciación cualitativa.***

La retina de los animales de vida nocturna o que se desarrollan en la oscuridad (murciélagos, topos, etc.) está formada exclusivamente por bastones.

Esos animales no tienen necesidad de los conos. No aprecian los colores.

Si recordamos que la mancha amarilla está formada exclusivamente por conos, llegaremos a la conclusión de que en esa zona se aprecian mejor los colores.

Localización en la corteza cerebral de las sensaciones visuales. Las fibras que forman el nervio óptico, después de recorrer un complicado trayecto, terminan en la corteza cerebral del lóbulo occipital, donde se encuentra el centro visual (Fig. 40-7).

Una lesión del lóbulo occipital determina la ceguera, aunque estén normales los globos oculares.

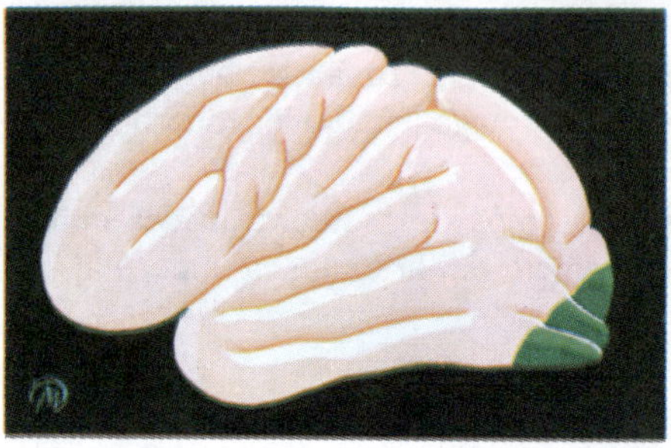

Fig. 40-7.—Localización en la corteza cerebral de las sensaciones visuales.

Acromatopsia y daltonismo. Se llama acromatopsia al defecto visual consistente en la imposibilidad de apreciar los colores.

En estos casos, la vida es como si fuera una película cinematográfica en blanco y negro.

El daltonismo consiste en la imposibilidad de distinguir el rojo del verde.

Tiene gran importancia determinar si una persona padece daltonismo, porque el rojo y el verde son señales de tránsito que tienen significado totalmente opuesto.

El daltonismo es más frecuente en el hombre que en la mujer.

Por cada diez hombres que lo padecen, lo presenta solamente una mujer.

Persistencia de las imágenes en la retina. La imagen retiniana no se borra tan pronto desaparece el agente que la determina.

Hagamos el siguiente experimento: dibujemos en una tarjeta, de un lado, una jaula vacía y del otro lado, un pájaro (Fig. 40-8 *A* y *B*).

Imprimamos un rápido movimiento rotatorio a la tarjeta. Ambas imágenes se superponen y vemos el pájaro dentro de la jaula (Fig. 40-8 *C*).

Esto ocurre porque todavía no se ha borrado la imagen de la jaula cuando se forma la del pájaro.

La tarjeta tiene que girar, por lo menos, a una velocidad de 1/10 de segundo, que es el tiempo máximo de persistencia de las imágenes en la retina.

Esto es el fundamento del cinematógrafo.

A B C

Fig. 40-8.—Experimento para demostrar la persistencia de las imágenes en la retina.

Con una cámara especial se obtiene una serie de fotografías de una persona realizando un movimiento.

Cuando se proyectan esas fotografías no se aprecian separadamente. Se reproduce el movimiento realizado por la persona.

Inversión de las imágenes. Hemos visto que las imágenes que se forman en la retina representan los objetos invertidos.

¿Por qué, si las imágenes son invertidas, vemos los objetos derechos?

Recordemos que, en realidad, no vemos con los ojos, sino con el cerebro, a donde se transmite la imagen retiniana.

Y el cerebro localiza la sensación luminosa en el exterior, en el mismo sitio y en la misma posición en que se encuentra el objeto.

Visión binocular. Se llama visión binocular a la que se realiza utilizando a la vez ambos ojos.

Si tenemos dos ojos y en cada uno de ellos se forma una imagen, cabe preguntar por qué no vemos dos imágenes.

La explicación de este fenómeno consiste en que ambas imágenes se forman en sitios idénticos de ambas retinas y se transmiten al cerebro, donde se superponen.

Cuando no se forman las dos imágenes en sitios idénticos de ambas retinas se produce la visión doble (diplopía), como ocurre en los bizcos o estrábicos.

Si hacemos presión con la yema de un dedo sobre la parte superior del globo ocular las imágenes se desdoblan y se separan tanto más cuanto mayor presión hacemos sobre el ojo.

Gracias a la visión binocular nos damos cuenta del relieve y de la profundidad de los objetos.

Esto se comprueba obteniendo con una cámara especial, provista de dos lentes, dos fotografías de un paisaje.

Al observar esas dos fotografías en un visor especial, vemos una sola fotografía en la cual se aprecia el relieve y la distancia que separa los distintos objetos.

Función de los medios transparentes. En general, los medios transparentes del ojo (córnea, humor acuoso, cristalino y cuerpo vítreo) actúan desviando los rayos luminosos, es decir, ***refractándolos.***

Luego, al reunirse los rayos en la retina, se forma la imagen.

El cristalino puede aumentar o disminuir la convexidad de sus caras y, por tanto, su poder de desviar los rayos luminosos.

Cuando miramos un objeto lejano, las caras del cristalino se aplanan (Fig. 40-9 *A*).

Cuando miramos un objeto cercano, se contrae el músculo ciliar y comprime el borde del cristalino, lo que determina un abombamiento en la parte central de su cara anterior (Fig. 40-9 *B*).

A esta facultad que tiene el cristalino de aumentar o disminuir la convexidad de sus caras se llama ***acomodación.***

Con los progresos de la edad, el cristalino va perdiendo su poder de acomodación y no forma una imagen perfecta de los objetos que se encuentren a distintas distancias.

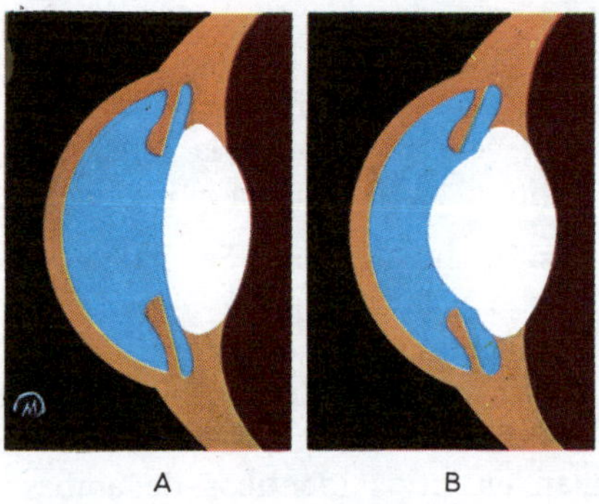

Fig. 40-9.—Mecanismo de la acomodación.

DEFECTOS DE LA VISION

El ojo que tiene la longitud apropiada y cuyo cristalino determina la formación de las imágenes exactamente sobre la retina se llama ***ojo emétrope*** (Fig. 40-10).

En el ojo emétrope la visión es clara y precisa.

Miopía. El miope ve mal de lejos y para leer tiene que acercarse mucho el papel.

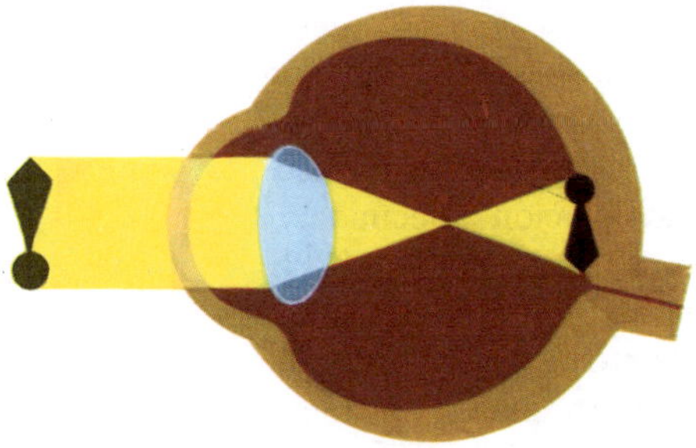

Fig. 40-10.—Ojo emétrope.

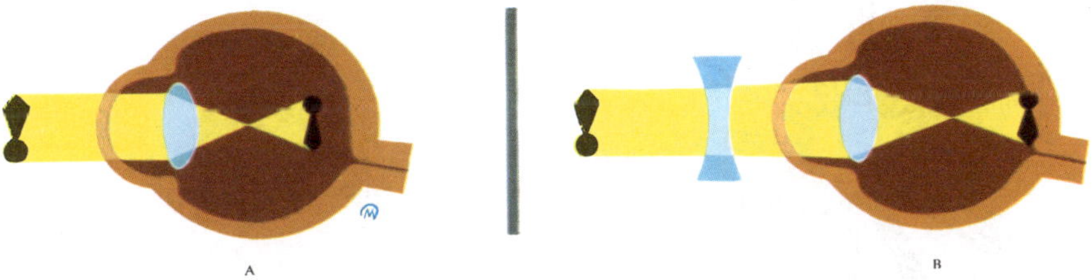

Fig. 40-11.—Ojo miope: A) Visión defectuosa. B) Visión corregida.

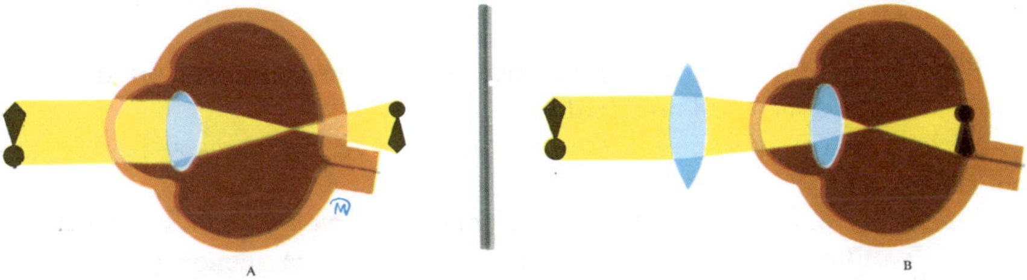

Fig. 40-12.—Ojo hipermétrope: A) Visión defectuosa. B) Visión corregida.

En el ojo miope las imágenes se forman por delante de la retina, porque el globo ocular es alargado y el cristalino muy convexo (Fig 40-11 *A*).

Este defecto se corrige usando lentes divergentes que dispersan los rayos luminosos y hacen que la imagen se forme sobre la retina (figura 40-11 *B*).

Hipermetropía. El hipermétrope ve mal de cerca. Aleja el papel para leer.

En el ojo hipermétrope los rayos luminosos llegan a la retina sin reunirse.

En la hipermetropía hay un ojo demasiado corto y un cristalino muy plano (Fig. 40-12 *A*).

Este defecto se corrige usando lentes convergentes, que unen los rayos luminosos sobre la retina (Fig. 40-12 *B*).

Astigmatismo. El astigmatismo consiste en un defecto en la esfericidad del cristalino.

Se corrige este defecto con el uso de lentes cilíndricas, colocadas precisamente en la posición adecuada.

Observe el dibujo de la figura 40-13. Al mirarlo una persona que padezca astigmatismo, observará que algunas de las líneas paralelas aparecen imprecisas y borrosas.

Es importante determinar la existencia del astigmatismo, pues es causa frecuente de dolores de cabeza, malestar y cansancio.

Fig. 40-13.—Dibujo para investigar la existencia de astigmatismo.

Presbicia. Es la consecuencia de la falta de acomodación del cristalino debido a la edad avanzada.

Se corrige este defecto usando lentes para ver de cerca y lentes para ver de lejos.

También se emplean las gafas ***bifocales***, cuyos cristales tienen dos partes distintas, una mayor para ver de lejos y una menor para ver de cerca (Fig. 40-14).

Estrabismo o bizquera. Es el defecto visual producido por la desviación de un ojo de su posición normal.

En el estrabismo los ojos no pueden dirigirse simultáneamente en un mismo sentido y, por tanto, no se superponen las imágenes. Hay visión doble.

Fig. 40-14.—Gafas bifocales.

ILUSIONES OPTICAS

A veces, las informaciones que nos suministra el sentido de la vista no son exactas.

El paralelismo de dos líneas próximas es fácil de apreciar.

Sin embargo, si las paralelas están cruzadas por líneas oblicuas en distintos sentidos, tenemos la impresión de que son convergentes (figura 40-15).

Fig. 40-15.—Ilusión óptica acerca del paralelismo de dos rectas.

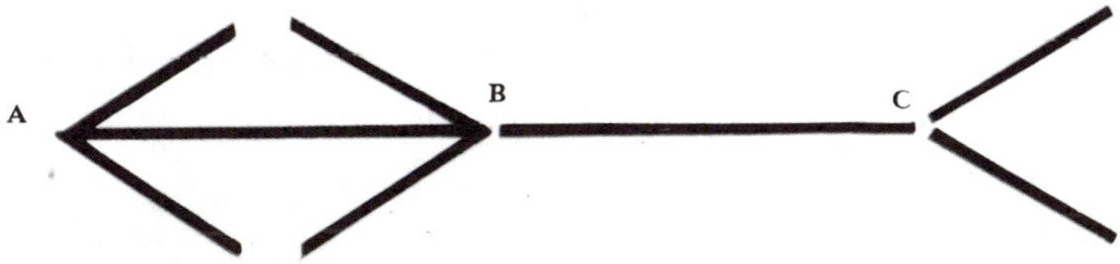

Fig. 40-16.—Ilusión óptica acerca de la longitud de dos líneas.

En la figura 40-16, la línea *A-C* está dividida en *B* en dos mitades.

Sin embargo, la parte *A-B* parece menor que la parte *B-C*.

Las líneas oblicuas trazadas en los extremos de cada mitad detienen bruscamente la mirada en *A-B* y la extienden en *B-C*.

Sobre dos espacios cuadrados tracemos líneas paralelas. En uno de ellos, horizontales; en el otro, verticales.

Nos parece que los espacios rayados son cuadrilongos cuya dimensión menor corresponde a la dirección de las líneas (Fig. 40-17 *A* y *B*).

La tonalidad de los colores de las ropas influye en la apreciación de la corpulencia de las personas.

Las telas blancas o de colores claros las hacen aparecer más gruesas. Las telas negras u oscuras las hacen aparecer más delgadas.

Un cuadro blanco sobre fondo negro luce mayor que uno negro sobre fondo blanco, aunque ambos tengan el mismo tamaño.

Fig. 40-17.—Ilusión relativa a las proporciones de una superficie.

Fig. 40-18.—Ilusión óptica producida por la irradiación del blanco.

El cuadro blanco parece irradiarse sobre el fondo negro y luce mayor. El fondo blanco se irradia sobre el cuadrado negro y lo hace lucir menor (Fig. 40-18).

Función de las cejas. Las cejas evitan que el sudor de la frente caiga en la abertura de los párpados e irrite la conjuntiva.

Función de los párpados. Los párpados, al cerrarse, representan una defensa contra el polvo, el viento o cualquier otro agente irritante. También nos aíslan de la luz cuando dormimos.

Los párpados ayudan al iris a graduar la luz. Cuando la luz es muy intensa, se cierran parcialmente.

Función de las pestañas. Tamizan la luz e impiden la entrada de cuerpos extraños en la abertura palpebral.

Función del aparato lagrimal. Las lágrimas mantienen suave y húmeda la superficie anterior del globo ocular y lubrican los movimientos de los párpados.

Además, arrastran al exterior las pequeñas partículas pulverulentas que puedan caer en la conjuntiva.

Función de los músculos motores. La contracción de estos músculos permite dirigir los globos oculares en distintas direcciones.

Así se logra que las imágenes de los cuerpos que queremos mirar, se formen sobre la mancha amarilla.

PRINCIPALES ENFERMEDADES DE LA VISTA

Catarata. Es la opacidad del cristalino que dificulta o impide la visión.

La catarata puede ser ***traumática*** (por golpe) o ***senil*** (por edad avanzada).

La visión se recupera mediante una operación quirúrgica que consiste en la extracción del cristalino y el uso de lentes especiales.

Conjuntivitis. La conjuntiva recubre la parte anterior del ojo y la parte posterior de los párpados.

La conjuntivitis es la inflamación de la conjuntiva.

La conjuntivitis puede ser producida por diversas causas. Puede ser ***infecciosa,*** por el desarrollo de gérmenes; ***traumática,*** por golpes; ***irritativa,*** por la acción del polvo, del humo o de los rayos ultravioletas.

Para protegerse de los rayos ultravioletas, los soldadores utilizan caretas especiales (Fig. 40-19).

Orzuelos. Los orzuelos son pequeños abscesos que se forman en los bordes de los párpados.

Esos abscesos se producen por la infección de las glándulas que hay en los párpados.

Los orzuelos son frecuentes en los niños que no ven bien.

Al no ver bien, se frotan los párpados con los dedos y se infectan las glándulas.

Fig. 40-19.—Este obrero protege su vista.

EN POCAS PALABRAS

Las imágenes de los cuerpos se forman en la retina invertidas y menores.

La **esclerótica** contiene y protege las otras partes del ojo.

La **coroides** oscurece el interior del globo ocular.

El **iris** gradúa la cantidad de luz que penetra en el ojo.

La **retina** es sensible a la luz. Los **bastones** aprecian la cantidad de luz, y los **conos,** los colores.

El **punto ciego** es insensible a la luz. La **mancha amarilla** es el sitio de la retina de mayor sensibilidad luminosa.

El **cristalino se acomoda** a la distancia.

Los principales defectos de la visión son: **miopía, hipermetropía, astigmatismo** y **presbicia.**

La **catarata** es la opacidad del cristalino.

Conjuntivitis es la inflamación de la conjuntiva.

Los **orzuelos** son infecciones de las glándulas que existen en los párpados.

El oído 41

El sentido del oído nos permite percibir los sonidos y darnos cuenta de sus características.

El oído es un órgano doble que se encuentra parcialmente alojado en el hueso temporal.

SONIDOS

Los sonidos son producidos por las vibraciones de los cuerpos.

Las características del sonido son: ***intensidad, tono*** y ***timbre.***

La ***intensidad*** de un sonido depende de la amplitud de las vibraciones. Una misma nota del piano puede tocarse más o menos fuertemente y determinará sonidos más o menos intensos.

El **tono** depende del número de vibraciones por segundo.

Mientras mayor sea el número de vibraciones, más alto o agudo será el sonido. Las notas de la derecha del piano determinan sonidos más agudos que las de la izquierda.

El ***timbre*** depende de los sonidos que se sobreañaden al sonido fundamental. El timbre permite reconocer el instrumento que produce el sonido.

EL OIDO

Esencialmente, el oído está formado por una bolsa que contiene un líquido que vibra al recibir las ondas sonoras.

Las vibraciones del líquido impresionan unas células con pestañas que hay en la pared de la bolsa y transmiten el impulso nervioso al órgano central.

Así ocurre en los moluscos. Pero el oído del hombre es más complicado.

En él pueden diferenciarse bien tres regiones: ***oído externo, oído medio*** y ***oído interno*** (Fig. 41-1).

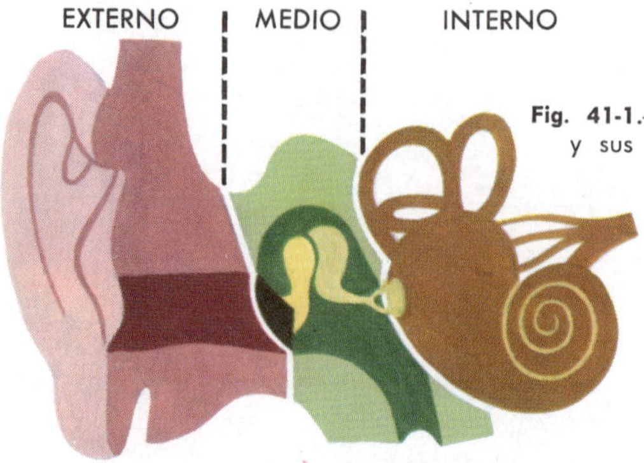

Fig. 41-1.—El oído y sus partes.

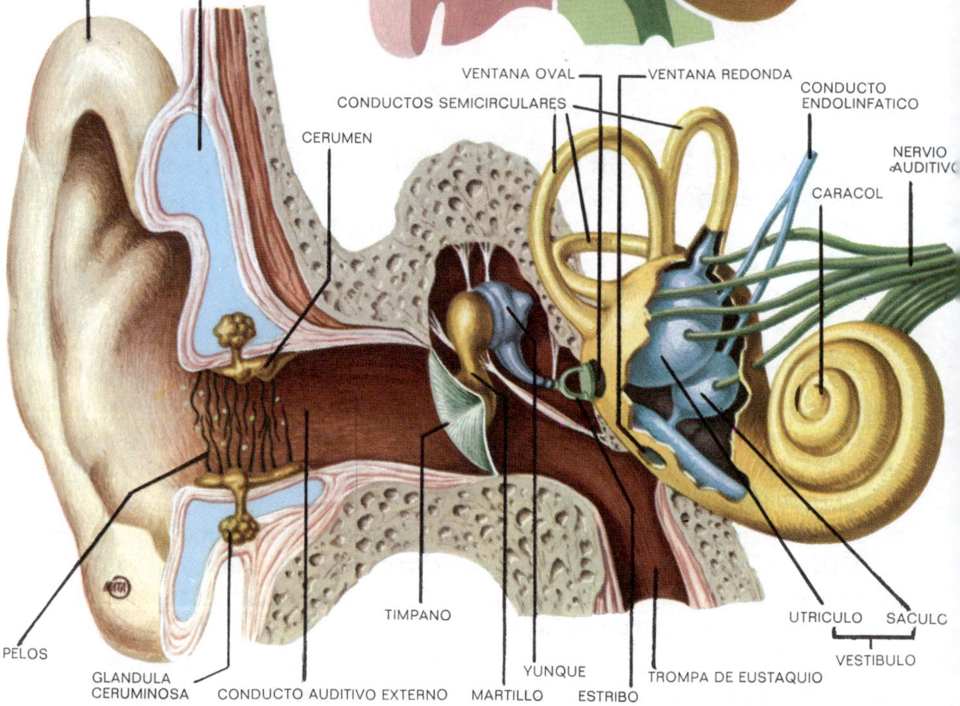

Fig. 41-2.—El pabellon de la oreja.

Fig. 41-3.—Conducto auditivo externo, oído medio e interno.

·OIDO EXTERNO

El oído externo está formado por el ***pabellón de la oreja*** y el ***conducto auditivo externo.***

Pabellón de la oreja. Es un repliegue formado casi completamente por cartílago, cubierto por piel y adherido al cráneo.

Tiene forma de embudo. En su centro se encuentra una depresión (concha) que se continúa con el conducto auditivo.

Además, encontramos en la oreja numerosos salientes:

a) Un reborde externo ***(hélix).***

b) Un reborde paralelo al hélix ***(antehélix).***

c) Un saliente por delante del conducto auditivo ***(trago).***

d) Un saliente enfrente del trago ***(antitrago).***

e) Una porción inferior, desprovista de cartílago, donde las mujeres se colocan los aretes ***(lóbulo)*** (Fig. 41-2).

Conducto auditivo externo. Se extiende desde la concha hasta una membrana llamada ***tímpano.***

Tiene una extensión de $2\frac{1}{2}$ cm. Su porción externa es cartilaginosa y su porción interna, ósea, excavada en el hueso temporal.

A la entrada del conducto auditivo encontramos pelos cortos y gruesos y en la piel de su interior hay glándulas sebáceas y ***ceruminosas.***

Las glándulas ceruminosas segregan un líquido espeso y oscuro, que se solidifica, llamado ***cerumen.***

OIDO MEDIO

El oído medio, llamado también ***caja timpánica,*** es una pequeña cavidad llena de aire labrada en el hueso temporal.

El oído medio tiene la forma de un tambor, por lo cual presenta dos paredes y una circunferencia.

La ***pared externa*** está formada por el tímpano, que separa el oído externo del oído medio.

Al tímpano está adherido el primero de los huesecillos del oído, el ***martillo*** (Fig. 41-3).

La pared interna es ósea y presenta dos aberturas cerradas por membranas: la ***ventana oval*** y la ***ventana redonda.***

El último de los huesos de la cadena, el ***estribo,*** está adherido a la membrana de la ventana oval (Fig. 41-4).

La circunferencia de la caja timpánica es irregular. Por detrás se comunica con unas cavidades que se encuentran en la apófisis mastoides, llamadas ***celdas mastoideas.***

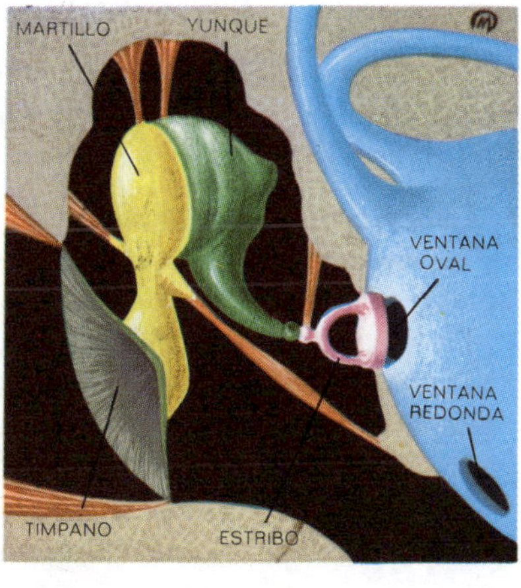

Fig. 41-4.—Caja timpánica.

Trompa de Eustaquio. Es un conducto que comunica el oído medio con la nasofaringe.

A cada movimiento de deglución se abre la trompa de Eustaquio y deja pasar aire al oído medio.

Si prestamos atención, podemos percibir un chasquido en los oídos cada vez que tragamos, producido por la abertura de ambas trompas.

Cadena de huesecillos. Tres huesos forman la cadena:

a) El ***martillo,*** adherido al tímpano.

b) El ***estribo,*** adherido a la membrana de la ventana oval.

c) El ***yunque,*** entre el martillo y el estribo.

Antiguamente se describía un cuarto hueso, el ***lenticular.***

El lenticular es una apófisis del yunque que, a veces, se desprende cuando se realiza la disección y se toma, erróneamente, por un hueso independiente.

Los huesos de la cadena están articulados entre sí y representan una conexión entre el oído externo y el oído interno a través de la caja timpánica.

Al martillo y al estribo van a insertarse dos pequeños músculos: el ***músculo del martillo*** y el ***músculo del estribo.***

La contracción del músculo del martillo acorta la cadena y, por tanto, aumenta la tensión del tímpano.

La contracción del músculo del estribo alarga la cadena y disminuye la tensión del tímpano.

OIDO INTERNO

El oído interno se encuentra en una excavación del hueso temporal.

Debido a su complejidad se le ha dado el nombre de ***laberinto.***

Tenemos que considerar dos laberintos: el óseo y el membranoso.

Laberinto óseo. Es una complicada excavación que presenta el temporal. En él encontramos tres partes principales: el ***vestíbulo,*** los ***conductos semicirculares*** y el ***caracol*** (Fig. 41-5).

Laberinto membranoso. En el interior del laberinto óseo se encuentra el membranoso, formado por una serie de tubos que se adaptan bastante bien a la forma del laberinto óseo.

En el interior del laberinto membranoso se encuentra un líquido llamado ***endolinfa*** (Fig. 41-6) (en verde en la figura).

Separando el laberinto óseo del membranoso se encuentra otro líquido, la ***perilinfa*** (en rojo en la figura).

En el interior del vestíbulo óseo presenta el laberinto membranoso dos cavidades: el ***sáculo*** y el ***utrículo.***

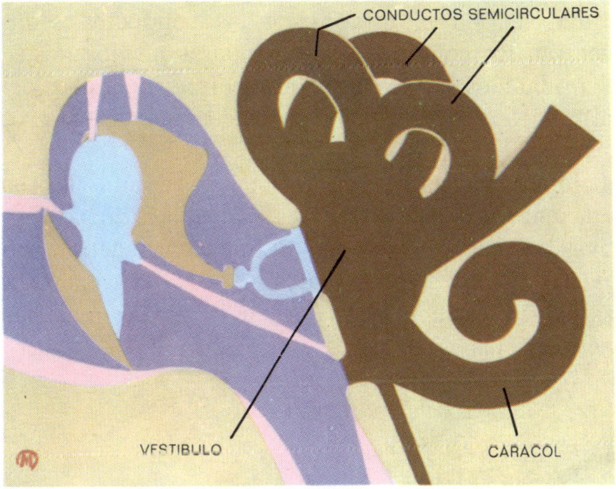

Fig. 41-5. — Laberinto óseo.

Fig. 41-6. — Laberinto membranoso.

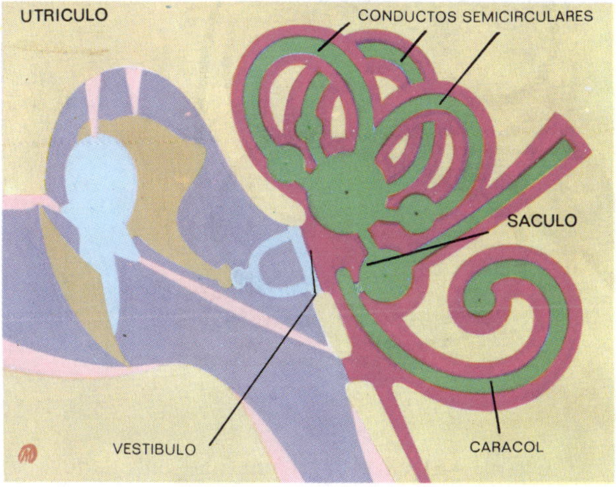

El utrículo es la mayor y se comunica con los conductos semicirculares membranosos.

Del sáculo nace el caracol membranoso.

Tanto en el sáculo como en el utrículo se encuentran zonas de coloración blanquecina. Son las ***manchas auditivas.***

Las manchas auditivas corresponden a los puntos de terminación del nervio auditivo y poseen células con pestañas junto a las cuales se encuentra una pequeña concreción calcárea llamada ***otolito.***

Conductos semicirculares. En el interior de los conductos semicirculares óseos se encuentran los conductos semicirculares membranosos.

Los conductos están orientados en los tres planos fundamentales del espacio: uno horizontal y dos verticales, de los cuales uno es anteroposterior y el otro transversal.

Cada conducto semicircular presenta una dilatación en uno de sus extremos. En esas dilataciones se encuentran las ***crestas auditivas.***

A las crestas auditivas vienen a parar las terminaciones del nervio auditivo destinadas a los conductos semicirculares.

Las crestas auditivas tienen estructura análoga a la de las manchas auditivas, pero están desprovistas de otolitos.

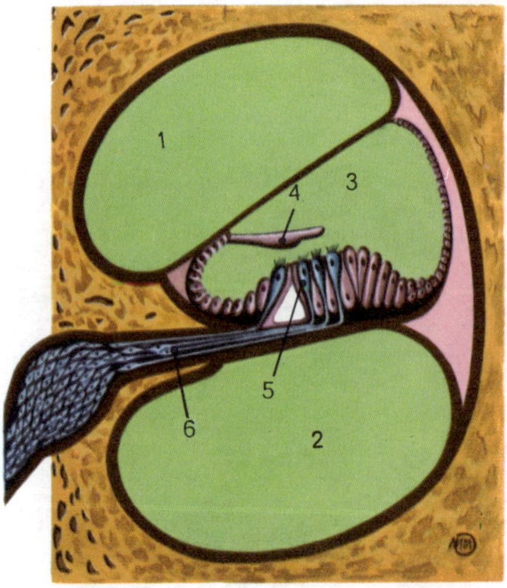

Fig. 41-7.—Esquema muy simplificado del interior del caracol: 1 y 2) Perilinfa. 3) Endolinfa. 4) Membrana de Corti. 5) Células con pestañas del órgano de Corti. 6) Fibras que se continúan con las del nervio auditivo.

Caracol. El caracol es un tubo enrollado que forma $2\frac{1}{2}$ vueltas, por lo que se parece al caracol de los moluscos.

El interior del caracol no forma una cavidad única.

Se encuentra dividido en tres compartimientos.

El central contiene endolinfa (en el caracol membranoso). Los laterales están llenos de perilinfa (forman parte del caracol óseo) (Fig. 41-6).

En el compartimiento central hay células con pestañas (células auditivas) que forman el ***órgano de Corti.***

También encontramos la ***membrana de Corti,*** que con las vibraciones de la endolinfa vibra a su vez y toca las células auditivas del órgano de Corti (Fig. 41-7).

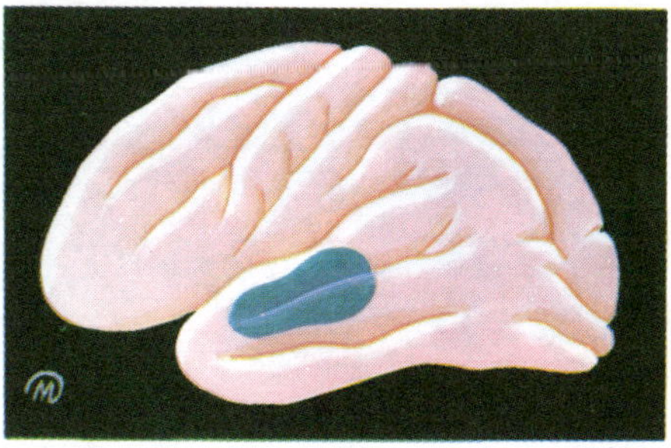

Fig. 41-8.—Localización en el lóbulo temporal de las sensaciones auditivas.

Localizaciones en la corteza cerebral de las sensaciones auditivas. El impulso nervioso originado en las células auditivas es transmitido por el nervio acústico o auditivo a la corteza cerebral, en la región correspondiente al lóbulo temporal (Fig. 41-8).

EN POCAS PALABRAS

El sentido del oído nos permite percibir los sonidos.

- Oído
  - Oído externo
    - Pabellón de la oreja
    - Conducto auditivo externo
  - Oído medio (lleno de aire)
    - Cadena de huesecillos
    - Trompa de Eustaquio
    - Celdas mastoideas
  - Oído interno (lleno de líquido)
    - Laberinto óseo
      - Vestíbulo
      - Conductos semicirculares óseos (perilinfa)
      - Caracol óseo (perilinfa)
    - Laberinto membranoso
      - Utrículo (endolinfa)
      - Sáculo (endolinfa)
      - Conductos semicirculares membranosos (endolinfa)
      - Caracol membranoso (endolinfa)

42 *Sentido del oído*

La parte esencial del oído es el caracol.

En él se encuentran las células con pestañas que transmiten a la corteza cerebral los impulsos nerviosos originados por las ondas sonoras.

Veamos qué papel desempeña cada parte del oído en la percepción de los sonidos.

OIDO EXTERNO

Función del pabellón de la oreja. El pabellón de la oreja recibe las ondas sonoras y las dirige hacia el conducto auditivo.

En el hombre, la oreja carece de la movilidad que tiene en otros animales (perro, conejo, burro, etc.).

La función de la oreja no es esencial para la audición, pero nos orienta acerca de la dirección en que vienen las ondas sonoras.

Función del conducto auditivo externo. Transmite las ondas sonoras recogidas por el pabellón hasta el tímpano.

Normalmente, las ondas sonoras se transmiten por el aire que llena el conducto auditivo. Pero si, con los oídos tapados, colocamos un reloj contra la frente o entre las dos arcadas dentarias, percibimos su tic-tac.

En ese caso, las ondas sonoras han sido transmitidas por los huesos del cráneo.

OIDO MEDIO

El oído medio transmite al oído interno las vibraciones del tímpano.

Función del tímpano. La función del tímpano es vibrar al recibir las ondas sonoras.

El tímpano no tiene siempre la misma tensión.

Cuando se contrae el músculo del martillo, aumenta su tensión.

Cuando se contrae el músculo del estribo, la tensión disminuye.

Esta diferencia de tensión del tímpano es necesaria para percibir los sonidos de distinta intensidad y de tono diferente.

Mientras más tensa esté una membrana, mayor es el número de sus vibraciones y menor su amplitud.

En cambio, mientras menos tensa esté, menor es el número de sus vibraciones y mayor su amplitud.

Función de la cadena de huesecillos. Las vibraciones del tímpano, donde se inserta el martillo, son transmitidas por la cadena de huesecillos hasta la membrana de la ventana oval, donde se inserta el estribo.

Las vibraciones de la membrana de la ventana oval determinan movimientos ondulatorios de la perilinfa.

Función de la trompa de Eustaquio. Para que el tímpano vibre libremente debe haber la misma presión en el aire de la caja timpánica y en el aire que ocupa el conducto auditivo.

Las paredes de la caja absorben parcialmente el aire que se encuentra en ella.

Pero cada vez que tragamos se abren las trompas y pasa aire de la nasofaringe al oído medio para equilibrar las presiones.

Cuando tenemos catarro, oímos deficientemente porque las trompas se inflaman y no dejan pasar el aire.

El tímpano se abomba hacia la caja, vibra mal y oímos mal.

Función de las celdas mastoideas. Hemos visto que el oído medio está en comunicación con las celdas mastoideas que se encuentran en la apófisis mastoidea. Así son menores las diferencias de presión a que está sometido el aire en la caja.

Las aves que se remontan a gran altura y que, por tanto, están expuestas a grandes diferencias de presión, tienen celdas mastoideas muy desarrolladas y, además, se comunican con otras cavidades del cuerpo.

OIDO INTERNO

El oído interno tiene una doble función.

El caracol es la parte esencial de la audición.

El sáculo, el utrículo y los conductos semicirculares intervienen en el equilibrio del cuerpo.

Función del caracol. Se ha comparado el funcionamiento del caracol al de un teléfono.

Los movimientos de la perilinfa se transmiten a la endolinfa, que, a su vez, hace vibrar la membrana de Corti.

Al vibrar la membrana de Corti, hace contacto con las células con pestañas del órgano de Corti.

Esos contactos son el origen de impulsos nerviosos que se transmiten a la corteza cerebral a través del nervio acústico.

Funciones del sáculo y del utrículo. El sáculo y el utrículo intervienen en el equilibrio estático, es decir, cuando permanecemos en un punto dado.

Como los otolitos son movibles, los cambios de posición de la cabeza determinan estímulos en las células ciliadas de las manchas auditivas.

Esos estímulos originan impulsos nerviosos que se transmiten al cerebro. Y el cerebro regula las contracciones de los músculos necesarios para realizar los movimientos que mantienen la posición.

Función de los conductos semicirculares. Al producirse movimientos de la cabeza, la endolinfa que ocupa los conductos semicirculares se desplaza y estimula las células ciliadas de las crestas auditivas.

Estas impresiones son el origen de reflejos motores para conservar el equilibrio del cuerpo cuando realizamos movimientos.

HIGIENE Y PRINCIPALES ENFERMEDADES DEL OIDO

Los ruidos demasiado intensos pueden llegar a producir la rotura del tímpano.

Cuando tenemos que permanecer en la cercanía de los lugares donde se producen tales ruidos, debemos obturar el conducto auditivo con una mota de algodón o usar aparatos especiales para amortiguar la intensidad de los ruidos.

Los artilleros deben mantener entre los dientes una varilla de madera para conservar la boca abierta y facilitar el paso del aire por la trompa de Eustaquio.

A veces se forma en el conducto auditivo un tapón de cerumen que impide la audición. En esos casos debe recurrirse al médico.

Resulta peligroso introducir en el conducto auditivo utensilios con los cuales pueden producirse lastimaduras e infecciones.

OTITIS

Cualquiera de las partes que forman el oído puede inflamarse. A esa inflamación se le llama ***otitis.***

La otitis puede ser externa, media e interna, según sea la parte del oído inflamada.

Las otitis son producidas por infecciones.

A través de la trompa de Eustaquio pueden llegar al oído medio las infecciones que provienen de la faringe (amígdalas, adenoides, catarros).

Las afecciones del oído interno pueden ir acompañadas de vértigos, ya que en el oído interno se encuentran los conductos semicirculares, que son los órganos que regulan el equilibrio.

SORDERA

Llámase sordera a la dificultad o imposibilidad de percibir los sonidos.

Es natural que las personas de edad avanzada oigan mal, aunque algunos ancianos conservan, durante toda su vida, la agudeza auditiva de su juventud.

La verdadera sordera empieza en la niñez o en la juventud y generalmente es producida por infecciones del oído medio como consecuencia de otitis, catarros frecuentes, adenoides, amígdalas infectadas, etc.

Debe atenderse al niño que presente supuraciones del oído. Así comienzan muchas sorderas.

La sordera presenta muchos peligros e inconvenientes.

Se conocen casos de personas alcanzadas por vehículos por no haber oído las señales producidas por los conductores.

En la actualidad muchos sordos pueden beneficiarse con el uso de aparatos especiales (audífonos) que amplían la intensidad de las ondas sonoras y permiten, por tanto, oír normalmente.

EN POCAS PALABRAS

La parte esencial del oído es el caracol. En él se encuentran las células ciliadas que originan los impulsos nerviosos que se transmiten al cerebro.

El sáculo, el utrículo y los conductos semicirculares intervienen en el mantenimiento de las posiciones y del equilibrio del cuerpo.

Veamos cómo se realiza la audición:

1. El pabellón de la oreja recoge las ondas sonoras.
2. El conducto auditivo externo las lleva hasta el tímpano, el cual vibra.
3. Las vibraciones del tímpano se transmiten por la cadena de huesecillos hasta la membrana de la ventana oval, que produce ondulaciones en la perilinfa.
4. Las ondulaciones de la perilinfa se transmiten a la endolinfa.
5. Las ondulaciones de la endolinfa mueven la membrana de Corti, que toca las pestañas de las células del órgano de Corti.
6. Este contacto origina un impulso nervioso que es transmitido por el nervio acústico a la corteza cerebral del lóbulo temporal.

Allí se origina la sensación auditiva.

43 *Aparato y sentido del gusto*

Los sentidos del gusto y del olfato han sido llamados **sentidos químicos,** porque son estimulados por sustancias químicas.

Por medio del sentido del gusto apreciamos los sabores.

Los cuerpos que tienen sabor se llaman ***sápidos*** (un terrón de azúcar, el zumo de un limón).

Los que no tienen sabor se denominan ***insípidos*** (el agua potable, una bola de vidrio).

El órgano principal del sentido del gusto es la lengua.

LA LENGUA

Es un órgano carnoso, muy móvil, formado por numerosos músculos y recubierto por una mucosa.

La mucosa que recubre la cara superior de la lengua presenta numerosas prominencias llamadas ***papilas.***

Algunas de ellas pueden observarse a simple vista.

Otras se ven bien con el auxilio de una lente de aumento.

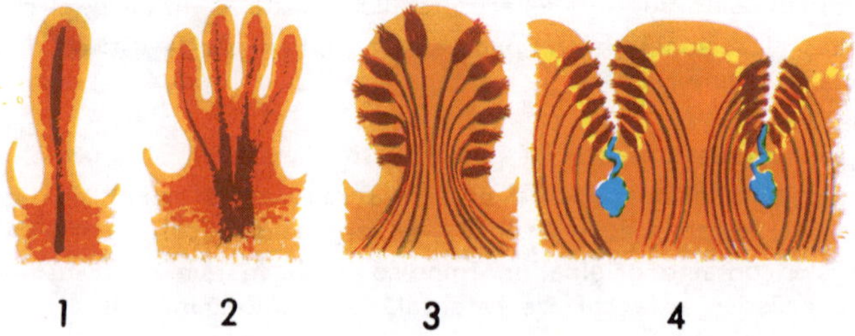

Fig. 43-1.—Diferentes tipos de papilas linguales: 1. Papila filiforme. 2. Papila coroliforme. 3. Papila fungiforme 4. Papila caliciforme.

Las papilas presentan distintas formas y se describen cuatro variedades (Fig. 43-1):

1. **Filiformes** (en forma de hilo).

2. **Coroliformes** (en forma de corola), que, en realidad, representan un grupo de papilas filiformes.

3. **Fungiformes** (en forma de hongos), y

4. **Caliciformes** (en forma de cáliz o copa) (Fig. 43-1).

Las papilas fungiformes y las caliciformes son las únicas que tienen función gustativa.

Las filiformes y las coroliformes son papilas táctiles.

Recordemos que la punta de la lengua es la zona del cuerpo que presenta mayor sensibilidad al tacto.

Las papilas caliciformes, que son las más voluminosas, se presentan en número de 9 u 11, agrupadas en forma de «V», con el vértice dirigido hacia atrás, en la parte posterior de la cara superior de la lengua (Figura 43-2).

Las papilas fungiformes se encuentran distribuidas en la porción de la lengua que está por delante de la "V" lingual (Fig. 43-2).

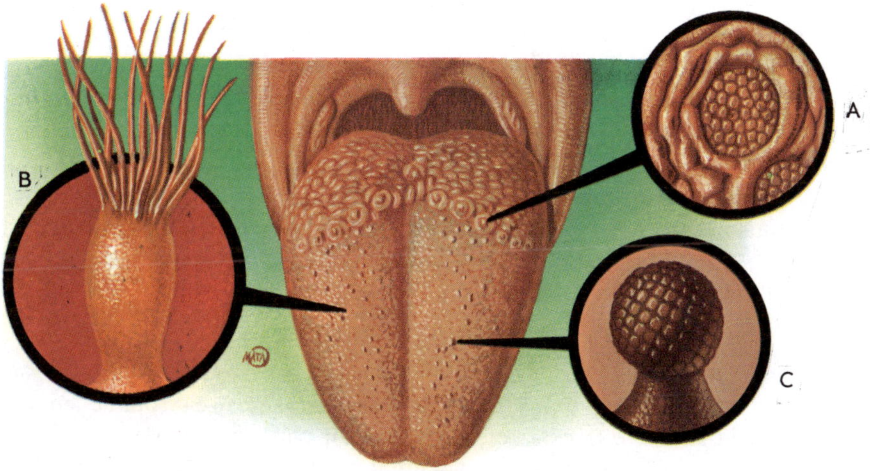

Fig. 43-2.—Cara superior de la lengua: A) Papilas caliciformes. B) Papilas fungiformes. C) Papilas filiformes.

Botones o corpúsculos gustativos. Los botones gustativos son los órganos esenciales del sentido del gusto.

Se encuentran en las terminaciones de los nervios del gusto.

Tienen forma de capullo y están constituidos por células gustativas y por células de sostén (Fig. 43-3).

Fig. 43-3.—Esquema de un corte de un botón o corpúsculo gustativo. Obsérvense las células gustativas y las células de sostén.

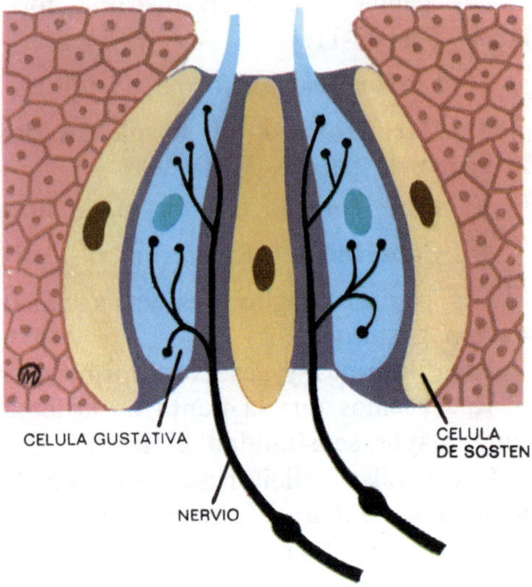

Encontramos botones gustativos solamente en las papilas fungiformes y caliciformes, que aprecian los sabores (véase Fig. 43-1) (3) y (4).

Nervios de la lengua. A la lengua vienen a parar numerosos nervios que realizan diferentes funciones. Los principales son:

1. El ***glosofaríngeo*** y la ***cuerda del tímpano,*** que tienen función sensorial del gusto y que terminan en las papilas fungiformes y caliciformes.

2. El ***hipogloso,*** nervio motor que se distribuye por los músculos de la lengua.

3. El ***lingual,*** nervio de la sensibilidad táctil que termina en las papilas filiformes y coroliformes.

SENTIDO DEL GUSTO

Para que un cuerpo tenga sabor es necesario que sea soluble en el agua (o en la saliva, que está formada en gran parte por agua).

Se admite que los sabores fundamentales son cuatro: ***dulce, salado, amargo*** y ***ácido.***

Los restantes sabores son el resultado de la unión de dos o más sabores fundamentales.

El cuerpo típico del sabor dulce es la ***sacarosa*** o azúcar de caña; del sabor salado, el ***cloruro de sodio*** o ***sal común;*** del amargo, el ***acíbar,*** y del ácido, el ***ácido cítrico,*** que se encuentra en el limón.

Hay algunas sensaciones que, a veces, se refieren como sabores y que, en realidad, son sensaciones térmicas, táctiles u olfativas.

El ***sabor fresco*** de la menta es una sensación térmica.

El ***sabor terroso*** de la magnesia es una sensación táctil determinada por una sustancia pulverulenta.

El ***sabor aromático*** de los vinos o el ***nauseabundo*** del aceite de ricino, son sensaciones olfativas. Tanto es así que si nos tapamos la nariz no apreciamos el sabor de los vinos.

Nuestras madres sabían lo que hacían cuando nos apretaban la nariz para darnos el aceite de ricino.

Cuando tenemos catarro no apreciamos bien el sabor de la comida.

Lo que ocurre es que el estado catarral embota el sentido del olfato y al percibir defectuosamente el olor de los alimentos, no apreciamos bien su sabor.

En toda la superficie lingual no se aprecian igualmente los sabores.

Las papilas caliciformes que forman la "V" lingual, aprecian solamente el sabor amargo. Los restantes sabores se aprecian en la punta, bordes y cara superior de la lengua.

Aunque la lengua es el órgano del sentido del gusto, en los labios y en las encías se puede percibir el sabor ácido.

En el velo del paladar se perciben todos los sabores, aunque de modo mucho menos intenso que en la lengua.

LOCALIZACION EN LA CORTEZA CEREBRAL DE LAS SENSACIONES GUSTATIVAS

Los impulsos nerviosos, originados en los botones gustativos por los cuerpos sápidos, son transmitidos a la corteza cerebral.

Se cree que el centro de las sensaciones gustativas se encuentra cerca del centro de las sensaciones olfativas, en la circunvolución del hipocampo, en la cara interna del cerebro (Fig. 43-4).

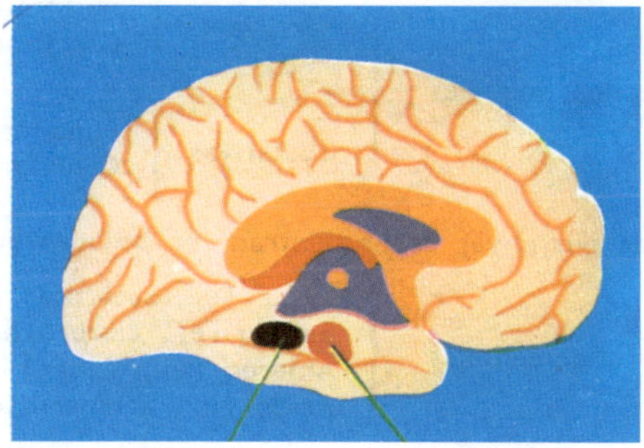

Fig. 43-4.—Localización en la corteza cerebral de las sensaciones gustativas y olfatorias.

HIGIENE DEL SENTIDO DEL GUSTO

El sentido del gusto es un poderoso auxiliar de la digestión, ya que sabemos que las sensaciones agradables del gusto estimulan la secreción de la saliva y de otros jugos digestivos.

Además, el sentido del gusto nos suministra informaciones muy útiles acerca del estado de conservación de los alimentos e impide que sean ingeridos alimentos descompuestos.

Sin embargo, en ambas funciones, de estímulo digestivo y de información del estado de conservación de los alimentos, son más útiles las sensaciones olfatorias que las gustativas.

UTILIDAD DEL SENTIDO DEL GUSTO

Para conservar en toda su integridad la agudeza gustativa, conviene evitar ingerir alimentos que tengan un sabor muy fuerte.

Una persona acostumbrada a una condimentación excesiva, con mucha sal y mucha pimienta, no podrá percibir el gusto de aquellos alimentos que no tengan un sabor muy manifiesto.

Igualmente, el humo del tabaco, irritando constantemente la mucosa lingual, disminuirá la percepción de los sabores.

EN POCAS PALABRAS

Por medio del sentido del gusto apreciamos los sabores.

Hay cuerpos **sápidos** (con sabor) y cuerpos **insípidos** (sin sabor). Para que un cuerpo tenga sabor es necesario que sea soluble en agua.

El órgano esencial del sentido del gusto es la lengua.

Papilas linguales	Táctiles	Filiformes Coroliformes
	Gustativas	Fungiformes Caliciformes

En las papilas gustativas se encuentran los **botones gustativos.**

Sabores fundamentales	Dulce (ej., sacarosa) Salado (ej., cloruro de sodio) Amargo (ej., acíbar) Acido (ej., ácido cítrico)

El sentido del gusto ayuda a la digestión y nos informa acerca del estado de los alimentos.

Aparato y sentido del olfato 44

Por medio del sentido del olfato nos damos cuenta de los olores.

No todos los cuerpos poseen olor.

Los que están provistos de olor se llaman ***odoríferos.*** Los que no tienen olor, ***inodoros.***

Para que un cuerpo posea olor es necesario que emita partículas pequeñísimas que se mezclan con el aire.

Luego, esas partículas impresionan las terminaciones del ***nervio olfatorio.***

El sentido del olfato reside en las ***fosas nasales.***

FOSAS NASALES

Son dos cavidades irregularmente cuboideas situadas detrás de la nariz y encima de la boca (Fig. 44-1).

Ambas fosas nasales están separadas por un ***tabique,*** cartilaginoso en su parte anterior y óseo en la porción posterior.

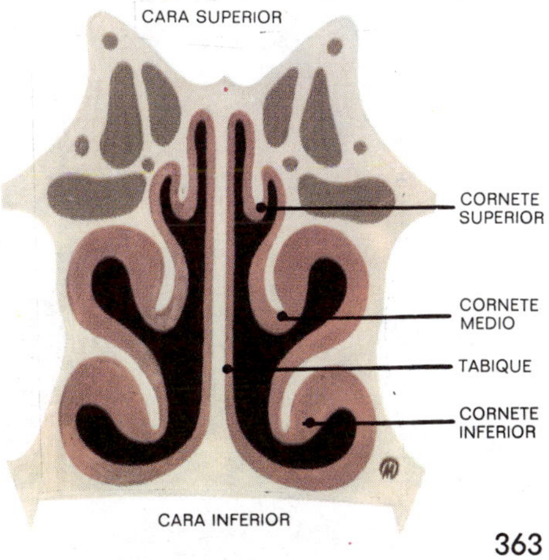

Fig. 44-1.—Esquema de las fosas nasales.

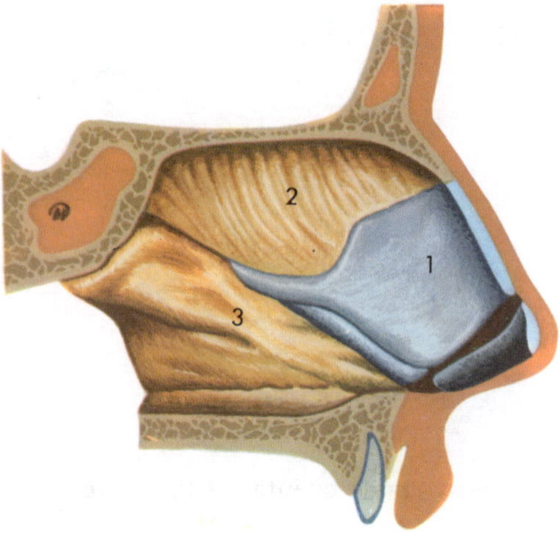

Fig. 44-2.—Tabique de las fosas nasales: 1) Cartílago. 2) Lámina vertical del etmoides. 3) Vómer.

La parte ósea está formada por el vómer y por la lámina vertical del etmoides (Fig. 44-2).

En la cara externa de las fosas nasales encontramos tres salientes: los ***cornetes superior, medio*** e ***inferior.***

Las fosas nasales se encuentran por debajo de la cavidad craneana y por encima de la boca.

Cada fosa nasal se comunica por una abertura con el exterior.

A la entrada de las fosas nasales se encuentran pelos gruesos y cortos.

Una membrana, llamada ***pituitaria,*** recubre el interior de las fosas nasales.

PITUITARIA

La pituitaria presenta dos aspectos distintos:

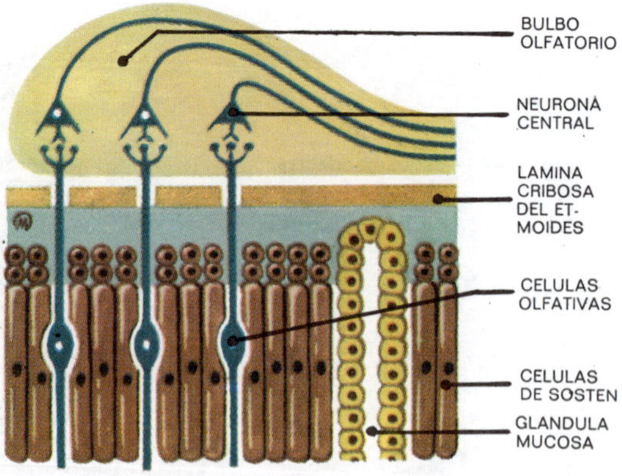

Fig. 44-3.—Células olfativas. Obsérvense las prolongaciones citoplasmáticas que terminan en la superficie de la pituitaria y el cilindroeje que se articula con la neurona central.

1. **Pituitaria respiratoria.** Se llama así porque por ella pasa el aire que va a los pulmones y el que sale de los pulmones.

Es de color rosado y recubre la porción inferior de las fosas nasales.

2. **Pituitaria olfatoria.** Recibe este nombre porque en ella se encuentran las ***células olfativas***, que son impresionadas por las sustancias odoríferas (Fig. 44-3).

Ocupa la porción correspondiente al cornete superior, por donde se distribuyen las ramas del nervio olfatorio (Fig. 44-4).

La pituitaria olfatoria es de color amarillento.

NERVIOS DE LAS FOSAS NASALES

Las fosas nasales reciben dos clases de nervios:

1. **Nervios de la sensibilidad general,** que proceden del ***trigémino*** y mediante los cuales se perciben las sensaciones del tacto. (En blanco en el esquema de la Fig. 44-4.)

2. **Nervios sensoriales del olfato,** que son los ***nervios olfatorios*** (en verde en la Fig. 44-4).

Dentro de la cavidad craneana, cada nervio olfatorio se ensancha para formar el ***bulbo olfatorio,*** que descansa sobre la lámina cribosa del etmoides.

Del bulbo olfatorio parten numerosas ramas que atraviesan los agujeros de la lámina cribosa y se distribuyen por la porción superior de las fosas nasales (Fig. 44-4).

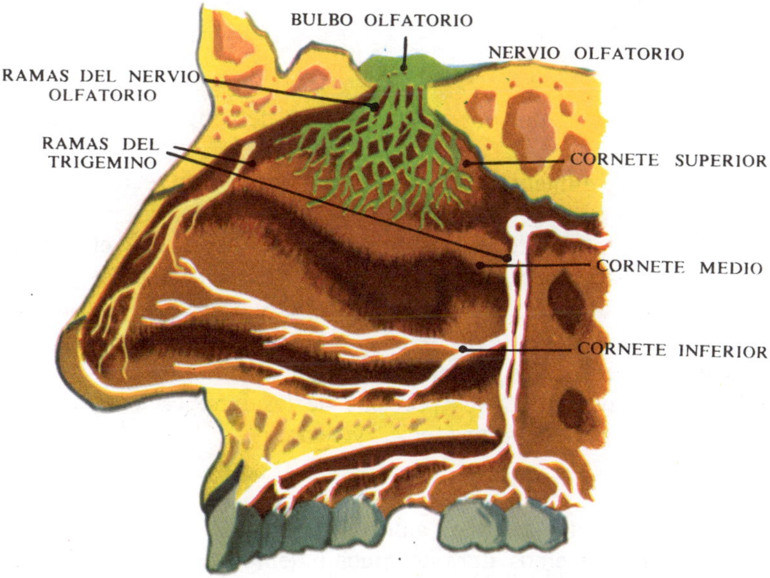

Fig. 44-4.—Nervios de las fosas nasales. En blanco, nervios de la sensibilidad general procedentes del trigémino. En verde, nervio olfatorio.

SENTIDO DEL OLFATO

Para que un cuerpo tenga olor es necesario que sea volátil, es decir, que emita pequeñas partículas y que se disuelva en el moco que recubre la mucosa olfatoria.

Esas partículas, llevadas por el aire que inspiramos, impresionan las células olfativas que se encuentran en la porción superior de la pituitaria.

La intensidad de los olores de los cuerpos depende de la mayor o menor cantidad de partículas volátiles que emita.

Si se deposita sobre la pituitaria un fragmento de un cuerpo oloroso, no determinará sensación olfativa. Es necesario que se encuentre dividido en pequeñísimas partículas mezcladas con el aire.

Cuando la pituitaria es impresionada durante largo tiempo por una misma sustancia, deja de percibir su olor.

Tal nos ocurre cuando aspiramos de modo continuo un perfume determinado.

Igual les sucede a los obreros que trabajan en fábricas donde se producen emanaciones olorosas desagradables. Pasado algún tiempo, no las perciben.

La variedad de los olores es tan grande que resulta difícil hacer una clasificación de los mismos.

Sin embargo, se da el nombre de ***fragancias*** a los olores de las flores; ***aromas*** a los olores de las resinas, hierbas y raíces.

Se llaman ***olores fétidos*** a los que desprenden las sustancias orgánicas en descomposición.

UTILIDAD DEL SENTIDO DEL OLFATO

Las informaciones que nos da el sentido del olfato tienen gran utilidad.

El olor de los alimentos estimula el apetito y las secreciones digestivas.

Además, el sentido del olfato nos informa, antes que el del gusto, del estado de descomposición en que pueden encontrarse los alimentos.

También nos informa el sentido del olfato acerca de la pureza del aire que respiramos.

La mayor parte de las sustancias que impurifican el aire son odoríferas. El sentido del olfato nos previene de las intoxicaciones por el gas del alumbrado y por otras sustancias venenosas.

HIGIENE DEL OLFATO

Cuanto dijimos del gusto es aplicable al olfato.

Cuando permanecemos durante mucho tiempo en una atmósfera cargada de olores penetrantes, no podemos darnos cuenta de los olores delicados y sutiles.

Sabemos también que los estados catarrales disminuyen la percepción de los sabores.

SINUSITIS

Se llama sinusitis a la inflamación de la mucosa que tapiza el interior de los senos de la cara.

Recordemos que el frontal, los maxilares superiores y el esfenoides presentan cavidades llamadas ***senos.*** Por encontrarse cerca de las fosas nasales, se denominan ***senos perinasales.***

Los senos que sufren más frecuentemente sinusitis son los frontales y los maxilares. A veces se producen derrames purulentos en el interior de los senos, que determinan dolor, fiebre y malestar general.

Las sinusitis son complicaciones de catarros intensos o descuidados.

POLIPOS

En las fosas nasales se presentan, a veces, unos tumores benignos que reciben el nombre de ***pólipos nasales.***

Los pólipos pueden ser numerosos y llegar a obstruir la fosa nasal en la cual se desarrollan.

Es necesario extirparlos quirúrgicamente para hacer de nuevo permeable la fosa nasal.

Los pólipos se desarrollan generalmente sobre mucosas irritadas por estados catarrales frecuentes.

EN POCAS PALABRAS

Por medio del sentido del olfato nos damos cuenta de los olores.

Hay cuerpos **odoríferos** (con olor) e **inodoros** (sin olor).

El sentido del olfato reside en las **fosas nasales.**

El interior de las fosas nasales está recubierto por la **pituitaria.**

La porción inferior de la pituitaria, rosada, es la **pituitaria respiratoria.** La porción superior, amarilla, es la **pituitaria olfativa.**

A la pituitaria llegan nervios del tacto (trigémino) y nervios del olfato (olfatorio).

Sentido del olfato. El olor de los cuerpos depende de las partículas que emiten. Las partículas olorosas impresionan las células olfativas.

El olfato es útil para la digestión y en el informe que nos da respecto al estado de los alimentos.

Sinusitis es la inflamación de la mucosa de los senos perinasales. **Pólipos nasales** son tumores benignos que se desarrollan en las fosas nasales.

El aparato fonatorio. La fonación. Higiene de la fonación

45

La fonación es la emisión de los sonidos vocales.

Es propia del hombre y de los animales superiores.

APARATO FONATORIO

Los órganos del aparato fonatorio son los mismos del aparato respiratorio.

Esencialmente, el aparato fonatorio consta de:

1. **Un fuelle** capaz de lanzar el aire a presión, representado por los pulmones.

2. **Unos tubos** que conducen ese aire a presión, que son los bronquios y la tráquea.

3. **Unas cuerdas,** las cuerdas vocales, que vibran al recibir el choque del aire.

Luego, el sonido producido por las cuerdas vocales se modifica en la faringe, en la boca y en las fosas nasales por distintos obstáculos que se interponen al paso del aire espirado.

El órgano más importante del aparato fonatorio es la ***laringe,*** donde se encuentran las cuerdas vocales.

LARINGE

La laringe descansa sobre la tráquea y está formada por cartílagos articulados y unidos por músculos y membranas.

Estructura de la laringe. Los principales cartílagos laríngeos son cinco:

a) Un ***cricoides.*** Sirve de base a la armazón laríngea y descansa sobre el primer anillo de la tráquea.

El cricoides tiene forma de anillo de sello, más alto en su parte posterior que en su parte anterior (Fig. 45-1).

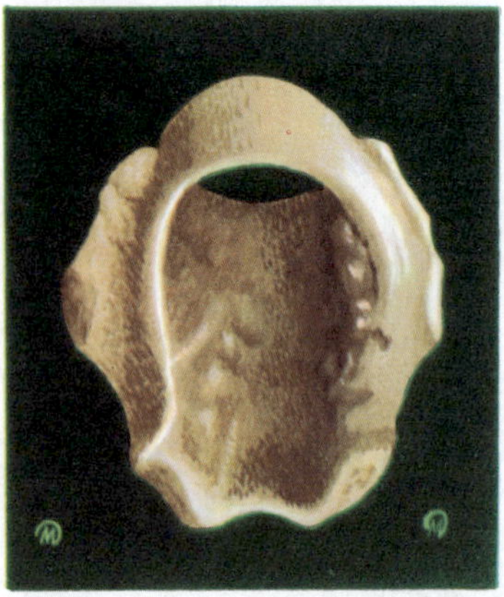

Fig. 45-1.—El cartílago cricoides.

b) Un ***tiroides.*** Es el cartílago que sobresale en el cuello y forma la llamada "nuez". El tiroides es el más voluminoso de los cartílagos laríngeos. Tiene la forma de un libro abierto con su lomo hacia delante.

Se une al cricoides por varios ligamentos y al hueso hioides por la ***membrana tirohioidea*** (Fig. 45-2).

c) ***Una epiglotis,*** en forma de lengüeta, visible en la parte posterior de la laringe.

d) ***Dos aritenoides,*** pequeños, de forma piramidal, que se articulan con la porción posterior del cricoides (Fig. 45-3).

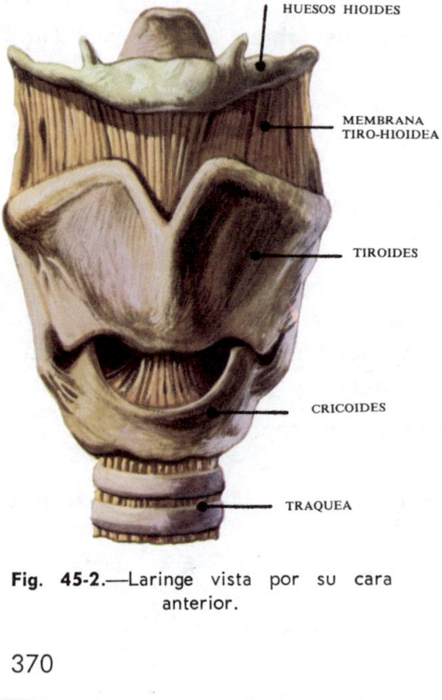

Fig. 45-2.—Laringe vista por su cara anterior.

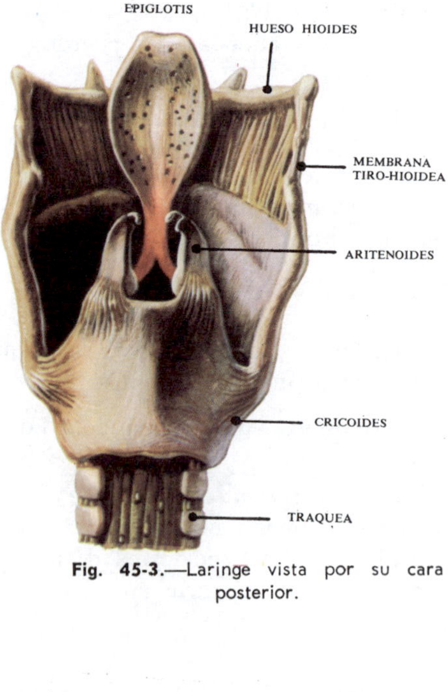

Fig. 45-3.—Laringe vista por su cara posterior.

Esta armazón cartilaginosa presta inserción a numerosos músculos cuya denominación se forma teniendo en cuenta los nombres de los cartílagos en los cuales se insertan.

Así tendremos: ***tirohioideo, cricotiroideo, tiroaritenoideo,*** etc.

Interior de la laringe. En el interior de la laringe encontramos tres zonas distintas (Fig. 45-4):

a) Una porción media, estrechada por las cuerdas vocales.

Entre las cuerdas vocales derechas y las izquierdas se encuentra una hendidura llamada ***glotis.*** Por eso esta región se llama ***región glótica.***

b) Un ensanchamiento superior, la región ***supraglótica,*** que se comunica con la faringe.

c) Un ensanchamiento inferior, la región ***infraglótica,*** que se continúa con la tráquea.

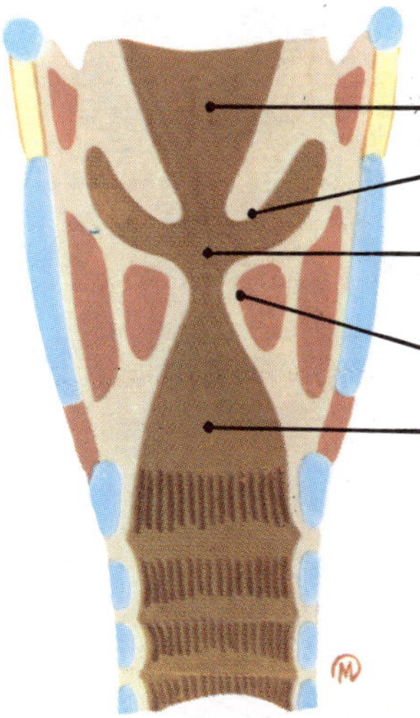

Fig. 45-4.—Corte vertical esquemático de la laringe para ver su interior.

Cuerdas vocales. Son cuatro repliegues, dos superiores y dos inferiores.

Parten del ángulo entrante del cartílago tiroides y se insertan, por detrás, en los aritenoides.

A cada lado encontramos una cuerda vocal superior y otra inferior.

Las cuerdas vocales superiores están formadas por repliegues de la mucosa laríngea, dentro de los cuales se encuentran fibras ligamentosas y son aplanadas en forma de cinta.

Las cuerdas vocales inferiores, en cambio, son gruesas y están formadas por los músculos tiroaritenoideos, recubiertos por la mucosa.

De las dos cuerdas vocales de cada lado, la inferior es la importante en la función fonatoria.

La destrucción de las cuerdas vocales superiores no afecta esencialmente la producción de los sonidos.

Entre las dos cuerdas vocales de cada lado se encuentra una cavidad llamada ***ventrículo de Morgagni.***

En el hombre, los ventrículos de Morgagni son pequeños, pero en otros animales, como en el orangután, llegan hasta la axila (Figs. 45-5 y 45-6).

Los ventrículos de Morgagni actúan como cajas de resonancia.

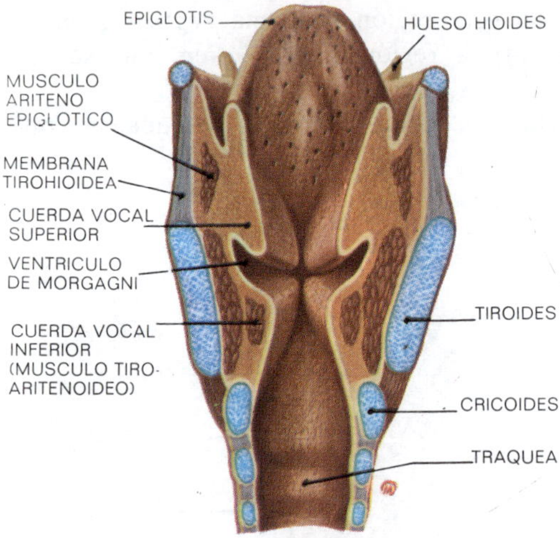

Fig. 45-5.—Corte de la laringe que permite ver su parte anterior.

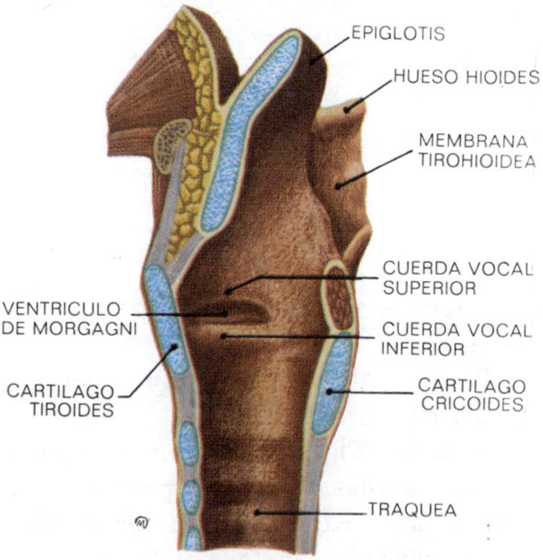

Fig. 45-6.—Corte de la laringe que permite ver su porción lateral.

FONACION

La fonación es la producción de los sonidos debido a las vibraciones de las cuerdas vocales, provocadas por el roce del aire espirado.

El sonido producido por las cuerdas vocales se llama ***sonido laríngeo.***

Características del sonido laríngeo. En el aparato fonatorio los fenómenos no ocurren con la simplicidad con que se observan en un aparato musical.

Sin embargo, siguen las mismas reglas generales de la ***Acústica*** o parte de la Física que se ocupa del estudio de los sonidos.

El sonido laríngeo presenta las características comunes a todos los sonidos: intensidad, tono y timbre.

La ***intensidad*** del sonido laríngeo depende de la mayor o menor presión de la columna de aire espirado.

El ***tono*** depende de la mayor o menor longitud que adopten las cuerdas vocales.

A cuerdas vocales más largas, sonidos más graves.

A cuerdas vocales más cortas, sonidos más agudos.

La contracción de ciertos músculos laríngeos determina cambios de posición de los aritenoides.

Como las cuerdas vocales se insertan en los aritenoides, pueden alargarse y acortarse.

El ***timbre*** depende de los sonidos que se sobreañaden al sonido laríngeo.

Esos sonidos añadidos son determinados por la forma peculiar de la cavidad faríngea, de las fosas nasales, de la boca de cada individuo.

El timbre nos permite identificar a la persona que habla aunque no la veamos.

FORMACION DE LAS PALABRAS

En las palabras encontramos dos elementos distintos: vocales y consonantes.

Las ***vocales*** son producidas por el sonido laríngeo modificado por la posición de la laringe y de los labios.

Pongamos la mano sobre la laringe y digamos alternadamente "A" y "U".

Cuando decimos "A", la laringe sube. Cuando decimos "U", la laringe baja.

Cuando decimos "A", los labios están abiertos. Cuando decimos "U", los labios se proyectan hacia delante, como si fuéramos a besar.

Las ***consonantes*** son ruidos que se sobreañaden al sonido laríngeo, producidos por obstáculos que encuentra el aire al pasar por la faringe, la boca y las fosas nasales.

Si el obstáculo se encuentra en el velo del paladar o la faringe, las consonantes serán ***guturales.***

Si se encuentra en la lengua, ***linguales,*** y si se halla en los labios, ***labiales.***

En cada uno de estos grupos hay tres variedades distintas:

a) ***Explosivas,*** cuando hay un cambio brusco en la posición de las partes que producen el ruido.

b) ***Resonantes,*** cuando no hay cambios en esas partes.

c) ***Vibrantes,*** cuando el cambio consiste en una vibración.

La "B" y la "P" son labiales explosivas.

La "F" y la "V" son labiales resonantes.

La "R" precedida de una labial, como en "bRazo", es labial vibrante.

La "D" y la "T" son linguales explosivas.

La "L", la "N" y la "S" son linguales resonantes.

La "R" es lingual vibrante.

La "K" es gutural explosiva.

La "G" y la "J" son guturales vibrantes.

LOCALIZACION DEL CENTRO DE LA PALABRA HABLADA

Se ha podido demostrar que el centro del lenguaje hablado o ***centro de Broca*** se encuentra en la tercera circunvolución frontal.

Se llama ***afasia*** a la imposibilidad de expresarnos o de comprender lo que se nos dice por medio de los signos convencionales del lenguaje.

Una persona con una lesión en el centro de Broca no podrá expresarse oralmente.

El sujeto no tiene dificultad en emitir los sonidos laríngeos, pero ha perdido la memoria de la significación del lenguaje hablado. Es como si desconociera su propio idioma.

IMPORTANCIA DEL LENGUAJE COMO MEDIO DE COMUNICACION

Desde que el hombre comenzó a vivir en sociedad, utilizó el lenguaje como medio de expresión.

Probablemente, las primeras comunicaciones entre los hombres se realizaron a base de gestos acompañados de sonidos inarticulados.

Luego, los distintos sonidos adquirieron un significado y así surgió el lenguaje hablado primitivo.

Muchos años después apareció el lenguaje escrito en el que ciertos signos adquieren el significado de cosas, de acciones y de cualidades.

Aun hoy, en algunos pueblos de civilización primitiva, no existe el lenguaje escrito.

El lenguaje es importante porque sirve de comunicación entre los hombres y hace posible la convivencia.

La importancia del lenguaje escrito consiste en que es el medio que puede emplear una generación para transmitir sus conocimientos a otras venideras.

De este modo cada generación aporta sus propios conocimientos y contribuye al desarrollo del progreso humano.

HIGIENE DE LA FONACION

Cuando se respira por la nariz, el aire se filtra y se calienta.

En cambio, cuando se respira por la boca, el aire penetra frío.

El aire frío y pulverulento puede ocasionar inflamaciones de la mucosa de las cuerdas vocales.

Las bebidas alcohólicas producen inflamación crónica de las cuerdas vocales, lo que determina la voz ronca de los bebedores.

Igual efecto ocasiona el tabaco. El humo, al pasar por la glotis, determina una irritación de las cuerdas vocales.

Resumiendo, podemos aconsejar para conservar en buenas condiciones el aparato fonatorio: respirar por la nariz y abstenernos de las bebidas alcohólicas y del tabaco.

EN POCAS PALABRAS

La **fonación** es la emisión de los sonidos vocales.

El sonido vocal es producido por la vibración de las cuerdas vocales.

El órgano esencial de la fonación es la **laringe.**

La laringe está formada por cartílagos unidos por ligamentos y por músculos.

En el interior de la laringe se encuentran las cuerdas vocales. En total son cuatro, dos a cada lado. Las importantes para la fonación son las cuerdas vocales inferiores.

El sonido laríngeo, como todos los sonidos, presenta tres características: **intensidad, tono** y **timbre.**

El centro de la palabra hablada se encuentra en la tercera circunvolución frontal.

Para conservar en buenas condiciones el aparato fonatorio debemos respirar por la nariz y abstenernos de las bebidas alcohólicas y del tabaco.

46 Aparato reproductor y reproducción

La reproducción es la función mediante la cual los seres vivos se multiplican y dan origen a otros seres similares a ellos.

Por eso se ha dicho que la reproducción tiene por objeto la conservación de la especie.

En los protozoos la reproducción se realiza por la simple división celular.

En cambio, en los metazoos, la reproducción se realiza de modo diferente.

Todas las células del nuevo ser provienen de una célula originaria: el ***huevo.***

El huevo se forma por la unión de dos células: una femenina, el ***óvulo,*** y otra masculina, el ***espermatozoide.***

Consideraremos, en la especie humana, el aparato reproductor masculino, el aparato reproductor femenino y, por último, la reproducción.

APARATO REPRODUCTOR FEMENINO

Se compone esencialmente de dos órganos glandulares, ovoideos, denominados ***testículos,*** que se encuentran situados por debajo del abdomen en una bolsa formada por la piel, llamada ***escroto.***

Los testículos están formados por numerosos tubos, denominados ***tubos seminíferos,*** donde se forman las células reproductoras masculinas o espermatozoides.

Los tubos seminíferos de cada testículo se unen para formar una dilatación llamada ***epidídimo.***

El epidídimo se continúa con el **conducto deferente,** que penetra en la pelvis y se une con el cuello de la **vesícula seminal** para formar el **conducto eyaculador.** Los dos conductos eyaculadores atraviesan la **próstata** y desembocan en la **uretra.**

La uretra es un órgano común al aparato reproductor y al aparato urinario.

La próstata es un órgano glandular que se halla situado por detrás de la vejiga y por delante del recto.

Las vesículas seminales, la próstata y numerosas glándulas que se encuentran en la uretra segregan distintos líquidos que se unen a la secreción testicular para formar el ***semen*** o ***esperma,*** donde se encuentran los espermatozoides (Fig. 46-1).

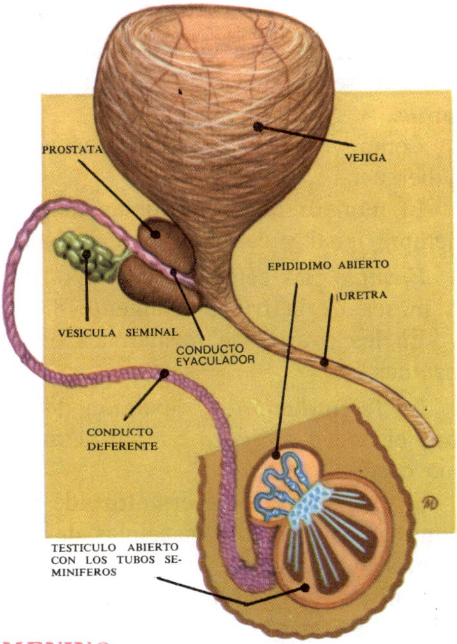

Fig. 46-1.—Esquema del aparato reproductor masculino.

APARATO REPRODUCTOR FEMENINO

Los órganos esenciales del aparato reproductor femenino son los ***ovarios.***

Los ovarios son los órganos formadores de los óvulos o células reproductoras femeninas.

Cuando el óvulo se desprende de un ovario, cae en un conducto llamado ***trompa de Falopio,*** que lo lleva al ***útero.***

El útero, llamado también ***matriz,*** es un órgano musculoso y hueco situado por detrás de la vejiga y por delante del recto.

La matriz se comunica con el exterior por un conducto llamado ***vagina*** (Fig. 46-2).

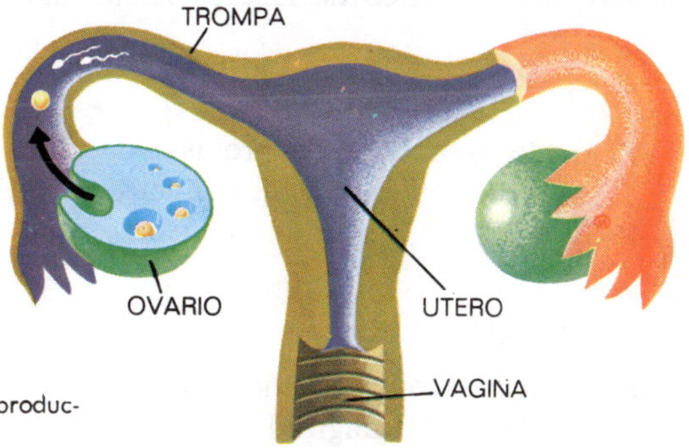

Fig. 46-2.—Esquema del aparato reproductor femenino.

FORMACION DE LAS CELULAS REPRODUCTORAS

Recordemos que cuando una célula se reproduce por mitosis o carioquinesis, se hacen visibles en su núcleo unos filamentos llamados ***cromosomas.***

Como veremos, los cromosomas están íntimamente relacionados con la herencia.

El número de cromosomas de las células de un organismo dado es siempre igual y característico de la especie.

Ejemplo: las células del cuerpo humano tienen 46 cromosomas, las de la mosca de la fruta, solamente 8.

En los ovarios se forman los óvulos y en los testículos los espermatozoides.

La ***fecundación*** es la unión del óvulo y el espermatozoide, que forman el huevo o ***cigoto*** que, al desarrollarse, dará lugar a la formación del nuevo ser.

Si el óvulo y el espermatozoide tuvieran el mismo número de cromosomas que las restantes células del cuerpo (46 en la especie humana), al reunirse y formar el huevo, éste tendría 92 cromosomas y el nuevo ser sería diferente a sus progenitores.

Para evitar que esto ocurra, se produce la ***maduración*** o ***meiosis*** de las células reproductoras.

MEIOSIS

Tanto en la formación del óvulo (ovogénesis) como en la del espermatozoide (espermatogénesis) se produce un fenómeno único.

Al dividirse las células que forman el óvulo y el espermatozoide, éstos llevan solamente la mitad (23 en la especie humana) de los cromosomas característicos de cada especie.

Al unirse un óvulo (con 23 cromosomas) con un espermatozoide (con 23 cromosomas), se forma un huevo con 46 cromosomas, esto es, con el número característico de la especie humana.

OVULO

El óvulo es una célula provista de todos los elementos celulares.

Tiene forma esférica y su diámetro oscila entre 100 y 200 micras (figura 46-3).

ESPERMATOZOIDE

El espermatozoide es una célula muy modificada y alargada que mide unas 50 micras de longitud.

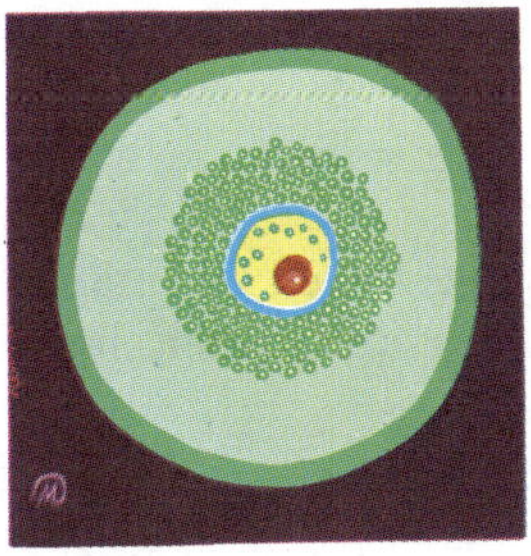

Fig. 46-3.—Esquema de un óvulo humano.

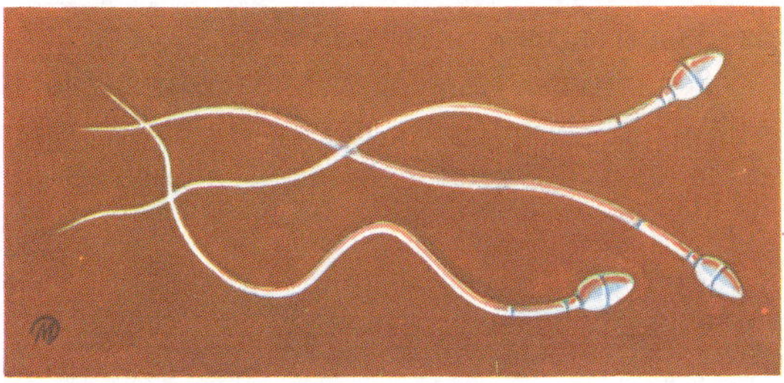

Fig. 46-4.—Esquema de tres espermatozoides humanos.

Los espermatozoides constan de una porción voluminosa, llamada ***cabeza;*** de una porción intermedia, alargada, y de un filamento o ***cola*** (Fig. 46-4).

Debido a los movimientos de ese filamento en forma de látigo, los espermatozoides están dotados de gran movilidad.

FECUNDACION

Es la unión de ambas células reproductoras.

En la especie humana se desprende un óvulo de un ovario cada veintiocho días.

Del ovario pasa a la trompa, de la trompa al útero y del útero a la vagina, por donde se expulsa al exterior.

Pero si el óvulo se encuentra con espermatozoides, se realiza la fecundación.

Numerosos espermatozoides rodean al óvulo y se adhieren a él debido a su membrana gelatinosa (Fig. 46-5) (1).

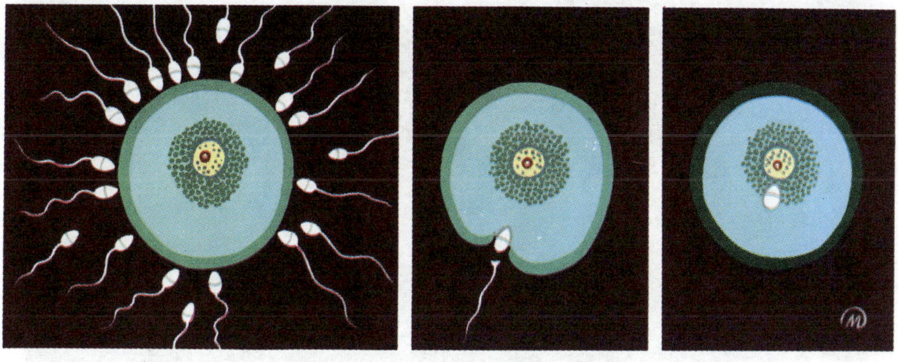

1 2 3

Fig. 46-5.—Fases de la fecundación.

Un espermatozoide logra pasar su cabeza a través de la membrana del óvulo (2).

Inmediatamente el óvulo refuerza su membrana para impedir la entrada de otros espermatozoides (3).

Tan pronto ha penetrado la cabeza del espermatozoide en el interior del óvulo se inician cambios celulares análogos a los que tienen lugar en la división celular llamada mitosis o carioquinesis.

DIVISION DEL HUEVO

El huevo, o sea el óvulo fecundado, se divide en dos células (figura 46-6) (1).

Estas se dividen en cuatro (2) y, por divisiones sucesivas, llegan a dividirse en numerosas células (3).

Las células se van separando para formar la ***cavidad de segmentación*** (4).

En un punto de la superficie de esta esfera se produce una depresión que va acentuándose paulatinamente y su comunicación con el exterior va estrechándose poco a poco (5).

Las células de la pared externa forman el ***ectodermo*** y las de la pared interna el ***endodermo.***

Luego, entre el ectodermo y el endodermo se forma una tercera capa de células que se denomina ***mesodermo*** (6).

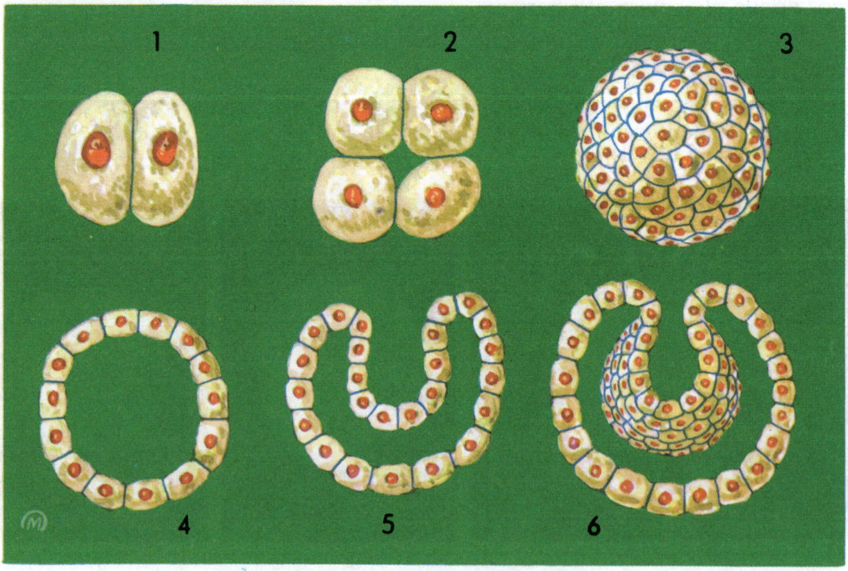

Fig. 46-6.—División del huevo.

Todos los órganos que han de formar el nuevo ser provienen de una de esas tres capas.

El ectodermo formará la epidermis, el sistema nervioso y los órganos de los sentidos.

El endodermo dará origen al tubo digestivo y sus glándulas anexas.

El mesodermo formará el esqueleto, los músculos, la sangre, etc.

DETERMINACION DEL SEXO

Durante muchos años fue un misterio la determinación del sexo del nuevo ser y se idearon numerosas y disparatadas teorías para explicarla.

Hoy sabemos que el sexo depende de una diferencia en la estructura cromosómica de los espermatozoides.

De los 46 cromosomas de las células de la especie humana, 23 proceden del padre y 23 de la madre.

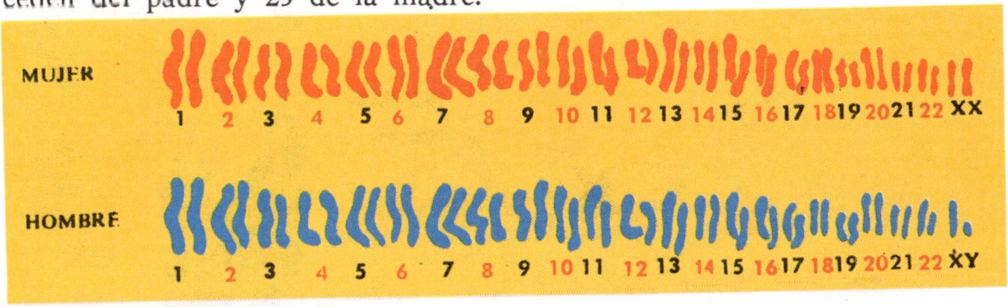

Fig. 46-7.—Cromosomas del cuerpo de la mujer y del cuerpo del hombre. En la mujer hay dos cromosomas X. En el hombre hay un cromosoma X y un cromosoma Y.

En las células de la mujer cada uno de los 23 pares está formado por cromosomas iguales.

En las células del hombre hay 22 pares formados por cromosomas iguales, pero el par 23 lo constituyen un cromosoma grande (cromosoma X) y uno mucho más pequeño (cromosoma Y) (Fig. 46-7).

¿Por qué sucede esto?

Las células que forman los óvulos tienen dos cromosomas X. Al dividirse, irá un cromosoma X a cada uno de los óvulos formados. ***Todos los óvulos son iguales.***

Las células que forman los espermatozoides están provistas de un cromosoma X y de un cromosoma Y.

Al dividirse, irá el cromosoma X a un espermatozoide y el cromosoma Y al otro espermatozoide.

La mitad de los espermatozoides están provistos de cromosomas X y la otra mitad, de cromosomas Y.

Si el óvulo es fecundado por un espermatozoide con cromosoma X, el huevo tendrá fórmula XX y nacerá una niña.

Pero si el óvulo es fecundado por un espermatozoide que lleva cromosoma Y, el huevo tendrá fórmula X Y y nacerá un varón (Fig. 46-8).

Como se ve, en la especie humana el sexo es determinado, aunque de modo insconsciente, por el hombre.

En otras especies ocurren fenómenos diferentes.

En los pájaros y en ciertas especies de mariposas todos los espermatozoides son iguales. Son los óvulos los que presentan diferencia en sus cromosomas.

En estos animales el sexo es determinado por la hembra.

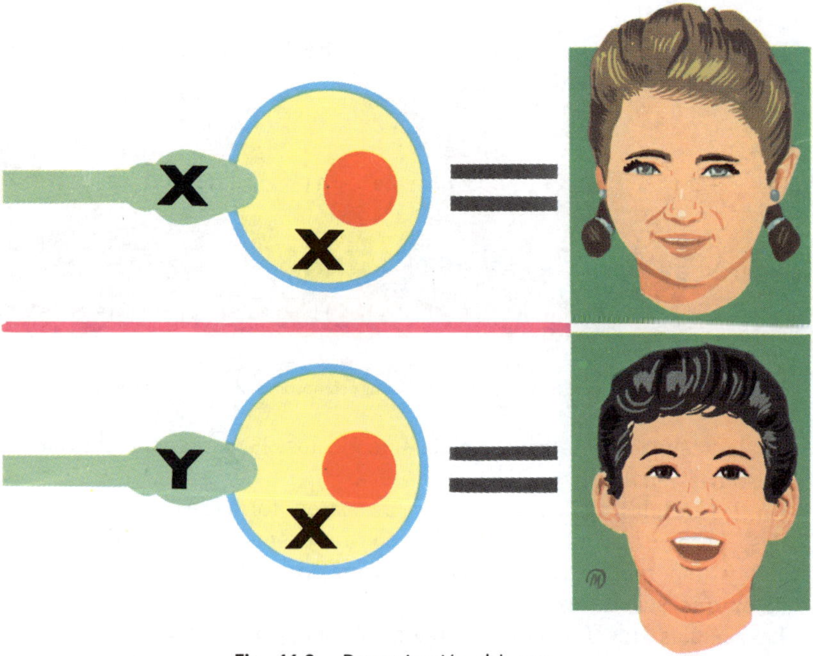

Fig. 46-8.—Determinación del sexo.

DESARROLLO DEL HUEVO

Normalmente el huevo se desarrolla en la cavidad uterina.

Hasta el tercer mes de desarrollo, se llama ***embrión.*** Después del tercer mes se denomina ***feto.***

Alrededor del embrión se forman varias membranas que lo protegen.

En la cara interna del útero se forma un órgano muy vascularizado, llamado ***placenta,*** del cual parte el cordón umbilical que va a parar al ombligo del feto (Fig. 46-9).

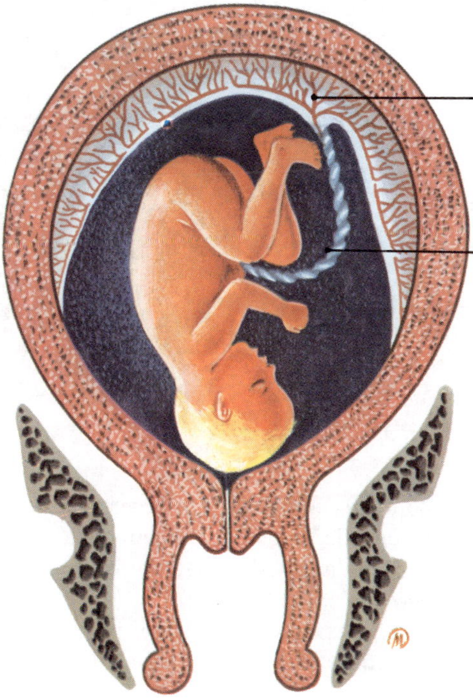

Fig. 46-9.—Feto a término en el interior de la cavidad uterina. Obsérvense la placenta y el cordón umbilical.

A través del cordón umbilical y la placenta se realiza la nutrición del feto, a expensas del organismo de la madre.

El feto es un verdadero parásito del organismo materno.

La figura 46-10 muestra distintas fases del desarrollo embrionario y fetal.

Fig. 46-10.—Distintas fases del desarrollo embrionario y fetal: 1) Embrión de un mes. 2) Feto de cuatro meses. 3) Feto de nueve meses.

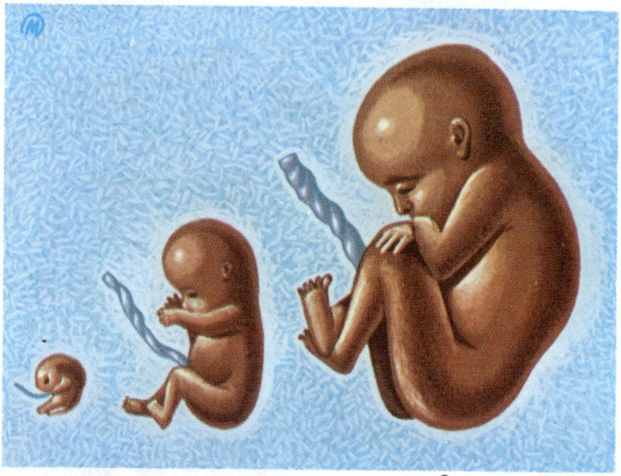

1 2 3

PARTO

El desarrollo del feto se completa en la especie humana entre los 270 y los 280 días después de iniciada la fecundación.

El desarrollo del feto en la cavidad del útero se conoce con el nombre de vida ***intrauterina.***

Una vez terminado el desarrollo fetal, se produce el parto, es decir, la expulsión del feto, que continúa su desarrollo ***extrauterino.***

ALIMENTACION, CIRCULACION Y RESPIRACION DEL FETO

El cordón umbilical es un medio de comunicación de doble sentido entre la madre y el feto.

Está provisto de dos arterias que llevan sangre de la madre al feto y de una vena que lleva sangre del feto a la madre.

La madre absorbe sustancias alimenticias en su intestino delgado y las envía al feto a través de las arterias umbilicales.

Los pulmones del feto no funcionan hasta que éste sale de la cavidad uterina.

La sangre de la madre toma en los pulmones de ésta el oxígeno del aire y lo manda por las arterias umbilicales al organismo fetal.

Las células del feto producen dióxido de carbono que impurifica su sangre. A través de la vena umbilical pasa ese dióxido de carbono a la circulación materna y es eliminado por los pulmones de la madre.

CUIDADOS MATERNOS DURANTE EL EMBARAZO

Desde el inicio del embarazo la futura madre debe ser examinada periódicamente por un médico.

Este tomará su presión arterial, realizará exámenes de orina y recomendará numerosos consejos, entre los cuales los principales son los siguientes:

1. Alimentación sana con poca sal y escasa condimentación.
2. Supresión de bebidas alcohólicas y tabaco.
3. Uso moderado de las bebidas estimulantes (café, té, etc.).
4. Uso de ropa holgada para facilitar la circulación.
5. Uso de zapatos amplios y sin tacón. (En el embarazo es frecuente el edema de los pies.)
6. Permanecer durante la mayor parte posible del tiempo al aire libre y dormir en una habitación bien ventilada.
7. Realizar ejercicios moderados.
8. Por último, deberá ser asistida durante el parto por personas expertas y calificadas.

EN POCAS PALABRAS

Los órganos esenciales del aparato reproductor masculino son los **testículos,** donde se forman los **espermatozoides** o células reproductoras masculinas.

Los órganos esenciales del aparato reproductor femenino son los **ovarios,** donde se forman los **óvulos** o células reproductoras femeninas.

Las células del cuerpo humano están provistas de 46 cromosomas.

Se llama fecundación la unión del óvulo y el espermatozoide, que forman el **huevo.**

Cuando esta unión tiene lugar, se divide el huevo en dos, en cuatro, en muchas células y se desarrolla un nuevo ser.

El sexo del embrión humano lo determina la diferente composición cromosómica de los espermatozoides.

El feto toma el oxígeno y los alimentos a través del cordón umbilical. Y expulsa por ese medio las sustancias de desecho.

La futura madre debe someterse a cuidados médicos desde el inicio del embarazo.

47 Nociones de Higiene general y primeros auxilios

HIGIENE

La ***Higiene*** es la ciencia que nos da reglas para la conservación de la salud.

Se llama salud al estado en que se encuentra el organismo cuando todos sus órganos funcionan normalmente.

Por el contrario, sufrimos una enfermedad cuando alguno o algunos órganos no funcionan de modo normal.

La Higiene puede dividirse en ramas diversas.

Estudiaremos la ***Higiene individual***, la ***social*** y la ***pública.***

HIGIENE INDIVIDUAL

La Higiene individual se refiere a los cuidados de nuestra propia persona.

Pongamos varios ejemplos de reglas de Higiene individual: el aseo de la piel, la limpieza de nuestros vestidos, la regularidad en las horas de las comidas, la abstención del uso del tabaco y de las bebidas alcohólicas.

La observación de estas reglas es beneficiosa para la persona que las cumple.

HIGIENE SOCIAL

La Higiene social considera al hombre como parte de una comunidad.

La más pequeña de las comunidades es, sin duda, la familia.

Las reglas de Higiene social se caracterizan porque los beneficios los reciben también las demás personas que forman la comunidad.

Veamos algunos ejemplos: "No debe utilizarse para beber el vaso que haya sido utilizado por otra persona, sin lavarlo previamente".

Es posible que la primera persona que utilizó el vaso padeciera una enfermedad contagiosa (tuberculosis, gripe, catarro) y que la transmitiera a quien usó el vaso después.

Al cumplirse la regla mencionada, se benefician otras personas de la comunidad.

Esto que hemos dicho del vaso puede aplicarse a otros utensilios, como peines, cepillos de cabeza, toallas, etc., que deben ser objetos de uso personal.

HIGIENE PUBLICA

La Higiene pública la regula la autoridad (Estado, Provincia, Municipio).

Con objeto de que las reglas se cumplan, se les da carácter obligatorio y se establecen sanciones de multa o privación de libertad a los infractores.

Veamos algunos ejemplos. "Se prohíbe escupir en el suelo." Además de una costumbre repugnante, es un medio de propagar algunas enfermedades.

"Para manipular los alimentos es necesario poseer un certificado oficial de salud." Así se garantiza que las personas que manipulan las sustancias alimenticias no padecen enfermedades transmisibles.

LA HIGIENE, RAMA DE LA EDUCACION AL SERVICIO DE LA SALUD

La Higiene es una de las asignaturas más interesantes que se estudian en una escuela. Nos da reglas para la conservación de la salud y para la prolongación de la vida.

La escuela puede contribuir muy eficazmente al conocimiento de los preceptos higiénicos.

Los conocimientos y los hábitos que se graban en la edad temprana se conservan durante toda la vida.

En algunos países los estudios de Higiene que se efectúan en las escuelas llevan el nombre de "Educación para la Salud".

Además de las reglas higiénicas, se dan consejos acerca de la manera prudente de guiar un automóvil, de transitar por una carretera, de cruzar una calle.

¿Puede haber algo más saludable que evitar ser atropellado por un camión?

NECESIDAD DE CUIDAR LA SALUD

Aun las personas más fuertes y más resistentes tienen necesidad de cuidar su salud.

Los gérmenes infecciosos no respetan fortalezas.

El alcohol, las drogas heroicas, el trabajo excesivo, las graves preocupaciones minan la salud.

La aplicación de las reglas de Higiene individual y social y el respeto a las disposiciones de Higiene pública son la mejor garantía para la conservación de nuestra salud.

Hoy pueden evitarse, por el uso de distintas vacunas, enfermedades que antes ocasionaban numerosas muertes.

Tales son la viruela, la fiebre tifoidea, la poliomielitis, la difteria, el tétanos, la tos ferina.

En algunos países, mediante campañas de vacunación masiva, se ha logrado erradicar algunas enfermedades y disminuir considerablemente otras.

PRECEPTOS HIGIENICOS QUE SE DEBEN TENER EN CUENTA

a) ***En la alimentación, para evitar intoxicaciones.***

En los alimentos debemos considerar:

1. Su ***pureza,*** es decir, que no estén adulterados ni contaminados.

2. Su ***frescura,*** importante en las frutas y las legumbres.

3. Su ***conservación.*** La carne, los huevos, la leche deben conservarse en frío.

4. Su ***manipulación,*** que exige la absoluta limpieza de los recipientes donde se conservan y de las personas que los manipulan.

Asimismo es necesario que sean saludables las persona que intervienen en el manejo de los alimentos.

b) ***En la habitación, para vivir sanamente.***

En la habitación pasamos gran parte del día. En ella dormimos, descansamos y realizamos ciertos trabajos.

Debe reunir los siguientes requisitos:

1. ***Ser limpia*** en sus pisos, paredes, muebles y ropa de cama, que debe renovarse frecuentemente.

2. ***Contener los muebles necesarios,*** pero no estar abarrotada de muebles inútiles.

3. ***Tener ventanas por donde entre el aire y el sol.*** Dice un antiguo refrán español que "Donde no entra el sol, entra el médico", con lo cual se expresa que una habitación en la cual no penetra el sol es antihigiénica y peligrosa de ocupar.

c) ***En el trabajo, para evitar la fatiga.***

El trabajo de todos los hombres no es igual.

Unos trabajan rudamente utilizando sus músculos. Otros, realizan un trabajo intelectual. Pero todos tienen que cumplir ciertas reglas para evitar la fatiga.

El trabajador intelectual necesita, de tiempo en tiempo, interrumpir su labor y descansar o cambiar momentáneamente de ocupación.

La realización de un trabajo manual resulta un descanso cuando se realiza un trabajo intelectual.

En el trabajo manual es muy importante el ritmo con que se realiza la labor.

Un aficionado intenta aserrar un madero. Generalmente trabaja con un ritmo tan acelerado que tiene que interrumpir su labor frecuentemente.

En cambio, un carpintero experimentado realiza el trabajo con un ritmo más lento. Así puede realizar su labor sin necesidad de interrumpirla.

Sin embargo, los trabajadores manuales necesitan también momentos de reposo, que serán tanto más necesarios cuanto más ruda sea la labor que realizan.

d) ***En los deportes, para estimular normalmente el desarrollo.***

1. Debemos elegir el deporte que más nos agrade y para el cual tengamos las mejores condiciones físicas.

2. Debemos graduar el tiempo que dediquemos al deporte, para no producir la fatiga muscular.

3. Igual precaución debemos tener en la práctica de ejercicios gimnásticos.

4. Tanto en la realización de los deportes como en la práctica de los ejercicios gimnásticos, debemos evitar los excesos que produzcan el **surmenage.**

e) ***En el reposo, para procurar un descanso adecuado.***

Ya hemos dicho que el cambio de ocupación representa un descanso.

Pero hay momentos en que es necesario un descanso total.

Para lograr la relajación de todos los músculos, es necesario reposar en una cama.

El más profundo descanso es el sueño, que debe realizarse en una cama cómoda y en una habitación ventilada.

Es una excelente costumbre higiénica dormir la siesta.

Un corto reposo divide el día en dos períodos de trabajo.

A veces dormimos un corto rato, quizá ni siquiera dormimos, pero ese corto reposo nos tonifica para la realización de las labores que aún quedan por cumplir en el día.

EN POCAS PALABRAS

Higiene	Higiene individual		Los beneficios los reciben las mismas personas que cumplen las reglas.
	Higiene social		Los beneficios los reciben todas las personas que forman la comunidad.
	Higiene pública		La regula la autoridad. El cumplimiento de sus disposiciones es obligatorio y se establecen sanciones.

La Higiene es una rama de la educación al servicio de la salud.

Hay preceptos higiénicos relacionados con los alimentos, con la habitación, con el trabajo, con el ejercicio y con el reposo.

Causas de las enfermedades 48

Las causas de las enfermedades son muy numerosas.

Mencionaremos las más importantes:

1. Alteraciones de las funciones orgánicas.
2. Lesiones de los órganos.
3. Agentes físicos.
4. Agentes químicos.
5. Alergias.
6. Agentes biológicos.

1. **Alteración de las funciones.** Citemos algunos ejemplos:

a) Si los alimentos no son bien triturados en la boca, el estómago tiene dificultad para realizar la digestión y se produce un trastorno llamado ***dispepsia.***

b) La menor energía de las contracciones del intestino grueso (atonía), puede producir la ***constipación*** o ***estreñimiento.***

c) Las células de los diferentes tejidos se reproducen con un ritmo determinado y dan lugar a la formación de células análogas.

Si las células se producen con gran rapidez, desordenadamente y forman células anormales, se produce una enfermedad llamada ***cáncer.***

d) Cuando la sangre sale del interior de los vasos por los cuales circula, se produce su coagulación. Si no se coagula, ocurren hemorragias. Entre estos trastornos hemorrágicos el más frecuente es la **hemofilia.**

2. **Lesiones orgánicas.** Son muy numerosas las afecciones producidas por lesiones orgánicas. *Ejemplos:*

a) La destrucción, en un punto dado, de la pared del estómago determina la formación de una ***úlcera gástrica.***

b) La rotura de un vaso sanguíneo del cerebro puede determinar una ***hemiplejía*** (parálisis de la mitad del cuerpo).

c) Alteraciones de la pared de las arterias determinan su endurecimiento, esto es, la ***arteriosclerosis.***

3. **Agentes físicos.** Consideraremos separadamente la acción del frío y la del calor.

Acción del frío. Estamos rodeados de gérmenes patógenos y, sin embargo, no siempre contraemos las enfermedades que esos gérmenes producen. Nuestro organismo se defiende contra ellos.

Pero la larga exposición al frío disminuye las defensas del organismo contra las infecciones.

Eso explica por qué es frecuente contraer un catarro después de haber permanecido largo tiempo bajo la lluvia.

Conozcamos este hecho curioso: las gallinas son inmunes al carbunco.

Sin embargo, si antes de inyectarles un cultivo de bacteridias carbuncales las mantenemos largo tiempo en un baño frío, las gallinas contraen el carbunco.

Acción del calor. Consideraremos la postración térmica, los calambres térmicos y la hiperpirexia térmica.

Postración térmica. Es consecuencia de la exposición al calor excesivo. Se caracteriza por agotamiento y, en casos graves, por inconsciencia completa. La piel está fría, húmeda y cenicienta y no hay elevación importante de la temperatura corporal.

El tratamiento consiste en reposo en cama, en ambiente fresco y con vestidos ligeros.

Calambres térmicos. Trastorno originado por el esfuerzo a altas temperaturas y por la pérdida de cloruro de sodio debida a la sudoración profusa.

Los calambres son muy dolorosos y se presentan en los músculos esqueléticos y del abdomen.

Los calambres térmicos se evitan y se tratan por la ingestión de tabletas de sal y abundantes cantidades de agua. En casos severos es muy útil la inyección intravenosa de suero salino.

Hiperpirexia térmica. Hiperpirexia quiere decir elevación de la temperatura corporal. En el cerebro hay una región, el hipotálamo, que regula la temperatura del organismo.

La hiperpirexia térmica se debe a un trastorno profundo del mecanismo de la regulación de la temperatura, que se caracteriza por fiebre alta y colapso y, a veces, por convulsiones, coma y muerte.

La hiperpirexia térmica es producida por una exposición prolongada a temperaturas excesivamente altas (golpe de calor) o a la acción directa de los rayos solares intensos (insolación).

El comienzo puede ser súbito. A veces se inicia con dolor de cabeza, vértigo y piel caliente y seca, pulso rápido y respiración frecuente.

La temperatura se eleva rápidamente a 40 y 41 grados C o aún más. Se previene evitando el trabajo intenso y la larga exposición al sol en días calurosos, sobre todo, las personas no habituadas.

Para lograr el descenso de la temperatura son muy útiles los baños en agua muy fría o cubrir al enfermo con mantas empepadas.

QUEMADURAS

Las quemaduras son la acción del calor, de la electricidad o de sustancias químicas enérgicas sobre los tejidos.

Nos ocuparemos ahora de las producidas por el calor.

El calor puede provenir del sol (quemaduras solares) o de cuerpos en estado de ignición o a altas temperaturas.

Profundidad de las quemaduras. De acuerdo con su profundidad, las quemaduras se agrupan en tres grados distintos:

a) De ***primer grado,*** con enrojecimiento de la piel, como ocurre después de una larga permanencia al sol.

b) De ***segundo grado,*** con formación de ampollas. En la ampolla se forma un líquido que separa la epidermis de la dermis.

c) De ***tercer grado,*** con destrucción completa de la piel y, a veces, de los tejidos que se encuentran por debajo de la misma (grasa, músculos, huesos).

Extensión de las quemaduras. Las quemaduras son más graves por su extensión que por su profundidad.

Una quemadura de segundo grado puede ser mortal si tiene una extensión mayor que la tercera parte de la superficie cutánea.

En los niños, quemaduras de menor extensión pueden ser mortales.

Auxilios en casos de quemaduras. Para apagar las ropas inflamadas, debe envolverse a la persona que sufre el accidente en telas gruesas.

Utilizaremos lo que tengamos a mano: una toalla, un abrigo, una alfombra.

Si no disponemos de nada es conveniente acostarla en el suelo y hacerla dar vueltas.

Lo peor que puede hacer una persona a quien se incendian sus ropas es correr en solicitud de auxilio. Las llamas se avivan.

Las quemaduras profundas o extensas deben ser tratadas por el médico.

Pero el profano puede atender las quemaduras leves, puede ahorrar sufrimientos al quemado y puede evitar complicaciones.

Los problemas que presentan las quemaduras son los siguientes:

a) **Dolor.** Pueden darse una o dos tabletas de aspirina. En las grandes quemaduras será necesario inyectar morfina u otro calmante, pero esto no incumbe al profano.

b) **Shock.** Los dolores intensos pueden producir un estado de gravedad llamado shock. En el shock hay depresión del organismo y trastornos circulatorios. El pulso es rápido, pero débil.

Para prevenir el shock debe aliviarse el dolor y dar a tomar agua.

Si el quemado presenta las extremidades frías y el pulso muy débil debe cubrirse con mantas.

c) **Infección.** Para evitar la infección debe cubrirse la quemadura con gasa estéril.

En las quemaduras pequeñas es útil la aplicación de una pomada de sulfadiazina al 5% o de vaselina boricada.

4. **Agentes químicos.** Los ácidos muy fuertes (clorhídrico, sulfúrico, nítrico) y los álcalis enérgicos (sosa, potasa) determinan quemaduras análogas a las producidas por el calor.

También se producen quemaduras por la acción de la electricidad.

Venenos. Algunas sustancias químicas ingeridas pueden actuar produciendo envenenamientos agudos o crónicos.

En los envenenamientos agudos debemos tratar de provocar el vómito. Así se expulsará parte del veneno que aún no ha sido absorbido.

El vómito se provoca tocando con un dedo el fondo de la faringe o dando a tomar una cucharada de mostaza en un vaso de agua tibia.

El accidentado debe trasladarse a un centro asistencial donde pueda efectuarse un lavado de estómago y prestársele otros auxilios.

Para evitar equivocaciones, deben rotularse todos los frascos indicando lo que contienen.

También es prudente mantener las sustancias peligrosas fuera del alcance de los niños.

Ciertas sustancias químicas (alcohol, nicotina del tabaco, etc.) actúan como venenos lentos con los cuales se intoxica el organismo.

5. **Alergias.** La alergia es una intolerancia que presenta el organismo de ciertas personas a alimentos que ingieren, a sustancias que inhalan o a cuerpos con los cuales se ponen en contacto.

Sin embargo, a la mayor parte de las personas esas sustancias no ocasionan ningún trastorno.

Son manifestaciones de alergia la ***urticaria*** o ***brote de piel,*** el ***asma,*** algunos ***eczemas,*** el ***catarro de los henos,*** etc.

6. **Agentes biológicos.** Los parásitos y los gérmenes son causas biológicas de enfermedades.

Les llamamos causas biológicas porque tanto los parásitos como los gérmenes son seres dotados de vida.

Entre los parásitos podemos citar los que viven en el interior del intestino, de los cuales ya hemos hablado, y los que se desarrollan en la piel y en los pelos, como los ***piojos*** y el ***ácaro*** que produce la ***sarna.***

Los **gérmenes** son muy importantes porque se considera que son causa de casi la mitad de las enfermedades del hombre.

Hay gérmenes que pertenecen al reino vegetal, como las ***bacterias*** y los ***hongos.*** De los hongos ya hemos hablado.

Numerosas enfermedades del hombre son producidas por bacterias. entre ellas podemos citar: la ***tuberculosis,*** la ***fiebre tifoidea,*** el ***tétanos,*** la ***difteria,*** etc.

Entre los gérmenes patógenos animales mencionaremos: el ***plasmodium,*** que produce el ***paludismo;*** la ***ameba,*** que es causa de la ***disentería;*** el ***tripanosoma,*** que produce la enfermedad de Chagas, etc.

VIRUS

Gran número de enfermedades humanas son causadas por microorganismos llamados **virus.**

Los virus atacan no solamente al hombre, sino a otros animales y a numerosas plantas. La Virología o estudio de los virus es la más joven de las ramas de las ciencias naturales.

3

Fig. 48-1.—Algunos virus observados con el microscopio electrónico: 1) Poliomielitis. 2) Vacuna. 3) Influenza.

Los virus presentan, entre otras, las siguientes características:

1. Son muy pequeños. El virus de la viruela, uno de los mayores, mide de 300 a 500 milimicras (1) de diámetro. El de la fiebre aftosa, uno de los menores, mide tan sólo de 15 a 20 milimicras.

Muy pocos virus pueden observarse con el microscopio óptico. Se estudian con el microscopio electrónico que obtiene mayores aumentos.

2. Son parásitos intracelulares obligados, es decir, se multiplican solamente en el interior de determinadas células.

3. No son afectados por los antibióticos conocidos hasta hoy

4. Entre los componentes de las células se encuentran los ácidos nucleicos. De acuerdo con su composición química, los ácidos nucleicos se dividen en dos grupos: ácido ribonucleico (RNA) y ácido desoxirribonucleico (DNA). Los virus tienen solamente un tipo de ácido nucleico, RNA o DNA.

El ácido nucleico es responsable del poder infectante de un virus.

Su forma es muy variada: esféricos, cilíndricos, etc. Algunos, como el bacteriófago, tiene forma de renacuajo.

Estructura de los virus. En la parte central de la partícula viral se encuentra el ácido nucleico. Alrededor de éste se hallan las proteínas. Algunos virus presentan una cubierta exterior de envoltura.

Multiplicación de los virus. El proceso de multiplicación consta de distintas fases:

a) **Fase de adhesión.** El virus y la célula se ponen en contacto.

b) **Fase de penetración.** El virus pasa al interior de la célula.

c) **Fase de síntesis de los componentes virales.** Debido a la acción del ácido nucleico, se forman con los elementos de la célula los elementos que han de formar nuevos virus.

d) **Fase de maduración.** Los componentes virales se unen y forman nuevas partículas de virus.

e) **Fase de salida.** A veces, la célula explota y da salida a los nuevos virus. En otros casos la salida se realiza lentamente.

Algunas enfermedades virales del hombre. Son enfermedades humanas producidas por virus: la poliomielitis, el catarro común, la fiebre amarilla, la viruela, la influenza, etc.

Prevención de las enfermedades virales. Se lucha contra las enfermedades virales por medio de vacunas. La primera vacuna contra un virus fue preparada por Jenner contra la viruela, y la segunda por Pasteur contra la rabia.

---

(1) Milimicra. Milésima parte de una micra o millonésima de un milímetro.

EN POCAS PALABRAS

Causas de las enfermedades

- 1. Alteraciones de las funciones — Ejemplos: estreñimiento, dispepsia, cáncer, hemofilia.
- 2. Lesiones orgánicas — Ejemplos: úlcera gástrica, hemorragia cerebral, arteriosclerosis.
- 3. Agentes físicos
  - Frío — Disminución de las defensas.
  - Calor
    - Insolación.
    - Sofocación.
    - Quemaduras.
- 4. Agentes químicos
  - Quemaduras químicas.
  - Intoxicaciones
    - Agudas.
    - Crónicas.
- 5. Alergias
  - Ejemplos: urticaria, asma, algunos eczemas, catarro de los henos.
- 6. Biológicas
  - Parásitos
    - Parásitos intestinales, piojo, ácaro de la sarna.
  - Gérmenes
    - Vegetales
      - Bacterias
        - Tuberculosis, fiebre tifoidea, tétanos, difteria.
      - Hongos
        - Lesiones cutáneas
        - Lesiones internas.
    - Animales
      - Paludismo, disentería, enfermedad de Chagas.
    - Indeterminados - Virus
      - Poliomielitis, fiebre amarilla, influenza, catarro común, viruela.

49 *Vacunas y sueros. Su importancia medicinal*

Las vacunas y los sueros son procedimientos que emplea el hombre para obtener la inmunidad contra determinadas enfermedades.

Veamos qué es ***inmunidad.*** Es el estado en que se encuentra un organismo que lo hace impropio para contraer una enfermedad determinada.

La inmundad puede ser ***innata*** o ***adquirida.***

INMUNIDAD INNATA

Es aquella con la cual el organismo nace. *Ejemplo:* las gallinas no contraen el tétanos. Hay muchas enfermedades de otros animales que no afectan al hombre. Se dice que éste tiene hacia ellas inmunidad innata.

INMUNIDAD ADQUIRIDA

La inmunidad adquirida se logra a lo largo de la vida. De acuerdo con la forma en que se obtenga, se llama ***natural*** o ***artificial.***

Inmunidad adquirida natural. Es la que se logra después de haber sufrido un ataque de la enfermedad. Ejemplo de ello son el ***sarampión*** y la ***parotiditis*** (papera).

No todas las enfermedades confieren inmunidad después de atacar al hombre. La gripe es un ejemplo de ello.

Inmunidad adquirida artificial. El hombre ha logrado obtener la inmunización contra ciertas enfermedades por medio de dos procedimientos: las ***vacunas*** y los ***sueros.***

VACUNAS

El nombre de vacuna tiene un origen muy curioso.

La viruela era una terrible enfermedad que producía la décima parte de todas las muertes que ocurrían. Pocas personas se salvaban de ella.

La viruela dejaba a los supervivientes cicatrices muy visibles en la cara. De diez personas que se encontraban en la calle, seis presentaban cicatrices de viruelas en el rostro.

Nada se conocía que pudiera curar la enfermedad. Era una verdadera maldición.

El doctor Eduardo Jenner era un médico que ejercía en la aldea de Berkeley, cerca de la ciudad de Glochester, en Inglaterra. Había nacido en 1749 y estudiado Medicina en Londres (Fig. 49-1).

Fig. 49-1.—Eduardo Jenner (1749-1823).

Era creencia general, aunque no comprobada, que las personas infectadas con la enfermedad de las vacas llamada ***vacuna,*** no contraían la viruela.

La vacuna es una enfermedad benigna que consiste en unas pústulas que, generalmente, presentan las vacas en las ubres.

Era frecuente que los ordeñadores contrajeran la vacuna. Se les producían unas pústulas en las manos. Sufrían durante unos días fiebre y curaban rápidamente.

Durante diez años Jenner se dedicó a comprobar si la mencionada creencia era cierta.

Ninguna persona que se había infectado accidentalmente con vacuna había contraído posteriormente la viruela.

Pudo comprobar también Jenner que ninguna persona que padeciera viruela había sufrido previamente una infección con vacuna.

Fue entonces a Londres y anunció su descubrimiento. Como les ocurre frecuentemente a los precursores, no fue creído y regresó a su aldea a continuar sus trabajos.

Tan seguro estaba de la verdad que afirmaba, que inoculó la vacuna a su propio hijo y a numerosos vecinos y se observó que los individuos inoculados no contraían la viruela.

Hizo aún algo más. Le inoculó viruela a individuos inoculados previamente con vacuna y la viruela no se desarrolló.

Jenner publicó sus trabajos y fueron conocidos y practicados en el mundo entero.

La viruela ha dejado de ser una enfermedad terrible y ha desaparecido en los países que han puesto en práctica el procedimiento de Jenner.

Por inocularse la vacuna para prevenir la viruela, el procedimiento ha recibido el nombre de ***vacunación.***

Desde entonces se llama vacunación a ese método para prevenir las enfermedades infecciosas, cualesquiera que sean esas enfermedades.

Cómo actúan las vacunas. No todos los microbios, llamados también ***gérmenes,*** son dañinos por producir enfermedades.

Los que las producen se llaman ***gérmenes patógenos.*** Los que no las determinan son ***gérmenes no patógenos.***

Cuando un germen patógeno penetra en el organismo, el organismo produce una sustancia que actúa contra el germen.

Esa sustancia se llama ***anticuerpo*** y representa la defensa del organismo contra la enfermedad.

Cada germen da lugar a la formación de un anticuerpo diferente y específico, es decir, que actúa solamente contra el germen que provoca su formación.

La enfermedad infecciosa es una lucha entre el microbio y el organismo. Si el organismo forma a tiempo suficiente cantidad de anticuerpos contra el germen invasor, ganará la batalla y se curará la enfermedad.

Se ha observado que si se inyecta a un organismo gérmenes patógenos muertos o de virulencia atenuada, es decir, que no son capaces de producir la enfermedad, el organismo forma anticuerpos contra esos gérmenes.

La virulencia de un germen se atenúa sometiéndolo a la acción del calor o tratándolo con ciertas sustancias químicas.

Los anticuerpos formados por el organismo contra los gérmenes muertos o de virulencia atenuada, quedan en la sangre y en otras partes del cuerpo.

Si algún tiempo después penetran en el organismo gérmenes vivos de la misma clase, van a encontrarse con los anticuerpos que el organismo ya había formado y no puede producirse la enfermedad.

Se dice que se ha logrado la inmunización contra esa determinada dolencia.

SUEROS

Si se recoge en un vaso un poco de sangre de un animal, al poco rato se forma en el fondo del vaso una masa de color rojo oscuro y de consistencia blanda, que es el coágulo.

Por encima del coágulo hay un líquido de color amarillo, que es el ***suero.***

El suero es, pues, la parte líquida de la sangre después de la formación del coágulo.

Pero, con el nombre de sueros se designan ciertas sustancias destinadas a producir la inmunidad.

Cuando una persona sufre una hincadura con un clavo sucio, debe ser inyectada con ***suero antitetánico.***

Veamos cómo se obtiene el suero y por qué se llama así.

Muchos microbios patógenos producen sustancias venenosas llamadas ***toxinas.***

Si inyectamos a un animal dosis progresivas de una determinada toxina microbiana, se formarán en el suero de la sangre de ese animal sustancias de acción contraria a la toxina, que tienden a neutralizar sus efectos y que se llaman ***antitoxinas.***

Para la obtención de los sueros se emplea corrientemente el caballo, que es un animal de gran tamaño y del cual puede obtenerse, por tanto, gran cantidad de suero.

Cuando se han producido las antitoxinas en gran cantidad, se le practica una sangría al caballo, se separa el suero del resto de la sangre y después de realizadas algunas manipulaciones, está listo para usarse.

Supongamos que el caballo ha sido inyectado con ***toxina tetánica.***

La toxina tetánica determina la formación de un anticuerpo, la ***antitoxina tetánica,*** que, como su nombre indica, tiende a neutralizar la acción de la toxina tetánica.

Si un individuo sufre una hincadura con un clavo sucio de tierra, está expuesto a contraer el tétanos.

Si se le inyecta cierta cantidad del suero del caballo que produjo antitoxina tetánica, el tétanos no puede desarrollarse en ese individuo. Se dice que está inmune al tétanos.

DIFERENCIA DE LA INMUNIDAD PRODUCIDA POR LAS VACUNAS Y POR LOS SUEROS

La inmunidad determinada por las vacunas necesita cierto tiempo para producirse, que va de unos días a varias semanas.

En cambio, los sueros confieren la inmunidad muy rápidamente. Pero no dura mucho tiempo.

Si una persona que sufrió una hincadura con un clavo sucio, se inyectó suero antitetánico y quince días después sufre una lesión análoga, está expuesto a contraer el tétanos. Para evitarlo, debe inyectarse nuevamente.

Como se ve, las vacunas y los sueros tienen indicaciones distintas. Cuando no tenemos urgencia en adquirir la inmunidad utilizamos las vacunas, que demoran en inmunizarnos, pero que nos inmunizan por un largo tiempo. Tal es el caso de la vacuna contra la fiebre tifoidea, la poliomielitis, la viruela, etc.

Cuando necesitamos que se produzca rápidamente la inmunidad, porque el germen pudo haber penetrado ya en el organismo, emplearemos el suero, cuya acción comienza ya a las pocas horas de inyectado, aunque confiera una inmunidad de escasa duración.

Muchos sueros son también curativos, es decir, se emplean como tratamiento de las enfermedades.

A un enfermo de difteria se le inyecta ***suero antidiftérico.***

El suero antidiftérico contiene las antitoxinas diftéricas producidas por el caballo al cual se le inyectó toxina diftérica.

La antitoxina diftérica, producida por el caballo y contenida en el suero de su sangre, va a ayudar al enfermo de difteria a luchar contra su enfermedad.

EN POCAS PALABRAS

Inmunidad	Innata (se nace con ella).	
	Adquirida	**Natural,** por un ataque de la enfermedad.
		Artificial, por el uso de sueros y vacunas.
Vacunas.	La inyección o ingestión de gérmenes muertos o de virulencia atenuada, provoca la formación de **anticuerpos,** que confieren inmunidad.	
Sueros.	La inyección de las toxinas de un germen provoca la formación de **antitoxinas,** que confieren inmunidad.	
Inmunidad adquirida por	**Vacunas.** Demora en obtenerse, pero tiene larga duración.	
	Sueros. Se obtiene rápidamente, pero su duración es corta.	

NOTA: En esta cuarta Unidad se consignan en el programa algunos tópicos que han sido desarrollados a lo largo de la obra, al estudiar los correspondientes Aparatos y Sistemas. La asfixia y la respiración artificial fueron estudiadas a continuación de la respiración; el parasitismo intestinal, cuando se estudiaron las enfermedades del Aparato Digestivo, etc.

Con objeto de no alargar innecesariamente la obra, no se han vuelto a tratar en esta cuarta Unidad.

INDICE ALFABETICO

APENDICE

Con el desarrollo de los estudios anatómicos surgió en cada país una terminología distinta. El aislamiento en que vivían los pueblos facilitaba el caos y la confusión en la terminología anatómica.

Se hicieron varios intentos de unificar los términos empleados para designar los distintos órganos y estructuras anatómicas, pero no fue hasta 1955 que el Sexto Congreso Internacional de Anatomistas, celebrado en París, acordó una lista internacional de términos anatómicos que se conoce con el nombre de "Nómina Anatómica de París" (P.N.A.).

La P.N.A. consigna los nombres en latín y en cada país se hace la traducción correspondiente al idioma de la nación.

En esta edición se incluye un Apéndice con una lista de los términos tradicionales empleados en esta obra, que han sufrido modificaciones de acuerdo con la P.N.A.

Para la confección de esta lista se han consultado la "Terminología Anatómica Referida a la Nomenclatura Internacional" del doctor Ives Chatain, Profesor Asociado del Departamento de Morfología de la Facultad de Medicina de la Universidad del Valle, Colombia, y la "Terminología Anatómica Española e Internacional" de los doctores N. G. Lebedinets, Profesor de la Cátedra de Anatomía del Instituto de Medicina de Zaporozhe, U.R.S.S., y H. R. Pino Núñez, Profesor Jefe del Departamento de Ciencias Morfológicas de la Facultad de Ciencias Médicas de la Universidad de Oriente, República de Cuba.

NOMBRE TRADICIONAL	**NOMBRE MODERNO**
Abultamiento cervical de la médula espinal.	Intumescencia cervical de la médula espinal.
Abultamiento lumbar de la médula espinal.	Intumescencia lumbar de la médula espinal.
Agujero auriculoventricular.	Orificio atrioventricular.
Agujero de Botal o agujero interauricular.	Foramen oval.
Agujero occipital.	Foramen magno.
Amígdala palatina.	Tonsila palatina.
Anfiartrosis.	Articulación cartilaginosa.
Apéndice xifoides.	Proceso xifoideo.
Apófisis articulares de las vértebras.	Procesos articulares.
A. Coronoides.	Proceso coronoideo.
A. Coronoides del maxilar inferior.	Proceso coronoideo de la mandíbula.
A. espinosa de las vértebras.	Proceso espinoso.

A. estiloides del cúbito.	Proceso estiloideo de la ulna.
A. estiloides del radio.	Proceso estiloideo del radio.
A. mastoides.	Proceso mastoideo.
A (s). terigoides del esfenoides.	Procesos terigoideos.
A (s). transversas de las vértebras.	Procesos transversos.
A. cigomática del temporal.	Proceso cigomático.
Aponeurosis de revestimiento.	Fascia.
Arteria (s) bronquiales.	Ramos bronquiales.
A. carótida primitiva.	A. carótida común.
A. coronaria estomáquica.	A. gástrica izquierda.
A. cubital.	A. ulnar.
A (s). esofágicas.	Ramos esofágicos.
A. hepática.	A. hepática común.
A. humeral.	A. braquial.
A. ilíaca primitiva.	A. ilíaca común.
A (s). intercostales.	Ramos intercostales.
A (s). intercostales aórticas.	Arterias intercostales posteriores.
A. pulmonar.	Tronco pulmonar.
Articulación temporomaxilar.	Articulación temporomandibular.
Astrálago.	Talo.
Aurícula del corazón.	Atrio.
Aurícula derecha.	Atrio derecho.
Aurícula izquierda.	Atrio izquierdo.
Borde externo del riñón.	Borde lateral.
Borde interno del riñón.	Borde medial.
Botones gustativos.	Calículos gustativos.
Bóveda palatina.	Paladar óseo.
Bronquio derecho.	Bronquio principal derecho.
Bronquio izquierdo.	Bronquio principal izquierdo.
Bulbo raquídeo.	Médula oblonga.
Capas de la piel.	Estratos cutáneos.
Capilar.	Vaso capilar.
Cápsula de Bowman.	Cápsula del glomérulo.
Cápsula suprarrenal.	Glándula suprarrenal.
Cara anterior del frontal.	Cara externa del frontal.
Cara externa del pulmón.	Cara costal del pulmón.
Cara inferior del hígado.	Cara visceral del hígado.
Cara interna mediastínica del pulmón.	Cara medial del pulmón.
Cara posterior del frontal.	Cara interna del frontal.
Cara superior del hígado.	Cara diafragmática del hígado.
Cara superoexterna del cerebro.	Cara superolateral del cerebro.

Caracol óseo.	Cóclea.
Cardias.	Orificio cardíaco.
Cartílago aritenoides.	Cartílago aritenoideo.
Cartílago cricoides.	Cartílago cricoideo.
Cartílago de conjunción.	Cartílago epifisario.
Cavidad cotiloidea.	Acetábulo.
Cavidad glenoidea del temporal.	Fosa mandibular.
Cayado de la aorta.	Arco de la aorta.
Cinturón pélvico.	Cíngulo del miembro inferior.
Circunvoluciones cerebrales.	Giros cerebrales.
Cisterna de Pecquet.	Cisterna del quilo.
Cisura de Rolando.	Surco central del cerebro.
Cisura de Silvio.	Surco lateral del cerebro.
Cisura perpendicular externa.	Surco occipital transverso.
Cisuras pulmonares.	Fisuras pulmonares.
Conducto lagrimal.	Canalículo lagrimal.
Conducto nasal.	Conducto nasolagrimal.
Conducto vertebral o raquídeo.	Canal vertebral.
Cordón anterior de la médula espinal.	Funículo anterior de la médula espinal.
Cordón medio de la médula espinal.	Funículo lateral de la médula espinal.
Cordón posterior de la médula espinal.	Funículo posterior de la médula espinal.
Cordón simpático o cadena simpática.	Tronco simpático.
Cornetes.	Conchas nasales.
Cornete medio.	Concha nasal media.
Cornete superior.	Concha nasal superior.
Coroides.	Coroidea.
Corpúsculos gustativos.	Calículos gustativos.
Corteza cerebral.	Palio.
Cresta auditiva.	Cresta ampollar.
Cricoides.	Cartílago cricoideo.
Cristalino.	Lente.
Cristaloides.	Cápsula del lente.
Cúbito.	Ulna.
Cuboides.	Hueso cuboideo.
Cuerpo tiroides.	Glándula tiroidea.
Cuña (primera).	Hueso cuneiforme medial.
Cuña (segunda).	Hueso cuneiforme intermedio.
Cuña (tercera).	Hueso cuneiforme lateral.
Dermis.	Corion.
Diartrosis.	Articulación sinovial.
Dientes temporales o de leche.	Dientes deciduales.
Eminencia hipotenar.	Hipotenar.

Eminencia tenar.	Tenar.
Engrosamiento cervical de la médula espinal.	Intumescencia cervical de la médula espinal.
Engrosamiento lumbar de la médula espinal.	Intumescencia lumbar de la médula espinal.
Epicóndilo del húmero.	Epicóndilo lateral del húmero.
Epitróclea.	Epicóndilo medial del húmero.
Escafoides de la mano.	Hueso escafoideo.
Escafoides del pie.	Hueso navicular.
Etmoides.	Hueso etmoidal.
Extremidades (del cuerpo).	Miembros.
Falange o primera falange.	Falange proximal.
Falangeta o tercera falange.	Falange distal.
Falangina o segunda falange.	Falange media.
Fibras tendinosas del corazón.	Cuerdas tendinosas.
Filum terminal.	Hilo terminal.
Fosas nasales.	Cavidades nasales.
Ganglio linfático.	Nódulo linfático.
Ganglios periféricos de la porción simpática.	Ganglios intermedios y ganglios de los plexos autónomos.
Glándula (s) abiertas.	Glándulas con conducto.
G (s). cerradas.	Glándulas sin conducto.
G (s). de Meibomio.	Glándulas tarsales.
G (s). de secreción externa.	Glándulas con conducto.
G (s). de secreción interna.	Glándulas sin conducto.
G (s). endocrinas.	Glándulas sin conducto.
G (s). exocrinas.	Glándulas con conducto.
G (s). paratiroides.	Glándulas paratiroideas.
G (s). submaxilares.	Glándulas submandibulares.
G (s). sudoríparas.	Glándulas sudoríferas.
G. tiroides.	Glándula tiroidea.
Gran vena linfática.	Conducto linfático derecho.
Hendidura media cerebral.	Fisura longitudinal del cerebro.
Hialoides.	Membrana vítrea.
Hueso ancho.	Hueso plano.
Hueso corto.	Hueso breve.
Hueso ilíaco.	Hueso coxal.
Ilion.	Hueso ilion.
Isquión.	Hueso isquion.

Lámina (s) vertebrales.	Láminas del arco vertebral.
Lámina (s) cerebelosas.	Folios cerebelares.
Lámina horizontal del etmoides.	Lámina cribosa del hueso etmoidal.
Lámina (s) vertebrales.	Láminas del arco vertebral.
Lámina vertical del etmoides.	Cresta de gallo y lámina perpendicular del hueso etmoidal.
Laringofaringe.	Porción laríngea de la faringe.
Malar.	Hueso cigomático.
Maléolo externo.	Maléolo lateral.
Maléolo interno.	Maléolo medial.
Mancha amarilla.	Mácula de la retina.
Mango esternal.	Manubrio del esternón.
Marfil o dentina.	Dentina.
Matriz.	Utero.
Maxilar inferior.	Mandíbula.
Maxilar superior.	Maxila.
Membrana de Corti.	Membrana tectoria.
Membrana pituitaria.	Túnica mucosa de la nariz.
Metacarpianos.	Huesos metacarpianos.
Metatarsianos.	Huesos metatarsianos.
Músculo crural.	Músculo vasto intermedio.
M. cuadríceps crural.	M. cuadríceps femoral.
M. deltoides.	M. deltoideo.
M. del estribo.	M. estapedio.
M. del martillo.	M. tensor del tímpano.
M. extensor común de los dedos de la mano.	M. extensor de los dedos.
M. extensor común de los dedos del pie.	M. extensor largo de los dedos.
M. glúteo mayor.	M. glúteo máximo.
M. glúteo mediano.	M. glúteo medio.
M. glúteo menor.	M. glúteo mínimo.
M. horripiladores.	M. erectores de los pelos.
M. oblicuo mayor del abdomen.	M. oblicuo externo del abdomen.
M. oblicuo menor del abdomen.	M. oblicuo interno del abdomen.
M. orbicular de los labios.	M. orbicular de la boca.
M. orbicular de los párpados.	M. orbicular de los ojos.
M. recto anterior (del cuadríceps femoral).	M. recto femoral.
M. recto mayor del abdomen.	M. recto del abdomen.
M. superciliar.	M. corrugador de las cejas.
M. terigoideo externo.	M. terigoideo lateral.
M. terigoideo interno.	M. terigoideo medial.

M. transverso.	M. transverso del abdomen.
M. triangular de los labios.	M. depresor del ángulo de la boca.
M. vasto externo (del cuadríceps femoral).	M. vasto lateral.
M. vasto interno (del cuadríceps femoral).	M. vasto medial.
Nasofaringe.	Porción nasal de la faringe.
Nervio auditivo.	Nervio vestibulococlear.
N(s). encefálicos.	N. craneales.
N. hipogloso mayor.	N. hipogloso.
N. motor ocular común.	N. oculomotor.
N. motor ocular externo	N. abductor.
N. neumogástrico.	N. vago.
N. patético.	N. troclear.
N(s). raquídeos.	N. espinales.
Omoplato o escápula.	Escápula.
Oreja.	Pabellón de la oreja.
Organo de Corti.	Organo espiral.
Orificio auriculoventricular derecho.	Orificio atrioventricular derecho.
Orificio auriculoventricular izquierdo.	Orificio atrioventricular izquierdo.
Orofaringe.	Porción oral de la faringe.
Papila pilosa.	Papila del pelo.
Papila (s) del riñón.	Papilas renales.
Parasimpático.	Parte parasimpática del sistema nervioso autónomo.
Peñasco.	Porción petrosa del temporal.
Peroné.	Fíbula.
Piramidal.	Hueso triquete.
Pirámides de Malpighi.	Pirámides renales.
Pleura visceral.	Pleura pulmonar.
Pliegues transversales del intestino delgado.	Pliegues circulares del intestino delgado.
Polo renal inferior.	Extremidad inferior del riñón.
Polo renal superior.	Extremidad superior del riñón.
Polos renales.	Extremidades renales.
Pómulo o malar.	Hueso cigomático.
Protuberancia anular.	Puente.
Pubis.	Hueso pubis.
Pulpa dentaria.	Pulpa del diente.
Punta del corazón.	Apice del corazón.
Punto ciego de la retina.	Disco del nervio óptico.

Raíz anterior de los nervios espinales.	Raíz ventral de los nervios espinales.
Raíz posterior de los nervios espinales.	Raíz dorsal de los nervios espinales.
Rama inferior del bronquio derecho.	Bronquio lobar inferior derecho.
Rama inferior del bronquio izquierdo.	Bronquio lobar inferior izquierdo.
Rama media del bronquio derecho.	Bronquio lobar medio derecho.
Rama superior del bronquio derecho.	Bronquio lobar superior derecho.
Rama superior del bronquio izquierdo.	Bronquio lobar superior izquierdo.
Rama lateral del maxilar.	Rama de la mandíbula.
Región infraglótica.	Cavidad infraglótica.
Región plantar externa.	Región plantar lateral.
Región plantar interna.	Región plantar medial.
Región supraglótica.	Vestíbulo de la laringe.
Rótula o choquezuela.	Patela.
Silíaca.	Colon sigmoideo.
Sinartrosis.	Articulación fibrosa.
Sistema cerebroespinal.	Sistema nervioso central.
Sistema de la arteria pulmonar.	Sistema del tronco pulmonar.
Sistema simpático u ortosimpático.	Porción simpática del sistema autónomo.
Suprarrenales.	Glándulas suprarrenales.
Surco medio anterior de la médula.	Fisura mediana anterior de la médula.
Surco medio posterior de la médula.	Surco mediano posterior de la médula.
Sustancia cortical del riñón.	Corteza del riñón.
Sustancia medular del riñón.	Médula del riñón.
Sutura armónica.	Sutura plana.
Sutura dentada.	Sutura serrada.
Tabique auriculoventricular.	Septo atrioventricular.
Tabique interauricular.	Septo interatrial.
Tabique interventricular.	Septo interventricular.
Tallo del pelo.	Escapo del pelo.
Tejido celular subcutáneo.	Tela subcutánea.
Tejido óseo compacto.	Sustancia compacta o sustancia cortical.
Tejido esponjoso.	Sustancia esponjosa.
Tendón de Aquiles.	Tendón calcáneo.
Tendón rotuliano.	Ligamento patelar.
Tercera circunvolución frontal.	Giro frontal inferior.
Terminaciones nerviosas.	Corpúsculos nerviosos terminales.
Tímpano.	Membrana del tímpano.
Tiroides.	Cartílago tiroideo.
Tiroides.	Glándula tiroidea.
Trompa de Eustaquio.	Tuba auditiva.
Trompa de Falopio.	Tuba uterina.

Troncos venosos braquiocefálicos (derecho e izquierdo).	Venas braquiacefálicas (derecha e izquierda).
Troquín.	Tubérculo menor del húmero.
Troquíter.	Tubérculo mayor del húmero.
Unguis.	Hueso lagrimal.
Uvula del velo del paladar.	Uvula palatina.
Valva anterior de la válvula auriculoventricular derecha o tricúspide.	Cúspide anterior de la valva atrioventricular derecha o tricúspide.
Valva derecha o interna de la válvula auriculoventricular izquierda o mitral.	Cúspide anterior de la valva atrioventricular izquierda o mitral.
Valva interna de la válvula auriculoventricular derecha o tricúspide.	Cúspide septal de la valva atrioventricular derecha o tricúspide.
Valva izquierda o externa de la válvula auriculoventricular izquierda o mitral.	Cúspide posterior de la valva atrioventricular izquierda o mitral.
Valva posterior de la válvula auriculoventricular derecha o tricúspide.	Cúspide posterior de la valva atrioventricular derecha o tricúspide.
Válvula (s) auriculoventriculares (derecha e izquierda).	Valvas atrioventriculares (derecha e izquierda).
Válvula (s) conniventes del intestino delgado.	Pliegues circulares del intestino delgado.
Válvula (s) sigmoideas.	Valvas semilunares.
Velo del paladar.	Velo palatino.
Vena (s) cubitales.	Venas ulnares.
Vena esplénica.	Vena lienal.
Vena (s). ilíacas primitivas (derecha e izquierda).	Venas ilíacas comunes (derecha e izquierda).
Vena (s) peroneas.	Venas fibulares, venas peroneas.
Vena (s) suprahepáticas.	Venas hepáticas.
Ventana oval.	Ventana del vestíbulo.
Ventana redonda.	Ventana de la cóclea.
Vértice o punta del corazón.	Apice del corazón.